"先进化工材料关键技术丛书"
编委会

编委会主任：

薛群基　中国科学院宁波材料技术与工程研究所，中国工程院院士

编委会副主任：

陈建峰　北京化工大学，中国工程院院士

高从堦　浙江工业大学，中国工程院院士

谭天伟　北京化工大学，中国工程院院士

徐惠彬　北京航空航天大学，中国工程院院士

华　炜　中国化工学会，教授级高工

周伟斌　化学工业出版社，编审

编委会委员（以姓氏拼音为序）：

陈建峰　北京化工大学，中国工程院院士

陈　军　南开大学，中国科学院院士

陈祥宝　中国航发北京航空材料研究院，中国工程院院士

程　新　济南大学，教授

褚良银　四川大学，教授

董绍明　中国科学院上海硅酸盐研究所，中国工程院院士

段　雪　北京化工大学，中国科学院院士

樊江莉　大连理工大学，教授

范代娣　西北大学，教授

傅正义　武汉理工大学，教授

高从堦　浙江工业大学，中国工程院院士

龚俊波　天津大学，教授

贺高红　大连理工大学，教授

胡　杰　中国石油天然气股份有限公司石油化工研究院，教授级高工

胡迁林　中国石油和化学工业联合会，教授级高工

胡曙光　武汉理工大学，教授

华　炜　中国化工学会，教授级高工

黄玉东　哈尔滨工业大学，教授

蹇锡高　大连理工大学，中国工程院院士

金万勤　南京工业大学，教授

李春忠　华东理工大学，教授

李群生　北京化工大学，教授

李小年　浙江工业大学，教授

李仲平　中国运载火箭技术研究院，中国工程院院士

梁爱民　中国石油化工股份有限公司北京化工研究院，教授级高工

刘忠范　北京大学，中国科学院院士

路建美　苏州大学，教授

马　安　中国石油天然气股份有限公司石油化工研究院，教授级高工

马光辉　中国科学院过程工程研究所，研究员

马紫峰　上海交通大学，教授

聂　红　中国石油化工股份有限公司石油化工科学研究院，教授级高工

彭孝军　大连理工大学，中国科学院院士

钱　锋　华东理工大学，中国工程院院士

乔金樑　中国石油化工股份有限公司北京化工研究院，教授级高工

邱学青　华南理工大学，教授

瞿金平　华南理工大学，中国工程院院士

沈晓冬　南京工业大学，教授

史玉升　华中科技大学，教授

孙克宁　北京理工大学，教授

谭天伟　北京化工大学，中国工程院院士

汪传生　青岛科技大学，教授

王静康　天津大学，中国工程院院士

王海辉　清华大学，教授

王　琪　四川大学，中国工程院院士

王献红　中国科学院长春应用化学研究所，研究员

先进化工材料关键技术丛书

中国化工学会 组织编写

工业木质素改性材料

Industrial Lignin Derived Materials

邱学青 刘伟峰 等 著

中国化工学会 CIESC

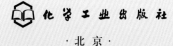

化学工业出版社

·北京·

内 容 简 介

《工业木质素改性材料》是"先进化工材料关键技术丛书"的一个分册。

本书是多项国家和省部级成果的系统总结。全书共九章,包括木质素的分离与提纯、木质素的化学改性方法、木质素的纳米化改性及其作为功能材料的应用、木质素基碳材料的制备及应用、木质素/无机氧化物纳米复合材料的制备及应用、木质素改性聚氨酯复合材料、木质素改性橡胶弹性体复合材料以及木质素改性可降解高分子复合材料等。本书所整理的部分技术成果属于国内外首创,可为工业木质素在复合材料中的应用研究提供一些新思路。

《工业木质素改性材料》适合从事生物质利用、材料科学与工程、化学与化工、纳米科学与技术相关领域的科研人员、高校师生及工程技术人员阅读与参考。

图书在版编目(CIP)数据

工业木质素改性材料/中国化工学会组织编写;邱学青等著.—北京:化学工业出版社,2021.5
(先进化工材料关键技术丛书)
国家出版基金项目
ISBN 978-7-122-38587-1

Ⅰ.①工… Ⅱ.①中…②邱… Ⅲ.①木质素-改性-研究 Ⅳ.①O636.2

中国版本图书馆 CIP 数据核字(2021)第 032838 号

责任编辑:马泽林 杜进祥
责任校对:边 涛
装帧设计:关 飞

出版发行:化学工业出版社(北京市东城区青年湖南街13号 邮政编码100011)
印 装:中煤(北京)印务有限公司
710mm×1000mm 1/16 印张27 字数512千字
2021年9月北京第1版第1次印刷

购书咨询:010-64518888 售后服务:010-64518899
网 址:http://www.cip.com.cn
凡购买本书,如有缺损质量问题,本社销售中心负责调换。

定 价:199.00元 版权所有 违者必究

作者简介

邱学青，国务院特殊津贴专家，国家自然科学杰出青年基金获得者，广东特支计划"杰出人才"，入选国家新世纪"百千万"人才工程。

1987 年获清华大学化学工程专业学士学位，1990 年获华南理工大学环境化工专业硕士学位，1995 年获华南理工大学化学工程专业博士学位。1990 年起在华南理工大学从事教学科研工作，现任广东工业大学教授、博士生导师。长期从事植物资源高值化利用研究，攻克了植物中第二大组分木质素的功能化改性技术和产业化应用等诸多难题，在木质素微结构调控和表面物化理论等方面取得突破，以工业木质素为原料制备高附加值工业表面活性剂、化学品及功能材料，实现产业化及工程应用，推动了植物资源高值化利用、化学品绿色制造及低碳经济发展。获国家技术发明二等奖 2 项（第一完成人），中国专利优秀奖 3 次，广东省专利金奖 2 次，省部级科技一、二等奖 6 次；获授权中国发明专利 108 件，美国专利 3 件；发表论文 400 余篇，其中被 SCI 收录 317 篇。获得"闵恩泽能源化工奖杰出贡献奖"、"光华工程科技奖"等。兼任中国化工学会精细化工专业委员会副主任，广东省化工学会执行理事长，第七、八届国务院学科评议组（化学工程与技术学科组）成员。

培养博士生 35 名，硕士生 80 名；获国家教学成果一等奖 1 项、二等奖 2 项。

刘伟峰，1987 年 6 月生，江西横峰人。2004 年 9 月—2008 年 7 月：吉林大学高分子材料与工程专业本科，获工学学士学位；2008 年 9 月—2014 年 7 月：浙江大学化学工程专业聚合反应工程方向研究生，获工学博士学位；2010 年 11 月—2011 年 8 月：赴加拿大 McMaster 大学访学交流，2014 年 9 月—2016 年 9 月：加拿大 McMaster 大学化学工程系博士后；2016 年 10 月至今在华南理工大学从事教学科研工作。长期从事聚合物产品工程、生物质高分子复合材料方面的工程基础研究，在木质素 / 高分子复合材料研发领域取得多项原创性成果，在烯烃高温连续溶液聚合领域取得重要进展，授权中国发明专利 12 件，SCI 收录论文 30 余篇。

丛书序言

材料是人类生存与发展的基石，是经济建设、社会进步和国家安全的物质基础。新材料作为高新技术产业的先导，是"发明之母"和"产业食粮"，更是国家工业技术与科技水平的前瞻性指标。世界各国竞相将发展新材料产业列为国际战略竞争的重要组成部分。目前，我国新材料研发在国际上的重要地位日益凸显，但在产业规模、关键技术等方面与国外相比仍存在较大差距，新材料已经成为制约我国制造业转型升级的突出短板。

先进化工材料也称化工新材料，一般是指通过化学合成工艺生产的、具有优异性能或特殊功能的新型化工材料。包括高性能合成树脂、特种工程塑料、高性能合成橡胶、高性能纤维及其复合材料、先进化工建筑材料、先进膜材料、高性能涂料与黏合剂、高性能化工生物材料、电子化学品、石墨烯材料、3D打印化工材料、纳米材料、其他化工功能材料等。

我国化工产业对国家经济发展贡献巨大，但从产业结构上看，目前以基础和大宗化工原料及产品生产为主，处于全球价值链的中低端。"一代材料，一代装备，一代产业"，先进化工材料具有技术含量高、附加值高、与国民经济各部门配套性强等特点，是新一代信息技术、高端装备、新能源汽车以及新能源、节能环保、生物医药及医疗器械等战略性新兴产业发展的重要支撑，一个国家先进化工材料发展不上去，其高端制造能力与工业发展水平就会受到严重制约。因此，先进化工材料既是我国化工产业转型升级、实现由大到强跨越式发展的重要方向，同时也是我国制造业的"底盘技术"，是实施制造强国战略、推动制造业高质量发展的重要保障，将为新一轮科技革命和产业革命提供坚实的物质基础，具有广阔的发展前景。

"关键核心技术是要不来、买不来、讨不来的"。关键核心技术是国之重器，要靠我们自力更生，切实提高自主创新能力，才能把科技发展主动权牢牢掌握在自己手里。新材料是国家重点支持的战略性新兴产业之一，先进化工材料作为新材料的重要方向，是化工行业极具活力和发展潜力的领域，受到中央和行业的高度重视。面向国民经济和社会发展需求，我国先进化工材料领域科技人员在"973 计划"、"863 计划"、国家科技支撑计划等立项支持下，集中力量攻克了一批"卡脖子"技术、补短板技术、颠覆性技术和关键设备，取得了一系列具有自主知识产权的重大理论和工程化技术突破，部分科技成果已达到世界领先水平。中国化工学会组织编写的"先进化工材料关键技术丛书"正是由数十项国家重大课题以及数十项国家三大科技奖孕育，经过 200 多位杰出中青年专家深度分析提炼总结而成，丛书各分册主编大都由国家科学技术奖获得者、国家技术发明奖获得者、国家重点研发计划负责人等担任，代表了先进化工材料领域的最高水平。丛书系统阐述了纳米材料、新能源材料、生物材料、先进建筑材料、电子信息材料、先进复合材料及其他功能材料等一系列创新性强、关注度高、应用广泛的科技成果。丛书所述内容大都为专家多年潜心研究和工程实践的结晶，打破了化工材料领域对国外技术的依赖，具有自主知识产权，原创性突出，应用效果好，指导性强。

　　创新是引领发展的第一动力，科技是战胜困难的有力武器。无论是长期实现中国经济高质量发展，还是短期应对新冠疫情等重大突发事件和经济下行压力，先进化工材料都是最重要的抓手之一。丛书编写以党的十九大精神为指引，以服务创新型国家建设，增强我国科技实力、国防实力和综合国力为目标，按照《中国制造 2025》、《新材料产业发展指南》的要求，紧紧围绕支撑我国新能源汽车、新一代信息技术、航空航天、先进轨道交通、节能环保和"大健康"等对国民经济和民生有重大影响的产业发展，相信出版后将会大力促进我国化工行业补短板、强弱项、转型升级，为我国高端制造和战略性新兴产业发展提供强力保障，对彰显文化自信、培育高精尖产业发展新动能、加快经济高质量发展也具有积极意义。

中国工程院院士：

2021 年 2 月

前言

　　随着石油资源的紧缺及环境污染问题的日趋严重，充分利用天然可再生资源，生产"环境友好"的绿色产品及绿色化学工艺已成为当前化学、化工、材料及其交叉学科的研究热点和前沿。木质素是植物当中仅次于纤维素的第二大生物质资源，占植物体质量的20%～30%，被誉为21世纪可被人类利用的最丰富的绿色资源之一。与此同时，废轮胎（黑色污染）、废塑料（白色污染）等造成的环境污染问题却日益严重。2020年1月，国家发改委等出台了《关于进一步加强塑料污染治理的意见》，进一步凸显出生物质资源利用的重要性和紧迫性。制浆造纸工业、生物炼制工业每年从植物中分离出的工业木质素副产品超过5000万吨，工业木质素的资源化高效利用不仅能为化学和材料工业提供原料，同时对解决环境污染、促进可持续发展和生物质资源化利用都具有重要意义。

　　木质素是一类天然芳香族高分子，具有众多特殊的物理化学性质：（1）与较多通用工业化学品有着良好的反应活性；（2）芳香环结构使木质素具有较好的刚性；（3）具有大范围的化学结构转化的可能性；（4）侧链上的活性基团方便使其制备接枝聚合物；（5）由木材种类及制备工艺不同造成的木质素亲水或疏水特性不同，使得其可以更广泛地应用于各种复合材料的制备；（6）木质素分子中的苯环、酚羟基等特征结构使其具有优异的紫外吸收与抗氧化性能。因此，工业木质素改性复合材料的研究成为一个热点。然而，由于木质素来源广泛、结构复杂，目前对于木质素的基础研究薄弱，在木质素改性复合材料方面的应用研究依然不充分，阻碍了工业木质素的高效利用。

　　本书较系统地阐述了笔者团队近10年来在木质素的分离及化学改性、木质素的聚集微结构调控及其作为功能材料的应用、木质素改性高分子复合材料三大领域的研究成果。具体内容包括木质素的分离与提纯、木质素的化学改性方法、木质素的纳米化改性及其作为功能材料的应用、木质素基碳材料的制备及应用、木质素/无机氧化物纳米复合材料的制备及应用、木质素改性聚氨酯复合材料、木质素改性橡胶弹性体复合材料以及木质素改性可降解塑料复合材料等。本书所整理的部分技术成果属于国内外首创，可为工业木质素在复合材料中的应用研究提供一些新思路。

本书结合笔者团队在工业木质素理论和应用研究的成果和技术资料，涵盖了笔者团队近 10 年来国家重点研发计划（2018YFB1501503；2018YFB1501701-1）、国家自然科学基金重大项目（21690083）、国家自然科学基金重点项目（21436004）、第四批国家"万人计划"：国家自然科学基金（21878114；21878113；21576106；21606089；21676109；21776107；21576104；21776108；21706082；21978106；21878112），部分成果获得 2015 年度国家技术发明二等奖和 2007 年度国家技术发明二等奖，部省级一、二等奖 6 项，中国专利优秀奖 3 项、广东省专利金奖 2 项、"光华工程科技奖"与"闵恩泽能源化工奖杰出贡献奖"等。在此基础上，参阅了大量国内外科技文献，着重针对木质素在材料方面的应用研究来编写本书，以帮助科研和工程技术人员加深对工业木质素改性材料这一领域的认知，为木质素的高效利用提供理论和应用指导。

在本研究团队学习的研究生们为本书的部分研究成果付出了辛勤的劳动，他们包括博士后研究人员张冬桥、王淼、孙勇、陶家媛等；毕业的博士研究生李朋伟、魏民、李志礼、严明芳、甘林火、李荣、王小萍、周海峰、秦延林、李浩、汤潜潜、林绪亮、洪南龙、朱国典、薛雨源、李圆圆、王欢、熊文龙、席跃宾等；毕业的硕士研究生陈凯、但盼、刘青、邓国兴、付尽国、柯丽瑄、李晓娜、胡文莉、王玥、王安安、谭春枚、张海彬、潘兵、林再雄、梁悄、吴渊、杜艳刚、尚纪兵、孔倩、郭素芳、冯鑫佳、江红艳、张盼、刘磊、白孟仙、黄恺、肖亮、李宾、温伟能、张伟健、赵振强、周婷、叶晃青、伍思龙、林吼坑、莫贤科、孙章建、伍晓蕾、郭闻源、郭运清、赖焕然、王梦霞、刘春磊、陈子龙、高伟、高菲、孙晓红、蔡振和、冯雪敏、贺政、黄相振、黎卓熹、李会景、李秀丽、刘友法、谭友丹、王文利、吴舜、袁珍珍、张志鸣、王素雅、曾伟媚、莫文杰、昌娅琪、李旭昭、许锐林、陈建浩、魏振耀、陈然、阮涛、袁龙、陈静、张素文、李孝玉、祝都明、杨云、吴日辉、王婷、梁婉珊、钟晓雯、邱珂贤、张德银、余丽璇、钟锐生、胡俏衍、李媛、李迎新、姜林峰、朱媛、蔡猛、李小康、刘庆芳、赵华军、林文胜、柳娣、王仲禹、赵颖、李莹、黄文靖、靳冬雪、陈诚、曾梅君、林美露、王盛文、李欣、熊紫超、余爵、李岚、谭善元、谢锦烽、谢娇阳、李常青、王圣谕、王海旭、梅杰、何秀秀、李琪、赵汝斌、罗艳玲、汪冬平、郑涛、詹雪娟、丁子先、孙川、周义杰、覃发梅、卢烁、马观凤、万泽辰、金宇、陈云、秦志才、彭瑞芬、董芮璟、莫振业、方畅、陈念等。

本书共九章，由邱学青和刘伟峰负责全书的统稿、修改和定稿，第一章由邱学青和刘伟峰撰写，第二章由郑大锋、楼宏铭、张冬桥、李飞云、莫振业撰写，第三章由周明松、陈晴、赖源斌撰写，第四章由钱勇、武颖、王淼、陈凯撰写，第五章由杨东杰、张冬桥、符方保、王才威撰写，第六章由杨东杰、王欢、张冬桥撰写，第七章由刘伟峰、庞煜霞、方畅、赖源斌撰写，第八章由刘伟峰、黄锦浩、王海旭、涂志凯、肖亮锋撰写，第九章由刘伟峰、张晓、闫梦真撰写。

　　本书还参考了大量国内外同行撰写的书籍和论文资料，在此一并表示衷心的感谢。

　　由于编写此书时间较为仓促及木质素的复杂性，更由于笔者水平有限，疏漏之处在所难免，请读者不吝指正。

邱学青，刘伟峰
2020 年 10 月于华南理工大学

目录

第三章
木质素的化学改性方法　　　　　　049

第六章
木质素/无机氧化物纳米复合材料的制备及应用　189

第九章
木质素改性可降解高分子复合材料　377

第一章
绪　论

木质素作为储量最大的天然芳香族高分子，占植物体质量的 20% ～ 30%，储量仅次于纤维素，被誉为 21 世纪可被人类利用的最丰富的绿色资源之一。虽然制浆造纸工业、生物炼制工业每年从植物中分离出的工业木质素副产品超5000 万吨，但是目前对工业木质素的有效利用率却不到 5%。除了少量的工业木质素被作为工业表面活性剂利用外，绝大部分被作为廉价燃料燃烧，资源的有效利用率极低。

木质素独有的芳香环结构赋予其一定的刚性和机械强度，而工业木质素中特有的苯丙烷和酚羟基结构又赋予其优异的紫外屏蔽功能和抗氧化功能。此外，工业木质素特有的两亲性结构和大量的含氧极性官能团，赋予其丰富的改性途径和应用功能。木质素的这些独特性质，为其在材料改性领域的应用提供了可能。工业木质素的资源化高效利用不仅能为化学和材料工业提供原料，同时对解决环境污染、促进国家节能减排和低碳循环经济的发展以及生物质资源化利用都具有重要意义。

第一节
木质素的分离提纯及化学改性

一、木质素的分离与提纯

自然界中的木质素存在于植物纤维原料中，并与纤维素紧密地结合在一起[1]，因此需要将木质素从原料中脱除。根据脱除方法的不同，工业上将木质素分为碱法制浆木质素、木质素磺酸盐和酶解木质素。其中，碱法制浆木质素因使用的碱性蒸煮液不同，又可分为碱木质素和硫酸盐木质素。而木质素磺酸盐主要来源于亚硫酸盐法制浆。木质纤维原料经生物法炼制燃料乙醇后剩余的残渣，绝大部分是残余木质素，即酶解木质素。木质素脱除的原理是通过化学、物理和生物技术打断木质素与纤维素的连接，进而脱除出来。但是，这个过程还夹杂着其他的反应，如降解和缩合等反应，从而造成木质素结构和组成发生改变，不再是原生木质素。

未经过提纯处理的木质素含有较多糖类、无机盐和灰烬等杂质，很大程度地影响木质素的化学性质及储存性能，难以进行大规模的商业化应用。因此，木质素的分离提纯是实现其功能化应用的关键所在。木质素的传统分离提纯方法包括酸析法、碱析法、絮凝沉淀法、膜分离法、酶解法和有机溶剂法等。本书将对近年来新兴的分离提纯方法进行详细的介绍，包括色谱分离、二氧化碳酸析法和有机酸提纯法等[2]。

二、木质素的化学改性

工业木质素存在纯度低、水溶性差和反应活性低等缺点，因此直接利用性能不佳。木质素分子结构中含有羟基、羧基、甲氧基和羰基等活性官能团，为木质素的化学改性提供了可能。目前，木质素改性最常用的方法包括胺化、磺化和羧化等，也有硝化、羟烷基化、酚化改性和聚醚接枝改性[3]。

对木质素进行改性，可以增强其应用性能并拓宽其应用领域。胺化木质素可应用于絮凝剂、吸附剂、乳化剂和聚合物复合材料的增强剂等领域。磺化后的木质素具有较高的 Zeta 电位，有助于在水泥颗粒间形成强的静电斥力，故常用作水泥分散剂。磺化 - 羧化木质素作为染料分散剂可减少木质素对纤维的沾污，同时避免与染料发生还原反应。羟烷基化木质素可以作为生产木质素基聚合物的预聚物，在制备木质素基酚醛树脂和胶黏剂方面具有广泛的应用。聚醚接枝改性木质素可提高木质素与聚氨酯的相容性，在提高聚氨酯拉伸强度和断裂拉伸率方面具有很大的潜力。酚化木质素在酚醛树脂和聚氨酯等高分子材料中可代替多元醇和充当交联剂。

本书将详细介绍木质素的几种重要改性技术，包括胺化、磺化、羧酸化、疏水化、聚醚接枝改性等，并揭示改性木质素的化学结构、官能团类型及含量、分子量及分布、结晶度和热稳定性等物理化学性质，丰富和完善木质素改性领域的理论，并为其他科研工作者提供参考。

第二节
木质素的聚集微结构调控及其作为功能材料的应用

一、木质素的纳米化改性及应用

木质素纳米颗粒不仅具有高比表面积、高体积比、官能团可调及形态多样等特征，而且自身的苯丙环骨架和丰富的酚羟基官能团赋予其安全性、可降解性、可持续性、抗氧化特性和生物相容性。因此，木质素纳米颗粒在农药肥料、生物医药、化妆品以及食品保鲜等领域都显示出巨大的应用潜力。然而，普通方法生产的木质素颗粒大小不一，产品性能不稳定。因此，采用纳米化改性技术制备粒径均一的木质素纳米颗粒是提高其应用性能的重要手段之一，有助于拓宽木质素在防晒、抗氧化、抗菌等领域的应用[4]。

本书将介绍几种新型的木质素纳米化技术、环境响应型木质素纳米颗粒的制备及木质素纳米颗粒应用到防晒、抗氧化和抗菌等领域的国内外研究进展。同时，结合笔者团队近几年来利用木质素纳米化技术在防晒和抗氧化领域取得的突破[5, 6]，介绍构建木质素纳米功能材料的机理和应用研究进展。

二、木质素基碳材料的制备及应用

作为自然界植物中含量最丰富的芳香聚合物，木质素的分子骨架中富含 sp^2 杂化碳结构，且具有高 C/O（碳氧比），是理想的碳材料前驱体。相较于其他的合成高分子等碳源，木质素作为碳源制备碳材料具有廉价易得、成本低、碳转化效率高和可设计性强等优势。木质素基碳材料由于具有物化稳定性高、孔道结构可调控和表面特性易修饰等特点，在污染物吸附、气体分离、能量存储与转化以及催化等领域展现了巨大的应用潜力，近年来已成为木质素高值化利用研究的热点之一。

本书详细介绍了国内外木质素基碳材料的研究现状，包括木质素碳的主要制备方法（包括活化法和模板法）和在储能与催化领域的应用以及当前研究中存在的关键问题。同时还详细介绍了笔者课题组近年来在木质素碳制备机理、高比能木质素基碳储能材料和高性能木质素基碳催化剂等方面的研究成果[7, 8]。

三、木质素/无机氧化物纳米复合材料的制备及应用

无机纳米颗粒具有来源广、毒性低、尺寸稳定及热稳定等优点，对紫外线有较强反射作用，常被用作防紫外剂和增强剂等。然而，无机纳米颗粒因表面能高极易发生团聚，其优异特性难以发挥出来。木质素分子结构中含有大量苯环、酚羟基和羧基等含氧官能团，因此木质素本身也存在易团聚和难分散的问题。

无机-有机杂化材料综合了无机、有机和纳米材料的优点，具有良好的机械、光、电和磁等功能特性，并且材料的形态和性能具有大范围的可控性，因此获得了大量的关注。笔者团队最新研究表明：通过化学和物理作用，可以获得分散性良好且粒径均一的有机/无机复合颗粒。一方面，利用木质素本身的多酚结构，可以促进无机纳米颗粒的分散；另一方面，无机纳米颗粒也打断了木质素分子间

吸引力，产生更佳的分散效果。因此，通过将无机纳米颗粒和木质素进行杂化，不仅可以解决两者各自的分散性问题，而且可以实现协同增效，获得更为特殊的光学、力学和电学等性能。

本书将介绍近年来笔者团队在木质素/无机氧化物（包括氧化锌、二氧化钛和二氧化硅）纳米复合材料（后文简称为复合材料）的可控制备、微结构调控及其在高分子材料中的高值化应用等方面的相关研究进展[9-12]，希望能在木质素/无机复合材料的构建机理和制备工艺以及应用研究方面给予读者一些启发。

第三节
木质素改性高分子材料简介

一、木质素改性聚氨酯复合材料

聚氨酯是一种由异氰酸酯和羟基化合物反应得到的嵌段聚合物，可制成涂料、胶黏剂、泡沫、弹性体和纤维等多种类型的材料，广泛应用于包装、建筑、汽车制造、电子器件和生物医学等领域。然而，聚氨酯原料严重依赖于化石能源，不仅价格昂贵，而且对环境造成一定的负担。开发生物质基聚氨酯材料已成为促进聚氨酯工业绿色可持续发展的重要发展方向。

木质素分子结构中含有大量的羟基，不仅来源广、成本低、绿色无毒、天然可再生，而且具有抗紫外和抗老化等功能，因此被认为是多元醇最有前景的替代物。使用廉价易得的木质素部分替代石化多元醇合成聚氨酯材料，不仅能降低聚氨酯的原料成本，还能提升材料的综合性能，如提高聚氨酯材料的交联密度、力学性能、生物降解性、抗紫外线和热稳定性能。但是，与普通石化多元醇相比，木质素分子存在结构复杂、空间位阻大和官能团反应活性较低等缺陷，并且木质素应用到聚氨酯基体中存在不易分散和相容性差等难题，这些为木质素在聚氨酯行业中的应用提出了巨大的挑战。

本书将着重介绍笔者团队在过去几年内开辟木质素基聚氨酯弹性泡沫、聚氨酯弹性体、水性聚氨酯、聚氨酯胶黏剂和聚氨酯微胶囊等新材料的研究成果[13-18]，为解决木质素反应活性低及在聚氨酯基体中易团聚和相容性差等难题提供参考。

二、木质素改性橡胶弹性体复合材料

橡胶是具有可逆形变的无定形高弹性聚合物材料。橡胶在国民经济和社会发展中具有无可替代的作用，也被公认为一种重要的战略物资，广泛应用于轮胎、胶管、胶带、密封制品、绝缘材料和娱乐、运动器材等产品中。橡胶本身的力学强度不高，通常需要添加大量的补强剂。橡胶补强剂包括炭黑、白炭黑、黏土和碳酸钙等。其中，炭黑是商业上应用最成熟和最广泛的橡胶补强剂。然而，炭黑主要由石油和天然气等通过不完全燃烧或者热裂解的方法制得，生产过程存在高污染、高能耗和高成本等问题。同时，橡胶制品中要添加小分子的抗氧剂和光稳定剂（如受阻酚类和受阻胺类等）来提高制品的抗热氧老化和抗紫外老化性能，但这些抗氧剂和光稳定剂容易从橡胶制品中迁移出来而失效，而传统的抗氧剂和光稳定剂具有生物毒性，迁移出来后会对生态及人类健康造成隐患。

木质素以疏水性苯丙环为骨架，含有酚羟基等活性基团，将木质素用作橡胶补强剂，部分代替传统的炭黑填料，既可以降低橡胶制品的成本，节约石化资源，同时赋予木质素 / 橡胶复合材料优良的抗紫外及抗老化性能，有助于解决传统抗氧剂和抗紫外剂的迁移污染问题。

木质素 / 橡胶复合材料的研究始于 20 世纪 40 年代，但至今仍未实现大规模应用，原因主要是木质素自身分子间作用力强造成团聚严重，且与橡胶基体相容性差。因此，要想实现木质素在橡胶材料中的大规模应用，迫切需要解决木质素在橡胶基体中易团聚、与橡胶相的相容性差等基础科学难题。

本书将着重介绍笔者团队在过去几年内通过创新性地构建仿生动态配位键和动态氢键的方法来提高木质素在丁腈橡胶复合材料、丁腈橡胶 - 聚氯乙烯复合材料、三元乙丙橡胶、聚乙烯弹性体等复合材料中的补强性能[19-28]，为高性能木质素 / 橡胶复合材料的制备提供新方法。

三、木质素改性可降解塑料复合材料

发展环境友好型高分子材料是解决塑料污染问题的有效途径，也成为人类社会可持续发展的重要主题之一。从 20 世纪 90 年代开始，可降解塑料行业开始发展，并成为研究热点。目前，作为一种新型材料，可降解高分子材料仍存在一系列缺点，例如：价格昂贵、力学性能与通用塑料相比还有一定的差距、功能过于单一等，这些都极大地限制了其大规模推广应用。可降解高分子材料的增强和增韧改性一直是该领域的研究重点。

由于木质素本身属于可降解天然高分子，将木质素应用于可降解高分子材料改性，不仅可以降低可降解高分子材料的成本，而且可以制备全生物降解复合材料。但是，木质素自身分子间作用力强，在可降解高分子材料中极难实现纳米级的均匀分布，经常会发生大微米尺度上的相分离，不仅不能改善可降解高分子材料的力学性能，反而使得复合材料的力学性能大大降低。

近年来，生物大分子材料的仿生研究在国际上引起极大的关注。近年来的研究表明，天然蜘蛛丝具有超高拉伸强度、良好的断裂伸长率以及优异的断裂韧性，这归功于多层级组装的纳米相分离结构以及限制链结构的密集动态氢键作用。木质素中含有丰富的酚羟基和羧基等含氧极性官能团，而绝大部分可降解高分子材料属于聚酯类高分子，分子链中含有大量极性基团。将木质素与可降解高分子材料复合，通过调控木质素的聚集微结构和界面作用，有望利用二者的极性基团构建强界面作用。

本书将重点介绍笔者团队近几年模拟仿生技术，通过构建纳米微相分离结构和界面动态氢键作用，实现木质素与可降解聚乙烯醇塑料的完美结合，制备出高强度、高韧性、多功能全降解木质素/聚乙烯醇纳米复合材料，包括力学性能接近蜘蛛丝的复合膜、高强高韧阻隔膜和高强高韧抗菌复合膜等[29-33]，为生物质基全降解高分子复合材料的制备和构效调控提供科学参考。

参考文献

[1] Yuhe L, Koelewijn S F, Bossche G V, et al. A sustainable wood biorefinery for low-carbon footprint chemicals production [J]. Science, 2020, 367(6864):1385-1390.

[2] Wang Z, Qiu S, Hirth K, et al. Preserving both lignin and cellulose chemical structures: Flow-through acid hydrotropic fractionation at atmospheric pressure for complete wood valorization [J]. ACS Sustainable Chemistry & Engineering, 2019, 7(12): 10808-10820.

[3] Lin X, Zhou M, Wang S, et al. Synthesis, structure, and dispersion property of a novel lignin-based polyoxyethylene ether from kraft lignin and poly(ethylene glycol) [J]. ACS Sustainable Chemistry & Engineering, 2014, 2(7): 1902-1909.

[4] Li H, Deng Y, Liu B, et al. Preparation of nanocapsules via the self-assembly of kraft lignin: A totally green process with renewable resources [J]. ACS Sustainable Chemistry & Engineering, 2016, 4(4): 1946-1953.

[5] Qian Y, Qiu X, Zhu S. Lignin: A nature-inspired sun blocker for broad-spectrum sunscreens [J]. Green Chemistry, 2014, 17(1): 320-324.

[6] Tan S, Liu D, Qian Y, et al. Towards better UV-blocking and antioxidant performance of varnish via additives based on lignin and its colloids [J]. Holzforschung, 2019, 73(5): 485-491.

[7] Fu F, Yang D, Zhang W, et al. Green self-assembly synthesis of porous lignin-derived carbon quasi-nanosheets for high-performance supercapacitors [J]. Chemical Engineering Journal, 2020, 392: 123721.

[8] Fu F, Yang D, Wang H, et al. Three-dimensional porous framework lignin-derived carbon/ZnO composite fabricated by a facile electrostatic self-assembly showing good stability for high-performance supercapacitors [J]. ACS

Sustainable Chemistry & Engineering, 2019, 7(19): 16419-16427.

[9] Wang H, Lin W, Qiu X, et al. In-situ synthesis of flower-like lignin/ZnO composites with excellent UV-absorption property and its application in polyurethane [J]. ACS Sustainable Chemistry & Engineering, 2018, 6: 3696-3705.

[10] Wang H, Qiu X, Liu W, et al. A novel lignin/ZnO hybrid nanocomposite with excellent UV absorption ability and its application in transparent polyurethane coating [J]. Industrial & Engineering Chemistry research, 2017, 56: 11133-11141.

[11] Xiong W, Qiu X, Yang D, et al. A simple one-pot method to prepare UV-absorbent lignin/silica hybrids based on alkali lignin from pulping black liquor and sodium metasilicate[J]. Chemical Engineering Journal, 2017, 326: 803-810.

[12] 王欢, 杨东杰, 钱勇, 等. 木质素基功能材料的制备与应用研究进展 [J]. 化工进展, 2019, 38(1): 434-448.

[13] Liu W, Fang C, Wang S, et al. High-performance lignin-containing polyurethane elastomers with dynamic covalent polymer networks [J]. Macromolecules, 2019, 52(17): 6474-6484.

[14] Wang S, Liu W, Yang D, et al. Highly resilient lignin-containing polyurethane foam [J]. Industrial & Engineering Chemistry Research, 2019, 58(1): 496-504.

[15] Fang C, Liu W, Qiu X. Preparation of Polyetheramine-grafted lignin and its application in UV-resistant polyurea coatings [J]. Macromolecular Materials and Engineering, 2019, 304(10): 1900257.

[16] Liu W, Fang C, Chen F,et al. Strong, reusable and self-Healing lignin-containing polyurea adhesives [J]. ChemSusChem, 2020, 13: 4691-4701.

[17] 邱学青, 刘伟峰, 王圣谕, 等. 一种可循环加工的木质素基聚氨酯弹性体及其制备方法: 201811189140.2 [P]. 2018-10-12.

[18] 邱学青, 刘伟峰, 方畅, 等. 一种木质素基聚脲涂料及其制备方法: 201811188788.8 [P]. 2020-08-18.

[19] Huang J, Liu W, Qiu X. High performance thermoplastic elastomers with biomass lignin as plastic phase [J]. ACS Sustainable Chemistry & Engineering, 2019, 7(7): 6550-6560.

[20] Wang H, Liu W, Tu Z, et al. Lignin reinforced NBR/PVC composites via metal coordination interactions [J]. Industrial & Engineering Chemistry Research, 2019, 58(51): 23114-23123.

[21] Mei J, Liu W, Huang J, et al. Lignin-reinforced ethylene-propylene-diene copolymer elastomer via hydrogen bonding interactions [J]. Macromolecular Materials and Engineering, 2019, 304(4): 1800689.

[22] Wang H, Liu W, Huang J, et al. Bioinspired engineering towards tailoring advanced lignin/rubber elastomers [J]. Polymers, 2018, 10(9): 1033.

[23] 邱学青, 刘伟峰, 黄锦浩, 等. 一种木质素/聚烯烃热塑性弹性体复合材料及其制备方法: 201710637734.3 [P]. 2019-08-05.

[24] 刘伟峰, 邱学青, 梅杰, 等. 一种木质素/三元乙丙橡胶复合材料及其制备方法: 201710638108.7 [P]. 2019-08-29.

[25] 邱学青, 刘伟峰, 王海旭, 等. 一种木质素/丁腈橡胶复合材料及其制备方法: 201710637873.7 [P]. 2019-10-24.

[26] 邱学青, 刘伟峰, 王海旭, 等. 一种木质素/炭黑/丁腈橡胶复合材料及其制备方法: 201710957263.5 [P]. 2020-04-07.

[27] 邱学青, 刘伟峰, 王海旭, 等. 一种木质素增强的 NBR/PVC 弹性体及其制备方法: 201811452743.7 [P]. 2020-07-01.

[28] 涂志凯, 刘伟峰, 邱学青, 等. 一种木质素接枝溴化丁基橡胶复合材料及其制备方法: 201911112943.2 [P]. 2020-08-20.

[29] Zhang X, Liu W, Yang D, et al. Biomimetic supertough and strong biodegradable polymeric materials with

improved thermal properties and excellent UV‐blocking performance [J]. Advanced Functional Materials, 2019, 29(4): 1806912.

[30] Zhang X, Liu W, Liu W, et al. High performance PVA/lignin nanocomposite films with excellent water vapor barrier and UV-shielding properties [J]. International Journal of Biological Macromolecules, 2020, 142: 551-558.

[31] Zhang X, Liu W, Sun D, et al. Very strong, super-tough, antibacterial, and biodegradable polymeric materials with excellent UV-blocking performance [J]. Chemsuschem, 2020, 13: 4974-4984.

[32] Zhang X, Liu W, Cai J, et al. Equip the hydrogel with armor: Strong and super tough biomass reinforced hydrogels with excellent conductivity and anti-bacterial performance [J]. Journal of Materials Chemistry A, 2019, 7(47): 26917-26926.

[33] 刘伟峰，邱学青，张晓，等 . 一种木质素 / 聚乙烯醇复合材料及其制备方法：201810788263.1 [P]. 2018-07-18.

第二章

木质素的分离与提纯

"木材质"是 19 世纪初 Gay-Lussal 在研究木材的元素组成的时候提出的[1]。1838 年 Payen 通过实验证明了木材不是由单纯的纤维素构成，还包括含碳量更高的物质，他把这种物质称为真正的木材物质。1857 年，Schulze 将上述高碳物质溶出，并命名为木质素（lignin）。lignin 是由拉丁语 lignum（木材）衍生而来，并延续至今。

第一节
木质素的来源

在自然界中，木质素是一种广泛存在于植物中的芳香类天然高分子，是陆地上仅次于纤维素的生物高分子，约占自然界有机碳的 30%。木质素与纤维素和半纤维素一起形成了植物骨架的主要成分，起着黏合纤维并使纤维刚挺的双重作用。按照植物种类不同，木质素可分为针叶材（softwood）木质素、阔叶材（broad leaf wood）木质素和草本（herbaceous plant）木质素三大类。在植物体中，木质素的存在状态如图 2-1 所示。木质素和半纤维素一起作为细胞间质填充在细胞壁之间，从而把相邻的细胞连在一起并发挥木质化的作用[2]。木质化后的细胞壁增强了植物的强度，能够抵抗微生物的入侵，并提高了细胞壁的透水性及保水能力。

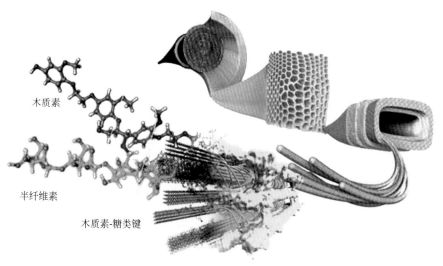

图2-1　木质素的存在状态示意图[2]

木质素是自然界产量最大的天然芳香族高分子物质。据估计，绿色植物通过光合作用每年合成的生物质相当于人类当前全年能耗的 10 倍[3]。如何有效利用这种可再生的生物质资源关系到人类的可持续发展。

在天然状态下，木质素是一个无限定分子量的连续大分子。受生物合成过程影响，木质素分子不像纤维素由单一的葡萄糖单元通过 β-1，4 糖苷键构成，其化学结构非常复杂，局部化学结构如图 2-2 所示[4]。一般认为它是由三种苯丙烷单元通过 β-O-4、5-O-4 和 β-1 等醚键和碳碳键连接而成的三维网状结构的天然高分子。这三种苯丙烷单元分别是愈疮木基（G 型）、紫丁香基（S 型）和对羟基（H 型），其结构式如图 2-3 所示。在木质素的各种化学键中，β-O-4 键在其中占 40% ~ 60%[5]。在针叶材中的含量可高达 46%，在阔叶材中的含量可高达 60%。

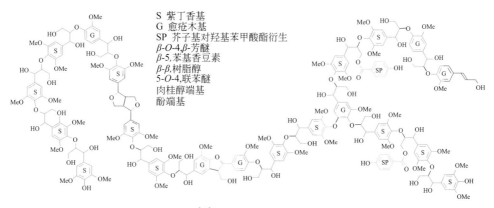

图2-2 木质素局部化学结构示意图[4]

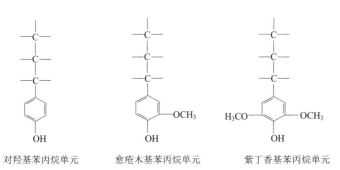

对羟基苯丙烷单元　　　愈疮木基苯丙烷单元　　　紫丁香基苯丙烷单元

图2-3 木质素的三种基本结构单元

虽然木质素广泛存在于各种植物中，但它与纤维素、半纤维素共同组成了植物的骨架，不能单独存在。通常这种存在于各种植物组织中的原生态木质素称为"原生木质素"。制浆造纸和生物炼制等工业主要分离和利用纤维素和半纤维素，而木质素往往被视为"累赘"。目前将植物纤维用于制浆后产生的副产物和生产纤维素燃料乙醇产生的残渣木质素统称为"工业木质素"。根据分离方法的不同，工业木质素主要包括碱法制浆产生的碱木质素、亚硫酸盐法制浆产生的木质素磺酸盐和纤维素乙醇副产的酶解木质素等。

第二节
木质素磺酸盐的色谱分离

凝胶色谱是色谱分离中的一个重要分支，它是以具有不同孔径交联网状立体结构的多聚体（即凝胶）为固定相。混合液通过具有网状结构的凝胶时，小分子物质通过，而大分子物质则无法通过，使不同分子量的物质得以分开，最终起到分离提纯的作用。凝胶色谱原理如图 2-4 所示。

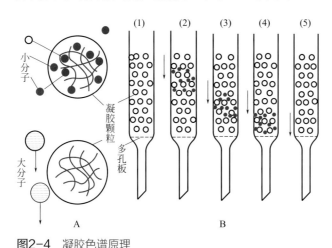

图2-4　凝胶色谱原理

凝胶色谱法具有设备简单、操作方便、重复性能好、样品得率高等优点，不需要有机溶剂、洗脱液，不需要再生，已在生命科学领域得到广泛应用。目前使用凝胶色谱进行木质素分离提纯却鲜有报道。

本节通过色谱柱分离系统来研究凝胶色谱对木质素磺酸钠的分离提纯作用。色谱柱分离系统采用美国通用电气公司 AKTA Prime 色谱柱系统，仪器主要由缓冲阀、系统泵、压力传感器、混合器、注射阀、监测系统、分级系统及色谱柱组成。色谱柱系统基本工作流程图如图 2-5 所示。

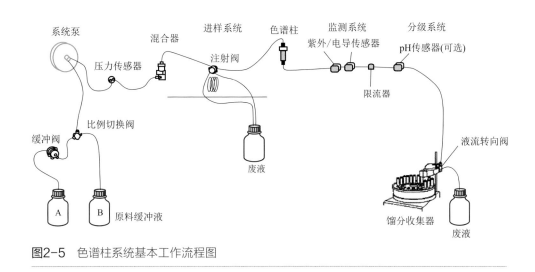

图2-5 色谱柱系统基本工作流程图

色谱柱系统基本分离提纯流程包括：凝胶预处理、装柱、流动相预处理、样品预处理、样品色谱法和色谱柱的清洗和维护。

一、色谱工艺对木质素磺酸盐的分离效果

1. 凝胶类型的选择

比较葡聚糖 LH-20 和丙烯葡聚糖 S-100 这两种凝胶的色谱分析效果。以蒸馏水为流动相，以分子量 2500～5000 的木质素磺酸钠（LS-01）为葡聚糖 LH-20 凝胶分离的样品，该样品为截留分子量 5000 及 2500 的超滤膜滤出和截留部分。以分子量大于 5000 的木质素磺酸钠（LS-02）为丙烯葡聚糖 S-100 凝胶分离的样品，该样品为截留分子量 5000 的超滤膜滤出部分。

表 2-1 为以葡聚糖 LH-20 凝胶小色谱柱一次分离得到的木质素磺酸钠分子量及分子量分布指数结果。使用葡聚糖 LH-20 凝胶小色谱柱进行分离，以 0.2mL/min 为洗脱流速，每管收集 3mL，进样量为 2mL，原料为 20% 的 LS-01。

表2-1　葡聚糖LH-20凝胶小色谱柱得到的木质素磺酸钠凝胶渗透色谱（GPC）测定结果

洗脱时间/min	M_n	M_w	M_w/M_n
0	8200	13100	1.60
15	6300	9500	1.51
30	4900	5900	1.19
45	4200	4700	1.134
60	3900	4300	1.11
75	3400	3800	1.12
90	3100	3400	1.11
105	2600	2900	1.11
120	2300	2700	1.14
135	2100	2400	1.13
150	2000	2400	1.21
165	1700	2100	1.24
180	1300	1700	1.32
195	1100	1500	1.34
210	900	1200	1.40
225	600	1000	1.70

注：LH-20 为一种葡聚糖凝胶，M_n 为数均分子量，M_w 为重均分子量，M_n 与 M_w 值均为四舍五入处理的结果，M_w/M_n 为分子量分布指数，是实际 M_n 与 M_w 的比值。后续表格中的分子量定义与此相同。

由表 2-1 可知，葡聚糖 LH-20 凝胶小色谱柱能有效分离不同分子量木质素磺酸钠。通过色谱柱分离后，不同洗脱时间得到的木质素磺酸钠分子量分布指数均低于原料 LS-01 的 2.38。其中，洗脱时间为 105min 收集到的样品，其重均分子量为 2900，有着接近单分散样品的分子量分布指数（低至 1.11）。葡聚糖 LH-20 凝胶系统较为有效地把重均分子量低于 6000 的木质素磺酸钠样品按照由大到小的分子量顺序分离。但是，对于大于 6000 的样品却无法得到较好的分离效果，其分子量分布指数高达 1.5 ～ 1.6。这是由于样品的粒径大于凝胶的有效分离尺寸（即葡聚糖 LH-20 凝胶的孔径），从而随流动相一起流出而无法得到有效分离。

对于分子量大于 6000 的木质素磺酸钠样品进行二次色谱分离以验证葡聚糖 LH-20 凝胶对分子量大于 6000 原料的分离能力。分子量大于 6000 原料为一次色谱得到重均分子量 13100、分子量分布指数 1.60 的木质素磺酸钠（一）和重均分子量 9500、分子量分布指数 1.51 的木质素磺酸钠（二）。葡聚糖 LH-20 凝胶小色谱柱二次色谱分离得到木质素磺酸钠样品 GPC 测定结果如表 2-2 和表 2-3 所示。使用葡聚糖 LH-20 凝胶小层析柱进行层析，以 0.6mL/min 为洗脱流速，每管收集 3mL 产品，进样量为 2mL。

表2-2　葡聚糖LH-20凝胶小色谱柱二次色谱分离得到木质素磺酸钠样品凝胶渗透色谱（GPC）测定结果（一）

洗脱时间/min	M_n	M_w	M_w/M_n
0	9000	14000	1.62
5	8200	12900	1.56
10	7700	11800	1.53
15	7300	11200	1.53
20	6700	10000	1.50

注：LH-20 是一种葡聚糖凝胶型号。

表2-3　葡聚糖LH-20凝胶小色谱柱二次色谱分离得到木质素磺酸钠样品凝胶渗透色谱（GPC）测定结果（二）

洗脱时间/min	M_n	M_w	M_w/M_n
0	6900	10700	1.54
5	6000	9200	1.53
10	5700	8700	1.51
15	5300	8100	1.52

由表 2-2 和表 2-3 可知，木质素磺酸钠样品在二次色谱分离后，其分子量分布指数有所降低。一次色谱分离得到重均分子量为 13100 和分子量分布指数为 1.60 的木质素磺酸钠，经过二次色谱分离后的重均分子量在 10000 ～ 12900 及分子量分布指数在 1.50 ～ 1.56 之间。一次色谱分离得到重均分子量为 9500、分子量分布指数为 1.51 的木质素磺酸钠在二次色谱分离后，其产品的重均分子量在 8100 ～ 10700 之间、分子量分布指数在 1.51 ～ 1.54 之间，分子量分布指数反而略有升高。这进一步表明，葡聚糖 LH-20 凝胶小色谱柱对分子量大于 6000 且分子量分布相对较窄的木质素磺酸钠仍然无法进行有效的分离。

表 2-4 为以丙烯葡聚糖 S-100 凝胶小色谱柱一次色谱分离得到的木质素磺酸钠分子量及分子量分布指数结果。使用丙烯葡聚糖 S-100 凝胶小色谱柱进行色谱分离，以 0.2mL/min 为洗脱流速，每管收集 3mL，进样量为 2mL，原料为 20%（质量分数）的 LS-02，以 0.2mol/L $NaNO_3$ 溶液为流动相。

表2-4　丙烯葡聚糖S-100凝胶小色谱柱得到木质素磺酸钠凝胶渗透色谱（GPC）测定结果

洗脱时间/min	M_n	M_w	M_w/M_n
0	25600	45100	1.76
15	18100	25200	1.39
30	15200	18700	1.23
45	11700	14100	1.21
60	9300	11100	1.20
75	7500	8800	1.18
90	5800	6900	1.20
105	4400	5300	1.22
120	3800	4600	1.21
135	2300	2800	1.23
150	1500	1900	1.32
165	600	1200	2.11
180	300	900	2.96

注：S-100是一种丙烯葡聚糖凝胶型号。

由表2-4可知，丙烯葡聚糖S-100凝胶小色谱柱能有效分离不同分子量木质素磺酸钠。通过色谱柱分离后，不同洗脱时间得到的木质素磺酸钠分子量分布指数均低于原料LS-01的4.55。对于分子量大于2.5万的样品却无法得到较好的分离效果，分子量分布指数偏高，这可能是由于样品的粒径大于凝胶的有效分离尺寸。但是，分子量较小的木质素磺酸钠分离后，样品分子量分布指数保持在1.2左右，有着较好的分离效果。

比较葡聚糖LH-20和丙烯葡聚糖S-100这两种凝胶的色谱分离效果，得出以下结论：葡聚糖LH-20凝胶受到自身有效分离尺寸的限制，无法有效地分离分子量大于6000的木质素磺酸钠。为了对分子量大于6000的木质素磺酸钠进行有效分离，可以选择丙烯葡聚糖S-100凝胶进行色谱分离。

葡聚糖LH-20凝胶色谱分离得到的最低分子量分布指数（1.11）略低于丙烯葡聚糖S-100凝胶色谱分离得到的样品最低分子量分布指数（1.18）。选择葡聚糖LH-20凝胶对分子量小于6000的木质素磺酸钠进行色谱分离，可得到更好的分离效果。

对整体色谱分离效果研究可知，较大分子量范围的木质素磺酸钠样品通过丙烯葡聚糖S-100凝胶色谱分离后，可得到分子量分布较窄的木质素磺酸钠产品。工业木质素磺酸钠的分子量分布较宽，以5000～20000为主（少量木质素磺酸钠的分子量大于3.5万），因此选择丙烯葡聚糖S-100凝胶进行色谱分离，能有效分离出不同分子量的木质素磺酸钠。

2. 流动相的选择

作为色谱柱分离效果一个重要影响因素的流动相有着很高的研究价值。图2-6为流动相浓度对木质素磺酸钠样品色谱分离的影响图。使用丙烯葡聚糖S-100凝胶小色谱柱进行色谱分离，以0.2mL/min为洗脱流速，每管收集3mL，进样量为2mL，原料为20%（质量分数）的LS-02，以三种不同浓度的NaNO₃溶液和蒸馏水为流动相。

由图2-6可知，以0.02mol/L NaNO₃溶液为流动相时，当洗脱时间为45~145min时，可得到重均分子量为14000~1800的木质素磺酸钠，且其分子量分布指数为1.18~1.44。当洗脱时间超过145min时，分离得到的木质素磺酸钠分子量分布指数开始逐渐升高。当以0.2mol/L的NaNO₃溶液为流动相时，能对分子量在14000~1800的木质素磺酸钠溶液进行有效分离，获得的木质素磺酸钠组分分子量分布指数低至1.18~1.23。作为强离子交换剂的NaNO₃能有效抑制木质素磺酸钠电荷基团与葡聚糖凝胶羧基基团的非特异性吸附。高浓度的NaNO₃溶液有更高的抑制能力，更有利于发挥凝胶色谱柱的分子筛效应（大分子流出和小分子进入凝胶颗粒内部也变得容易），最终有更好的分离效果。但是，过高浓度的NaNO₃溶液会使木质素磺酸钠发生盐析现象[6]，木质素磺酸钠难以随流动相流出。

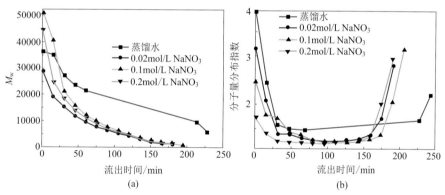

图2-6 （a）流动相浓度对木质素磺酸钠样品色谱分离重均分子量（M_w）的影响；（b）流动相浓度对木质素磺酸钠样品色谱分离分子量分布指数的影响

3. 洗脱流速的选择

不同洗脱流速对分离木质素磺酸钠分子量及分子量分布指数的影响如图2-7所示。使用丙烯葡聚糖S-100凝胶小色谱柱进行色谱分离，每管收集3mL，进样量为2mL，原料为20%（质量分数）的LS-02，以0.2mol/L NaNO₃水溶液为流动相。

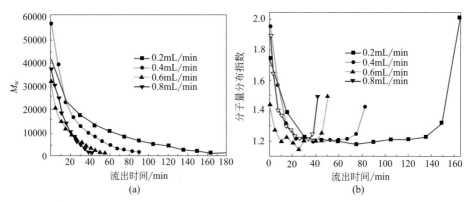

图2-7 （a）洗脱流速对分离木质素磺酸钠重均分子量（M_w）的影响；（b）洗脱流速对分离木质素磺酸钠分子量分布指数的影响

由图 2-7 可知，0.2mL/min、0.4mL/min 及 0.6mL/min 的洗脱流速能对木质素磺酸钠进行有效的色谱分离，在洗脱时间 20 ～ 40min 内，可以获得分子量为 5000 ～ 20000 且分子量分布指数保持在 1.2 左右的木质素磺酸钠样品。0.8mL/min 的洗脱流速得到的样品，在洗脱 40min 后其分子量分布指数有了显著的增加，分离效果降低，无法有效分离样品。这是由于流速过高，部分样品没有足够的时间进入凝胶各尺寸微孔就被高流速的流动相洗脱出来，造成色谱分离效果不佳。洗脱流速为 0.2mL/min 时，可获得最佳的色谱分离效果，但其洗脱时间过长，色谱分离效率过低。洗脱流速为 0.6mL/min 时，洗脱所需时间仅为 0.2mL/min 时的 1/3，使色谱分离周期得以大幅度缩短，有效提高色谱分离效率。因此，洗脱流速的选择对综合色谱分离效果和色谱分离效率有重要的影响。

4. 进样量的选择

不同进样量下色谱分离得到的木质素磺酸钠样品分子量及分子量分布指数结果如图 2-8 所示。使用丙烯葡聚糖 S-100 凝胶小色谱柱进行色谱分离，以 0.6mL/min 为洗脱流速，每管收集 3mL，原料为 20%（质量分数）的 LS-02，以 0.2mol/L NaCl 水溶液为流动相。

色谱分离效率会随进样量的增加而降低，因此，加大进样量虽能获得更多的产品，但也对色谱分离效果产生一定的影响。由图 2-8 可知，木质素磺酸钠的分子量分布指数随进样量增加而增加，加大进样量不利于获得低分子量分布指数的木质素磺酸钠样品。这是由于凝胶只有有限的有效孔体积，单位时间内加入的样品太多则无法全部进入微孔，使得色谱分辨率降低，无法有效地分离样品。为了得到高纯度的木质素磺酸钠，2mL 的进样量是较为合理的。

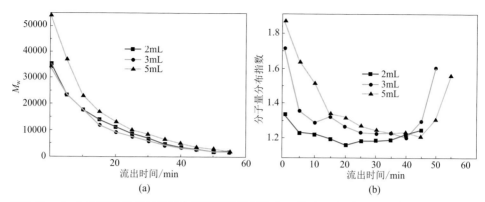

图2-8 （a）不同进样量对分离木质素磺酸钠重均分子量（M_w）的影响；（b）不同进样量对分离木质素磺酸钠分子量分布指数的影响

5. 大色谱柱分离条件探索

虽然使用小色谱柱能色谱分离得到分子量分布指数较低的木质素磺酸钠产品，但其分离效率有限，无法直接应用于工业化生产之中。为了实现木质素磺酸钠色谱分离的工业化，对大色谱柱的每管收集量、洗脱流速和进样量等色谱分离条件进行探究和优化。

（1）每管收集量的选择　每管不同收集量色谱分离木质素磺酸钠样品的分子量及分子量分布指数结果如表2-5及表2-6所示。使用丙烯葡聚糖 S-100 凝胶大色谱柱（直径 × 长为 50mm×100cm）进行色谱分离，以 5mL/min 为洗脱流速，收集量为 10mL/ 管（即每 2min 收集一管样品）和 50mL/ 管（即每 10min 收集一管样品），进样量为 15mL，原料为 20%（质量分数）的 LS-02，以 0.2mol/L NaCl 水溶液为流动相。

表2-5　10mL/管收集量色谱分离样品凝胶渗透色谱（GPC）测定结果

洗脱时间/min	M_n	M_w	M_w/M_n
2	28900	48000	1.66
10	28000	38000	1.36
20	23500	28500	1.21
30	14500	18800	1.29
40	11900	15200	1.28
50	8500	10700	1.27
60	7400	9300	1.25
70	6100	7600	1.24

洗脱时间/min	M_n	M_w	M_w/M_n
80	5400	6500	1.21
90	4500	5400	1.20
100	3600	4300	1.21
110	2700	3300	1.22
130	1300	1900	1.46
150	500	1200	2.42

注：表中洗脱时间为开始收集该管样品的时间，每管收集2min。

表2-6　50mL/管收集量色谱分离样品GPC测定结果

洗脱时间/min	M_n	M_w	M_w/M_n
20	17000	22000	1.29
50	8900	10800	1.21
60	6700	8200	1.23
70	6400	7800	1.22
80	5000	6100	1.21
90	4200	5100	1.22
100	3100	3800	1.22
110	2400	2900	1.22

注：表中洗脱时间为开始收集该管样品的时间，每管收集10min。

由表2-5及表2-6可知，10mL/管收集量色谱分离样品在前10min洗脱时间的分子量分布指数高于1.35，只有少量样品的分子量大于30000。因此，10mL/管是一个较为合理的收集量，不宜加大每管的收集量。在误差允许范围内，当洗脱时间为20min或以上时，10mL/管收集量和50mL/管收集量样品的分子量分布指数几乎相等。因此，在洗脱时间为20min时开始，可以将每管收集量提高到50mL（即每10min收集一管样品）。

（2）洗脱流速的选择　不同洗脱流速对木质素磺酸钠的重均分子量及分子量分布指数的影响如图2-9所示。使用丙烯葡聚糖S-100凝胶大色谱柱进行色谱分离，前10min每2min收集一管，10min后每10min收集一管，进样量为15mL，原料为20%（质量分数）的LS-02，以0.2mol/L NaCl水溶液为流动相。

由图2-9可知，过高或过低的洗脱流速都不利于木质素磺酸钠的色谱分离，木质素磺酸钠在5mL/min的流速下，可获得分子量分布指数最低的产品，有着较好的分离效果。扩散分离和流动分离理论是洗脱流速影响色谱分离效果的重要理论。虽然体积排阻是色谱分离的主要原理，但色谱柱有着较大的直径，过低的洗脱流速（洗脱流量）可能无法使色谱柱同一凝胶面的每一点都被流动相很好地分配，从而造成不同角度的样品洗脱效果不一致，因此，过低的洗脱流速不利于样品的有效分离。同时，过低的流速也会延长色谱分离周期（即溶质在固定相和流动相中的停留时间增加），使得溶质分子的纵向扩散加剧，分子量分布指数增加，分离效果下降[7]。如果流速过高，部分样品没有足够的时间进入凝胶各尺寸微孔就被高流速的流动相洗脱出来，造成色谱分离效果不佳。由图 2-9 可知，当流速为 5mL/min 与 6mL/min 时，前 10min 洗脱的样品（即分子量 20000 以上的分子）有着几乎相同的分子量分布指数。在流速为 6mL/min 时，10min 以后样品的分子量分布指数会有所增加。由于丙烯葡聚糖 S-100 凝胶孔径的限制，无法有效色谱分离分子量大于 40000 的木质素磺酸钠样品。当洗脱流速达到消除扩散效应的影响时，洗脱流速不会对该部分样品产生显著影响。而在该凝胶分离范围的木质素磺酸钠分子主要受到体积排阻效应的影响。这与图 2-9 中结果一致。

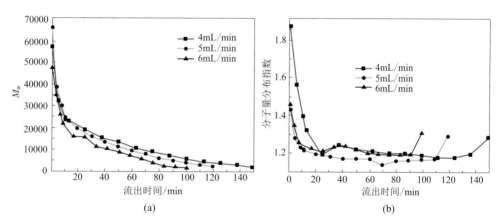

图2-9　（a）不同洗脱流速对分离木质素磺酸钠重均分子量（M_w）的影响；（b）不同洗脱流速对分离木质素磺酸钠分子量分布指数的影响

（3）进样量的选择　不同进样量下色谱柱色谱分离得到的木质素磺酸钠样品的重均分子量及分子量分布指数结果如图 2-10 所示。使用丙烯葡聚糖 S-100 凝胶大色谱柱进行色谱分离，以 5mL/min 为洗脱流速，前 10min 每 2min 收集一管，10min 后每 10min 收集一管，原料为 20%（质量分数）的 LS-02，以 0.2mol/L NaCl 水溶液为流动相。

由图 2-10 可知，进样量为 15mL 的分离效果与进样量为 10mL 的分离效果几乎一致。进样量增加到 20mL，过高的进样量、过大的样品浓度和有限的有效孔体积，导致木质素磺酸钠相互黏合，分离难度加大，色谱分离效果明显下降。结合色谱分离效果和色谱分离效率，15mL 为最佳进样量。

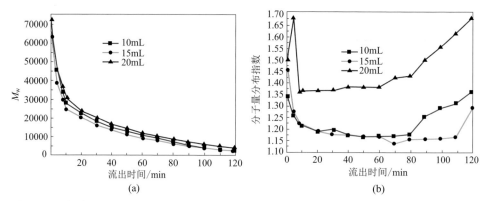

图2-10 （a）不同进样量对分离木质素磺酸钠重均分子量（M_w）的影响；（b）不同进样量对分离木质素磺酸钠分子量分布指数的影响

（4）大色谱柱色谱分离效果　通过对比木质素磺酸钠 LS-02 原料和经过丙烯葡聚糖 S-100 凝胶大色谱柱一次色谱分离得到的样品分子量分布曲线，即可得知大色谱柱的色谱分离效果，如图 2-11 所示。在优化一次色谱分离的条件后，大色谱柱得到的木质素磺酸钠呈现分子量分布集中的窄分子量分布态势，接近单分散状态。因此，在工业生产中，优化色谱条件可将小色谱柱放大以获得窄分子量分布的理想木质素磺酸钠样品。

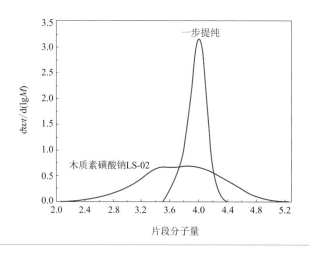

图2-11
原料木质素磺酸钠及分离后木质素磺酸钠的分子量分布图

6. 大小色谱柱色谱分离效果比较

16mm×70cm 小色谱柱及 50mm×100cm 大色谱柱优化色谱条件如表 2-7 所示。

表2-7　大小色谱柱优化的色谱条件

项目	16mm×70cm柱（小色谱柱）	50mm×100cm柱（大色谱柱）	大色谱柱/小色谱柱
柱体积/mL	281	3926	13.95
长径比	43.75	20	0.46
流速/（mL/min）	0.6	5	8.33
进样量/mL	2	15	7.50

通过对比大小色谱柱在优化色谱条件下分离得到的木质素磺酸钠样品重均分子量及分子量分布指数结果，即可得知大小色谱柱系统的分离效果，如表 2-8 所示。大小色谱柱在优化色谱条件下都能较好地色谱分离木质素磺酸钠样品，大色谱柱比小色谱柱色谱分离得到的样品分子量分布指数略小。这是由于大色谱柱的柱体积是小色谱柱的 13.95 倍，但大色谱柱的流速和进样量的放大倍数却分别仅为 8.33 倍和 7.50 倍，远小于色谱柱的柱体积放大倍数。换言之，大色谱柱比小色谱柱有更多的有效孔体积，因此色谱分离效果更佳。

表2-8　大小色谱柱分离效果比较

小色谱柱			大色谱柱		
M_n	M_w	M_w/M_n	M_n	M_w	M_w/M_n
25510	34100	1.34	30200	38500	1.28
19047	23500	1.23	20200	24500	1.22
14434	17600	1.22	24200	29700	1.23
11489	13700	1.20	13600	16000	1.18
9473	11000	1.16	9700	11400	1.17
7178	8500	1.18	8100	9500	1.17
5498	6500	1.18	5700	6600	1.16
3768	4500	1.19	3500	4000	1.16
2597	3200	1.22	2700	3100	1.16
1816	2300	1.25	2000	2400	1.20

大小色谱柱有着不同的长径比（大色谱柱的长径比为 20，小色谱柱的长径比为 43.75），因此不能按照柱体积放大倍数来放大洗脱流速。在放大色谱分离

样品时，洗脱流速一般随柱床高度的变化而变化。直径相同的色谱柱，洗脱流速应随柱床的延长而适当增大，使木质素磺酸钠分子在孔隙内的移动速度加快，防止扩散作用发生。洗脱流速应随柱床的缩短而适当减小，从而令不同分子量的物质都能在凝胶柱内得到较好分离。

二、二次色谱分离木质素磺酸钠效果

对一次色谱分离得到的木质素磺酸钠样品进行二次色谱分离，以探索能否通过二次色谱分离得到分子量分布更窄的木质素磺酸钠样品。

使用葡聚糖 LH-20 凝胶小色谱柱进行色谱分离，以 0.6mL/min 为洗脱流速，每管收集 3mL，进样量为 2mL，原料为重均分子量 4300 和分子量分布指数 1.11 的一次色谱分离木质素磺酸钠样品，以蒸馏水为流动相。葡聚糖 LH-20 凝胶小色谱柱二次色谱分离样品凝胶渗透色谱测定结果如表 2-9 所示。

使用葡聚糖 LH-20 凝胶小色谱柱进行色谱分离，以 0.6mL/min 为洗脱流速，每管收集 3mL，进样量为 2mL，原料为重均分子量 2900 和分子量分布指数 1.11 的一次色谱分离木质素磺酸钠样品，以蒸馏水为流动相。葡聚糖 LH-20 凝胶小色谱柱二次色谱分离木质素磺酸钠的分子量及分子量分布指数结果如表 2-10 所示。

表2-9　葡聚糖LH-20凝胶小色谱柱二次色谱分离样品凝胶渗透色谱（GPC）测定结果

洗脱时间/min	M_n	M_w	M_w/M_n
0	4600	5300	1.16
10	4600	5200	1.13
15	4300	4700	1.10
20	4000	4300	1.08
25	3700	4000	1.07
30	3500	3800	1.08
35	3200	3500	1.11

表2-10　葡聚糖LH-20凝胶小色谱柱二次色谱分离木质素磺酸钠GPC测定结果

洗脱时间/min	M_n	M_w	M_w/M_n
0	3100	3600	1.18
10	2800	3300	1.18
15	2900	3200	1.11
20	2800	3100	1.09
25	2700	2900	1.07
30	2600	2800	1.06

洗脱时间/min	M_n	M_w	M_w/M_n
35	2600	2700	1.05
40	2500	2600	1.04
45	2400	2500	1.05
50	2300	2500	1.07
55	2000	2300	1.19

由表 2-9 及表 2-10 可知，二次色谱分离能进一步降低木质素磺酸钠样品的分子量分布指数，使分子量分布指数从 1.11 以上降到 1.11 以下，获得接近单分散的木质素磺酸钠样品。

木质素磺酸钠原料和一次及二次色谱分离得到的木质素磺酸钠分子量分布如图 2-12 所示，进一步比较色谱柱系统色谱分离效果。由图 2-12 可知，一次色谱能大大缩小木质素磺酸钠的分子量分布范围，二次色谱能得到接近单分散的木质素磺酸钠样品。因此，使用葡聚糖 LH-20 凝胶色谱柱进行二次色谱可以得到呈正态窄分子量分布的木质素磺酸钠。

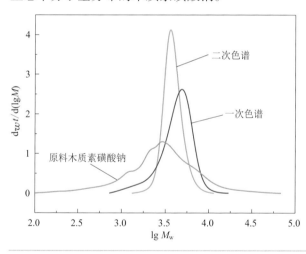

图2-12
原料木质素磺酸钠及分离后木质素磺酸钠的分子量分布图

三、色谱分离对木质素磺酸钠无机盐的去除效果

使用丙烯葡聚糖 S-100 凝胶为固定相分离样品时，相比于纯水，以一定浓度的无机盐为流动相可以获得分子量分布更窄的木质素磺酸钠，但是分离得到的木质素磺酸钠产品含有不必要的无机盐。因此，必须去除木质素磺酸钠中的无机盐。

葡聚糖凝胶主要通过体积排阻效应来对无机盐进行分离，同时离子排斥、物理吸附和两性离子交换等次级效应的存在也对去除无机盐起到一定的作用[8]。葡聚糖 LH-20 凝胶不会吸附木质素磺酸钠，因此可使用葡聚糖 LH-20 凝胶色谱柱系统进行无机盐的去除。

使用葡聚糖 LH-20 凝胶小色谱柱进行色谱分离，以 0.6mL/min 为洗脱流速，每管收集 3mL，进样量为 2mL，原料为一次色谱后的样品，以超声后的蒸馏水为流动相。收集无机盐样品电导率峰出现前的样品，再浓缩得到最终的提纯产品。葡聚糖 LH-20 凝胶色谱柱分离无机盐结果如图 2-13 所示。

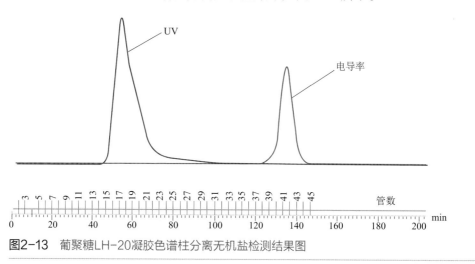

图2-13 葡聚糖LH-20凝胶色谱柱分离无机盐检测结果图

由图 2-13 可知，使用葡聚糖 LH-20 凝胶色谱柱能较好地去除木质素磺酸钠样品中的无机盐杂质。这种无机盐去除方法，不但速度快、不会引入新的杂质和易于操作，还能进一步分离纯样品中的少量 LS。

综上所述，凝胶过滤色谱柱系统能有效地按照木质素磺酸钠分子量大小色谱分离得到低分子量分布指数的木质素磺酸钠。通过葡聚糖 LH-20 凝胶二次色谱，可获得分子量分布指数仅为 1.04 的单分散木质素磺酸钠产品。

第三节
木质素的二氧化碳酸析提纯

没有经过提纯处理的木质素很难进行大规模商业化应用，因为它含有较多糖类、无机盐和灰分等杂质，这些杂质很大程度影响木质素的化学性质及储存性能。因此，木质素的分离提纯是实现其功能化应用的关键。传统的工业木质素分离提纯方法包括酸析法、碱析法、絮凝沉淀法、膜分离法、酶解法、有机溶剂法和离子液体法等，也是目前主要的木质素分离提纯方法。这些传统的木质素分离提纯方法具体见参考文献［9］。本节介绍一种木质素绿色提纯工艺，即木质素的二氧化碳酸析提纯。

CO_2 提纯木质素的反应过程如下：CO_2 先溶于水，并与水生成 H_2CO_3，然后电离出 H^+ 与木质素结合，使木质素分子聚集，木质素的胶体受到破坏，从而从黑液中沉淀析出。

CO_2 酸析木质素主要由三个阶段组成：第一阶段的 pH 值较高，在溶液中发生 CO_2 气体的溶解和中和反应；第二阶段的 pH 值约为 9.4，在溶液中发生含硫成分 S^{2-} 的水解反应和木质素的沉淀析出；第三阶段的 pH 值约为 8.7，在溶液中主要发生 H_2S 的析出。

温度、酸化 pH 和老化时间等因素都能对二氧化碳酸析工艺产生影响，温度和酸化 pH 是其中最重要的两个影响因素。因此，笔者团队对温度和酸化 pH 进行单因素探究，通过木质素得率和成分组成（包括灰分、Na^+、K^+ 和糖类）来确定 CO_2 酸析提纯的工艺参数，并以硫酸法提纯工艺作为对照。

一、提纯工艺对木质素纯度的影响

1. 温度对酸化得率的影响

在 30 ～ 40℃的低温下，木质素通过分子间的氢键搭成立体的网状结构，该网状结构可容纳众多水分子。木质素溶液呈现凝胶状态且在酸化黑液中容易形成"木质素包水"结构。CO_2 与凝胶状黑液接触不充分，木质素难以沉淀析出，且浆液黏度过大，抽滤困难。因此，排除 30 ～ 40℃低温的条件探索。

在常压下，采用控制变量法研究温度与木质素得率的关系，往黑液中通入 CO_2 使黑液 pH 值降至 9.5，可在短时间内析出大量木质素。

表 2-11 为反应温度对二氧化碳（CO_2）和硫酸酸化木质素得率、滤饼固含量及木质素灰分含量的影响。由表 2-11 可知，CO_2 酸化木质素和 H_2SO_4 酸化木质素的得率均随温度的升高而降低。当达到目标 pH 时，温度越高，木质素溶解度越大，木质素沉淀析出越少，得率越小。在相同条件下，H_2SO_4 酸化木质素的得率比 CO_2 酸化木质素的得率大5%左右。在反应时，作为强酸的 H_2SO_4 溶于水后，能把 H^+ 完全电离，CO_2 溶于水后只能形成 H_2CO_3，作为弱酸的 H_2CO_3 只能部分电离出 H^+，且该电离反应为可逆反应。因此，H_2SO_4 酸化木质素的得率会更大。

两种酸化工艺得到的木质素均只有37%～48%的湿滤饼固含量，含水量较高。终点pH 9.5仍为碱性，木质素在该pH下能大量沉淀析出。但木质素滤饼含有亲水性较强的碱木质素及钠盐、钾盐等盐类，造成该滤饼固含量偏低。由表2-11可知，升高温度有利于提高木质素滤饼的固含量，CO_2酸化工艺得到的木质素灰分含量略高于H_2SO_4酸化木质素的灰分含量。

表2-11 温度对二氧化碳和硫酸酸化木质素得率、滤饼固含量及灰分含量的影响

温度/℃	得率/%		滤饼固含量/%		灰分含量/%	
	LPC	LPS	LPC	LPS	LPC	LPS
50	75.46	80.63	37.28	37.71	32.04	31.22
60	57.48	62.23	41.10	42.94	27.48	25.67
70	50.84	61.02	42.89	43.95	23.99	20.54
80	41.83	51.10	45.52	49.55	21.22	19.73
90	40.15	45.75	47.43	48.36	36.87	33.45

注：灰分含量为占烘干木质素滤饼的质量分数；LPC为二氧化碳酸化木质素；LPS为硫酸酸化木质素。

2. 温度对木质素糖含量的影响

多聚糖的含量是木质素分离提纯工艺中一个非常重要的影响因素，高含量的糖会加大过滤时的阻力。图2-14（a）和（b）分别为不同温度下CO_2和H_2SO_4酸化木质素的单糖含量。由图可知，甘露糖为酸化提取木质素中含量最少的糖类，木糖和半乳糖为含量较多的单糖。各种糖类含量的多少与黑液原料和造纸制浆工艺直接相关。木质素糖含量随着温度的升高而减少。当温度为70～80℃时，糖含量达到最低值。木质素-多糖聚合物是以醚键和酯键相互连接的。醚键和酯键在较低温度下能稳定存在，而高温会破坏醚键和酯键，最终导致木质素的糖含量降低。CO_2酸化木质素的糖含量（平均为13.17mg/g）高于H_2SO_4酸化木质素的糖含量（平均为10.73mg/g），这是因为在酸化提取过程中，酸性较强且具有一定氧化性的H_2SO_4会较大程度地打断木质素与多糖互相连接的醚键和酯键，从而减少木质素中的糖含量。

3. pH值对酸化得率的影响

pH值的变化与CO_2酸析木质素的过程及木质素得率密切相关。往70℃的黑液中通入CO_2使pH值达到8.5即停止通气。对其真空抽滤并用去离子水洗涤即得提纯木质素。

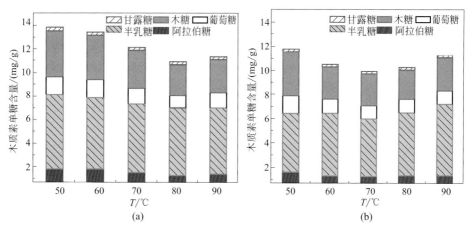

图2-14　温度（T）对二氧化碳酸化木质素（LPC）（a）和硫酸酸化木质素（LPS）（b）单糖含量的影响

表 2-12 为 pH 值对木质素得率、滤饼固含量、Na^+ 和 K^+ 残余量的影响。CO_2 酸析法沉淀析出的木质素随着 pH 值的下降而增加。$11.0 \sim 10.5$ 为木质素的理论析出临界 pH 值，此时，木质素在酸化黑液中容易形成"木质素包水"结构，CO_2 与凝胶状黑液接触不充分，木质素难以沉淀析出，浆液黏度过大，抽滤困难；当 pH 值降至 10.5 以下时，黑液中的木质素逐渐被 CO_2 酸析沉淀，提取率大幅度增加；当 pH 值降至 9.5 时，黑液中的含硫成分 S^{2-} 与 H^+ 结合，刺激性含硫气体 H_2S 析出，木质素得率开始增加；当 pH 值降至 8.5 时，可析出最多的木质素。

表2-12　pH值对木质素得率、滤饼固含量、Na^+和K^+残余量的影响

木质素	pH	得率/%	滤饼固含量（质量分数）/%	Na^+（质量分数）/%	K^+（质量分数）/%
LPC	10.0	58.61	44.07	23.66	2.37
	9.5	75.46	39.28	21.61	2.23
	9.0	78.59	38.96	21.81	2.69
	8.5	86.03	37.81	21.74	2.87
LPS	10.0	65.05	42.82	19.93	3.12
	9.5	80.63	42.64	15.96	2.55
	9.0	80.66	38.55	17.03	2.69
	8.5	85.91	36.00	24.44	2.71

随着黑液 pH 值的降低，H_2SO_4 酸析木质素的得率与 CO_2 酸析木质素的得率相当。H_2SO_4 的酸析效果良好，当 pH 值降到 9.0 时，即可析出 80% 的木质素。

CO_2 酸析法获得的滤饼固含量更高，表明 CO_2 酸析法后续干燥过程会相对简单。由于两种方法酸析后的溶液仍然呈碱性，滤饼含有大量高浓度盐溶液，钠盐含量达 15.96%～24.44%，钾盐含量达 2.23%～3.12%。

4. pH 值对木质素糖含量的影响

酸析法获得的木质素中五种单糖含量随 pH 变化如图 2-15 所示。酸化处理能明显减少黑液的糖含量，其中，葡萄糖的下降最为明显，这可能与木质素 - 糖类化合物连接的方式有关。木质素的糖含量随 pH 值的降低呈现先降低后上升的变化。在 pH=9.0 时，木质素中的糖含量最低，仅为 9.97～10.69mg/g。根据 Stoklosa 的研究[10]，酸化黑液的 pH 值越高，木质素沉淀析出的分子越大，其含有的糖类化合物越多，即木质素中的糖含量越高。当 pH=8.5 时，木质素糖含量反而增加，具体原因仍待探究。

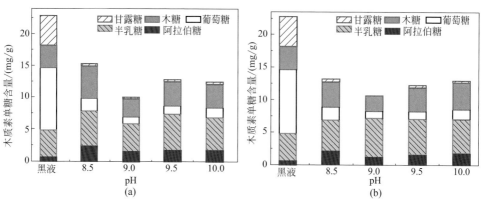

图2-15　二氧化碳酸化木质素（LPC）（a）和硫酸酸化木质素（LPS）（b）单糖含量对比图

二、提纯工艺对木质素分子结构的影响

1. 温度对酸化木质素分子量的影响

聚合物的分子量是评价其结构性能的一个重要指标。通过凝胶渗透色谱（GPC）测定不同酸析条件获得的木质素分子量。不同酸化温度木质素的重均分子量、数均分子量及分子量分布指数如表 2-13 所示。在 50～80℃范围内，升高酸化的温度，木质素的重均分子量、数均分子量均随之增大。在 80℃时，木质素重均分子量和数均分子量都达到最高值，分别是 6700 和 3400。分子量分布指数基本不随温度变化，保持在 1.83～1.98 的范围内。在高温下得到的木质素有着较大的分子量，这是因为木质素在高温碱性溶液中的溶解度较大，其酚羟基也

在高温下反应活性增强，木质素更易发生部分缩合。

表2-13　不同反应温度木质素的重均分子量（M_w）、数均分子量（M_n）及分子量分布指数（M_w/M_n）

温度/℃	M_w	M_n	M_w/M_n
50	4700	2600	1.83
60	5800	3000	1.94
70	5900	3200	1.92
80	6700	3400	1.94
90	5900	3000	1.98

2. 温度对酸化木质素主要官能团含量的影响

木质素结构中三大重要特征官能团分别是酚羟基、羧基和甲氧基。其中，酚羟基最为重要，其含量能反映木质素的抗氧化活性和反应活性，并在木质素制浆、漂白和回收等工艺中起着决定性作用。不同反应温度酸化木质素的酚羟基、羧基和甲氧基含量，分别如图2-16（a）～（c）所示。在 pH9.5 时，LPC 的酚羟基和羧基含量随着温度的升高而减少，反应温度在50℃和90℃时，分别达到最高和最低值。LPC 的甲氧基含量却呈现先增加后减小的趋势，当酸化温度为70℃时，LPC 的甲氧基含量达到 8.74% 的最大值。LPC 的酚羟基和羧基含量高于 LPS，但差距随着温度（50～80℃）的升高而减少。与 LPS 的甲氧基含量相比，LPC 的甲氧基含量较低。当酸化温度为70℃时，LPS 的甲氧基含量也达到8.82%的最大值，略高于 LPC 的 8.74%。当酸化温度升至90℃时，LPC 和 LPS 的甲氧基和酚羟基含量接近一致。

木质素官能团含量与其分子量有着密切关系。随着木质素分子量的增大，其甲氧基含量逐渐增加，酚羟基含量逐渐减少，这是因为酚羟基的形成与大分子木质素的断裂有直接关系。因此，低温酸化析出的木质素分子量较小，酚羟基含量相对更高，溶解性能和化学反应活性也随之提高，有利于羟烷基化、羟甲基化等改性反应的发生[11]。

3. 温度对酸化木质素热重曲线的影响

木质素没有确定的熔点，有着典型非晶态聚合物的表现，因此有必要对其进行热重分析。在 45～800℃的温度下，以 N_2 吹扫不同酸化温度析出的木质素，得到木质素随酸化温度变化的热重曲线（TG）和一级微分曲线（DTG），如图2-17所示。由 TG 曲线可知，在 80～130℃蒸发木质素的结合水，此水峰与其酚羟基、羧基含量有关[12]；在 150～250℃的失重是由木质素中残余的糖类化合物的分

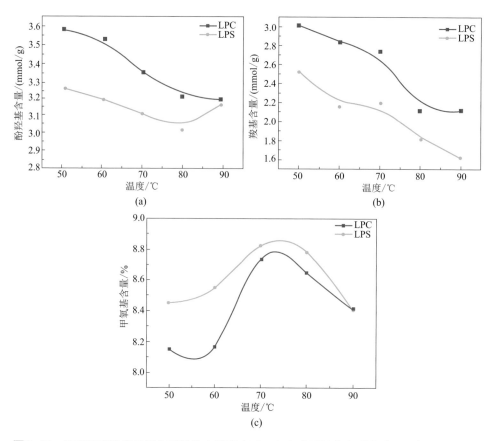

图2-16 不同反应温度二氧化碳酸化木质素（LPC）和硫酸酸化木质素（LPS）的酚羟基含量（a）、羧基含量（b）和甲氧基含量（c）

解引起。木质素在150℃开始分解，其最大失重率出现在400℃左右。当温度升至550℃时，失重率已达55.0%左右。到达终温800℃时，木质素残余量随酸化温度升高而降低。50℃、60℃和70℃酸析木质素的残余量分别为40.5%、37.8%和37.6%，木质素的分解出现在较宽的温度范围。木质素DTG曲线基本不随酸化温度的变化而变化，仅最大失重速率存在少许差别，而最大失重速率随酸化温度的升高略有增大。

4. pH 值对酸化木质素分子量的影响

不同 pH 酸化的 LPC 分子量分布曲线如图 2-18 所示。LPC 的分子量随 pH 的降低而逐渐减少。不同 pH 酸析 LPC 和 LPS 的重均分子量、数均分子量及分子量分布指数如表 2-14 所示。由表 2-14 可知，当 pH=10.0 时，M_w 达到最大值 6200；当 pH=8.5 时，M_w 达到最小值 2500。LPC 的分子量分布指数 M_w/M_n 也随

pH 降低而从 2.04 降到 1.51，分子量分布变窄。与分子量小的木质素相比，分子量大的木质素会更加不稳定[13]，在较高的 pH 下，分子量大的木质素会先于分子量小的木质素析出。LPS 的重均分子量略高于 LPC，差值达 500，而分子量分布指数却相对较为接近。

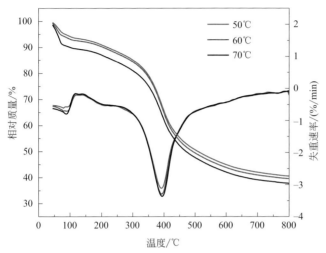

图2-17　不同酸化温度析出的木质素TG及DTG曲线

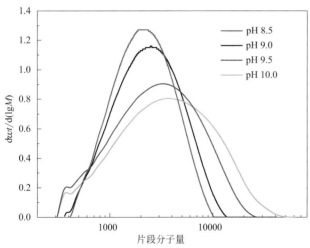

图2-18　不同pH值对酸化木质素分子量分布曲线

表2-14 不同pH值二氧化碳酸化木质素（LPC）和硫酸酸化木质素（LPS）的重均分子量（M_w）、数均分子量（M_n）及分子量分布指数（M_w/M_n）

pH值	LPC			LPS		
	M_w	M_n	M_w/M_n	M_w	M_n	M_w/M_n
10.0	6200	3000	2.04	6500	3100	2.08
9.5	5600	3000	1.92	5900	3000	1.95
9.0	4500	2600	1.81	4700	2500	1.81
8.5	2500	1700	1.51	3000	1500	1.99

5. pH 值对酸化木质素主要官能团含量的影响

不同 pH 值酸化木质素的主要官能团（酚羟基、羧基和甲氧基）含量如表 2-15 所示。LPC 的酸性官能团（酚羟基和羧基）含量随 pH 值的下降而增加，其甲氧基含量却随 pH 值的下降而降低。酚羟基和羧基等酸性官能团的稳定性会随 pH 值的下降而下降，使得处于胶体状态的木质素聚集而产生沉淀。当 pH=10.0 时，LPC 的甲氧基含量达到 8.58% 的最高值，酚羟基和羧基含量则分别达到 3.46mmol/g 和 2.84mmol/g 的最低值。这是由于木质素的甲氧基含量随分子量的增大而增加，酚羟基和羧基含量随分子量的增大而减少[11]。过低的酚羟基含量和羧基含量会大大降低其在溶液中的溶解度。与 LPS 相比，相同条件下的 LPC 酸性基团含量更多，甲氧基含量更少，与不同酸化温度得到的 LPS 和 LPC 规律一致。

表2-15 不同pH值二氧化碳酸化木质素（LPC）和硫酸酸化木质素（LPS）官能团含量

样品	pH值	酚羟基含量/（mmol/g）	羧基含量/（mmol/g）	甲氧基含量/%
LPC	10.0	3.46	2.84	8.58
	9.5	3.58	2.94	8.15
	9.0	3.63	3.35	7.75
	8.5	3.66	3.44	7.62
LPS	10.0	3.02	2.22	8.86
	9.5	3.20	2.19	8.82
	9.0	3.36	3.34	8.79
	8.5	3.61	3.41	8.16

综上所述，酸化温度和 pH 值基本只改变木质素的分子量及官能团含量。在较高的酸化温度下，分子量较高的木质素会优先沉淀。随温度的升高，酸析木质素的分子量升高，酚羟基和羧基含量减小。木质素重均分子量最高可达 6690

（80℃），酚羟基、羧基含量在50℃时达到最高值。甲氧基含量随温度升高呈现先增大后减小的趋势，在70℃时达到8.74%的最大值。木质素的粒径随着温度的升高而增大，有利于减小过滤阻力。当温度高于80℃时，木质素易聚结成大块状松软物，反而会增大过滤阻力。

随着pH值的增加，木质素分子量和甲氧基含量增加，酚羟基、羧基含量及紫丁香基/愈创木基的比值则降低。pH=10.0时，木质素分子量达到最高的6200，甲氧基含量达到最高的8.58%，酚羟基、羧基含量则为最低的3.46mmol/g和2.84mmol/g。相同条件下，LPS的重均分子量略高于LPC，差值达500，而分子量分布指数却较为接近，且甲氧基含量更高，平均粒径更大。

第四节
木质素的有机酸提纯

一、有机酸提纯工艺对木质素纯度的影响

根据参考文献［14］中提到的方法，设计了一种简单而绿色的有机酸提纯方法。使用对甲苯磺酸（p-TsOH）从玉米芯酶解残渣中提纯木质素，如图2-19所示。p-TsOH可以在较为温和的温度下快速溶解大部分木质素，比使用NaOH溶液或CH_3COOH/HCl溶液的处理方法更为高效［15, 16］。在使用p-TsOH的方法中，玉米芯酶解残渣主要由两部分组成：（1）由大量杂质所组成不溶于水的固体；（2）含木质素的p-TsOH溶液。过滤后，把含木质素的p-TsOH溶液稀释至最小水溶助剂浓度（MHC）以下，木质素即可从溶液中沉淀出来［17］。而且，p-TsOH在室温下有着较低的溶解度，因此可以通过简单的结晶来进行有效的回收，并于新工艺中直接循环使用。这种绿色快速的过程非常有利于木质素的提纯。

为了确定p-TsOH提纯的最佳工艺，本节研究了三个主要因素（p-TsOH浓度、提纯温度和时间）。

1. 工艺条件对木质素纯度的影响

p-TsOH的浓度对木质纤维素中的醚键和糖苷键的断裂有重要影响。选择浓度为70%、75%、80%和85%（质量分数）的p-TsOH溶液，在80℃下与玉米芯酶解残渣反应20min，按前述方法收集对甲苯磺酸提纯得到的木质素（EHL-T）。采用UV-Vis分光光度计测定木质素的纯度，结果如图2-20（a）所示。

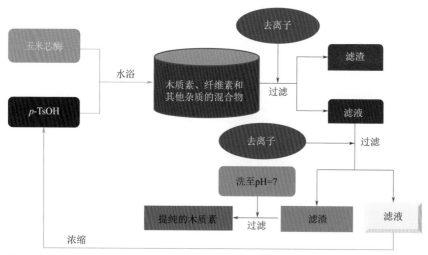

图2-19　使用对甲苯磺酸（p-TsOH）提纯木质素工艺的流程示意图

增加 p-TsOH 的浓度能有效增加单位体积内的有效碰撞次数，从而影响化学反应的进程。从图 2-20（a）可以看出，随着 p-TsOH 浓度的增加，EHL-T 的纯度首先增加。半纤维素分子中碳原子通过糖苷键或醚键与木质素的基本单元相连[18]。p-TsOH 则可以同时攻击糖苷键和醚键。当 p-TsOH 的质量分数从 70% 增加到 80% 时，连接木质素和半纤维素的糖苷键和醚键的断裂效率提高，使得 EHL-T 的纯度增加。值得注意的是，当 p-TsOH 的浓度增加到 85% 时，EHL-T 的纯度开始降低，说明在此浓度下溶解的木质素与半纤维素容易团聚[19]。

提纯温度对 EHL-T 纯度的影响如图 2-20（b）所示。随着温度的升高，木质素与糖类化合物之间化学键的断裂速率在 65 ~ 80℃ 范围内迅速增加。当提纯温度为 80℃ 时，EHL-T 的纯度达到最高值，为 99.38%（以 Sigma 木质素为标准样）。当温度高于 80℃ 时，纯度也会随之降低，这表明过于苛刻的反应条件不利于提高木质素的纯度。

从图 2-20（c）中可以看出，随着提纯时间的增加，EHL-T 的纯度也是先增加，但是长时间的提纯（> 20min）同样会导致纯度降低。

2. 不同方法提纯的 EHL 纯度

通过不同提纯方法获得的 EHL 纯度如表 2-16 所示。从表 2-16 可以看出，p-TsOH 法比碱溶酸析法的效率和获得的纯度更高，这说明作为强有机酸的 p-TsOH 能有效地催化糖苷键和醚键的水解。因此，p-TsOH 提纯法是一种温和节能的木质素提纯方法。

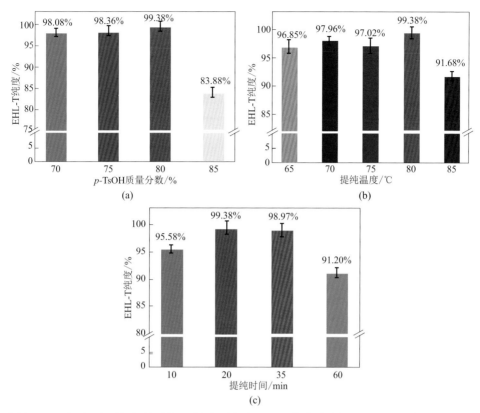

图2-20 （a）对甲苯磺酸提纯得到的木质素（EHL-T）的纯度与对甲苯磺酸（p-TsOH）浓度（在80℃的条件下提纯20min）的关系图；（b）EHL-T的纯度与提纯温度［在80%（质量分数）的p-TsOH中提纯20min］的关系图；（c）EHL-T的纯度与提纯时间［在80℃的80%（质量分数）p-TsOH中提纯］的关系图（均以Sigma木质素为标准样）

表2-16 对甲苯磺酸提纯得到的木质素（EHL-T）和碱溶酸析法提纯得到的木质素（EHL-A）纯度

木质素的种类	温度/℃	时间/min	纯度（以Sigma木质素为标准样）/%
EHL-T	80	20	99.4
EHL-A	80	330	96.7

二、有机酸提纯工艺对木质素分子结构的影响

1. p-TsOH 提纯工艺对 EHL 酚羟基含量的影响

酚羟基含量能反映木质素的抗氧化活性，如图 2-21（a）所示。EHL-T 的酚

羟基含量为 4.12mmol/g，远高于 EHL-A 的酚羟基含量。因此，EHL-T 中存在更多的酚型结构，这进一步证明了 *p*-TsOH 能更为有效地破坏酶解残渣中的糖苷键和醚键。

p-TsOH 质量分数、提纯温度和提纯时间对 EHL-T 酚羟基含量的影响如图 2-21（b）～（d）所示。*p*-TsOH 质量分数、提纯温度和提纯时间的增加可以有效提高 EHL-T 的酚羟基含量，这说明了 *p*-TsOH 质量分数、提纯温度和提纯时间的增加促进了酶解残渣中化学键的断裂，并使 EHL-T 的活性得到增强。

当提纯时间超过 20min 时，酚羟基含量只有少量增加，这说明 *p*-TsOH 几乎可以在 20min 内完成糖苷键和醚键的断裂。

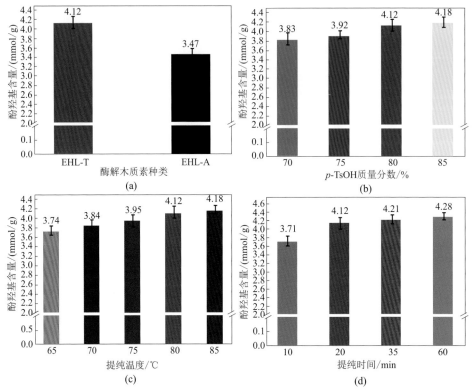

图2-21　（a）对甲苯磺酸提纯得到的木质素（EHL-T）和碱溶酸析法提纯得到的木质素（EHL-A）的酚羟基含量图（提纯条件与表2-16相同）；（b）EHL-T的酚羟基含量与对甲苯磺酸（*p*-TsOH）质量分数（在80℃的条件下提纯20min）的关系图；（c）EHL-T的酚羟基含量与提纯温度（在80%的*p*-TsOH中提纯20min）的关系图；（d）EHL-T的酚羟基含量与提纯时间（在80℃的80% *p*-TsOH中提纯）的关系图

2.*p*-TsOH 提纯工艺对 EHL 的 FT-IR 光谱影响

图 2-22（a）为不同方法提纯的 EHL 的 FT-IR 光谱图。在 FT-IR 光谱中，

2935cm^{-1}是甲基、亚甲基和次甲基的不对称C—H拉伸振动峰[20]，1703cm^{-1}和1653cm^{-1}处的吸收振动峰是由羰基的骨架振动引起的。1600cm^{-1}和1513cm^{-1}附近是芳香环的骨架振动，1460cm^{-1}是甲氧基和亚甲基的不对称和弯曲振动峰，1425cm^{-1}附近是芳香环上的C—H平面变形振动。1151cm^{-1}是酯基上的C=O伸缩振动，其主要从对羟基苯丙烷结构转变所得到，1118cm^{-1}附近是紫丁香基的伸缩振动，1030cm^{-1}是仲醇和醚的C—O弯曲振动。碱溶酸析法和p-TsOH工艺提纯得到的EHL具有相似的红外光谱，表明这两种提纯方法对EHL的官能团种类没有明显影响。就1118cm^{-1}处的紫丁香基单元拉伸振动峰而言，EHL-T强于EHL-A的拉伸振动峰，表明EHL-T包含更多的紫丁香基苯丙烷单元。如图2-22（b）～（d）所示，在不同p-TsOH浓度（以质量分数表示）、提纯温度和提纯时间条件下，EHL-T的特征峰几乎相同。

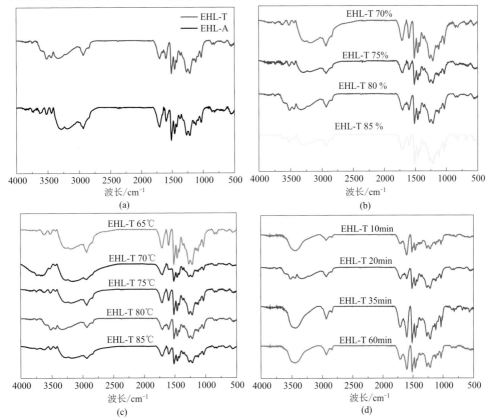

图2-22　（a）对甲苯磺酸提纯得到的木质素（EHL-T）和碱溶酸析法提纯得到的木质素（EHL-A）的FT-IR光谱图（提纯条件与表2-16相同）；（b）EHL-T的FT-IR光谱与对甲苯磺酸（p-TsOH）浓度（在80℃的条件下提纯20min）的关系图；（c）EHL-T的FT-IR光谱与提纯温度（在80%的p-TsOH中提纯20min）的关系图；（d）EHL-T的FT-IR光谱与提纯时间（在80℃的80% p-TsOH中提纯）的关系图

3. *p*-TsOH 提纯工艺对 EHL 紫外光谱的影响

不同方法提纯的 EHL 的紫外光谱如图 2-23（a）所示。木质素一般在 280nm 处会有芳香环的特征吸收峰。但是，*p*-TsOH 提纯的木质素却在 290nm 附近显示出强吸收峰。

与 EHL-A 相比，EHL-T 的吸收波长略有红移，这可能是由于 EHL-T 中含有更多的愈创木基苯丙烷单元。愈创木酰基单元具有较少的取代基和较小的空间位阻，因此具有较高的共轭度，进而使 n → π* 电子跃迁变得更容易。同时，木质素中的紫丁香基单元在碱性条件下更容易溶解[21]，最终使得 EHL-T 的紫外吸收波长变长。*p*-TsOH 浓度（以质量分数表示）、提纯温度和提纯时间的增加也会使 EHL 的紫外吸收发生红移，如图 2-23（b）~（d）所示。这也说明增加 *p*-TsOH 浓度、提纯温度和时间也能减少紫丁香基苯丙烷单元的含量。

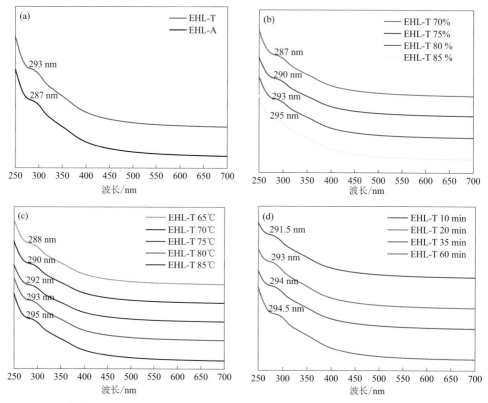

图2-23 （a）对甲苯磺酸提纯得到的木质素（EHL-T）和碱溶酸析法提纯得到的木质素（EHL-A）的紫外光谱图（提纯条件与表2-16相同）；（b）EHL-T 的紫外光谱与对甲苯磺酸（*p*-TsOH）浓度（在80℃的条件下提纯20min）的关系图；（c）EHL-T 的紫外光谱与提纯温度（在80%的 *p*-TsOH 中提纯20min）的关系图；（d）EHL-T 的紫外光谱与提纯时间（在80℃的80% *p*-TsOH 中提纯）的关系图

4. *p*-TsOH 提纯工艺对 EHL ^{1}H-NMR 谱图的影响

不同方法提纯得到的 EHL ^{1}H-NMR 谱图如图 2-24（a）所示。在化学位移 9.50 ~ 8.50 处的宽峰是酚羟基的特征吸收峰[22, 23]。化学位移 7.5 ~ 7.2 处的吸收峰归属于含有 $C_\alpha = O$ 基团的结构单元中 2,6 位苯环上的质子和 $C_\alpha = C_\beta$ 结构中的质子[24]。在化学位移 7.0 处的吸收峰是由愈创木基单元引起的，在化学位移 6.8 ~ 6.6 处的峰则归属于紫丁香基单元。在化学位移 4.1 ~ 3.0 处的吸收峰是由甲氧基上的质子所引起的，在化学位移 1.5 ~ 0.8 处的吸收峰则归属于脂肪族官能团上的质子。图 2-24（b）~（d）显示了不同 *p*-TsOH 浓度、提纯温度和提纯时间对 EHL 化学位移的影响。测试结果表明，不同的 *p*-TsOH 浓度、提纯温度和时间不会改变各种质子的化学位移，因此 EHL-T 中质子的种类不会随着 *p*-TsOH 浓度、提纯温度和时间的改变而改变。

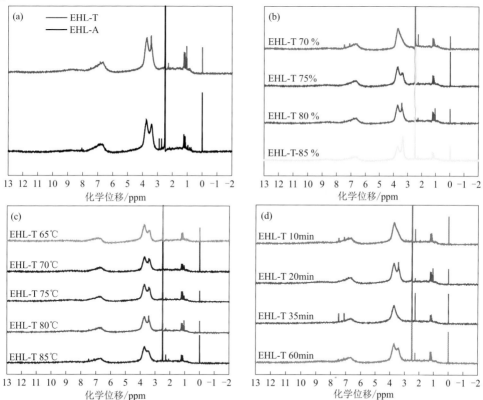

图2-24 （a）对甲苯磺酸提纯得到的木质素（EHL-T）和碱溶酸析法提纯得到的木质素（EHL-A）的^{1}H-NMR谱图（提纯条件与表2-16相同）；（b）EHL-T的^{1}H-NMR谱与对甲苯磺酸（*p*-TsOH）浓度（在80℃的条件下提纯20min）的关系图；（c）EHL-T的^{1}H-NMR谱与提纯温度（在80%的*p*-TsOH中提纯20min）的关系图；（d）EHL-T的^{1}H-NMR谱与提纯时间（在80℃的80% *p*-TsOH中提纯）的关系图

1ppm=10^{-6}

5. *p*-TsOH 提纯工艺对 EHL 分子量的影响

图 2-25（a）为不同提纯方法得到的 EHL 分子量分布图。根据图 2-25（a），EHL-T 的重均分子量（2700）明显大于 EHL-A 的重均分子量（1800），这说明 *p*-TsOH 提纯工艺相对于碱溶酸析法能更好地保留 EHL 的结构。

图 2-25（b）～（d）分别为不同 *p*-TsOH 浓度（以质量分数表示）、提纯温度和提纯时间得到的 EHL-T 分子量分布图。随着浓度的增加，EHL-T 的重均分子量（M_w）首先从 2800 降到 2700。在此阶段，*p*-TsOH 质量分数（70%～80%）的增加主要破坏酶解残渣中的醚键和糖苷键。当 *p*-TsOH 的质量分数大于 80% 时，EHL-T 的 M_w 却增加，这说明过高的 *p*-TsOH 浓度不利于 EHL 的化学键断裂。

提纯温度对 EHL-T 分子量的影响与 *p*-TsOH 浓度的影响规律相似，如图 2-25（c）所示。65℃比 80℃得到的 EHL-T 的 M_w 要大。结合提纯温度与纯度的关系图［图 2-25（b）］，为了获得高纯度的木质素，最佳提纯温度应为 80℃ 左右。

提纯时间越长，EHL-T 的 M_w 越小。从图 2-25（d）中还可以看出，当提纯时间超过 20min 时，EHL-T 的 M_w 只有少许下降，表明 *p*-TsOH 的提纯过程是非常高效的。

6. *p*-TsOH 提纯过程的机理分析

p-TsOH 是一种有机强酸（20℃时 pK_a = -2.8），它在水溶液中很容易发生去质子化。首先，水合氢离子攻击玉米芯酶解残渣中的糖苷键和醚键，*p*-TsOH 在这里充当催化剂。*p*-TsOH 催化酶解残渣的水解机理如图 2-26 所示。

同时，*p*-TsOH 充当水溶助剂，将木质素溶解到水溶液中。研究人员认为，只有在 *p*-TsOH 浓度高于最小水溶浓度（MHC）时[25-27]，水溶助剂（*p*-TsOH）才能聚集。当 *p*-TsOH 的浓度高于 MHC 时，*p*-TsOH 的亲油部分可以通过 π-π 堆叠或疏水相互作用屏蔽木质素并形成胶束状聚集体，亲水极性部分朝外，对 EHL 进行选择性包裹。*p*-TsOH 朝外的亲水极性端带负电，进而通过静电相互作用使其在溶液中均匀分布和有效溶解。*p*-TsOH 具有高度的选择性，不会对除木质素之外的其他物质进行包覆，它们无法在 *p*-TsOH 溶液中溶解，从而实现木质素与其他物质的有效分离。在此阶段，不溶物可以通过简单的过滤从系统中分离出来。将滤液的浓度稀释至小于 *p*-TsOH 的 MHC 时，其不足以把 EHL 包覆，EHL 暴露在酸性环境中并发生聚集，溶解度降低而析出。将 EHL 从滤液中过滤收集，然后通过简单的浓缩可以使 *p*-TsOH 溶液在新的提纯过程中循环使用。

综上所述，本节研究了 *p*-TsOH 浓度、提纯温度和提纯时间对木质素的纯度、酚羟基含量和分子量等方面的影响，并确定了最佳条件。其最佳条件如下：*p*-TsOH 的质量分数为 80%，提纯温度为 80℃，提纯时间为 20min。该条件下，EHL-T 有着 99.4% 的纯度（以 Sigma 木质素为标准样）、4.28mmol/g 的酚羟基含量、适中的分子量和较少的紫丁香基单元，从而具有较高的反应活性，这有利于未来的应用。此外，*p*-TsOH 回收方便，降低了废水处理成本，为减少环境污染提供了新前景。

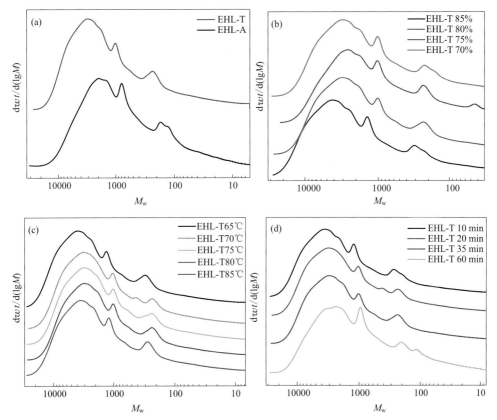

图2-25 （a）对甲苯磺酸提纯得到的木质素（EHL-T）和碱溶酸析法提纯得到的木质素（EHL-A）的分子量分布图（提纯条件与表2-16相同）；（b）EHL-T的分子量分布与对甲苯磺酸（*p*-TsOH）浓度（在80℃的条件下提纯20min）的关系图；（c）EHL-T的分子量分布与提纯温度（在80%的*p*-TsOH中提纯20min）的关系图；（d）EHL-T的分子量分布与提纯时间（在80℃的80% *p*-TsOH中提纯）的关系图

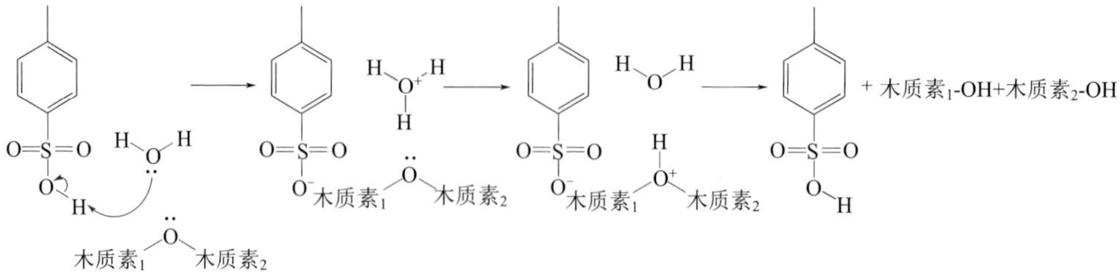

图2-26 对甲苯磺酸（*p*-TsOH）催化酶解残渣的水解机理示意图

参考文献

[1] Hägglund E. Chemistry of wood [M]. New York: Academic Press Inc., 1951.

[2] Yuhe L, Steven-Friso Koelewijn. A sustainable wood biorefinery for low-carbon footprint chemicals production [J]. Science, 2020, 367(6864): 1385-1390.

[3] 黄妤. 棉麻植物生物质降解方法及糖醇转化效率研究 [D]. 长沙：湖南农业大学，2015.

[4] Ruben V, Brecht D, Kris M, et al. Lignin biosynthesis and structure [J]. Plant Physiology, 2010, 153: 895-905.

[5] 张超锋，王峰. Sell a dummy: Adjacent functional group modification strategy for the catalytic cleavage of lignin *β*-O-4 linkage [J]. 催化学报, 2017, 038(007): 1102-1107.

[6] Gorgenyi M, Dewulf J, Van Langenhove H, et al. Aqueous salting-out effect of inorganic cations and anions on non-electrolytes [J]. Chemosphere, 2006, 65(5): 802-810.

[7] 张凌燕，郭晋隆，叶冰莹，等. 凝胶柱层析分离虎杖中白藜芦醇的研究 [J]. 天然产物研究与开发，2009, 21(01): 104-107.

[8] 季放，苏宝根，任其龙. 凝胶色谱法净化硫氰酸钠溶剂的基础研究 [J]. 化工时刊，2007, 21(07): 13-15.

[9] 邱学青，欧阳新平，杨东杰. 工业木质素高效利用的改性理论与技术 [M]. 北京：科学出版社, 2014.

[10] Stoklosa R J, Velez J, Kelkar S, et al. Correlating lignin structural features to phase partitioning behavior in a novel aqueous fractionation of softwood Kraft black liquor [J]. Green Chemistry, 2013, 15(10): 2904-2912.

[11] 郑大锋，邱学青，楼宏铭. 木质素的结构及其化学改性进展 [J]. 精细化工，2005, 22(04): 249-252.

[12] Vasile C, Zaikov G E. New trends in natural and synthetic polymer science [M]. New York: Nova Science Publishers, 2006.

[13] Dos Santos P S B, Erdocia X, Gatto D A, et al. Characterisation of kraft lignin separated by gradient acid precipitation [J]. Industrial Crops and Products, 2014, 55: 149-154.

[14] Wang Z, Qiu S, Hirth K, et al. Preserving both lignin and cellulose chemical structures: Flow-through acid hydrotropic fractionation at atmospheric pressure for complete wood valorization [J]. ACS Sustainable Chemistry & Engineering, 2019, 7(12): 10808-10820.

[15] Toledano A, Serrano L, Garcia A, et al. Comparative study of lignin fractionation by ultrafiltration and selective precipitation [J]. Chemical Engineering Journal, 2010, 157(1): 93-99.

[16] Botaro V R, Curvelo A A. Monodisperse lignin fractions as standards in size-exclusion analysis [J]. Journal of

Chromatography A, 2009, 1216(18): 3802-3806.

[17] Bian H, Chen L, Gleisner R, et al. Producing wood-based nanomaterials by rapid fractionation of wood at 80℃ using a recyclable acid hydrotrope [J]. Green Chemistry, 2017, 19(14): 3370-3379.

[18] Shi Z, Xiao L, Jia D, et al. Physicochemical characterization of lignin fractions sequentially isolated from bamboo (Dendrocalamus brandisii) with hot water and alkaline ethanol solution [J]. Journal of Applied Polymer Science, 2012, 125(4): 3290-3301.

[19] Shuai L, Amiri M T, Questell-Santiago Y M, et al. Formaldehyde stabilization facilitates lignin monomer production during biomass depolymerization [J]. Science, 2016, 354(6310): 329-333.

[20] Tejado A, Pena C, Labidi J, et al. Physico-chemical characterization of lignins from different sources for use in phenol-formaldehyde resin synthesis [J]. Bioresource Technology, 2007, 98(8): 1655-1663.

[21] Santos R B, Capanema E A, Balakshin M Y, et al. Effect of hardwoods characteristics on kraft pulping process: Emphasis on lignin structure [J]. Bioresources, 2011, 6(4): 3623-3637.

[22] An Y, Li N, Wu H, et al. Changes in the structure and the thermal properties of kraft lignin during its dissolution in cholinium ionic liquids [J]. ACS Sustainable Chemistry & Engineering, 2015, 3(11): 2951-2958.

[23] Wen J, Sun S, Xue B, et al. Recent advances in characterization of lignin polymer by solution-state nuclear magnetic resonance (NMR) methodology [J]. Materials, 2013, 6(1): 359-391.

[24] Seca A M L, Cavaleiro J A S, Domingues F M J, et al. Structural characterization of the lignin from the nodes and internodes of arundo donax reed [J]. Journal of Agricultural and Food Chemistry, 2000, 48(3): 817-824.

[25] Kunz W, Holmberg K, Zemb T. Hydrotropes [J]. Current Opinion in Colloid & Interface Science, 2016, 22: 99-107.

[26] Eastoe J, Hatzopoulos M H, Dowding P J. Action of hydrotropes and alkyl-hydrotropes [J]. Soft Matter, 2011, 7(13): 5917.

[27] Das S, Paul S. Mechanism of hydrotropic action of hydrotrope sodium cumene sulfonate on the solubility of di-t-butyl-methane: A molecular dynamics simulation study [J]. The Journal of Physical Chemistry B, 2015, 120(1): 173-183.

第三章
木质素的化学改性方法

工业木质素存在水溶性差、纯度低和直接利用性能不佳的问题，但其分子结构中含有羟基、羧基、甲氧基和羰基等活性官能团，为木质素的化学改性提供了可能。通过对木质素进行化学修饰可以提高其应用性能，拓宽木质素的应用领域。目前，木质素改性最常用的方法有胺化、磺化、羧化和疏水化等，也有少部分人研究了木质素的硝化、羟烷基化和酚化等。本章将重点介绍木质素的常用改性方法，包括胺化、磺化、羧酸化、疏水化、聚醚接枝改性等，为木质素的结构分析和改性及相关应用提供参考。

第一节
木质素的胺化改性

木质素结构中存在着酚羟基和羰基，酚羟基的邻对位和侧链羰基上的 α 位氢原子很活泼，容易与甲醛、脂肪胺/氨基酸发生反应。通常认为木质素胺化的原理是木质素中的活泼氢原子与醛类和胺类化合物通过 Mannich 反应生成胺化木质素。木质素的胺化反应可以增强其亲水性，打开木质素的三维网状结构，有利于木质素的工业应用。

一、多元胺改性木质素

1. 多元胺改性木质素的合成与表征

李孝玉[1]以碱木质素为原料，二乙烯三胺为胺化剂进行胺化实验。具体实验方案为：将湖南湘江碱木质素溶于 NaOH 溶液中，充分搅拌后加入一定量的甲醛溶液并搅拌 10.0min，滴加胺化剂溶液，调节反应体系 pH 值在 9.0～10.0 之间，在温度为 70.0℃ 水浴锅中反应 4.0h。将产物用去离子水稀释，然后用硫酸酸析，离心分离，滤饼用稀硫酸溶液洗涤数次，再用去离子水充分洗涤至中性，最后真空干燥，研磨制得胺化碱木质素。

采用红外光谱对制备得到的胺化碱木质素表征，结果如图 3-1 所示。由图 3-1 看出，胺化碱木质素在 2930cm^{-1} 处的吸收峰较原料碱木质素强，2930cm^{-1} 归属于亚甲基峰，胺化过程中会引进亚甲基，故亚甲基峰会加强。1570cm^{-1} 处的 C—N 和 C—O 吸收峰增加，红外分析结果初步证明，胺化碱木质素成功合成。

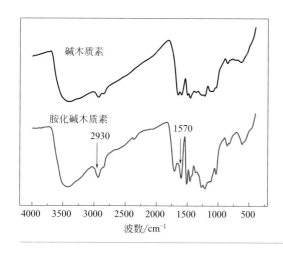

图3-1
胺化碱木质素的红外表征

Zeta 电位能够描述颗粒表面的带电性，胺化碱木质素表面的 Zeta 电位如图 3-2 所示。由图 3-2 可知，胺化碱木质素表面带正电荷，进一步证实了氨基成功接入木质素。随着 pH 值的增大，胺化碱木质素表面所带正电荷量减少。

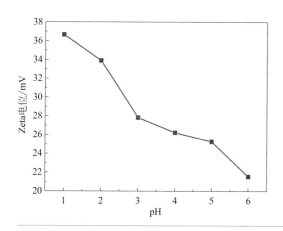

图3-2
胺化碱木质素表面的Zeta电位

综上，由红外表征和 Zeta 电位的改变可以确定胺化碱木质素成功制备。

2. 受阻胺改性木质素

受阻胺类光稳定剂（HALS）主要是甲基哌啶类的衍生物，目前在光稳定剂应用领域内占据了很大的市场，所使用的主要结构单体如图 3-3 所示。HALS 具有很好的抑制光解特性，光稳定作用机理主要包括捕获自由基、猝灭单线态氧和分解过氧化物[2]。HALS 作为一类自由基清除剂，不仅具有光稳定作用，还具有抗氧化性能。但 HALS 多为分子量较低的产品，在受热时容易发生迁移和挥发，使得其抗热氧老化性能会随着时间的增加而下降。除此之外，小分子的 HALS 光稳定剂耐溶剂性能也较差。目前主要的解决途径有两种：一种是开发反应型光稳定剂，使其直接参与高分子单体的聚合过程，嵌入聚合物分子链中；另一种是通过酯化和缩聚等反应，提高光稳定剂分子量。而将小分子的 HALS 接枝到木质素分子上，是制备绿色木质素基光稳定剂并提高 HALS 稳定性的有效方法。

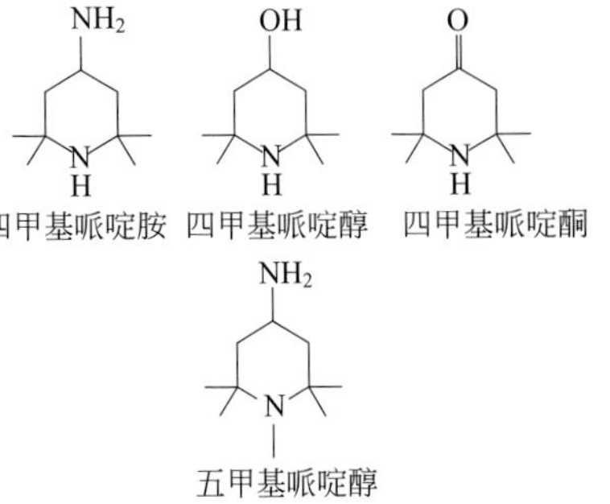

四甲基哌啶胺　四甲基哌啶醇　四甲基哌啶酮

五甲基哌啶醇

图3-3
受阻胺类光稳定剂单体

木质素磺酸钠（SL）中酚型单元的 C5 位具有活泼氢原子，能与胺类试剂发生 Mannich 反应。同时 2, 2, 6, 6- 四甲基哌啶胺（Temp）含有一个伯氨基，具有很好的反应活性和水溶性。笔者团队近年来采用 SL、甲醛和 Temp 进行 Mannich 反应，合成路线如图 3-4 所示[3]。

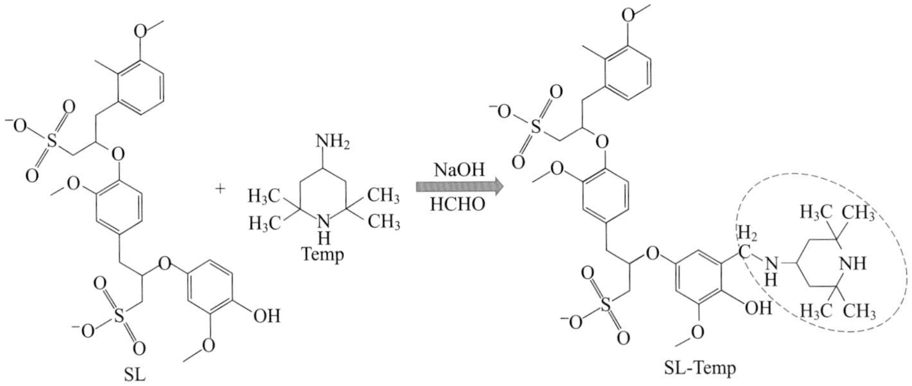

图3-4　2, 2, 6, 6-四甲基哌啶胺接枝木质素磺酸钠（SL-Temp）的合成反应过程

由图 3-4 可见，在碱性条件下，首先 Temp 与甲醛会形成中间体 N- 羟甲基胺，并失去电子形成碳正离子。随后 N- 羟甲基胺与发生活化的 SL 进行 SN$_2$ 亲核取代反应，脱水而将亚甲基胺接枝到木质素的苯环酚羟基邻位，根据反应过程中 Temp 添加量的不同，最终得到不同 Temp 含量的 SL-Temp$_{1\sim4}$。

SL 与 SL-Temp₄ 的红外光谱图如图 3-5 所示。通过图 3-5 红外光谱的对比可以看出，SL-Temp₄ 相对于 SL 在 1388cm^{-1} 处出现了一个新的吸收峰，这主要是 Temp 中两个甲基连接在同一碳原子上发生了振动耦合作用，使得 SL-Temp₄ 在 1388cm^{-1} 处出现了甲基的对称弯曲振动峰。除此之外，Temp 中含有较多的甲基和亚甲基，所以 SL-Temp₄ 在 2853cm^{-1} 附近亚甲基中的碳氢键（C—H）的对称伸缩振动峰和 2942cm^{-1} 附近甲基中的碳氢键（C—H）的反对称伸缩振动峰都有增强。C—N 化学键由于极性与 C—C 键接近而在红外光谱图中难以清晰地分辨出来。由此可以初步判断，Temp 已经成功接枝到 SL 上。

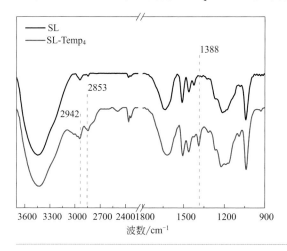

图3-5

木质素磺酸钠（SL）和2,2,6,6-四甲基哌啶胺接枝木质素磺酸钠（SL-Temp₄）的红外光谱图

SL 与 SL-Temp₄ 的核磁氢谱如图 3-6 所示。由图 3-6 中 SL 和 SL-Temp₄ 的核磁氢谱可以看出，在化学位移 δ 7.48～7.25 之间为苯环上的质子峰，SL-Temp₄ 相比 SL 苯环上质子峰信号变弱，说明苯环上的 H 原子减少。这是因为 Temp 在苯环的酚羟基邻位上发生了取代反应导致苯环上的质子峰信号减弱。而且 SL-Temp₄ 在 δ 1.0～1.6 之间出现了归属于甲基（—CH₃）和亚甲基（—CH₂—）的 α-H 特征信号。由此，可以进一步证明 Temp 在 SL 上接枝成功。

小分子光稳定剂的高分子化有利于提高其热稳定性。为此利用热重分析对比了合成的 SL-Temp₄ 与商业受阻胺类光稳定剂（HALS-770）的热稳定性，结果如图 3-7 所示。

由图 3-7 中 SL、HALS-770 和 SL-Temp₄ 的热重曲线可以看出，常见的小分子受阻胺类光稳定剂 HALS-770 在 180℃左右开始快速失重，在 300℃左右达到平衡，残留质量接近于 0，其热分解峰为 260.2℃。而 SL 和 SL-Temp₄ 由于含有一些水分，会在最初有一段轻微的失重过程。SL 和 SL-Temp₄ 的第二段失重都是从 222℃左右开始。SL-Temp₄ 和 SL 的初始分解温度都明显高于 HALS-770，而且在热分解后的残留质量也远高于 HALS-770。热重分析说明，SL-Temp$_4$ 作为一类木质素基大分子光稳定剂，相较于商业的小分子光稳定剂 HALS-770 具有更好的热稳定性。

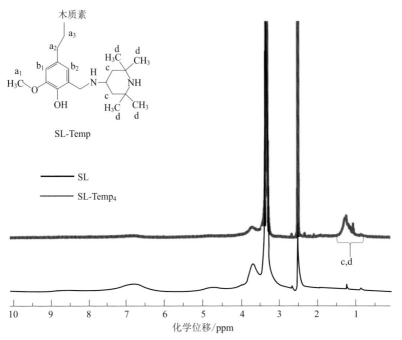

图3-6　木质素磺酸钠（SL）和2，2，6，6-四甲基哌啶胺接枝木质素磺酸钠（SL-Temp$_4$）的核磁氢谱图

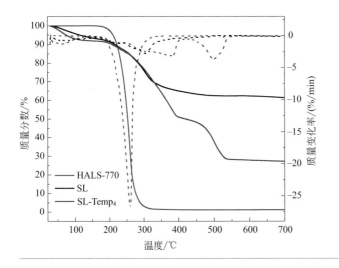

图3-7
商业受阻胺类光稳定剂（HALS-770）、木质素磺酸钠（SL）和2，2，6，6-四甲基哌啶胺接枝木质素磺酸钠（SL-Temp$_4$）的热重曲线

Temp 基团在紫外光照射和氧存在的条件下十分容易转变成哌啶类氮氧自由基（tempo）。tempo 可以通过电子顺磁共振（EPR）进行检测。进一步对 SL 和 SL-Temp₄ 固体粉末样品进行 EPR 表征，结果如图3-8所示。

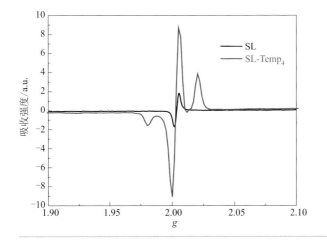

图3-8
木质素磺酸钠（SL）和2,2,6,6-四甲基哌啶胺接枝木质素磺酸钠（SL-Temp₄）的EPR谱图

从图3-8可以看出，SL-Temp₄ 的 EPR 谱图发生了明显的变化。其在 g = 2.00 附近出现了不对称的两重峰，具有典型的双自由基特点。而且 SL-Temp₄ 具有更强的信号强度，这意味着它产生了更多稳定的 Temp 自由基，可以更好地促进清除自由基的循环过程[4]。综合以上表征手段可以认为，此方案成功制备出受阻胺改性木质素。

二、多巴胺改性木质素

多巴胺（3,4-二羟基苯乙胺，dopamine，DA）是一种儿茶酚衍生物，为单一苯环基团结构，同时具有邻苯二酚基团和氨基官能团，其分子式如图3-9所示[5]。合成多巴胺的前驱物质为芳香族氨基酸酪氨酸，经过两步反应转化为多巴胺。多巴胺最常被使用的形式为盐酸盐，暴露在空气中或遇光容易发生氧化，颜色从白色变为深色。多巴胺在水中易溶，在无水乙醇中微溶。

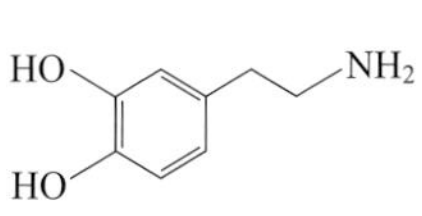

图3-9
多巴胺的分子式

多巴胺可以通过溶液氧化法、酶催化法和电化学聚合法来制备具有超强黏性的聚多巴胺。目前对聚多巴胺的形成机制仍有争议。早期的研究认为，聚多巴胺的合成路径与黑色素在体内的合成路径相似[6]，如图3-10所示。多巴胺在碱性

条件下首先被氧化成多巴胺醌的结构，随后通过 Michael 加成反应实现分子内环化，再氧化重排形成 5,6- 二羟基吲哚（DHI），或进一步氧化成 5，6- 吲哚醌。这两种中间产物的 2、3、4 和 7 号位上容易发生支化反应形成多种二聚体的同分异构体和高聚物。最后酚和醌之间通过歧化反应把这些低聚物和高聚物组装在一起，形成的交联聚合物即为聚多巴胺。

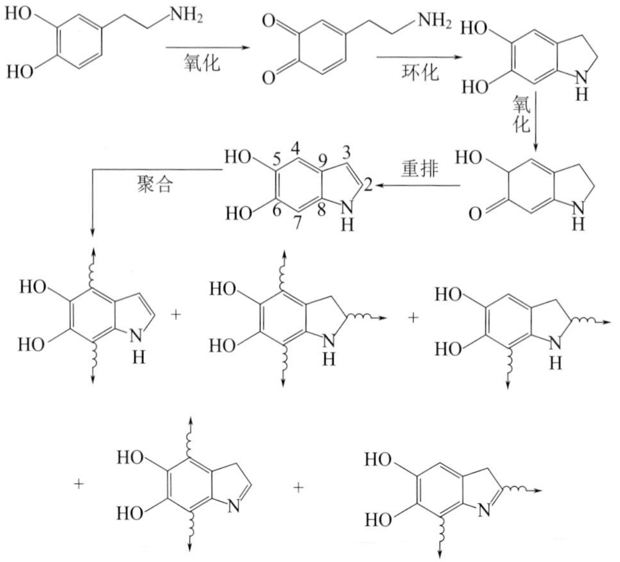

图3-10　参照黑色素合成模型分析得到的聚多巴胺聚合机理

多巴胺单体可溶于水，但聚多巴胺在水中的溶解性非常差，甚至在有机溶剂二甲基亚砜（DMSO）和 N, N- 二甲基甲酰胺（DMF）中都几乎不溶，因此研究其分子结构相对困难，目前对聚多巴胺的分子结构认识仍有分歧。但是，确定的是，聚多巴胺的碳含量高达 60%，与生物质木质素的碳含量相当，蕴含着丰富的化学能。聚多巴胺的结构中含有酚羟基，能作为还原剂。同时聚多巴胺在各种干燥或湿润的表面上都有很强的黏附能力，其中的儿茶酚官能团起到了关键作用。利用聚多巴胺的这种特性，对木质素进行修饰改性，可拓宽木质素的应用性能。

梁婉珊[7] 制备了多巴胺掺杂木质素 / 导电聚合物复合材料，实验配比如表 3-1 所示，将一定质量的木质素磺酸钠（SL）与 3,4- 亚乙基二氧噻吩（EDOT）单体溶于去离子水中，将溶液调至酸性后加入氧化剂过硫酸铵（APS）反应一定时间，继续加入多巴胺（DA）和过硫酸铵的混合溶液反应。将得到的样品透析后干燥即可得到纯净的多巴胺掺杂木质素 / 导电聚合物复合材料 PEDOT∶SL∶PDA。

表3-1　多巴胺掺杂聚3,4-亚乙基二氧噻吩木质素磺酸钠（PEDOT：SL：PDA）的实验方案

样品	3,4-亚乙基二氧噻吩：木质素磺酸钠：多巴胺（质量比）	过硫酸铵：3,4-亚乙基二氧噻吩（摩尔比）	多巴胺：过硫酸铵（摩尔比）	pH	固含量/%
L5	1：1：0.2	1.2：1	1：1	2.0	8.0
L6	1：2：0.2	1.2：1	1：1	2.0	8.0
L7	1：3：0.2	1.2：1	1：1	2.0	8.0
L8	1：4：0.2	1.2：1	1：1	2.0	8.0

用这种工艺合成得到的 PEDOT：SL：PDA 溶液经过长时间静置后没有发生分层。为了验证该实验方案的分散稳定性，实验采用动态光散射研究了 L5～L8 的粒径分布，并记录下其平均粒径，如表 3-2 所示。

表3-2　多巴胺掺杂聚3,4-亚乙基二氧噻吩木质素磺酸钠（L5～L8）的平均粒径

样品	L5	L6	L7	L8
平均粒径/nm	481.6	181.3	180.2	170.5

从表 3-2 可以看到，L5 的平均粒径最大，为 481.6nm，其次是 L6、L7 和 L8 的平均粒径，分别为 181.3nm、180.2nm 和 170.5nm，达到了纳米级别。分析认为，分散剂木质素磺酸盐的含量增大，有助于提高分散性能，降低颗粒的粒径，而且粒径的分布也相对集中。

为了进一步验证 PEDOT：SL：PDA 的成功合成，检测了 PEDOT：SL：PDA-L6、EDOT 和多巴胺·盐酸（DA·HCl）的红外光谱，见图 3-11。红外光谱表明，892cm^{-1} 处是 EDOT 噻吩环上 C—H 弯曲振动吸收峰，而聚合后该峰消失，即 PEDOT：SL：PDA-L6 的红外光谱中检测不到该峰。1486cm^{-1} 和 1365cm^{-1} 处的振动吸收峰是 EDOT 噻吩环上 C＝C 和 C—C 的伸缩振动，940cm^{-1} 和 761cm^{-1} 处是 C—S 的振动吸收峰，由于多巴胺对木质素磺酸盐的掺杂，聚合后这几处吸收峰都有相应的变化。PEDOT：SL：PDA-L6 的红外光谱表明，在 3429cm^{-1} 附近处有—NH$_2$ 的特征吸收峰。而且在 1630cm^{-1} 附近处有较强的吸收峰，认为是多巴胺自聚 - 组装过程中所产生的吲哚结构的特征峰，说明多巴胺在有强氧化剂的作用下，发生了环化，形成吲哚结构，进而发生聚合得到聚多巴胺。

在 800～700cm^{-1} 的吸收带较弱，表明芳环被取代了，芳环氢相对含量较低；在 1600～1000cm^{-1} 的吸收带有明显的缔合现象，这是其吸收峰的相互牵连引起的，这也是导致谱图分辨率下降的原因。2924cm^{-1} 被认为是木质素磺酸盐上甲基、亚甲基的伸缩振动，而木质素磺酸盐上的磺酸根伸缩振动和剪切振动分别在 1092cm^{-1} 和 980cm^{-1}。

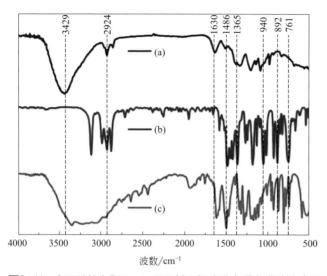

图3-11　多巴胺掺杂聚3，4-亚乙基二氧噻吩木质素磺酸钠（PEDOT∶SL∶PDA-L6）（a）、3，4-亚乙基二氧噻吩（EDOT）（b）和多巴胺·盐酸（DA·HCl）（c）的红外光谱图

综合以上表征结果显示，本实验方案成功制备了多巴胺掺杂木质素／导电聚合物复合材料PEDOT∶SL∶PDA。

三、季铵化改性木质素

季铵化反应是指可以合成季铵盐的反应，而季铵盐为铵离子中的四个氢原子都被烃基取代而生成的化合物，其通式为$R_4N^+X^-$。其中，R_4为四个烃基，可以相同也可以不同；X多为卤素离子，也可以是酸根。

20世纪60年代，Cavagna[8]发明了一种木质素季铵盐改性方法，首先通过Mannich反应将木质素溶解在氢氧化钠溶液中，添加一定量的二甲胺和甲醛溶液，在55℃下反应得到木质素胺，再将得到的木质素胺与含有烷基卤代物或烷基硫酸盐的碱水溶液共热，合成出木质素季铵盐。该木质素季铵盐在4＜pH＜8的范围内不溶，在酸性（pH＜4）和碱性（pH＞8）的条件下溶解。

木质素的基本结构单元中含有大量具有反应活性的酚羟基，可对其进行醚化反应接枝季铵根基团。近年来，笔者团队也开展了季铵化改性木质素的合成研究，并探索了季铵化木质素在药物控释、抗菌材料等领域的应用。本节着重介绍笔者团队以碱木质素（AL）和3-氯-2-羟丙基三甲基氯化铵（CHMAC）为原料制备季铵化改性木质素的方法和结果[9]。具体实验方案为：将CHMAC滴加到AL碱溶液中，保持反应溶液的pH值在11以上，反应一段时间后透析提纯干燥，即可得到季铵化改性木质素（AML），反应式如图 3-12。根据中间体与木质素的比例不同，分别将其命名为 AML-20、AML-30、AML-50、AML-60 和 AML-80，其中的数字代表 CHMAC 与 AL 用量的质量比。

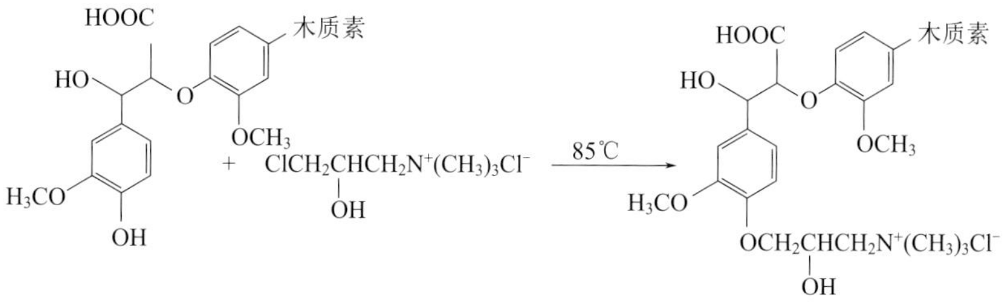

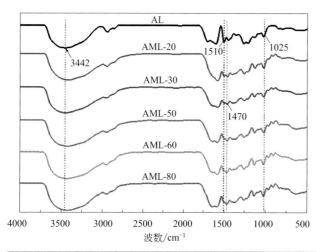

图3-12 季铵化改性木质素反应示意图

　　AL 和不同季铵化程度 AML 的红外光谱如图 3-13 所示。由图 3-13 看出，AL 中 3442cm^{-1} 处为羟基的伸缩振动峰，2932cm^{-1} 和 2844cm^{-1} 处为甲基、亚甲基的 C—H 键的伸缩振动吸收峰。AML 中在 1470cm^{-1} 处新出现了季铵氮的特征吸收峰，这是由季铵离子的弯曲振动引起的，说明 AML 分子结构中含有季铵根离子。1510cm^{-1} 为木质素中苯环的特征吸收峰，由于 1470cm^{-1} 季铵氮基团的掩盖，该峰强很弱。随着季铵化程度的提高，1470cm^{-1} 峰强逐渐增大，而 1510cm^{-1} 处苯环的特征吸收峰逐渐减弱。1261cm^{-1} 和 1140cm^{-1} 分别为木质素愈创木基上的 C—O 和 C—H 伸缩振动峰。1025cm^{-1} 为木质素中 C—O—C 的归属峰，随着季铵化程度的提高，峰强逐渐增大，说明木质素和 3- 氯 -2- 羟丙基三甲基氯化铵中间体之间通过醚键连接。另外，在 AML 的红外光谱中在 750cm^{-1} 处未见 C—Cl 的特征吸收峰，说明中间体与 AL 的酚羟基发生的是脱氯原子的取代反应。

图3-13

碱木质素（AL）和3-氯-2-羟丙基三甲基氯化铵改性木质素（AML）的红外光谱图

随着季铵化程度的增大，AML 的亲水性增强，在 DMSO 中的溶解性逐渐变差，AML-50 几乎不溶于 DMSO 等有机溶剂，而 AML-30 的季铵化程度相对较低，在 DMSO 中具有良好的溶解性。AML-30 和 AL 的 ^{1}H-NMR 谱图如图 3-14 所示。

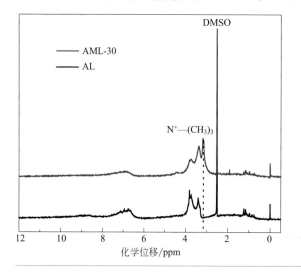

图3-14
碱木质素（AL）和3-
氯-2-羟丙基三甲基氯化铵
改性木质素（AML-30）的
^{1}H-NMR谱图

如图 3-14 所示，AL 在化学位移区 δ 7.5 ~ 6.4 出现的质子峰为芳香环的质子峰，化学位移区 4.0 ~ 3.2 为甲氧基的质子峰，化学位移区 1.3 ~ 0.8 的多重峰为侧链脂肪族氢的质子峰。与 AL 相比，AML-30 的 ^{1}H-NMR 谱图在化学位移区 3.25 ~ 3.10 出现了一个新的质子峰，该峰为季铵氮连接的甲基上的质子峰，说明在 AL 上成功接枝了季铵根基团。

表 3-3 为 AL 和不同季铵化程度 AML 中的官能团含量。从表中可以看出，随着中间体添加量的增大，酚羟基含量明显减小，羧基含量未发生明显变化。结合 ^{1}HNMR 和 FT-IR 谱图可知，季铵基主要接枝在 AL 的酚羟基上。

表3-3　AL 和不同季铵化程度的 AML 中的官能团含量

样品	酚羟基/（mmol/g）	羧基/（mmol/g）	季铵基/（mmol/g）
AL	3.28	1.80	—
AML-20	1.92	1.79	1.17
AML-30	1.70	1.78	1.35
AML-50	1.54	1.78	1.76
AML-60	1.21	1.79	1.96
AML-80	0.90	1.79	2.11

不同季铵化程度的 AML 在碱性条件下的表面张力如图 3-15 所示。随着季铵

化程度的增加，AML 的表面张力逐渐减小。这是由于随着引入的阳离子季铵根基团的增加，AML 在碱性条件下的电负性逐渐减小，分子间的静电斥力作用减小，其在气/液界面的疏水基排列更为紧密，吸附量增加，从而使表面张力下降。

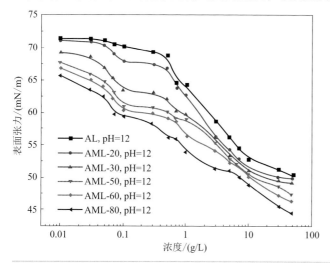

图3-15
碱木质素（AL）和3-氯-2-羟丙基三甲基氯化铵改性木质素（AML）在不同浓度水溶液中的表面张力

　　AML 的表面张力随浓度增大而一直减小，没有出现平台区域，无法测得其临界胶束浓度。由于结构复杂、分子量分布宽、亲水基团在其疏水核表面的分布不均一，木质素在气/液界面的吸附不同于结构简单的小分子表面活性剂，无法形成亲水基团完全朝外、疏水基团完全朝内的胶束。低浓度时，AML 分子平躺吸附于气/液界面，吸附层较为稀疏。随着浓度的增大，吸附在气/液界面的分子数越来越多，木质素分子以直立状态吸附在界面处，吸附量增大，吸附层中疏水基团排列更为紧密，从而导致表面张力持续下降[10]。

第二节
木质素的磺化改性

　　按照制浆方法的不同，工业木质素主要有酸法制浆的副产物木质素磺酸盐和碱法制浆的副产物碱木质素。木质素磺酸盐因在制浆过程中被磺化，同时具备亲水性的磺酸基等官能团和疏水性碳链骨架，具有良好的亲水性和表面活性，已经被广泛应用于混凝土减水剂、水煤浆分散剂、农药分散剂、染料分散剂等领域。
　　在实际应用中，碱木质素的用量不如木质素磺酸盐，主要是因为碱木质素不含磺酸基，在水中的溶解度非常小，应用非常困难。因此，通常需要将碱木质素经过磺化改性变成磺化碱木质素后再加以利用。工业木质素的磺化反应是提高其水溶性的重要手段之一，特别是对于难溶于水的碱木质素，磺化反应更是赋予其水溶性最简单直接的方法。磺化木质素的磺化程度可用磺化度来表示，其定义是每克木质素所含磺酸基（—SO$_3$H）的物质的量（mmol）。磺化后的木质素具有较高的 Zeta 电位，有助于在水泥颗粒间形成强的静电斥力，故常用作水泥分散剂[11]。目前木质素的磺化改性主要有以下几种方法。

（1）常压磺化法　将碱木质素在碱性条件下与甲醛和磺化剂亚硫酸钠反应，磺酸基接在芳香环酚羟基的邻位上；或者是先羟甲基化，然后在碱性条件下与亚硫酸钠反应，磺化反应主要发生在苯环上，也有少量发生在侧链上，根据磺化剂的用量可控制磺化度。

（2）高温高压磺化法　通过控制磺化剂亚硫酸钠的用量，将碱木质素与亚硫酸钠混合溶液置于高压釜中反应，加入引发剂甲醛反应，得到一系列不同磺化度的产品。磺化的位置为苯环不饱和侧链的 α 位，高温高压法可使木质素降解并加深颜色。

（3）氧化磺化法　先用氧化剂对木质素进行氧化，将其网状大分子结构打断为小分子结构，减少聚集程度，再进行磺化，磺化剂可以是亚硫酸钠和二氧化硫等，接入的磺酸基与苯环相连，形成芳香链，磺化温度较低。然后进行缩合反应，得到分子量较高且磺化度也较高的木质素磺酸盐。

一、高温高压磺甲基化改性木质素

高温高压磺甲基化改性木质素也称为一步磺化法，是一种简单、技术成熟的木质素改性方法。此方法由于其磺化效率高且磺化程度可调控，在工业生产中被广泛应用。

张志鸣[12]将 10g 碱木质素（AL）与氢氧化钠和水混合配制成木质素质量分数为 25% 的溶液，调节溶液 pH=11，然后加入高压反应釜中，采用高温高压磺甲基化方法，分别加入 2.5g 亚硫酸钠和 0.6g 甲醛，密闭升温，在 180℃下反应4h，产物即为磺甲基化木质素（SAL）。

木质素结构中的磺酸基含量及其分子量对其应用性能影响很大。采用电位滴定法和 GPC 测定得到产物 SAL 的磺酸基含量为 1.25mmol/g，重均分子量为6500，其分子量分布指数为 1.10。这说明产物 SAL 具有较高的磺酸基含量，且分子量分布较窄，磺甲基化改性对木质素的主体结构影响不大。

为了验证在木质素分子中的哪个位点引入了磺酸基，对样品进行红外光谱分析，对比其结构特征。AL 与产物 SAL 的红外光谱如图 3-16 所示。

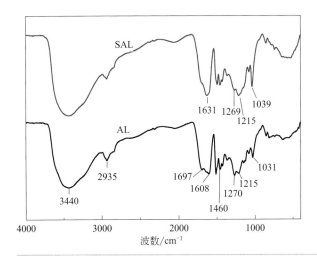

图3-16
碱木质素（AL）和磺甲基化
木质素（SAL）的红外光谱图

由图 3-16 可见，在 AL 与 SAL 红外光谱上有很多相似的特征峰，这些都是木质素分子结构中特征基团的吸收峰，主要有 3440 ～ 3430cm^{-1} 附近的羟基伸缩振动峰；在 1630 ～ 1430cm^{-1} 附近有多个吸收峰，均为木质素的芳香环骨架振动，在 1365cm^{-1} 附近有芳香环 C—H 环骨架振动；在 2935cm^{-1} 附近有甲基、亚甲基、次甲基的伸缩振动，在 1460cm^{-1} 附近有甲基、亚甲基、次甲基 C—H 弯曲振动。这些木质素分子结构中特征基团的吸收峰变化不大，说明在磺甲基化改性过程中并没有破坏木质素的主体结构。仅有个别官能团的吸收峰发生了变化，尤其是在 1039cm^{-1} 附近的磺酸基特征峰，原料 AL 的红外光谱中没有此峰，而经磺甲基化改性之后所得 SAL 的红外光谱在此处形成了很强的磺酸基特征峰，说明 SAL 分子中成功引入了较多的磺酸基；1031cm^{-1} 处的仲醇、醚的 C—O 弯曲振动峰没有出现在 SAL 的谱图中，这可能是因为其与很强的磺酸基特征峰混合到了一起，没有显示出来。

推测此磺甲基化的反应机理，如图 3-17 所示。

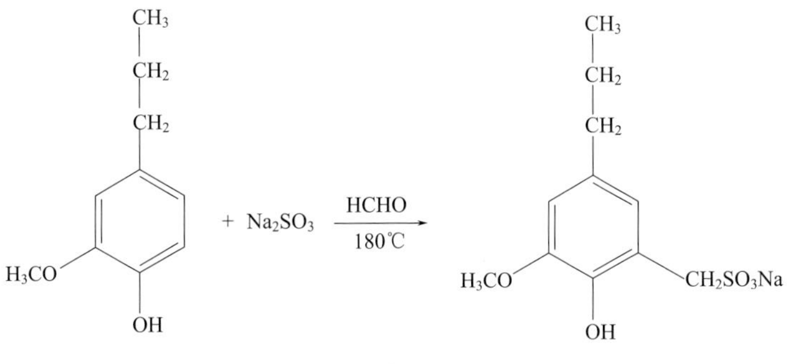

图3-17　推测磺甲基化可能的反应机理

二、羟丙基磺化改性木质素

目前工业上碱木质素改性方法多为高压磺化或者常压磺化，通常情况下，不同压力会影响磺酸基进入芳香环的位置，高压磺化的位置为苯环不饱和侧链的α-位，而常压磺化反应位置多为酚羟基邻位。由于碱木质素的分子量相对较低，传统的甲醛缩合提高分子量不理想。笔者团队设计了一种新型的羟丙基磺化改性工艺，提高了碱木质素的磺化效率，同时增加改性碱木质素分子量。该工艺采用环氧氯丙烷醚化缩合反应增加木质素分子量。在提高分子量的同时，不仅封闭掉酚羟基，而且提供了醇羟基，增加了改性木质素的水溶性。而酚羟基的减少，可以降低改性木质素在工业应用上的还原性。

以碱木质素、亚硫酸钠和3-氯-1,2-环氧丙烷为原料制备羟丙基磺化碱木质素[13]。制备过程为：先将3-氯-1,2-环氧丙烷滴入亚硫酸钠碱溶液中，升温搅拌反应一段时间后，将反应溶液滴加到碱木质素溶液中，继续升温反应，加入一定量的环氧氯丙烷补充反应，控制反应过程中的pH值在8～9左右，得到羟丙基磺化碱木质素（HSAL），反应式如图3-18所示。

图3-18　羟丙基磺化碱木质素的反应机理示意图

对制备的HSAL采用红外光谱分析，如图3-19所示。图中$3420cm^{-1}$附近的吸收峰为酚羟基的特征峰。$2938cm^{-1}$和$2935cm^{-1}$处的吸收峰为亚甲基、次甲基的C—H键伸缩振动吸收峰。在$1612cm^{-1}$和$1503cm^{-1}$处为芳香环的伸缩振动。$1330cm^{-1}$为愈创木基的C—O伸缩振动。$1046cm^{-1}$和$532cm^{-1}$处为磺酸基的特征峰。$850cm^{-1}$和$848cm^{-1}$为愈创木基中的C—O吸收峰。

相比AL，HSAL在$3420cm^{-1}$附近的吸收峰明显减弱，说明改性之后产品的酚羟基被部分封端，导致羟基含量减少；$2938cm^{-1}$处HSAL比$2935cm^{-1}$处AL的吸收峰强，说明HSAL中的甲基、亚甲基增多，HSAL结构中接入了长支链的羟丙基羧酸钠；$1190cm^{-1}$和$1046cm^{-1}$处为磺酸基的特征峰，HSAL的吸收峰较强，这说明HSAL分子中引入了较多的亲水性基团（磺酸基）。

HSAL和AL的^{1}H-NMR谱图如图3-20所示。图中化学位移区7.48～7.25为苯环上的质子峰，HSAL相比碱木质素信号微弱，说明苯环上的H被取代，苯环上发生了取代接枝反应及磺化反应。在化学位移区4.00～3.32为—CH_2SO_3Na

中亚甲基的质子峰，HSAL 信号强度与碱木质素相比明显增强，说明改性之后侧链处磺化，接入了亲水磺酸基团。在化学位移区 3.10～3.32 的多重峰为酚羟基中的质子峰，HSAL 信号强度与碱木质素相比明显减弱，说明改性之后酚羟基被部分封闭。

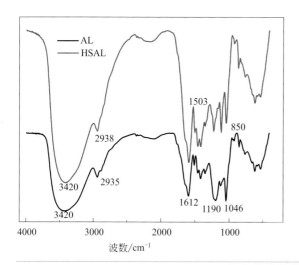

图3-19
碱木质素（AL）和羟丙基磺化碱木质素（HSAL）的红外光谱图

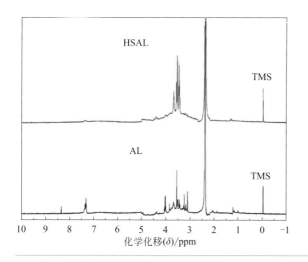

图3-20
碱木质素（AL）和羟丙基磺化碱木质素（HSAL）的^{1}H—NMR谱图

为了更进一步表征 HSAL 的结构，实验通过 ^{1}H-^{13}CHSQC 二维核磁进行表征，结果如图 3-21 所示。

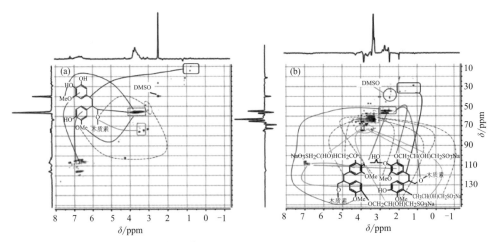

图3-21 碱木质素改性前后的¹H-¹³CHSQC二维核磁谱图（a）碱木质素（AL）和（b）羟甲基化碱木质素（HSAL）

在 HSAL 的二维核磁谱图中，δ_H/δ_C 4.4～4.6/73～80 是侧链磺酸基的信号，这说明带有磺酸基的侧链接入到 HSAL 中。δ_H/δ_C 3.4～4.0/55～70 信号在 HSAL 中相比 AL 明显增强，说明甲基和亚甲基明显增多，且 δ_H/δ_C 6.6～7.0/102～113 处的信号峰是芳香族的 ¹H-¹³C 相关信号，信号相比在 AL 谱图中有所减弱。综上可以证明，带有亚甲基的羟丙基侧链接枝反应和环氧氯丙烷的封端反应成功。

对原料（AL）、羟丙基磺化改性木质素（HSAL）、磺甲基化碱木质素（SAL）及商品木质素磺酸钠（NaSL）的分子量以及官能团进行分析。重均分子量（M_w）、数均分子量（M_n）和分子量分布指数（M_w/M_n）以及官能团含量列于表 3-4。

表3-4 分散剂的分子量和官能团含量

分散剂样品	M_w	M_n	M_w/M_n	酚羟基/（mmol/g）	磺酸基/（mmol/g）
AL	5700	2000	2.83	2.32	—
HSAL	11300	5900	1.92	0.45	2.11
SAL	6600	2200	2.97	2.25	1.08
NaSL	10200	4800	2.14	1.88	1.36

从表 3-4 可以看出，HSAL 酚羟基的含量从原料 AL 的 2.32mmol/g 降低至 0.45mmol/g，说明绝大多数的酚羟基被封闭。原料 AL 的重均分子量为 5700，而羟丙基磺化改性木质素（HSAL）的重均分子量达到 11300，分子量提高十分明

显。磺甲基化碱木质素（SAL）具有较低的磺酸基含量和较高的酚羟基含量，重均分子量为6600，分子量相比AL（5700）提高不明显，这是因为AL在磺甲基化过程中缩合和断裂同时发生。更为重要的是，磺甲基化工艺中的磺化和缩合同时发生在AL苯环中羟基的邻位，这就造成了它们之间的竞争，使缩合和磺化的效率都不高。而在由AL改性制备HSAL的工艺中，接枝磺化反应位点是活性较高的酚羟基，不会与缩合反应形成竞争，因此磺化程度较高，磺酸基含量可达到2.0mmol/g以上。

三、辣根过氧化物酶催化改性木质素

辣根过氧化酶（HRP）是从辣根中提取得到的一种糖蛋白复合酶，结构中含有Fe^{3+}、卟啉环和血红素辅基，含糖量为18%～26%。HRP是一类同工酶的总称，其分子量约为4.4×10^4，等电点较宽，pH为3.0～9.0。HRP催化活性很强，在H_2O_2存在的条件下，能催化氧化多种化合物，特别是具有大π共轭体系的物质，如酚类、芳胺、吲哚等。木质素作为一种复杂酚类聚合物，可以采用HRP对其进行催化改性。

辣根过氧化酶（HRP）催化聚合酚类化合物的作用机理已研究得较为深入。笔者团队[14, 15]前期研究了HRP对木质素磺酸钠（木钠）的催化聚合作用，发现HRP能有效聚合木钠大分子，聚合过程中以β-β'、β-O-$4'$、β-$5'$、5-$5'$和4-O-$5'$等方式连接且主要以β-O-$4'$型为主。研究中还发现，通过调节HRP的用量，可以控制木钠产品的分子量，经HRP改性后木钠产品的吸附和分散性能均有提高。

随着生物技术的发展和人们环保意识的增强，生物酶应用于工业木质素的结构修饰和性能改善必将受到越来越多的关注，是未来木质素改性的发展方向之一，系统地研究HRP催化聚合对工业木质素结构特征及表面物理化学性能的影响，揭示HRP催化聚合工业木质素的机理，可为改善工业木质素的性能、拓宽木质素的应用提供坚实的理论基础。

HRP催化聚合磺甲基化木质素的制备：先采用常温磺化的方法以松木碱木质素（PAL）为原料制备磺甲基化木质素（SPAL），然后以H_2O_2为引发剂，加入HRP对SPAL催化聚合[16]。SPAL通过先向碱木质素的碱溶液中加入甲醛反应，再加入Na_2SO_3固体反应制得。

用pH=6.0的NaH_2PO_4-Na_2HPO_4缓冲溶液配制20g/L的SPAL溶液，加入6g/L HRP，用2%（体积分数）的H_2O_2启动反应，30℃下反应2h后，煮沸8min使HRP失活，过滤，将滤液冷冻干燥，制得HRP催化聚合磺甲基化木质素（HSPAL）。

不同磺化剂用量下，SPAL1 ~ 6 及其相应催化聚合产品 HSPAL1 ~ 6 的磺化度和分子量如表 3-5、表 3-6 所示，其分子量分布如图 3-22 所示。将相同磺化剂用量下对应的 HSPAL 与 SPAL 的重均分子量（M_w）之比定义为聚合产物的聚合度 N，以评价 HRP 催化聚合磺甲基化木质素的反应活性。另采用磺化度评价碱木质素的磺化反应活性。

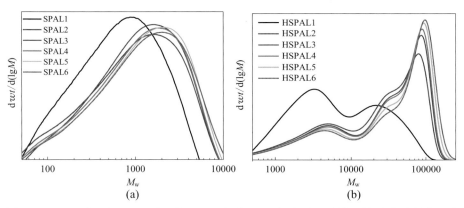

图3-22　不同磺化剂用量下磺甲基化木质素（SPAL）（a）和辣根过氧化物酶催化聚合磺甲基化木质素（HSPAL）（b）的分子量分布图

如图 3-22 和表 3-5、表 3-6 所示，对于 SPAL1 ~ 6，随磺化剂用量的增加，其 M_w 从 1100 微弱增加到 2100，分子量分布指数（M_w/M_n）为 3.66 ~ 6.47。经 HRP 催化聚合后，HSPAL 的分子量相比对应的 SPAL 显著增大，分别由聚合前的 1100 ~ 2100 增加到 14600 ~ 56600，N 达到 13.3 ~ 26.9。此外，随磺化剂用量的增多，HSPAL 的分子量和聚合度均呈增长趋势，当磺化剂用量为木质素质量的 60% 时，HSPAL6 的 M_w 和聚合度分别为 56600 和 26.9。

表3-5　磺化剂用量对磺甲基化木质素（SPAL）的分子量和磺化度的影响

质量分数/%	样品	磺化度/（mmol/g）	M_w	M_w/M_n
5	SPAL1	1.15	1100	3.66
20	SPAL2	1.34	1700	6.06
30	SPAL3	1.51	1800	4.88
40	SPAL4	1.67	1800	5.91
50	SPAL5	1.98	2000	5.85
60	SPAL6	2.06	2100	6.47

注：质量分数代表磺化剂用量和木质素用量的比值。

从表 3-5 可以看出，随着磺化剂用量的提高，SPAL 的磺化度增大。当磺化剂用量由 5% 增至 60% 时，SPAL 的磺化度由 1.15mmol/g 增至 2.06mmol/g。从表 3-6 可以看出，不同磺化度的 SPAL 经过 HRP 催化聚合后，对应产物 HSPAL 的磺化度均有所提高，其中以 HSPAL6 的磺化度最大，为 2.87mmol/g。

表3-6　磺化剂用量对辣根过氧化物酶催化聚合磺甲基化木质素（HSPAL）的分子量和磺化度的影响

质量分数/%	样品	磺化度/(mmol/g)	M_{w}	$M_{\mathrm{w}}/M_{\mathrm{n}}$	聚合度N
5	HSPAL1	1.51	14600	4.61	13.3
20	HSPAL2	1.96	39100	7.39	23.0
30	HSPAL3	2.16	44500	7.52	24.7
40	HSPAL4	2.46	46700	7.63	25.9
50	HSPAL5	2.60	51800	8.26	25.9
60	HSPAL6	2.87	56600	8.47	26.9

由此可得出，磺化度的提高有利于增加 HRP 催化聚合 SPAL 的反应活性，同时 HRP 催化聚合 SPAL 过程中也进一步提高了 SPAL 的磺化反应活性，这一结果与采用化学聚合法的现象截然不同。化学聚合法所得到的改性碱木质素 M_{w} 并不高，一般小于 10000，而 HRP 催化聚合产品 HSPAL 的分子量均在 10000 以上，且随着 SPAL 磺化度的提高，HSPAL 分子量随之增大。这为可控地调控碱木质素改性产品的分子量和磺化度提供了一种新思路，从而扩大了碱木质素改性产品的应用范围。

通过紫外光谱中的红移和蓝移现象可表征木质素结构中的共轭效应。分别测定不同 SPAL 和 HSPAL 的紫外光谱，结果如图 3-23（a）所示。对图中 204nm 附近的谱图进行放大，得到图 3-23（b）和（c）。

由图 3-23（a）可以看出，不同 SPAL 和 HSPAL 均具有 200nm 附近的 K 带吸收峰和 274nm 附近的木质素苯环特征吸收峰。无论是 SPAL 还是 HSPAL，不同磺化剂用量下的木质素样品吸收峰位置基本相同。

由图 3-23（b）和（c）可以看出，在相同的磺化剂用量下，HRP 催化聚合磺甲基化木质素（HSPAL）在 K 带的吸收强度低于对应的 SPAL，表明催化聚合过程中 SPAL 部分的共轭结构被破坏。随着磺化剂用量的增大，除 SPAL1 和 HSPAL1 外，SPAL2 ～ 6 或 HSPAL2 ～ 6 在 K 带的吸收强度相近，表明磺化剂用量对 SPAL 或 HSPAL 的共轭结构含量影响不明显。

木质素本身的结构对其反应活性有决定性的作用，通过红外光谱分别测定了不同磺化剂用量下 SPAL 和 HSPAL 的结构，结果如图 3-24 所示。

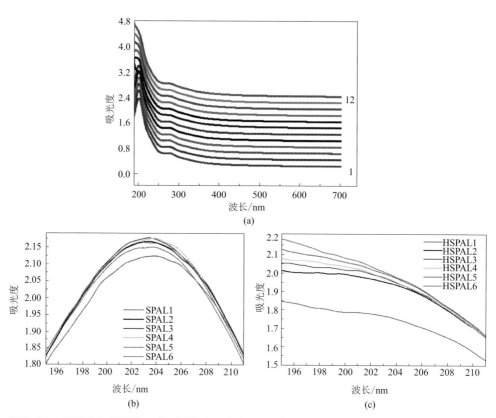

图3-23 不同磺化剂用量下磺甲基化木质素（SPAL）和辣根过氧化物酶催化聚合磺甲基化木质素（HSPAL）的紫外光谱图(a)全波段谱图(1～6：SPAL1～6；7～12：HSPAL1～6)；（b）不同磺化剂用量下SPAL在204nm附近的紫外光谱图；（c）不同磺化剂用量下HSPAL在204nm附近的紫外光谱图

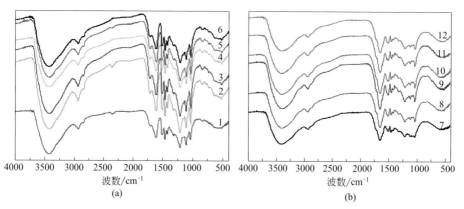

图3-24 不同磺化剂用量下磺甲基化木质素（SPAL）（a）和辣根过氧化物酶催化聚合磺甲基化木质素（HSPAL）（b）的红外光谱图（1～6：SPAL1～6；7～12：HSPAL1～6）

由图 3-24 可知，在 3420cm^{-1} 附近的宽峰为 O—H 伸缩振动峰，在 1650～1450cm^{-1} 附近的多个吸收峰是木质素芳环骨架振动峰，1328cm^{-1} 附近的小峰由酚羟基的面内变形振动和紫丁香基中 C—O 伸缩振动所引起。不同磺化剂用量下的 SPAL 和 HSPAL 仍具有这些典型的木质素结构，表明磺甲基化反应和 HRP 催化聚合过程并没有破坏木质素的主体结构。

随着磺化剂用量的增大，SPAL 或 HSPAL 的红外光谱吸收峰位置及强度均没有明显变化，表明磺化剂用量的改变对 SPAL 或 HSPAL 结构的影响较弱。不同磺化剂用量下 SPAL 或 HSPAL 所含的官能团种类差别不大。

对比相同磺化剂用量下 SPAL 和 HSPAL 的红外光谱图，可以发现经过 HRP 催化聚合后，HSPAL 在 2844cm^{-1} 附近的甲氧基 C—H 伸缩振动有所减弱，表明 HRP 催化聚合过程发生了脱甲氧基反应。1705cm^{-1} 附近为非共轭羰基吸收峰，1463cm^{-1} 附近为—CH$_3$ 和—CH$_2$— 中 C—H 的平衡变形振动，1116cm^{-1} 处的吸收峰归属于典型的芳环 C—H 面内弯曲振动。SPAL 在以上吸收带和芳环骨架吸收带均有较强的吸收，而 HSPAL 上的这些吸收峰强度均减弱，并在 1655cm^{-1} 附近形成了一个新的强共轭羰基吸收峰，这有可能是因为 HRP 催化聚合使木质素的苯环结构氧化成苯醌结构，从而形成大量新的共轭羰基。

磺甲基化木质素在 HRP 催化聚合过程中其活性官能团含量也会发生较大的变化，采用电位滴定法测定了不同磺化剂用量下 SPAL 和 HSPAL 的羧基、酚羟基和甲氧基含量，结果见图 3-25。

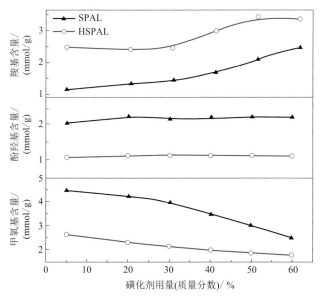

图3-25 不同磺化剂用量下磺甲基化木质素（SPAL）和辣根过氧化物酶催化聚合磺甲基化木质素（HSPAL）的主要官能团含量

由图 3-25 可以看出，对于 SPAL，随着磺化剂用量的增大，其羧基含量由 1.15mmol/g 增大到 2.45mmol/g；酚羟基含量基本不变，约为 2.1mmol/g；甲氧基含量明显降低，由 4.49mmol/g 降低到 2.48mmol/g。对于 HSPAL，随着磺化剂用量的增大，其官能团含量变化规律与 SPAL 相近，其羧基含量由 2.47mmol/g 增大到 3.34mmol/g；酚羟基含量基本不变，约为 1.1mmol/g；甲氧基含量明显降低，由 2.09mmol/g 降低到 1.39mmol/g。相同磺化剂用量下的 HSPAL 与 SPAL 相比，其羧基含量高，酚羟基和甲氧基含量低。

为进一步探讨磺甲基化反应对 SPAL 在 HRP 催化聚合过程中主要官能团含量的影响，表 3-7 列出了在不同磺化剂用量下，采用 HRP 催化聚合前后 SPAL 主要官能团含量的变化比例。可以看出，随磺化剂用量的增大，羧基含量增长比例减小，酚羟基含量下降比例基本不变，甲氧基含量下降比例总体上呈减小的趋势。

表3-7　不同样品的主要官能团含量变化比例

样品	羧基含量增长比例/%	酚羟基含量下降比例/%	甲氧基含量下降比例/%
HSPAL1	114.78	49.06	41.43
HSPAL2	80.92	49.09	46.60
HSPAL3	71.83	45.97	44.97
HSPAL4	71.21	48.15	44.13
HSPAL5	62.38	49.77	38.03
HSPAL6	36.33	48.62	29.44

由表 3-7 可以分析得出，虽然酚羟基在 HRP 催化聚合过程中起到关键性的作用，但不同磺化条件下的 SPAL 酚羟基含量相近，这时 SPAL 中的甲氧基含量和水溶性这两种因素反而起主导作用。随着磺化剂用量的增大，SPAL 的水溶性增大（磺酸基和羧基含量增大），甲氧基含量降低，因此在进一步的 HRP 催化聚合中活性更高，甲氧基的脱除率也更高。

四、1,4-丁磺酸内酯磺化改性木质素

1,4-丁磺酸内酯（1,4-BS）是环状有机酸酯，其反应活性高，容易开环变为脂肪族磺酸，见图 3-26。近年来，1,4-BS 因具备出色的磺化效果以及磺化条件温和等特点而成为研究热点，常作为磺化剂用于小分子单体或者高分子的改性。

笔者团队近年来以碱木质素黑液和 1,4-丁磺酸内酯（1,4-BS）为原料，在碱性催化条件下通过常温磺化法制备了 1,4-丁基磺酸磺化木质素（ASSL）[17]。

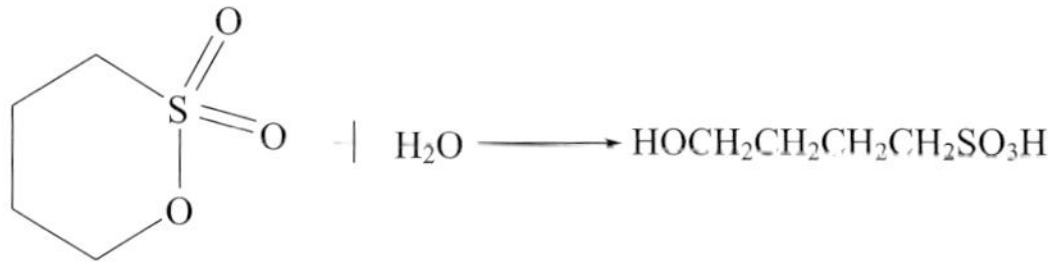

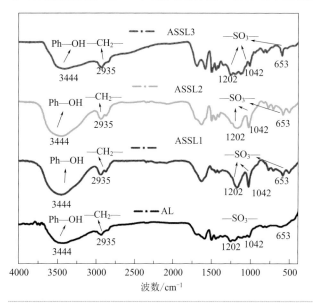

图3-26
1,4 丁磺酸内酯开环反应示意图

具体制备方法为：将碱木质素溶于碱溶液中，边搅拌边滴加一定量的 1，4-BS，在 60℃加热条件下常压反应 8h。反应过程中，控制溶液 pH 值在 12。反应结束后，用石油醚萃取反应液，取水层为产物层。经过截留分子量 1000 的透析袋透析、旋蒸等步骤后得到纯化产品。

采用红外光谱分析 1,4- 丁基磺酸磺化木质素（ASSL）与改性前 AL 之间分子结构的变化，图 3-27 为提纯后的 ASSL 和 AL 的红外光谱。

图3-27
碱木质素（AL）和1,4-丁基磺酸磺化木质素（ASSL）的红外光谱图

由图 3-27 可知，相比于 AL，ASSL 在 2935cm^{-1} 处亚甲基的伸缩振动峰显著增强，而且在 1202cm^{-1}、1042cm^{-1}、653cm^{-1} 处的磺酸根吸收峰以及 1160cm^{-1} 处的醚键伸缩振动峰均有明显提高，这表明烷基磺酸成功接入 AL 中。并且，伸缩振动的强度随着 1,4-BS 添加量的增加而增强。在 3444cm^{-1} 处的羟基吸收峰在改性产物中有所减弱，说明羟基参与了改性反应，并且吸收峰的强度随着 1,4-BS 添加量的增加而减弱。

由于木质素的基本结构单元都含有 β-β、β-O-4、α-O-4、β-5、β-1 和 5-5′ 等连接结构，虽然不同木质素各单体结构的比例不同，在核磁共振图谱的一些连接键的信号会部分重叠，但大部分键的化学位移已经确定，这为采用核磁共振光谱

来分析木质素的结构提供了可能。AL 和 ASSL 的核磁氢谱图如图 3-28 所示。

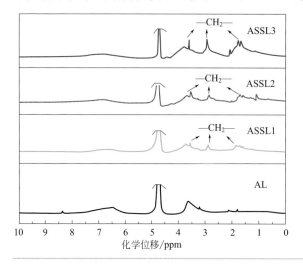

图3-28
碱木质素（AL）和1,4-丁基磺
酸磺化木质素（ASSL）的核磁
氢谱图

由图 3-28 可看出，ASSL 与 AL 的 ^{1}H-NMR 谱图存在一定差别。添加不同量的 1,4-BS 改性后的 ASSL 样品均在化学位移为 2.76、2.92 和 3.51 处出现了—C_4H_8—SO_3^- 亚甲基的峰，并且随着 1,4-BS 添加量的增加，亚甲基的峰增强明显，也进一步表明烷基磺酸根成功地引入到碱木质素分子中。这与红外光谱分析结果一致。

木质素分子结构内含有酚羟基、醚键等官能团。这部分的主要研究内容是使用 1,4-BS 通过磺化反应往木质素分子上接入烷基磺酸基团，而该磺化改性反应的作用位点主要是在木质素的酚羟基上。因此有必要测试木质素原料及其磺化改性后产物的酚羟基含量。磺化度是指木质素中磺酸基的含量，可表示木质素的亲水程度，木质素磺酸盐中的磺酸基团含量会影响其作为产品的应用性能，因此对 ASSL 的磺酸基含量测定十分重要。分别选用离子交换 - 电导滴定法、FC 法测定了磺化前后样品的磺酸基团和酚羟基官能团含量，结果如表 3-8 所示。

表3-8　1,4-丁磺酸内酯（1,4-BS）的添加量对1,4-丁基磺酸磺化木质素（ASSL）官能团的影响

样品	$m_{碱木质素}:m_{1,4-丁磺酸内酯}$	酚羟基/（mmol/g）	磺酸基/（mmol/g）
AL	1:0.0	2.30	0.00
ASSL1	1:0.1	0.68	1.14
ASSL2	1:0.2	0.32	2.42
ASSL3	1:0.3	0.26	3.86

从表 3-8 可知，随着 ASSL 磺酸根含量的增大，其酚羟基含量呈现逐渐降

低的趋势，这是因为该磺化反应是以酚羟基为直接反应位点。当1,4-BS的添加量为碱木质素的0.1倍质量当量时，产物的磺化度明显增加（磺酸基含量1.14mmol/g），而酚羟基含量迅速降为0.68mmol/g。当1,4-BS的添加量增加时，产物的酚羟基含量降低速率减慢，而磺化度却显著提高（磺酸基含量最高可达3.86mmol/g）。有研究表明[18]，在碱性催化条件下，木质素分子的羟基会发生自由基氧化偶联聚合，从而消耗酚羟基。因此，当1,4-BS添加量较低时，木质素的酚羟基会被大量消耗，然而产物的磺化度却增加不明显。

分子量是碱木质素磺化产物性能的一项重要评价指标。不同磺化剂用量下ASSL1、ASSL2和ASSL3的分子量如表3-9所示。

表3-9　1,4-丁磺酸内酯(1,4-BS）的添加量对1,4-丁基磺酸磺化木质素(ASSL）分子量的影响

样品	$m_{碱木质素}:m_{1,4-丁磺酸内酯}$	M_w	M_n	M_w/M_n
AL	1:0.0	1900	1000	1.88
ASSL1	1:0.1	5500	3000	1.81
ASSL2	1:0.2	11200	5800	1.93
ASSL3	1:0.3	9900	5900	1.68

如表3-9所示，与AL相比，用1,4-BS磺化后制备的ASSL分子量都有一定程度的提高，这是因为在碱性条件下，木质素分子会发生自由基氧化偶联聚合。当1,4-BS的添加量为AL的0.1倍质量当量时，ASSL1的分子量从原始的1900提高至5500。当1,4-BS的添加量为AL的0.2倍质量当量时，ASSL2的分子量提高至11200。当1,4-BS的添加量为碱木质素的0.3倍质量当量时，ASSL3的分子量从11200降低至9900。综上可反映出，当体系中含有较低磺化剂含量而碱木质素中含有较多酚羟基和醇羟基时，有利于羟基自由基氧化聚合木质素分子，从而增加木质素的分子量。而当体系中含有较高磺化剂含量而碱木质素中含有较低酚羟基、醇羟基含量时，有利于1,4-BS与羟基反应，从而提高木质素的磺化度，此时随着反应的进行，ASSL的分子量并没有显著增加。这与上述官能团含量（酚羟基、磺酸基团）的变化结果是吻合的。

第三节
木质素的羧甲基化改性

木质素分子中含有大量的酚羟基和醇羟基，因而对难溶于水的木质素进行羧

酸化改性以提高其水溶性具有理论可行性。在碱性条件下，木质素可与卤代乙酸（钠）发生羧甲基取代反应制备木质素羧酸盐。羧甲基化反应中，通常采用的羧化剂主要有一氯乙酸（钠）和一溴乙酸，但是这些羧化剂在水中会发生碱水解副反应，从而导致羧甲基化主反应效率下降。至今，木质素羧酸盐的制备及应用研究虽然已经取得了一定的进展，然而，我国对于木质素羧甲基化改性研究起步较晚，对于木质素羧酸盐制备工艺路线的优化、改性反应机理等方面的研究工作还没有深入系统地开展。

一、羧甲基化改性木质素

基于 Williamson 醚合成反应机理[19]，羧甲基化改性所需要的条件比较温和，且通过在分子中羟基位引入羧基，从而提高木质素的水溶性和化学反应活性。因此，羧甲基化改性木质素为科研工作者提供了新的木质素改性方法。相关羧甲基化改性木质素的研究可参见参考文献 [20 ~ 24]。

笔者团队近年来也开展了木质素羧酸盐的制备研究。甘林火[25]以木质素与一氯乙酸为原料分别采用溶剂法和水媒法制备木质素羧酸盐。首先要对工业木质素进行碱溶酸析提纯：将木质素粗品溶解于 0.5mol/L 的氢氧化钠溶液中，溶解完全的木质素溶液经过滤后除去不溶于碱水的纤维素和糖类等成分；然后，木质素滤液在 60℃恒温水槽中边搅拌边滴加 2mol/L 的硫酸溶液，直至溶液 pH 值降到 3.0 左右停止滴加，此时木质素完全析出；最后，分离出来的木质素用蒸馏水洗至中性后放入 50℃烘箱中，干燥完全后粉碎并过 100 目筛，置于干燥器中待用。

1. 溶剂法制备羧甲基化木质素的工艺与表征

采用溶剂法进行羧甲基化反应的主要影响因素有反应溶剂中水与有机溶剂配比、碱加入方式和反应温度等。采用乙醇作为有机溶剂，制备过程如下：配制氢氧化钠溶液，然后将木质素、氢氧化钠溶液和乙醇水溶液（乙醇体积分数80%）一次性加入四口烧瓶中，在 30℃下搅拌 30min 后，滴加一氯乙酸的乙醇溶液和氢氧化钠溶液，同时升温至 40℃，30min 内滴加完毕，将恒温水浴锅升温至70℃后反应 60min，反应结束后冷却，倒出反应液，酸析、干燥得木质素羧酸钠粗品。将木质素羧酸钠粗品用乙醇水溶液充分搅拌洗涤 3 ~ 4 次，过滤，滤饼真空干燥。

木质素羧酸钠与未改性木质素的红外光谱图对比结果如图 3-29 所示。羧酸盐中的羧基在 1616 ~ 1540cm⁻¹ 和 1450 ~ 1400cm⁻¹ 之间具有两个特征吸收谱带。前者是—COO⁻ 的反对称伸缩振动带，带形宽而强；后者是—COO⁻ 的对称伸缩振动带，强度较前者稍弱，带形尖锐。相比于未改性木质素，木质素羧酸钠分别在 1604cm^{-1} 和 1422cm^{-1} 处出现两个强吸收峰，表明通过羧甲基化反应成功地将羧基接入木质素分子中。

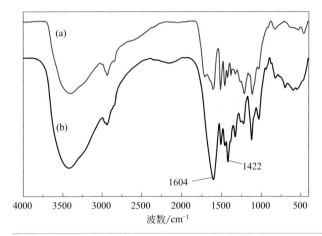

图3-29
未改性木质素（a）和木质素羧酸钠（b）的红外光谱图

将木质素和木质素羧酸钠样品分别溶于 DMSO-d$_6$ 溶剂和氘水中，采用 ^{13}C-NMR 测试技术进行结构表征，结果如图 3-30 所示。木质素经过羧甲基化改性后，木质素羧酸钠在化学位移区 179～175 内出现较强信号的—COO$^-$ 基团的碳化学位移峰；同时在化学位移区 73～66 内出现多个较强信号的羧甲基中亚甲基（—CH$_2$—）的碳化学位移峰。

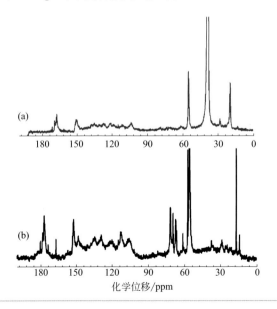

图3-30
未改性木质素（a）和木质素羧酸钠（b）的^{13}C-NMR谱图

通过测定木质素和木质素羧酸钠中羧基和酚羟基的含量（结果列于表3-10中）可知，木质素经羧甲基化改性后，木质素分子中的羧基增量（1.51mmol/g）远远大于酚羟基减少量（0.51mmol/g）。这表明，在羧甲基化反应过程中，木质素分子中酚羟基和醇羟基同时被羧甲基所取代，合成出含有较高羧基含量的木质素羧酸钠，其不同取代位置的亚甲基基团在 ^{13}C–NMR 谱图中表现出不同的碳化学位移信号。

表3-10　木质素和溶剂法制备的木质素羧酸钠中酚羟基和羧基含量

样品	官能团含量/（mmol/g）	
	酚羟基	羧基
木质素	1.16	1.25
木质素羧酸钠	0.65	2.76

同时，由图 3-30 可知，木质素羧酸钠在化学位移 152.16 处的 α 位醚化愈创木基单元的碳信号较木质素有较大幅度的增强，说明在苯环支链 α 位上发生了醚化反应，即羧甲基化反应。

2. 水媒法制备羧甲基化木质素的工艺与表征

配制木质素的氢氧化钠溶液，然后滴加一氯乙酸水溶液，边滴加边将反应体系升温至 40℃，30min 内滴加完。接着升温至 70℃后反应 90min，反应结束后冷却，倒出反应液，用盐酸调节溶液 pH=5.0 ± 0.1，将其离心，将滤渣放入 50℃烘箱中干燥后，得木质素羧酸钠粗品。

图 3-31 为木质素、木质素羧酸钠和木质素羧酸（H-CML）的红外光谱图。从图 3-31(b) 曲线可知，木质素羧酸钠在 1601cm^{-1} 和 1421cm^{-1} 处出现两个强吸收峰。羧基（—COOH）的酸性质子被阳离子 Na$^+$ 取代后，偶合在同一个碳原子上的 C═O 键和 C—O 键被"均化"成为等价的"一个半"键。这两个被均化的碳氧键，力常数大小介于双键 C═O 和单键 C—O 之间，它们的伸缩振动发生强烈偶合，在 1616 ～ 1540cm^{-1} 和 1450 ～ 1400cm^{-1} 区域出现两个吸收带，是羧酸盐的特征谱带，不再保留羧酸光谱的特征。图 3-31（c）曲线为经盐酸酸析的木质素羧酸样品的红外光谱图。从图 3-31（c）曲线明显可见，木质素羧酸在 1725cm^{-1} 处出现强吸收峰，归属于羰基（C═O）的伸缩振动，是羧酸基团的特征吸收峰，说明木质素羧酸钠经酸析后，官能团由—COONa 转化为—COOH。对比未改性的木质素，结果表明，经过羧甲基化改性后，羧基被成功地接入木质素的分子结构中。

图 3-32 和图 3-33 分别是木质素和木质素羧酸的 ^{1}H 和 ^{13}C 核磁谱图。结合图 3-32 和图 3-33 分析认为，出现在不同位置的碳、氢化学位移峰分别归属于两

个不同羟基取代位置的羧甲基取代基中亚甲基的碳、氢原子。另外，通过测定木质素和木质素羧酸钠中酚羟基和羧基的含量（结果列于表3-11中）可知，木质素经羧甲基化改性后，分子中的羧基增量（1.57mmol/g）远远大于酚羟基减少量（0.48mmol/g）。结果表明，羧基不仅被成功接入木质素分子结构中，而且在一个苯丙烷结构单元中存在两个不同位置的羟基（酚羟基和醇羟基）被羧甲基所取代。

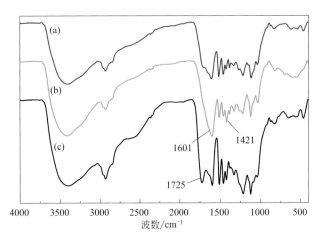

图3-31　木质素（a）、木质素羧酸钠（b）和木质素羧酸（c）的红外光谱图

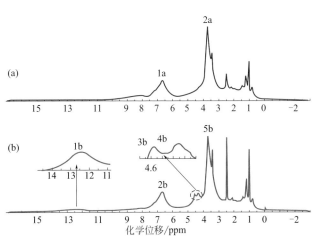

图3-32　木质素（a）和木质素羧酸（b）的^{1}H核磁谱图

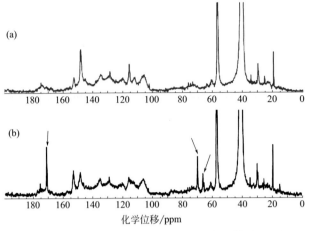

图3-33 木质素（a）和木质素羧酸（b）的^{13}C核磁谱图

表3-11 木质素和水媒法制备木质素羧酸钠中酚羟基和羧基含量

样品	官能团含量/（mmol/g）	
	酚羟基	羧基
木质素	1.16	1.25
木质素羧酸钠	0.68	2.82

综上所述，水媒法与溶剂法工艺都可以制备出高羧基含量的水溶性木质素羧酸钠，且相比之下水媒法具有操作简单、成本低等优势。两种方法都为在水相体系中合成木质素羧酸盐提供了绿色高效的优化工艺路线，并且为木质素羧甲基化改性的大规模工业应用提供了指导。

二、羧甲基化-磺化改性木质素

对磺化木质素采用羧甲基化工艺引入羧酸基，可以提高其亲水性，同时封闭部分酚羟基，降低木质素基工业产品的还原性，减小木质素基产品的工业应用局限性。比如在染料分散剂方面，还原性分散剂会产生对纤维的沾污和对染料的还原。

早在1966年，Tanaka等[26]就提出了对磺化木质素进行羧甲基化改性的研究思路。经过半个多世纪的发展，木质素羧酸盐的制备及应用研究虽然已经取得了一定的进展，但还只是局限于在实验室中制备少量样品，然后对其应用性能进行探讨。为了充分挖掘木质素羧酸盐的工业应用价值，早日得到大规模的工业推广，还有许多方面的研究工作有待开展和深化。

张志鸣[12]以磺化木质素（SAL）为原料进行羧甲基化改性制备羧甲基化 - 磺化木质素（CSAL）。首先称取一定量的高温磺甲基化木质素 SAL 溶液，转移到常压反应釜中，用蒸馏水调节其固含量至 30%，将其 pH 值调节至 10.5 ～ 13.5，然后升温至 60 ～ 80℃，缓慢滴加氯乙酸，在 30 ～ 60min 内滴加完毕，然后在 60 ～ 80℃反应 1 ～ 2h，得到羧甲基化木质素磺酸盐产物 CSAL。

适宜的羧甲基化木质素磺酸盐的制备工艺条件为：n（NaOH）：n（ClCH$_2$COOH）为 1.7:1，氯乙酸用量为 35%，反应温度为 70℃，反应时间为 1.5h。此时，优化产物 CSAL 的羧基含量为 1.56mmol/g。

通过羧甲基化对磺化木质素进行化学改性，增加其羧基含量，同时降低其酚羟基含量。为了探究羧甲基化对 CSAL 羧基和酚羟基含量的影响，采用电位滴定法和 GPC 测定 SAL 原料和优化产物 CSAL 的羧基、酚羟基含量及其分子量分布，其结果如表 3-12 所示。

表3-12　磺化木质素（SAL）和羧甲基化木质素磺酸盐（CSAL）样品的酚羟基和羧基含量

样品	酚羟基含量/（mmoL/g）	羧基含量/（mmol/g）	M_w	M_n	M_w/M_n
SAL	0.69	0.78	6400	5800	1.09
CSAL	0.61	1.56	6400	5870	1.09

由表 3-12 可见，经过羧甲基化改性后，CSAL 的羧基含量明显增加，其酚羟基含量有所降低，但是降低量较小，小于羧基的增加量，可能是有部分羧基接在了木质素分子中的醇羟基上。样品改性前后的分子量几乎不变，说明羧甲基化改性对其主体结构影响不大。

将原料 SAL 和优化产物 CSAL 纯化后，采用红外光谱对比分析其结构特征，如图 3-34 所示。从图中可以看出，SAL 和 CSAL 的红外光谱上都含有木质素分子结构特征基团的吸收峰，如 3440 ～ 3430cm^{-1} 附近的羟基伸缩振动峰，在 1630 ～ 1430cm^{-1} 范围内的多个芳香环骨架振动峰，在 2938cm^{-1} 附近有甲基、亚甲基、次甲基的伸缩振动峰，在 1460cm^{-1} 附近有甲基、亚甲基、次甲基 C—H 弯曲振动峰等。此外，在 1365cm^{-1} 附近 SAL 有芳香环 C—H 环骨架振动，而羧甲基化改性所得到的 CSAL 在此处的峰有所减弱。可以看出，这些木质素分子结构中特征基团的吸收峰变化不大，也说明羧甲基化改性过程没有破坏木质素的主体结构。

改性前后变化最大的是 CSAL 在 1727cm^{-1} 处形成了一个较强的峰，这属于羧基 C═O 伸缩振动的特征吸收峰，说明 CSAL 在经阴阳离子树脂纯化后，官能团由—COONa 转变为—COOH。这表明，经过羧甲基化改性后，羧基成功地接入到了 SAL 的分子结构中。

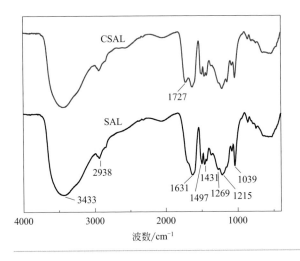

图3-34

磺化木质素（SAL）和羧甲基化木质素磺酸盐（CSAL）的红外光谱图

进一步采用 ^{13}C–NMR 对木质素分子结构中的官能团进行分析。纯化后的 SAL 和产物 CSAL 样品的 ^{13}C–NMR 谱图如图 3-35 所示。

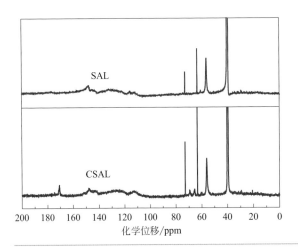

图3-35

磺化木质素（SAL）和羧甲基化木质素磺酸盐（CSAL）的 ^{13}C-NMR谱图

由图 3-35 可见，SAL 经过羧甲基化改性后，所得到的产物 CSAL 在化学位移 170.8 区域内出现较强信号，属于—COOH 基团的碳化学位移峰，而且在 69.5 和 65.7 附近出现了芳香环上羧甲基中亚甲基—CH$_2$ 的碳化学位移峰，说明羧基成功地接入到了碱木质素分子结构中，而且有两个位置接入。此外，改性后 CSAL 中 C$_\alpha$ 和 C$_\gamma$ 的信号变强。

第四节
木质素的疏水化改性

木质素的分子结构极其复杂，既具有疏水骨架，结构中又含有较多的亲水性活性基团如羟基、羧基和羰基等，使其对极性或亲水性物质具有较好的亲和力。木质素的疏水化改性是一种常见的改性方法。通过提高木质素的疏水性可以改善木质素与高分子材料的相容性。疏水化改性在制备木质素/高分子复合材料方面具有广阔的应用前景。通过化学反应提高木质素疏水性的方法主要有烷基化反应、酰化反应、烷烃桥联改性以及接枝偶氮基团等。除此之外，通过与阴-阳离子型表面活性剂通过静电自组装也能调控木质素的亲/疏水性。

一、烷基酰化改性木质素

1. 烷基酰化改性简介

木质素富含羟基官能团，根据羟基连接在苯环或脂肪链上又分为酚羟基和醇羟基。位于苯环上的酚羟基化学反应活性较强，能发生酯化、醚化等多种化学反应。木质素脂肪侧链上的醇羟基化学反应活性较弱，但在与异氰酸酯类的反应中活性要强于酚羟基。在对木质素羟基进行酰化改性时，酸酐、酰氯等化学试剂与木质素酚羟基发生亲电取代反应，由于有酯基的生成，木质素酰化反应也属于酯化反应。

通过酰化改性提高了木质素疏水性，从而可以改善木质素与疏水性物质的相容性。酰化改性的木质素与疏水性农药如高效氯氟氰菊酯和阿维菌素等有着良好的相容性，因此酰化木质素可以作为一种优良的载药材料，与多种农药构建高效的纳米农药制剂。

2. 木质素酰化改性的研究

笔者团队近年来在木质素酰化改性方面也做了探索研究。熊紫超[27]以工业碱木质素为原材料，分别使用苯甲酰氯、辛酰氯和月桂酰氯对碱木质素进行烷基酰化改性，制备了不同改性程度的酰化木质素，并系统地研究了三种不同的酰化试剂对碱木质素疏水改性的影响。

酰化木质素的制备方法：将充分干燥的碱木质素溶于 N,N- 二甲基甲酰胺（DMF）中，加入一定量催化剂三乙胺，三乙胺的物质的量（mol）为反应生成的盐酸物质的量（mol）的 1.5～3 倍，能够结合产物 HCl 分子推动反应正向进行。然后在50℃、隔绝空气的条件下，滴加一定量酰化试剂（苯甲酰氯、辛酰氯、月桂酰氯），滴加完毕后反应3h即得到酰化改性木质素。将反应完毕的产物溶液倒入大量纯水中，立即得到棕色沉淀，过滤并保留固体部分，分别用pH值为3的盐酸溶液和pH值为11的氢氧化钠溶液将固体洗涤两次，过滤后用纯水将固体洗涤两次，再次过滤后放入50℃烘箱干燥，即得到纯化的酰化改性木质素。反应如图3-36所示。

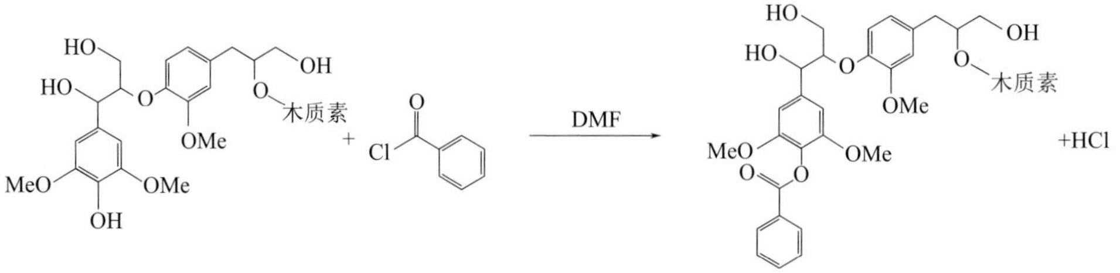

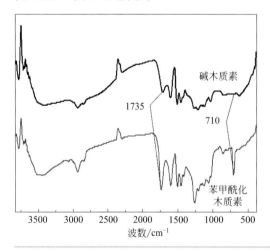

图3-36　苯甲酰化木质素的合成原理

采用红外光谱对碱木质素酰化反应引入的基团进行定性分析，结果如图 3-37～图 3-39 所示。

图3-37
碱木质素及苯甲酰化木质素的红外光谱图

从图中可以看出，三种酰化改性后的碱木质素具有相似的红外光谱，在 $1735cm^{-1}$ 处的吸收峰均增强，该波数为碳氧双键（C＝O）的伸缩振动峰，表明酰化木质素分子中碳氧双键含量较碱木质素有所提升。在苯甲酰化木质素的红外光谱中，指纹区的 $710cm^{-1}$ 处吸收峰增强，该波数为单取代苯环的特征峰，表明碱木质素分子引入了单取代苯环；在辛酰化木质素和月桂酰化木质素的红外光谱中，在 $2935cm^{-1}$ 处均出现吸收峰增强，该波数为碳氢键（—CH$_2$—）的伸缩振动峰，表明在碱木质素分子中引入了烷基链。

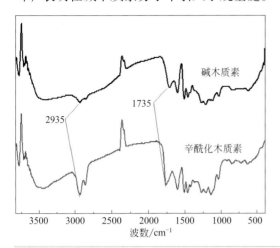

图3-38

碱木质素（AL）和辛酰化木质素（LO）的红外光谱图

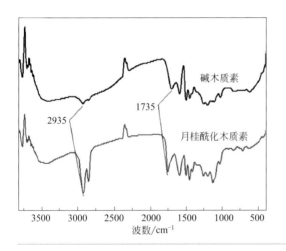

图3-39

碱木质素（AL）和月桂酰化木质素（LL）的红外光谱图

采用非水相电位滴定法测定酰化木质素的酚羟基含量，通过测定酰化反应的活性位点变化量能够测定改性程度，结果如表3-13所示。

根据表3-13的结果可以看出，随着酰化试剂用量的增加，木质素改性程度也不断增大。比较三种酰化改性木质素，可以看出在相同酰化试剂用量下（摩尔比），苯甲酰化木质素改性程度最低，辛酰化木质素改性程度次之，月桂酰化木质素改性程度最高。由于木质素富含苯环结构，在发生酰化反应的过程中，苯甲酰结构的空间位阻作用较为明显，进攻活性位点酚羟基较为困难，改性程度相较于烷基酰化改性更低。

表3-13　酰化木质素酚羟基含量

木质素种类	酰化试剂的比例	酚羟基含量/（mmol/g）	酰化程度/%
碱木质素	—	1.81	—
苯甲酰化木质素 （BzL）	1.83	1.54	15.0
	2.33	1.07	40.9
	2.83	0.90	50.0
	3.33	0.82	54.4
辛酰化木质素（LO）	1.83	0.99	45.0
	2.33	0.95	47.3
	2.83	0.75	58.7
	3.33	0.57	68.2
月桂酰化木质素（LL）	1.83	1.60	11.6
	2.33	1.00	44.7
	2.83	0.56	69.1
	3.33	0.29	83.8

对制备的三种酰化碱木质素进行静态接触角测试，结果如图3-40所示。合成的酰化木质素具有较好的疏水性，其中碱木质素的接触角仅为60°，月桂酰化木质素的接触角为86°。此外，苯甲酰化木质素的接触角为75°，辛酰化木质素的接触角为80°。所制备的三种酰化木质素接触角相比于碱木质素增大15°～26°，表明酰化改性能显著提高木质素的疏水性。

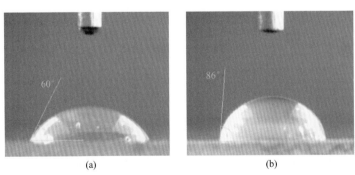

(a)　　　　　　　　　　　　(b)

图3-40　碱木质素（a）和月桂酰化木质素（b）的静态接触角

综合上述的结论可知，碱木质素在三乙胺弱碱性条件下，与酰化试剂发生取代反应，可以得到疏水改性木质素。

二、烷烃桥联改性木质素

1. 烷烃桥联改性的简介

烷烃桥联是指在有机物分子碳、氮、氧等原子上引入烷基的化学反应。对木质素进行烷基化改性，可以提高其疏水性。对木质素采用不同的烷基化方法，可分别与甲基、羧基或羰基进行烷基化反应。研究最多的烷基化改性是甲基化，常用的甲基化试剂有甲醇 - 盐酸、重氮甲烷、甲基碘 - 氧化银、硫酸二甲酯 - 氢氧化钠等。所用的试剂不同，甲基化反应的种类也不同，例如用甲醇 - 盐酸试剂，木质素侧链 α 位的苯甲醇型羟基、羰基、羧基都被甲基化；用重氮甲烷试剂，则羧基、酚羟基、烯醇型羟基被甲基化；甲基碘和硫酸二甲酯则使各种羟基全部甲基化。

较早的烷基化反应是用硫酸二甲酯或者硫酸二乙酯对木质素进行改性，但这种方法引入的烷基链很短，难以有效地增强木质素磺酸盐的亲油性。后来的研究者多使用烷基链较长的卤代直链烷烃对木质素磺酸盐进行改性，大大增强了木质素磺酸盐的表面活性。

2. 烷烃桥联改性木质素的制备及表征

笔者团队近年来采用烷烃桥联聚合方法对木质素磺酸钠（LS）进行改性，改善其分子量和疏水性，制备了超高分子量的烷烃桥联木质素磺酸钠（ALS）[28]。合成路线如图 3-41 所示。

具体制备过程：将 10.0g LS 加入三口反应瓶中，加水溶解，用氢氧化钠调节其 pH 值为 11。将溶液升温至 80℃，加入 0.1g 碘化钾，并加入不同比例量的 1,6- 二溴己烷的乙醇溶液，反应过程控制反应液 pH 值在 11 左右。反应 5h 之后取出，用石油醚萃取除去未反应的 1,6- 二溴己烷，过滤，从滤液中得到最终产物。将反应得到的烷烃桥联木质素磺酸钠命名为 ALS，LS：$C_6H_{12}Br_2$（质量比）为 1：0.08、1：0.12、1：0.16、1：0.24 和 1：0.30，分别命名为 ALS1、ALS2、ALS3、ALS4 和 ALS5。

为研究 1,6- 二溴己烷对 LS 化学结构的影响，对合成的不同分子量 ALS 进行结构表征，包括红外光谱和核磁共振氢谱表征。

从图 3-42 中的红外光谱可以看出，经过烷烃桥联改性之后，官能团没有出现消失或者增加。相较于 LS，ALS 结构中的—CH_2—CH_3 和 C—O 的伸缩振动吸收峰都有明显增强，这说明烷基链已经有效地接入到 LS。

从图 3-43 的核磁共振氢谱可以看出，LS 与产物 ALS 最大的差别在于化学位移 0.5 ~ 2.0 区域的信号吸收峰。这个范围为脂肪族不含氧的 H 质子吸收峰。ALS 在此区域内的信号峰都比 LS 强，这与红外光谱的结果相吻合，进一步说明了烷基链有效地接入到 AL 上。

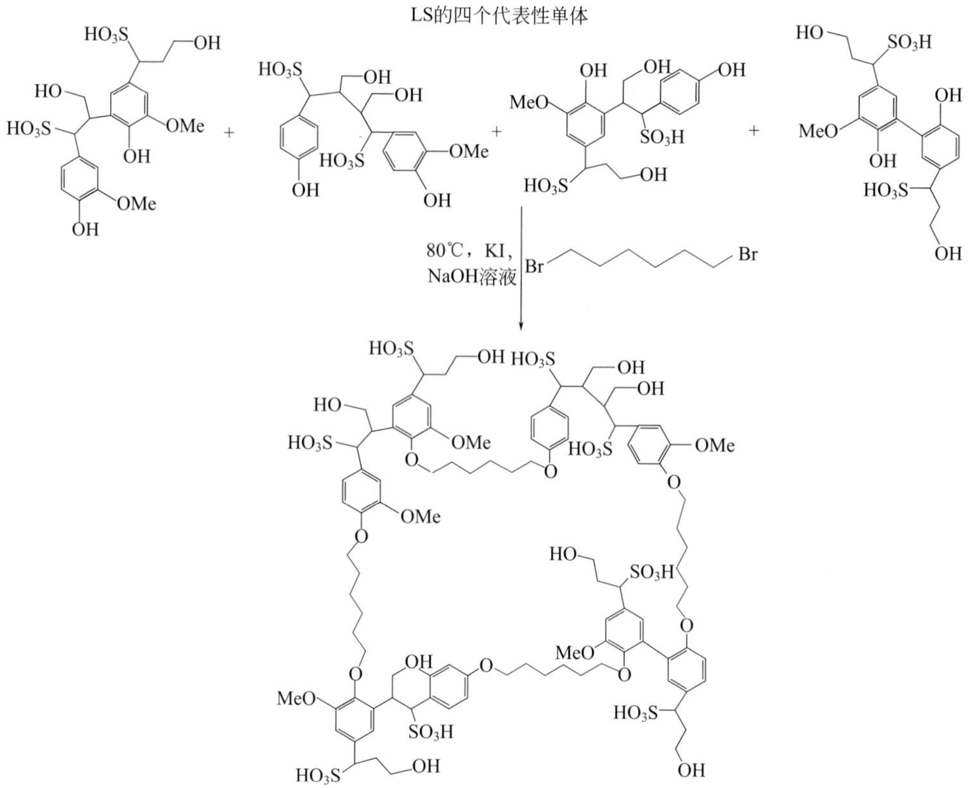

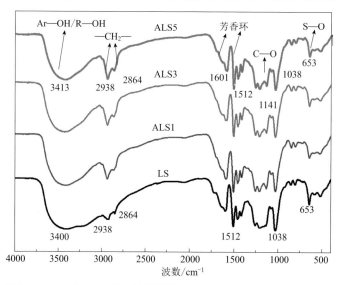

LS的四个代表性单体

图3-41 烷烃桥联木质素磺酸钠（ALS）的合成路线

图3-42 AL与ALS的红外光谱图

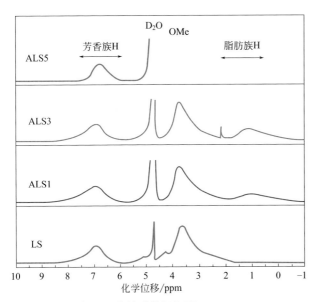

图3-43　AL与ALS的核磁共振氢谱

　　烷烃桥联改性是通过在木质素结构中引入疏水性的烷基链，同时提高木质素的分子量，从而提高木质素的疏水性。采用水相凝胶渗透色谱（GPC）测试 ALS 的分子量分布，如图 3-44 所示。从图中可以看出，LS 经过烷烃桥联改性之后，重均分子量有明显提高，且随着烷基化试剂 1，6- 二溴己烷加入量的增加，ALS 的分子量逐渐提高。分子量分布的结果列于表 3-14。

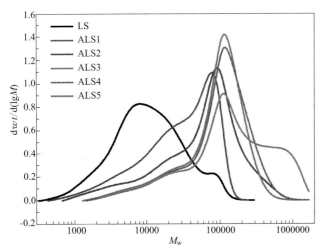

图3-44　LS与ALS的分子量分布图

表3-14　LS与ALS的分子量分布

样品	$m_{木质素磺酸钠}:m_{1,6-二溴己烷}$	M_w	M_n	M_w/M_n	磺酸基/(mmol/g)	酚羟基/(mmol/g)
LS	1 : 0.00	13100	3350	3.91	1.82	0.81
ALS1	1 : 0.08	42800	11200	3.82	1.31	0.71
ALS2	1 : 0.12	95400	21300	4.48	1.21	0.54
ALS3	1 : 0.16	115000	33700	3.41	1.16	0.43
ALS4	1 : 0.24	135000	38100	3.54	1.03	0.32
ALS5	1 : 0.30	251000	45200	5.55	1.01	0.15

从表 3-14 可以看出，LS 的重均分子量（M_w）为 13100，随着 1,6- 二溴己烷加入量的增加，ALS 分子量从 42800 显著提高到 251000。当 $m_{木质素磺酸钠}:m_{1,6-二溴己烷}$ 为 1 : 0.30 时，合成的 ALS5 重均分子量高达 251000，约为 LS 重均分子量的 20 倍，是目前文献报道木质素磺酸钠的最高分子量。ALS1 ～ ALS4 的分子量分布指数在 3.41 ～ 4.48 范围内，与 LS（3.91）较为接近，而最高分子量的 ALS5 的分子量分布指数却达到了 5.55，这主要是由于 ALS5 中高分子量部分的比例较其他 ALS 更高。

研究表明，木质素磺酸钠中磺酸根的含量将会影响其亲水性。在表 3-14 中，LS 的磺酸根含量为 1.82mmol/g，经过烷烃桥联改性之后，磺酸根含量降低，从 1.82mmol/g 下降到 1.01mmol/g。实际上，LS 经过烷烃桥联改性之后，整体的磺酸根含量并没有发生改变，但由于烷烃桥联改性提高了 LS 的分子量，这样单位质量的分子磺酸根个数就稍有减少；同时由于引入了烷基链，改变了产物的两亲性，增强了产物的疏水性。

此外，烷烃桥联木质素磺酸钠的水溶性测试结果表明，当 ALS 的分子量低于 80000 时水溶性较好，为 200mg/mL；而当 ALS 的分子量大于 100000 时，水溶性则为 60mg/mL。值得一提的是，在实际应用中，水煤浆、农药和水泥等悬浮体系都要求分散剂在低掺量下使用，所以超高分子量的烷烃桥联木质素磺酸钠可以满足实际的工业应用要求。

综合上述结论表明，烷烃桥联改性通过提高 LS 的分子量，同时引入了烷基链，从而改变了产物的两亲性，提高了产物的疏水性。

三、偶氮苯基团改性木质素

1. 偶氮聚合物简介

偶氮化合物是指自身结构中含有偶氮基团 (—N ＝ N—) 的化合物。偶氮化合物的性质与其偶氮基团两端的取代基有关，一般据此将其分为两类。一类是偶氮基团两端与脂肪族基团相连，称为脂肪族偶氮化合物，这类偶氮化合物对热和光的稳定性较差，一般用于光引发剂和光刻蚀剂等。另一类是偶氮基团两端与芳香族基团相连，称为芳香族偶氮化合物，此类偶氮化合物由于具有稳固的共轭体系，其化学性质也较为稳定。此外，与稳定共轭体系相连的取代基不同可以使偶氮化合物显示不同的颜色，这一性质使得芳香族偶氮化合物广泛应用于颜料和染料领域。

偶氮苯基团是一种疏水性的基团，根据不同聚合物结构的需要，可以通过不同的合成方式将偶氮苯基团引入聚合物骨架，从而改变聚合物的亲/疏水性。根据偶氮聚合物骨架功能性的不同，可以分为含偶氮苯基团的聚酯、聚酰胺、聚脲、聚硅酸盐、聚碳酸酯、聚磷酸盐等。根据偶氮基团在偶氮聚合物结构中的位置，可以分为支链型偶氮聚合物、主链型偶氮聚合物和主链、侧链均含有偶氮基团的偶氮聚合物。

2. 木质素基偶氮聚合物的制备及表征

木质素基偶氮聚合物是指在木质素的酚羟基邻位引入偶氮苯基团的化学改性产物。在木质素结构中引入疏水性的偶氮苯基团，可以提高木质素的疏水性，得到一种新型的两亲性聚合物。这种两亲性聚合物可作为药物传输系统中的药物载体，在医学、药学、农业中有很大的应用潜力。

（1）木质素基偶氮聚合物 AL-azo-COOEt 的制备与表征　刘友法[29]以碱木质素（AL）为原料，分三步合成木质素基偶氮聚合物 AL-azo-COOEt，合成流程如图 3-45 所示。

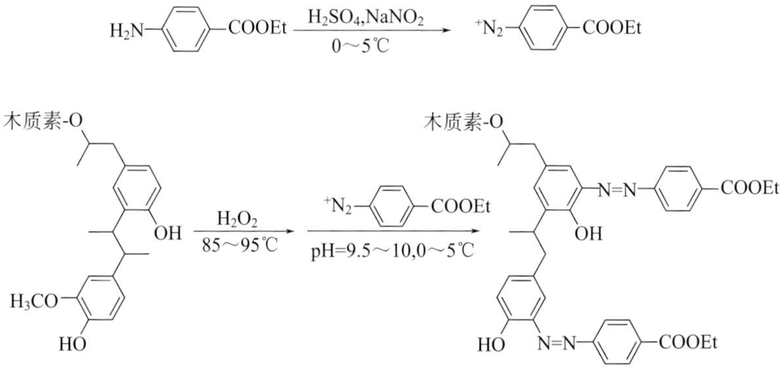

图3-45　木质素基偶氮聚合物AL-azo-COOEt的合成流程图

采用核磁氢谱（^{1}H-NMR）、紫外-可见光谱（UV-Vis）和红外光谱（FT-IR），对木质素基偶氮聚合物 AL-azo-COOEt 的结构进行表征。图 3-46 是碱木质素和

AL-azo-COOEt 的核磁氢谱。从图中可以看出，相比于 AL，AL-azo-COOEt 有新的氢原子的特征化学位移，在 1.3 和 4.3 处分别是接入的偶氮苯甲酸乙酯基团的末端甲基和亚甲基上氢的特征位移；同时，AL-azo-COOEt 在 7.5 和 8.0 处有新的芳香核上氢原子的化学位移，原因是接入了电负性的苯甲酸乙酯基团。

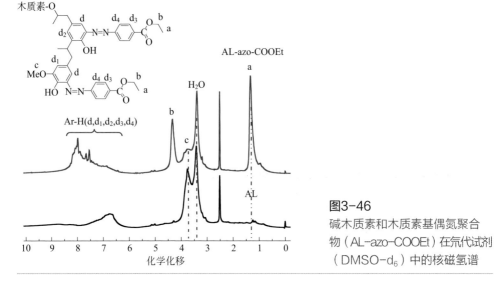

图3-46
碱木质素和木质素基偶氮聚合物（AL-azo-COOEt）在氘代试剂（DMSO-d_6）中的核磁氢谱

图 3-47 是碱木质素和 AL-azo-COOEt 分别溶于四氢呋喃（THF）溶剂中测得的紫外光谱。碱木质素在 280nm 处有其特征峰，而 AL-azo-COOEt 在 350nm 处有偶氮基团的特征吸收峰。

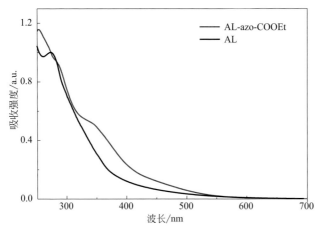

图3-47 碱木质素（AL）和木质素基偶氮聚合物（AL-azo-COOEt）在THF溶剂中的紫外光谱

图 3-48 是 AL-azo-COOEt 和碱木质素的 FT-IR 光谱。和碱木质素对比，AL-azo-COOEt 在波数 1712cm⁻¹ 处有与芳香环共轭羧基特征吸收，而碱木质素几乎没有。与芳香环共轭羧基吸收大部分只能来自引入的偶氮苯甲酸乙酯基团。

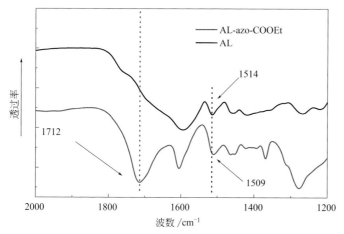

图3-48　碱木质素（AL）和木质素基偶氮聚合物（AL-azo-COOEt）的FT-IR光谱

综合以上结果，可以说明偶氮苯甲酸乙酯基团成功接入木质素分子结构中。

（2）木质素基偶氮聚合物 AL-azo-H 的制备与表征　在木质素的结构单元中，部分苯环的酚羟基邻位含有甲氧基。甲氧基的存在不但占据了反应活性位，而且增大了空间位阻，阻碍了反应的进行，因此有必要通过化学改性将甲氧基除去。

张伟健[30] 利用催化氧化法对碱木质素（AL）进行改性，然后利用重氮化反应，向碱木质素苯环上接入不同的偶氮基团，分三步制备了系列木质素基偶氮聚合物。

第一步，采用过氧化氢催化氧化法对碱木质素进行脱甲氧基改性，得到脱去甲氧基的碱木质素，见图 3-49。

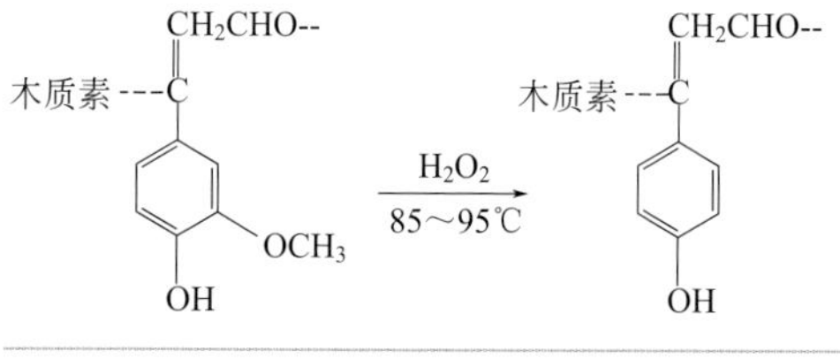

图3-49
碱木质素的催化氧化

第二步，以苯胺和 NaNO₂ 反应制备重氮盐，如图 3-50 所示。

第三步，催化氧化后的碱木质素与上述制备的重氮盐混合，在碱性条件下发生偶合反应，见图 3-51。得到的产物命名为 AL-azo-H。

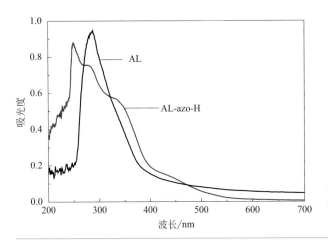

$$\underset{NH_2}{\overset{}{\bigcirc}}+NaNO_2+2H_2SO_4 \xrightarrow[1h]{0\sim5℃} \underset{N_2HSO_4}{\overset{}{\bigcirc}}+NaHSO_4+H_2O$$

图3-50
苯胺的重氮化

木质素 ---C（CH₂CHO--）+ ⬡(N₂⁺) —(0～5℃, pH=10)→ 木质素 ---C（CH₂CHO--）偶氮产物

图3-51
木质素基偶氮聚合物AL-azo-H的
合成

采用紫外 - 可见光谱（UV-Vis）和红外光谱（FT-IR）等表征方法，对木质素基偶氮聚合物 AL-azo-H 的结构进行表征。

图 3-52 为 AL 和 AL-azo-H 的紫外光谱对比图。与原料 AL 相比，产品 AL-azo-H 在 240nm 左右处形成较尖锐的吸收峰，这是因为在引入偶氮结构之后，N=N 双键使得碱木质素原本的苯环吸收峰发生了蓝移。同时，在 350nm 处出现偶氮苯基团的特征吸收峰，说明在碱木质素上成功引入了新的偶氮基团，证明该物质成功合成。

图3-52
碱木质素（AL）和木质素基偶氮聚合物（AL-azo-H）紫外光谱图

图 3-53 为 AL 和 AL-azo-H 的红外光谱。从图中可知，AL-azo-H 比 AL 多了 1494cm⁻¹ 处的偶氮 N=N 双键伸缩振动强吸收峰，在 759cm⁻¹ 和 695cm⁻¹ 处也有偶氮苯环上 C—H 弯曲振动的强吸收峰，这说明反应后 AL 成功引入了偶氮结构，也证明 AL-azo-H 成功合成。

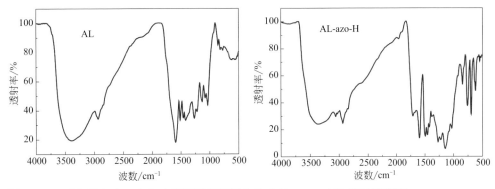

图3-53 碱木质素（AL）和木质素基偶氮聚合物（AL-azo-H）红外光谱图

（3）木质素基偶氮聚合物的亲/疏水性分析　木质素基偶氮聚合物（AL-azo-COOEt 和 AL-azo-H）分子引入了偶氮苯基团，使其结构中既含有偏亲水性的基团（如酚羟基），又含有偏疏水性的基团（如偶氮苯基团），从而具有类似两亲性聚合物的性质。从分子结构的角度而言，疏水性偶氮基团的引入主要是调节了碱木质素分子中疏水和亲水基团的比例。这些亲水、疏水的结构（或基团）和木质素基偶氮聚合物芳香核骨架连接，在选择性溶剂作用下能自组装形成内外亲疏水性不同的纳米微球，如图 3-54 所示。

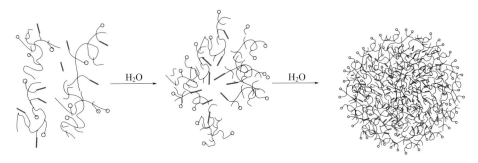

图3-54 木质素基偶氮聚合物（AL-azo-COOEt）在THF-H$_2$O混合溶剂中胶束化过程模型

木质素基偶氮聚合物以单分子状态溶于 THF 中，向溶液中滴加水，木质素基偶氮聚合物分子开始聚集，随着混合溶剂中水含量增加，更多的分子聚集成粒径较大的微球，同时较疏水的结构（芳香核骨架和偶氮基团等）更多地富集在聚集体内部，而亲水的结构更多地富集在聚集体的外部，形成了由较疏水的核和较亲水的壳组成的纳米微球。

第五节
木质素的聚醚接枝改性

木质素可以与多种原料发生接枝共聚反应，如乙烯基单体、环氧化物、栲胶、腐殖酸等。在目前研究中，木质素接枝共聚反应常用的物质主要有丙烯酸、脂肪族化合物、丙烯酰胺等。对木质素进行接枝改性，在其结构中引入所需的功能链段，制备木质素基功能高分子，可明显改善木质素的应用性能。

一、木质素接枝聚氧乙烯醚的简介

聚氧乙烯醚，又称聚氧化乙烯或聚环氧乙烷，是一种结晶性、热塑性的水溶性聚合物。聚氧乙烯醚是由环氧乙烷经开环聚合而成的聚合物，其链节单元结构为—（CH_2CH_2O）—，其工业产品的分子量可以在很大的范围内调控。此类树脂分子量越大，活性端羟基的浓度越低，反应活性也越低。分子量为 200 ～ 20000 的产品被称为聚乙二醇（PEG），是黏性液体或油脂状蜡状固体，在体内能溶于组织液中，能被机体迅速排出体外而不具有毒副作用，可广泛应用于医药、卫生、食品、化工等众多领域。

木质素接枝聚醚是在木质素的分子结构上通过化学反应引入聚氧乙烯醚链段，提高木质素的水溶性，并赋予木质素更多的应用性能。例如，木质素接枝聚醚链段后，由于酚羟基被转化为醇羟基，提升了木质素与异氰酸酯的反应活性，使木质素可以作为聚醚多元醇的替代组分应用于聚氨酯材料的合成；同时木质素上接枝聚醚链段可以改善木质素与聚氨酯基体的相容性。

木质素接枝聚醚的方法主要包括 grafting from（从……接枝）和 grafting onto（接枝到……）两大类。grafting from 以木质素作为多元醇起始剂，与环氧乙烷或环氧丙烷在催化剂作用下通过开环聚合制备。这类接枝方法的优点是单体原料成本低，每个木质素分子上接枝的聚醚链段数目多，但是反应条件为高温高压聚合，且接枝链段长短不一，接枝链段的聚合度无法调控，并且存在大量的聚醚均聚物，对单体资源造成浪费。grafting onto 则是将现成的聚醚链段通过酯化反应或醚化反应接枝到木质素分子结构上。这类接枝方法的优点是接枝的聚醚链段长度可控，接枝反应简单，缺点是现成的聚醚链段原料成本较高。

二、木质素磺酸钠接枝聚氧乙烯醚的合成与表征

由于聚乙二醇的分子端羟基活性较高，极适合作为接枝聚合物。笔者团队近年来系统探索了将 PEG 链段接枝到木质素制备功能性两亲木质素接枝聚醚产品[31, 32]。例如，以木质素磺酸钠（SL）和聚乙二醇（PEG）为原料，采用亲电取代反应在 SL 分子中引入多个亲水聚乙二醇侧链，可制备新型的阴离子木质素磺酸钠聚氧乙烯醚（SL-PEG），产物具有阴离子官能团和聚乙二醇柔性亲水链，具有独特的物理化学特性和应用性能，属于一种新型水溶性木质素衍生物。

SL-PEG 的合成路线如图 3-55 所示，具体制备过程：将聚乙二醇（分子量为 1000）升温至 50℃熔融，加入三氟化硼乙醚催化剂，然后滴加环氧氯丙烷在 50℃反应 2h，得到氯代聚乙二醇中间体（PEGCl）。将木质素磺酸钠配制成质量分数为 30% 的水溶液，然后在一定温度下缓慢滴加 PEGCl，滴加完毕后反应 1～4h，期间调节反应液 pH 值在 9～13 之间。反应结束后调节产物 pH 至中性，即得 SL-PEG 溶液；用丁酮多次抽提 SL-PEG 溶液中的水和未反应的聚乙二醇，抽提产物再用适量 N,N-二甲基甲酰胺（DMF）溶解，离心除去不溶的未反应木质素磺酸钠和盐，得到较高纯度的 SL-PEG；再用丁酮萃取 DMF 并抽滤，冷冻干燥后得到提纯的 SL-PEG 产物。

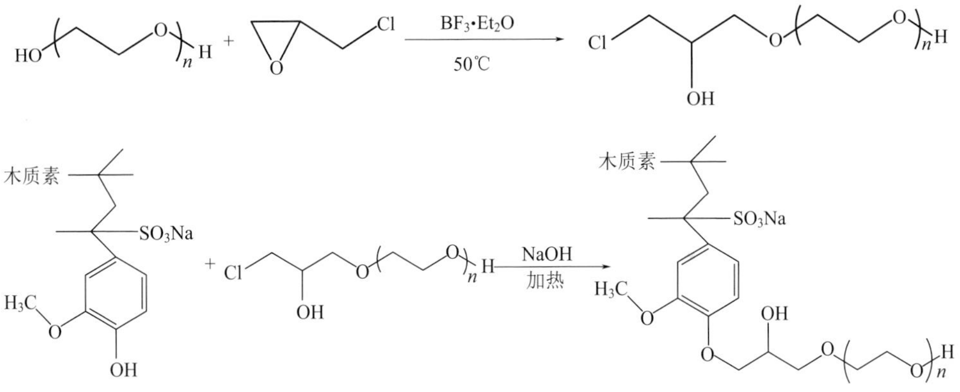

图3-55　木质素磺酸钠聚氧乙烯醚SL-PEG的合成路线

反应过程分为两步：第一步为环氧氯丙烷开环接入聚乙二醇合成氯代聚乙二醇，此反应的 pH 值设定在酸性范围内；第二步为将氯代聚乙二醇接枝到木质素磺酸钠中，此时反应条件设为碱性。通过核磁氢谱、红外光谱等表征手段，对反应产物的结构进行表征。

木质素磺酸钠和聚乙二醇接枝产物 SL-PEG 的 ^{1}HNMR 谱图如图 3-56 所示。由图中可以看出，与 SL 相比，SL-PEG 在 3.48～3.70 化学位移（乙氧基质

子）处的吸收峰显著增大，表明 SL-PEG 分子中含有大量的聚氧乙烯醚结构；相比于 SL，SL-PEG 在 4.6～4.8 化学位移（羟基质子）处的吸收峰峰形变窄，表明 SL-PEG 分子中羟基的种类减少，这也说明 PEGCl 中间体与 SL 发生取代反应的位置主要在酚羟基上，所以 SL-PEG 的酚羟基含量减少。另外，相比于 SL，SL-PEG 在 6.55～7.15 化学位移（芳香环质子）处的吸收峰略有减弱，这是由于 SL-PEG 分子中引入了大量的聚氧乙烯醚链，导致分子中木质素的比例减少，所以表征木质素特征峰的芳香环的吸收峰也减弱。

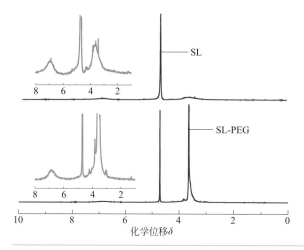

图3-56
木质素磺酸钠（SL）和木质素磺酸钠聚氧乙烯醚（SL-PEG）的 ^{1}HNMR谱图

木质素磺酸钠（SL）、聚乙二醇（PEG1000）以及 SL-PEG1000 的红外光谱如图 3-57 所示。由图中可以看出，在 SL-PEG1000 红外光谱中，3387cm^{-1} 为羟基伸缩振动吸收峰，2875cm^{-1} 为甲基、亚甲基中 C—H 的伸缩振动吸收峰，它们相对于 SL 吸收显著变强，1450cm^{-1} 和 1350cm^{-1} 分别为甲基和亚甲基中 C—H 的面内弯曲振动吸收峰，1110cm^{-1} 为醚键 C—O 的伸缩振动吸收峰，它们相对于 SL 吸收显著变强。SL 在 1216cm^{-1} 处酚羟基 C—O 的伸缩振动峰消失，出现了 PEG 的 950cm^{-1}、835cm^{-1} 吸收峰，分别为醚键 C—O 的伸缩振动峰、C—H 的面外弯曲振动峰。红外光谱分析说明 PEG 成功接枝到 SL 上。

木质素磺酸钠是一种阴离子型表面活性剂，分子中有亲水基团和疏水基团。亲水基团主要包括磺酸基、羧酸基和酚羟基，疏水基团主要是骨架的疏水链。木质素磺酸钠分子倾向于吸附在气/液界面上，从而降低界面的表面张力。因此表面张力是衡量木质素磺酸钠表面活性的一个重要性能参数。木质素磺酸钠的表面张力随着浓度的增大而减小，且随着测试时间的延长表面张力下降。

为了探究接枝 PEG 对木质素磺酸钠表面张力的影响，配制 10g/L 的 SL 和 SL-PEG 溶液，每个样品的测试时间均为 600s，在此条件下测定了 SL 与 SL-PEG

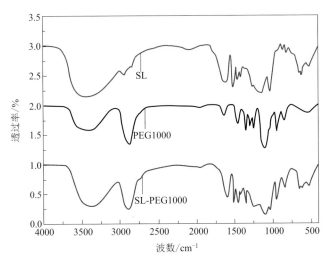

图3-57　聚乙二醇（PEG1000）、木质素磺酸钠（SL）和木质素磺酸钠聚氧乙烯醚
（SL-PEG1000）的红外光谱图

的表面张力，结果如图 3-58 所示。从图中可以看出，接入 PEG 后溶液的表面张力增大，表面活性降低。在木质素磺酸钠中接枝 PEG 越多，产物的表面张力越大。表面张力的大小与分子在气/液界面的吸附形态有直接关系。相对于 SL，SL-PEG 的分子结构发生变化，导致其在气/液界面的吸附发生变化。

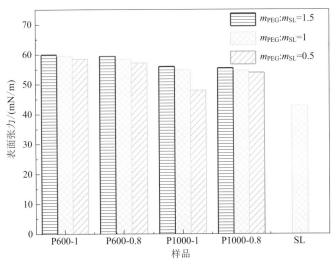

图3-58　木质素磺酸钠（SL）与木质素磺酸钠聚氧乙烯醚（SL-PEG）的表面张力

　　SL-PEG 的表面张力比 SL 的大，主要有以下几个方面的原因：首先，接入

PEG 长链后分子变得伸展疏松，使得 SL-PEG 分子在气/液界面排列疏松；其次，在木质素磺酸钠中引入 PEG 强亲水链后，木质素磺酸钠在溶液中本身的疏水内核也会变得疏松；此外，SL-PEG 的亲水性较木质素磺酸钠强，溶于水中的趋势增大。上述原因使得 SL-PEG 在气/液界面的覆盖率较 SL 的低，表面张力增大，表面活性下降。

三、木质素接枝聚醚大单体的合成与表征

异戊烯基聚氧乙烯醚（TPEG）是脂肪醇聚氧乙烯醚的一种，也是一种常用的非离子表面活性剂，常用于聚羧酸水泥分散剂的大单体。因为它一端有着不饱和的异戊烯端基，具有较好的反应活性，可以参与聚合反应，而另一端则是长长的聚乙二醇链段，具有良好的水溶性。

郑涛[33] 使用碱木质素（AL）和 TPEG 作为原料，采用两步法合成木质素接枝聚醚大单体（AL-TPEG）：第一步为氯代中间体（Cl-TPEG）的制备，第二步为碱木质素基聚醚单体（AL-TPEG）的制备。

氯代中间体（Cl-TPEG）的合成路线示意图如图 3-59 所示，在路易斯酸催化剂作用下，将环氧氯丙烷（ECH）滴加到 TPEG 中反应即可得到氯代中间体（Cl-TPEG）。

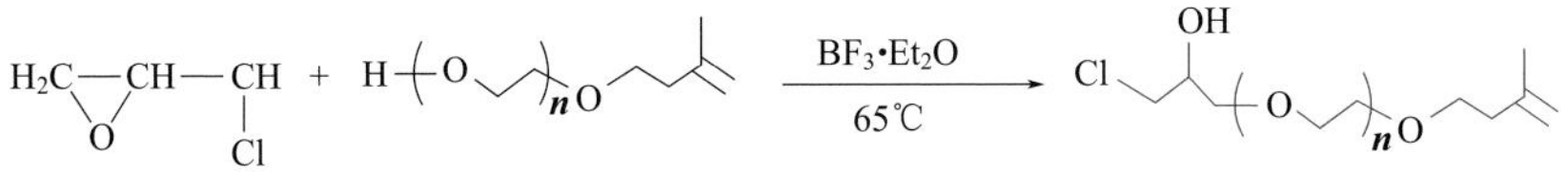

图3-59 氯代中间体（Cl-TPEG）的合成路线示意图

将官能化的 Cl-TPEG 中间体加入 AL 碱溶液中反应，即得到木质素基聚醚单体（AL-TPEG），合成路线如图 3-60 所示。

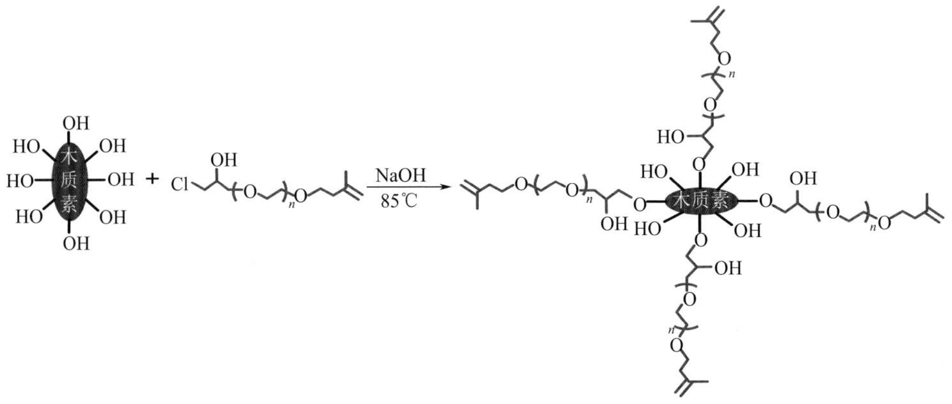

图3-60 碱木质素接枝聚醚单体（AL-TPEG）的合成路线图

将 AL：Cl-TPEG（质量比）为 1:1、1:2、1:3、1:4 和 1:5 得到的产物分别命名为 AL-TPEG1、AL-TPEG2、AL-TPEG3、AL-TPEG4 和 AL-TPEG5。

通过 FC 比色法测定原料 AL 和产物 AL-TPEG 的酚羟基含量以及 AL-TPEG 上 Cl-TPEG 的接枝率，具体结果如表 3-15 所示。

表3-15　碱木质素接枝聚醚单体（AL-TPEG）接枝率表

样品	AL	AL-TPEG1	AL-TPEG2	AL-TPEG3	AL-TPEG4	AL-TPEG5
酚羟基含量/（mmol/g）	2.493	1.111	0.581	0.329	0.178	0.087
接枝率/%	—	15.11	32.02	48.51	65.10	79.89

碱木质素基聚醚单体的制备反应为酚羟基在碱性环境下与卤化物的取代反应。反应产物的酚羟基含量随着 m（AL）: m（Cl-TPEG）的增大明显降低，Cl-TPEG 在 AL 上的接枝率逐渐增大。原料碱木质素酚羟基含量为 2.493mmol/g，分子量约为 3800，一个木质素分子上的酚羟基约为 9.5 个。而接枝率为 15.11%、32.02%、48.51%、65.10% 和 79.89% 的碱木质素基聚醚大单体上接枝的 Cl-TPEG 个数分别为 1.4 个、3.1 个、4.6 个、6.2 个和 7.6 个，这说明一个木质素分子上接枝多个 TPEG 链段，从而呈现出高度支化的结构。

通过红外光谱（FT-IR），核磁氢谱（^{1}H-NMR），紫外光谱和凝胶渗透色谱（GPC）等表征方法，对系列改性木质素 AL-TPEG 的结构进行表征。

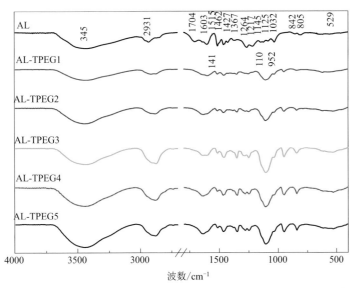

图3-61　碱木质素（AL）和碱木质素接枝聚醚单体（AL-TPEG）系列红外光谱图

AL 和 AL-TPEG 系列的红外光谱如图 3-61 所示。AL-TPEG 在 1641cm^{-1}、1110cm^{-1} 和 952cm^{-1} 处有很强的振动吸收峰，这分别归于 TPEG 分子中 C＝C、C—O—C 和 C—H（—C＝CH$_2$）的振动吸收峰。AL-TPEG 和 AL 在 3445cm^{-1} 处都有很强的吸收峰，分别为木质素酚羟基和 AL-TPEG 分子中醇羟基的振动吸收峰。对比 AL-TPEG 和 AL 的红外光谱图说明 TPEG 分子成功接入至 AL 分子上。

AL 和 AL-TPEG 系列的 ^{1}H—NMR 谱图如图 3-62 所示。从图中可知，TPEG 在 1.15 ～ 1.30 处并没有质子峰的化学位移，这是因为 TPEG 分子中不存在与甲基、亚甲基或次甲基直接相连的—CH$_3$。但由于在 AL-TPEG 制备反应过程中，C＝C 失活导致异戊烯基［CH$_2$＝C（CH$_3$）—CH$_2$—CH$_2$—］变成异戊基［CH$_3$—C（CH$_3$）—CH$_2$—CH$_2$—］，产生与次甲基直接相连的—CH$_3$，因此相对于 TPEG，AL-TPEG 在 1.15 ～ 1.30 处有质子氢的化学位移。同时，TPEG 的—OH 为伯醇羟基，在 1.84 处有明显的化学位移。但羟基在与环氧氯丙烷反应后，羟基被取代变成叔醇羟基，且相连的亚甲基都连有 O 原子，所以—OH 质子峰偏移至 1.88 化学位移处。通过计算，AL-TPEG1 ～ AL-TPEG5 的—O—CH$_2$—CH$_2$—O—上的 H 质子峰和苯环上的 H 质子峰峰面积比为 1：2.01：4.04：5.67：6.91，近似于 AL-TPEG 分子中 AL 与 TPEG 的摩尔比。所以 AL-TPEG 随着 AL 与 Cl-TPEG 投料比的增加，分子中 TPEG 的接枝量增大，与酚羟基含量减小的测定结果一致。通过对 AL-TPEG 的 ^{1}H-NMR 分析，可以说明 Cl—TPEG 在 AL 上接枝成功。

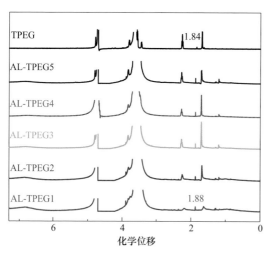

图3-62　碱木质素（AL）和碱木质素接枝聚醚单体（AL-TPEG）系列^{1}H—NMR谱图

图 3-63 为 50mg/L 的 AL 及 AL-TPEG 在不同 pH 条件下的吸光度曲线。由图可以看出，AL 及 AL-TPEG1 在 pH＜5 时，吸光度随着 pH 值的减小明显降

低，这说明 AL 及 AL-TPEG1 在酸性环境下的溶解度降低，会团聚析出甚至沉淀，使溶解状态下的溶质浓度降低，所以吸光度也会相应降低。同时，AL-TPEG2 在 pH < 3 时也会出现类似状况。而 AL-TPEG3、AL-TPEG4、AL-TPEG5 则在 pH < 1 时仍能全部溶解，这正是由 TPEG 的接枝所产生的效果。在 AL 上引入亲水性的 TPEG 链段后，AL-TPEG 的水溶性有了很大的改善。

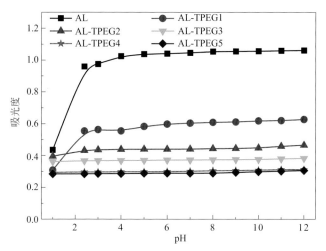

图3-63　碱木质素接枝聚醚单体（AL−TPEG）系列在不同pH条件下的吸光度曲线

　　为了进一步确定 AL-TPEG 的结构，对 AL 及 AL-TPEG 进行了 GPC 测试，结果如图 3-64 和表 3-16 所示。

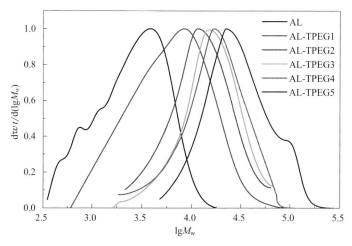

图3-64　碱木质素（AL）和碱木质素接枝聚醚单体（AL−TPEG）的GPC谱图

表3-16　碱木质素（AL）和碱木质素接枝聚醚单体（AL-TPEG）系列分子量分布表

样品名	M_w	M_n	PDI
AL	3800	2300	1.63
AL-TPEG1	7400	4100	1.78
AL-TPEG2	11200	5600	1.97
AL-TPEG3	13800	6000	2.31
AL-TPEG4	16900	6800	2.46
AL-TPEG5	22300	7800	2.84

由图 3-64 及表 3-16 可得，AL-TPEG1 ～ AL-TPEG5 的分子量随着 Cl-TPEG 和 AL 投料比的增加呈现出明显的增大趋势，可以说明 Cl-TPEG 在 AL-TPEG1 ～ AL-TPEG5 分子上的接枝量也越来越多。经过简单的计算，AL-TPEG1 ～ AL-TPEG5 上接枝的 TPEG 的个数分别为 1.5 个、3.1 个、4.2 个、5.5 个和 7.7 个，与投料比 [m(Cl-TPEG): m（AL）] 的增长趋势相近。因此可以说明，AL-TPEG 为一种典型的支化星型结构，以中心疏水的 AL 分子为核心，四周连接着多个亲水柔性的 TPEG 分子链，且这种支化结构的支化度随着 TPEG 的接枝量增多也会变大，使得 AL-TPEG 的水溶性增强。

综合可知，通过异戊烯基聚氧乙烯醚（TPEG）对碱木质素（AL）进行接枝改性，将 C＝C 双键引入到接枝产物的支化链末端，制备得到木质素接枝聚醚大单体。在 AL 上接入了长链的 TPEG 结构，使得改性的木质素产物具有支化的结构。通过调控 TPEG 的接枝比例，可获得不同支链密度的改性木质素接枝聚醚大单体，为探索新型木质素基水泥分散剂提供了一种新思路。

参考文献

[1] 李孝玉 . 碱木质素的改性及对 Pb ～（2+）、Cu ～（2+）的吸附性能 [D]. 广州：华南理工大学，2016.

[2] Gijsman P. A review on the mechanism of action and applicability of Hindered Amine Stabilizers [J]. Polymer Degradation and Stability, 2017, 145: 2-10.

[3] 汪冬平 . 受阻胺接枝木质素磺酸钠的合成及在阿维菌素制剂中的应用 [D]. 广州：华南理工大学，2019.

[4] Haidasz E A, Meng D, Amorati R, et al. Acid is key to the radical-trapping antioxidant activity of nitroxides [J]. Journal of the American Chemical Society, 2016, 138(16): 5290-5298.

[5] Cho J H, Shanmuganathan K, Ellison C J. Bioinspired catecholic copolymers for antifouling surface coatings [J]. Acs Appl Mater Interfaces, 2013, 5(9): 3794-3802.

[6] Kulkarni A P, Zhu Y, Babel A, et al. New ambipolar organic semiconductors, 2 effects of electron acceptor

strength on intramolecular charge transfer photophysics, highly efficient electroluminescence, and field-effect charge transport of phenoxazine-based donor-acceptor materials [J]. Chemistry of Materials, 2008, 20(13): 4212-4223.

[7] 梁婉珊 . 多巴胺调控木质素磺酸分散 PEDOT 的电化学性质及应用性能研究 [D]. 广州：华南理工大学，2017.

[8] Cavagna G A. Quaternary ammonium salts of lignin: US 3407188[P]. 1968.

[9] 李圆圆，杨东杰，邱学青 . pH 响应木质素基胶体球的制备和表征 [J]. 高等学校化学学报，2017(5): 23-26.

[10] Yan M, Yang D, Deng Y, et al. Influence of pH on the behavior of lignosulfonate macromolecules in aqueous solution [J]. Colloids and Surfaces A: Physicochemical and Engineering Aspects, 2010, 371(1-3): 50-58.

[11] Ouyang X, Ke L, Qiu X, et al. Sulfonation of alkali lignin and its potential use in dispersant for cement [J]. Journal of Dispersion Science and Technology, 2009, 30 (1): 1-6.

[12] 张志鸣 . 羧甲基化木质素磺酸盐染料分散剂的制备与表征 [D]. 广州：华南理工大学，2015.

[13] 秦延林 . 羟丙基磺化碱木质素染料分散剂及草酸预处理制备纳米纤维素的研究 [D]. 广州：华南理工大学，2016.

[14] 周海峰，杨东杰，邱学青，等 . 辣根过氧化物酶改性木质素磺酸钠的结构特征及吸附分散性能 [J]. 高等学校化学学报，2014(04): 895-902.

[15] Qiu X, Zhou H, Yang D, et al. A novel and efficient polymerization of lignosulfonates by horseradish peroxidase/ H2O2 incubation [J]. Appl Microbiol Biotechnol, 2013, 97: 10309-10320.

[16] 伍晓蕾 . 辣根过氧化物酶催化聚合磺甲基化木质素的研究 [D]. 广州：华南理工大学，2014.

[17] 曾伟媚 .1, 4- 丁磺酸内酯磺化木质素及其分散性能研究 [D]. 广州：华南理工大学，2016.

[18] Tortora M, Cavalieri F, Mosesso P, et al. Ultrasound driven assembly of lignin into microcapsules for storage and delivery of hydrophobic molecules [J]. Biomacromolecules, 2014, 15(5): 1634-1643.

[19] Tijsen C J, Kolk H J, Stamhuis E J, et al. An experimental study on the carboxymethylation of granular potato starch in non-aqueous media [J]. Carbohydrate Polymers, 2001, 45(3): 219-226.

[20] Bazarnova N G, Galochkin A I, Markin V I. Carboxymethylated chemical reagent for drilling fluids: RU 2127294-C1 [P]. 1999.

[21] Iiyama K, Ota A, Nehei Y, et al. Cathode additive for lead storage batter, contains carboxymethylated lignin having specific carboxymethyl group substitution degree, as raw material: JP2006202607A [P]. 2006.

[22] Ishida T, Ishida A, Iiyama K, et al. Prepare of water-soluble kraft lignin for use as antiviral agent etc by purification and carboxymethylation: JP9511053-X [P]. 1997.

[23] Lange W, Schweer W. The carboxymethylation of organosolv and kraft lignins [J]. Wood Science Technology, 1980, 14(1): 1-7.

[24] Peternele W S, Winkler-Hechenleitner A A, G6mez Pineda E A. Adsorption of Cd (Ⅱ) and Pb (Ⅱ) onto functionalized formic lignin from sugar cane bagasse [J]. Bioresource Technology, 1999, 68(1): 95-100.

[25] 甘林火 . 木质素羧酸盐的制备及其在石墨 / 水分散体系中的作用机制 [D]. 广州：华南理工大学，2013.

[26] Tanaka Y, Abe H, Senju R. The active centre for the gel conversion at the treatment of lignin with potassium dichromate (orig. jap.) [J]. Kogyo Kagaku Zasshi, 1966, 69: 1968-1970.

[27] 熊紫超 . 木质素基高效氯氟氰菊酯纳米缓释制剂的构建及性能研究 [D]. 广州：华南理工大学，2018.

[28] 洪南龙 . 烷烃桥联水溶性木质素基聚合物的制备与应用 [D]. 广州：华南理工大学，2016.

[29] 刘友法 . 木质素基偶氮聚合物胶体球的制备及其应用 [D]. 广州：华南理工大学，2015.

[30] 张伟健 . 木质素基偶氮化合物的合成与表征 [D]. 广州：华南理工大学，2013.

[31] Lin X, Zhou M, Wang S, et al. Synthesis, structure, and dispersion property of a novel lignin-based

polyoxyethylene ether from kraft lignin and poly(ethylene glycol) [J]. ACS Sustainable Chemistry & Engineering, 2014, 2(7): 1902-1909.

[32] 王文利 . 木质素基阴 - 阳离子表面活性剂的研制及在农药水悬浮剂中的应用 [D]. 广州：华南理工大学，2015.

[33] 郑涛 . 新型木质素基支化改性聚羧酸水泥分散剂的合成与其应用基础研 [D]. 广州：华南理工大学，2019.

第四章

木质素的纳米化改性及其作为功能材料的应用

功能性纳米颗粒由于具备尺寸可控、比表面积大、表面吸附性强、结构组成可设计、形态多样等特性，被广泛应用于催化剂、药物、光电物质和生物大分子载体等领域。木质素由于其可生物降解性、安全性和可持续性成为一种潜在的绿色工业原料。同时木质素的防晒、抗氧化特性和生物相容性也令其在生物医药领域受到关注。然而，普通方法生产的木质素颗粒大小不一，其中更是掺杂着 $10 \sim 100\mu m$ 以上的大颗粒，产品性能不稳定、不均一，功效不能完全发挥，限制了其进一步应用。

而木质素的纳米化是解决这一问题的有效方法之一。木质素纳米颗粒（lignin nanoparticle，LNP）具有高比表面积和体积比，同时还具有不同的官能团如脂肪族羟基和酚羟基等，可以通过对这些官能团的化学改性实现 LNP 表面修饰，从而显著提高其应用潜力。越来越多的研究人员对 LNP 的制备和应用表现出浓厚的兴趣。

目前已报道多种物理化学方法制备 LNP，比如溶剂交换法、溶液共沉淀法、酸析法、合成法以及微通道连续平推流反应器法等，其中最为普遍的是溶剂交换法。LNP 包封特定的活性物质后，可以提高活性物质的稳定性、降低其释放速率，再加上本身具有的抗菌抗氧化功能和无毒害残留的环保特性，在农药肥料、生物医药以及食品保鲜等领域都显示出了巨大的应用潜力。此外，环境响应型 LNP 的开发研究也方兴未艾，它们独特的响应能力在生物医疗领域正吸引着国内外学者的广泛关注。

第一节
木质素纳米颗粒的制备方法

一、溶剂交换法制备木质素纳米颗粒

溶剂交换法是传统的制备高分子胶束的方法，通过将两亲共聚物（如接枝或嵌段共聚物）在某一共同溶剂中进行充分溶解，即亲水、疏水部分都能溶解于该溶剂中，再在搅拌下滴加选择性溶剂，使混合溶剂转变为共聚物的不良溶剂，进而促使胶束的形成，最后通过蒸发或者透析去除良溶剂，或者直接在选择性溶剂中进行透析，从而得到胶粒。该胶粒的尺寸和几何形状可经聚合物浓度的调节以及溶剂的选择加以控制。在疏水作用、氢键作用、静电作用、范德瓦耳斯力和

π-π 堆积等非共价的分子间作用力推动下，两亲性聚合物可以自发形成热力学稳定、结构有序、能量最低的胶束结构[1]。

木质素是由苯丙烷疏水骨架和亲水性官能团构成的天然聚合物，类似于两亲性的无规共聚物，基于木质素分子间作用的调控可以自组装形成具有不同结构特征的木质素基胶束，如亲水纳米颗粒、疏水纳米颗粒以及空心囊泡。在溶剂交换法中，水、四氢呋喃、二氧六环、二甲基亚砜、丙酮以及乙醇常被用来溶解木质素，其中水是最常用的不良溶剂。

笔者团队通过将碱木质素进行偶氮化改性，然后将其溶解在四氢呋喃溶液中，向溶液中缓慢滴加水，制备了木质素基空心纳米颗粒，其对光敏性药物阿维菌素的包封率高达 61.5%[2]。中空的木质素基偶氮纳米颗粒不仅具有优异的紫外线屏蔽效果，防止阿维菌素光降解，而且还能控制阿维菌素的释放速率。

Lievonen 等[3] 直接利用未改性的针叶木硫酸盐木质素制备了木质素纳米颗粒，进一步在纳米颗粒表面吸附聚二烯丙基二甲基氯化铵，还可以制备出表面带正电的木质素纳米颗粒。

笔者团队还将碱木质素溶解在二氧六环溶液中，在搅拌状态下滴加非极性的环己烷，碱木质素在不良溶剂的驱动下自组装形成表面疏水的反相胶束[4]。

此外，利用绿色溶剂乙醇作为碱木质素的良溶剂，超纯水作为不良溶剂，还能制备木质素纳米囊泡。笔者团队首先将木质素充分溶解在乙醇中，静置 72h 后离心除去不溶组分，取上清液置于血清瓶中，然后利用蠕动泵向碱木质素的乙醇溶液中滴加超纯水，碱木质素在芳香环间的 π-π 作用下聚集形成空心囊泡[5]。

1. 乙酰化木质素纳米颗粒的制备

笔者团队钱勇[6]基于溶剂自组装方法制备了乙酰化木质素纳米颗粒，并研究了乙酰化木质素纳米颗粒的自组装结构以及形成机理。结果表明，将水滴入乙酰化木质素的 THF 溶液中，当滴加量超过临界水含量（CWC）时，乙酰化木质素分子通过疏水聚集形成纳米颗粒。初始浓度为 1mg/mL 的乙酰化木质素 /THF 溶液，其对应的 CWC 为 44%（体积分数），当水的体积分数超过 67% 时，乙酰化木质素全部形成纳米颗粒，通过透析可以除去混合溶剂中的 THF。

图 4-1 为通过 TEM 和 SEM 观察到的乙酰化木质素胶体粒子，胶体粒子均为规整的球形构象，平均粒径为 80nm。

利用动态光散射监测乙酰化木质素在选择性溶剂中形成胶束的过程，图 4-2 为乙酰化木质素 THF 溶液散射光强随水的体积分数增大的变化趋势。当水的体积分数达到临界值 44% 时，溶液的散射光强突然增大，表明乙酰化木质素分子开始形成胶束。

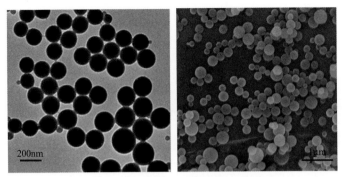

图4-1 乙酰化木质素纳米颗粒的TEM和SEM形貌图

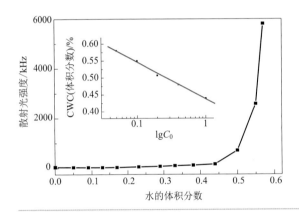

图4-2
乙酰化木质素THF溶液散射光
强度随水的体积分数变化曲线

CWC 一般与溶液的初始浓度有关，如图 4-2 插图所示，乙酰化木质素体系中 CWC 与其对应的初始浓度的对数值呈线性关系：

$$CWC = -0.1293 \lg C_0 + 0.5566 \qquad (4-1)$$

式中　CWC——临界水含量；

　　　C_0——溶液初始浓度。

不同水含量时乙酰化木质素的胶束化程度可以根据式（4-1）进行预测。式（4-1）可以改写为：

$$C_0 = \exp\left[2.303 \times (B - CWC)/A\right] \qquad (4-2)$$

式中　A、B——与木质素溶液有关的常数。

当水的体积分数达到 CWC 时，对应的乙酰化木质素的浓度被认为是临界胶束浓度，这一浓度与乙酰化木质素的分子量以及水含量有关。对于特定分子量的乙酰化木质素体系，水含量越高，临界胶束浓度越低。水的体积分数高于 CWC，越来越多的乙酰化木质素分子通过疏水作用形成胶束，未形成胶束的乙酰化木质素分子越来越少。在此胶束体系中，未形成胶束的乙酰化木质素的浓度 C_{unass} 等于临界胶束浓度，因此遵循和式（4-2）类似的关系：

$$C_{unass} - \exp\left[2.303 \times (B - C_w) / A\right] \tag{4-3}$$

式中　C_w——水的体积分数。

C_{unass} 可以改写为已经形成胶束的乙酰化木质素的浓度与其总浓度之比（$C_0 - C_{unass}$）/C_0，结合式（4-2）和式（4-3），得到如下关系：

$$
\begin{aligned}
(C_0 - C_{unass}) / C_0 &= 1 - \exp\left[2.303 \times (CWC - C_w) / A\right] \\
&= 1 - \exp(-2.303\,\Delta H_2O / A)
\end{aligned}
\tag{4-4}
$$

式中　ΔH_2O——水的体积分数与临界水含量之差。

图 4-3 为（$C_0 - C_{unass}$）/C_0 随 ΔH_2O 变化的曲线。在乙酰化木质素的初始浓度为 1g/L，临界水含量为 44% 条件下，当 ΔH_2O 为 23%，即体系中水的体积分数为 67% 时，99% 的乙酰化木质素分子形成胶束。

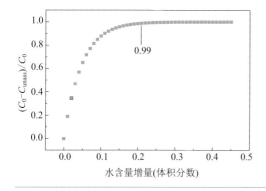

图4-3
乙酰化木质素的聚集率随水含量
增量的变化图

当水的体积分数超过 67% 时，溶液中未形成胶束的乙酰化木质素分子数目可以忽略不计。相比于一般的两亲高分子聚合物胶束，乙酰化木质素的 ΔH_2O 较大，这表明随着水的加入，乙酰化木质素胶束是逐渐形成的。

李浩在以上研究的基础上进一步探究了加水速度对纳米颗粒大小的影响关系。初始浓度为 1g/L 时，在相同搅拌速度下，向 5mL 的溶液中分别以不同速度滴加水时，光散射测量得到的纳米颗粒粒径和多分散系数随加水速度的变化关系如图 4-4 所示。从图中可以看出，随着加水速度的增大，所得到的纳米颗粒粒径变小、分布变宽。相应解释如下：制备过程中不良溶剂的加入速度会影响自组装过程中聚合物链的运动以及分子链和聚集体之间的平衡，改变不良溶剂的加入速度实际上是改变了聚集体形成过程中热力学控制和动力学控制的比重，并最终影响聚集体的结构。当加水速度很小时，纳米颗粒形成过程主要由热力学因素所控制，聚集体中的分子和溶液中的大分子交换达到平衡，最疏水的聚合物链率先成核，随着水含量的增大，溶液中的大分子在核上聚集，所以形成的聚集体数目较少，粒径较大，分布较窄。当加水速度增大时，聚合物链越来越容易被"冻结"，聚集体中的大分子来不及和溶液中的大分子达到交换平衡，聚集体制备过程逐渐由动力学因素所控制，不同的聚合物链可以同时单独成核，因此形成的聚集体数目较多，粒径较小，分布较宽。

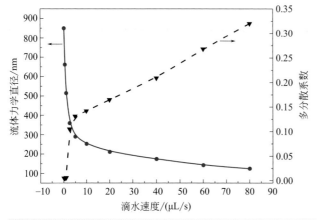

图4-4
胶体球的流体力学直径、多分散系数与滴水速度之间的关系

木质素溶液的初始浓度对粒径大小和分布也有影响。图 4-5 为在 1μL/s 的滴水速度下溶液初始浓度与流体力学直径和多分散系数的关系。从图中可以看到，纳米颗粒的流体力学直径随初始浓度增大而逐渐增大，在 5g/L 时略有下降，而多分散系数则随着初始浓度增大而减小并达到稳定。由此可见，乙酰化木质素纳米颗粒的粒径对初始浓度有着很强的依赖性。在纳米颗粒形成过程中，当初始浓度较小时，分子链之间距离较远，参与聚集的分子数有限，聚集体尺寸较小；当初始浓度增大时，分子链之间距离较近，分子间聚集的作用更明显，因而有更多的分子在每个核上参与聚集，所以最终形成的纳米颗粒粒径更大。

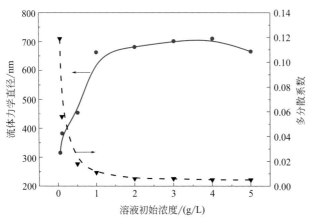

图4-5
纳米颗粒的流体力学直径、多分散系数与溶液初始浓度之间的关系

改变溶液的初始浓度和水的滴加速度，其实质都是在调节自组装过程中各种相互作用之间的关系。初始浓度的增大有利于乙酰化木质素之间彼此相互靠拢，从而利于木质素依靠分子间作用力相互发生聚集；而滴水速度的增大则在一定程度上阻隔了相邻木质素分子间的相互靠拢，不利于溶液中的乙酰化木质素分子聚集到其他的聚集体表面。由此可见，溶液中 THF- 碱木质素 - 水三者之间相互作用关系的改变始终是影响木质素在溶液中聚集形态的核心因素。通过改变外界条件，可以在一定范围内控制木质素纳米颗粒的粒径大小和分散度，如图 4-6 所示。

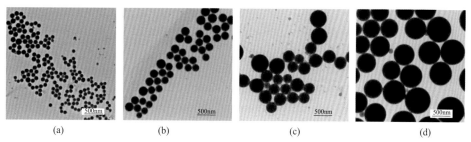

（a）　　　　　（b）　　　　　（c）　　　　　（d）

图4-6　不同条件下制备得到的木质素胶体球TEM图像
（a）乙酰化木质素初始浓度：1g/L，加水速度：40μL/s；（b）乙酰化木质素初始浓度：1g/L，加水速度：1μL/s；（c）乙酰化木质素初始浓度：2g/L，加水速度：1μL/s；（d）乙酰化木质素初始浓度：5g/L，加水速度：1μL/s

2. 碱木质素纳米空心球的制备

李浩[7] 在 THF- 水体系中制备了碱木质素空心纳米颗粒，其中较小的空心纳米颗粒半径分布在 $80 \sim 100nm$ 之间，较大的纳米颗粒半径分布在 $200 \sim 350nm$ 之间，具有生物相容性好、可降解、绿色无毒等优点，在医学、生物、农业等领域具有潜在的应用前景。具体制备过程如下：

先将碱木质素溶解在 THF 中（初始浓度 2mg/mL），然后向碱木质素的 THF 溶液中逐滴加入水（滴加速度 0.02mL/s），在此过程中，碱木质素可以通过自组装的方式逐渐聚集。当水含量达到 55% 以后，溶液中开始形成大量的大聚集体。与此同时，肉眼也可以观察到溶液逐渐变得浑浊。利用 SEM 和 TEM 对聚集体的结构和形貌进行表征，所得到的典型结果如图 4-7 所示。图中可以发现，纳米颗粒具有非常明显的空心结构特征。此外，通过该方法制备得到的纳米颗粒粒径分布较宽，粒径较小的纳米颗粒直径为 $100 \sim 200nm$，而粒径较大的纳米颗粒直径为 $500 \sim 600nm$，并且大纳米颗粒的空心结构特征更加明显。

尽管 THF 毒性较低，但仍具有一定的环境危害性和生理毒性，选用其他具有生物相容性和环境友好的溶剂来制备碱木质素空心微球对木质素纳米颗粒的应用会具有更大的意义。

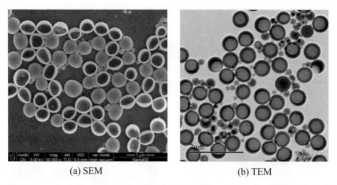

(a) SEM　　　　　　　　　　　　(b) TEM

图4-7　空心纳米颗粒的扫描电子显微镜和透射电子显微镜图像

李浩尝试以乙醇作为溶剂制备碱木质素空心纳米颗粒。具体制备过程为：先将碱木质素溶解在无水乙醇中，然后取其上清液利用蠕动泵逐滴向其中加水，溶液中的碱木质素会逐渐聚集并形成空心微球。

空心微球的 TEM 结果、SEM 结果以及 AFM 结果（图 4-8）表明，其具有非常明显的空心结构特征，并且该条件下制备的空心微球的壳层在干燥过程中会发生一定程度的破裂并因此会在侧方出现一些"开口"。尽管干燥过程中空心微球在一定程度上发生了变形，但未出现中部下凹型的塌陷，表明在干燥过程中空心微球仍具有一定的刚性和空间稳定性。

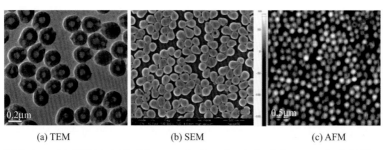

(a) TEM　　　　　　　　　(b) SEM　　　　　　　　　(c) AFM

图4-8　碱木质素空心微球的TEM（a）、SEM（b）和AFM（c）图像

类似前面的研究结果，初始浓度和加水速度同样也会影响纳米颗粒的大小。在较低初始浓度下，空心纳米颗粒的粒径整体相对较小，并且壳层较薄，在干燥时非常容易破裂；在较高初始浓度下，空心纳米颗粒的粒径整体有所增大，并且壳层也相应变厚，在干燥时尽管也会破裂，但仍能保持一定程度的球状结构。

从图 4-9 中可以看出，空心微球在干燥时一般都会发生破裂。尤其是当空心微球的粒径较大时，更容易形成一个长长的"尾巴"（图 4-9）。这是由于样品在干燥时空心微球内所包裹的溶剂有不断逸出的倾向，伴随着空心微球铺展于固体表面时膜张力的增加，空心微球壳层比较容易在空心微球与铜网界面相接触的气固液三相交接处（空心微球的侧下方）发生破裂。最终，空心微球内部的溶剂冲破碱木质素所形成的围拱（壳层）而逸出，并在侧下方形成一定的印记（"尾巴"）。碱木质素空心微球的这种可破裂性对于需要释放药物或催化剂等某些特别的应用场合而言可能具有重要价值。

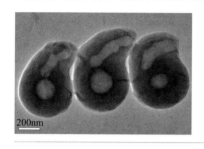

200nm

图4-9
壳发生破裂的碱木质素空心纳米颗粒TEM图像

空心纳米颗粒在乙醇溶液中的聚集过程如下：在乙醇溶液中，碱木质素更多地以小分子和小聚集体的形式无规地分散在溶液中。溶液中的聚集体会随着水含量的增大而逐渐增多。在水刚加入时，溶液中仍然会在一定时间内存在很多乙醇 - 水的两相微界面，在这种情况下，碱木质素聚集体会富集在乙醇 - 水界面上并形成由层状聚集体组成的吸附膜。由于乙醇是碱木质素的良溶剂，而水是碱木质素的不良溶剂，为了达到自由能最低的状态，层状聚集体较为疏水的一侧倾向与乙醇接触，而较为亲水的一侧则倾向与水接触。这一阶段，聚集体仍主要以扁平状形态存在。随着水的继续加入，碱木质素分子不断聚集在聚集体的两侧并向平面周边方向延展，相对疏水的分子优先聚集在乙醇相一侧，相对亲水的分子则优先聚集在水相一侧。当聚集体增长到一定程度时，由于更亲水的一侧分子中含有更多的羧酸根等可电离基团，这些基团在水中的电离会使得分子链段间的静电斥力增强，并且电离基团周围还会形成水化层，所以较亲水的一侧所承受的界面弯曲压力增大。在上述多种因素的共同作用下，层状聚集体更容易向乙醇一侧发生弯曲。层状聚集体发生弯曲后则会通过分子间相互作用而彼此连接成类似于洋葱状的多层结构，最后聚集成空心纳米颗粒。

二、溶液共沉淀法制备木质素纳米颗粒

共沉淀法又称复凝聚法，是指两种或者多种带有相反电荷的聚合物，以离

子间相互作用发生凝聚形成复合纳米颗粒或微囊的方法[8]。因体系接近等电点，所以溶解度降低，自溶液中析出，共沉淀形成纳米颗粒或微囊。进行复凝聚的必备条件为：相关的两种聚合物所带电荷相反，而且共混物中正负离子的数量在电学上刚好相同。此外，体系的盐含量和温度需要调整，以利于形成复凝聚物。无机盐的优先缔合会减少聚离子上的有效静电荷，因此会抑制复凝聚作用的发生，其抑制程度的大小与无机盐性质及用量有关。

复凝聚法工艺主要由下面三步构成：第一步，芯材需较好地分散在聚电解质的水溶液里面。控制体系温度适中，然后按照一定的比例将带一种电荷的壁材和油性芯材进行混合，也可以添加少量的分散剂，用水稀释后进行乳化分散。第二步，进行复凝聚化。把另外一种相反电性的聚电解质溶液加入上述体系中，在合适的条件时，两种壁材将发生静电吸引作用，在芯材的表面沉淀而析出。第三步，进行凝聚层的凝胶及交联。凝聚层自溶液中沉淀出来之后，若降低温度则会产生凝胶化现象。该凝胶化过程是可逆的，一旦平衡被破坏，则凝聚相消失。交联处理可避免囊芯表面凝胶的再溶解。

关于通过凝聚进行微胶囊化的机理，研究者认为有以下两种可能：其一，新形成的凝聚核逐渐将芯材液滴或者粒子覆盖；其二，首先形成相对较大的凝聚液滴或凝聚物，然后包裹芯材液滴或颗粒。复凝聚法易于进行规模化生产，同时还具有工艺简单的优点。此外，其以水作为介质，不使用有机溶剂和化学交联剂等，对环境无污染，因此具有广泛的应用前景。

三、静电自组装法制备木质素磺酸盐复合纳米颗粒

1. 木质素的自组装简介

自组装是一种由无序到有序、由多组分到单一组分、由简单到复杂的自我修正和完善的自发过程，这种过程在自然界普遍存在。自组装技术是通过模拟自然界的自组装过程发展起来的通过非共价键作用（疏水作用、静电吸引、氢键、范德瓦耳斯力、π-π 堆积作用等）自发缔造成热力学稳定、组织规则、结构稳定的聚集体的技术，可以应用在药物递送、医学诊断和催化等领域。

由于木质素是含有亲水性羟基和疏水性芳香环的两亲性聚合物，对其进行自组装改性可以改善木质素的亲/疏水性。木质素磺酸盐分子中含有大量的亲水基团（如羟基和磺酸基），但其疏水骨架呈球形，且分子结构中并不存在线型的烷链，因此其亲水性较强而亲油性较弱。同时由于自身较强的亲水性和负电性，木质素磺酸盐在溶于水后可形成阴离子基团，因此可以通过与阳离子表面活性剂进行静电自组装，引入长的疏水性烷烃链，实现木质素磺酸盐的疏水改性。

2. 木质素磺酸钠／十六烷基三甲基溴化铵的静电自组装

笔者团队汤潜潜[8]以木质素磺酸钠（NaLS）与十六烷基三甲基溴化铵（CTAB）为原料，通过静电及疏水自组装的方法对木质素磺酸钠进行疏水化改性，首次在浓溶液体系中制备出粒径可控且易于实现规模化生产的木质素纳米颗粒（NaLS-CTAB）。

NaLS-CTAB 的制备：首先分别配制一定质量分数的 NaLS 水溶液与 CTAB（一定比例水和乙醇的混合液）浓溶液，然后将两者按一定的质量比进行混合，在室温下搅拌 10min 并放置 1h 后，便可得到等电点处 NaLS/CTAB（1：2.82）的复合浓溶液（尽管纳米颗粒制备的第一阶段是在浓溶液中进行，但是纳米颗粒却最终形成于相对较稀溶液中，因此所用等电点为较稀 NaLS/CTAB 体系中的所测值）。将所得 NaLS/CTAB 复合体系溶于乙醇，制备成 1mg/mL 的 NaLS/CTAB/乙醇溶液。由于 NaLS/CTAB 复合体系不溶于水，因此随着水的添加，溶剂逐渐由 NaLS/CTAB 复合体系的良溶剂转变为贫溶剂，NaLS/CTAB 分子开始由于疏水作用而相互聚集，最终形成纳米颗粒。

图 4-10 为 NaLS/CTAB 乙醇溶液的散射光强度与混合体系中水体积分数的变化曲线图。从图中可知，当混合溶剂中水体积分数达到一定值（58%）时，溶液的散射光强度急剧增大，这表明 NaLS/CTAB 分子开始聚集形成纳米颗粒。

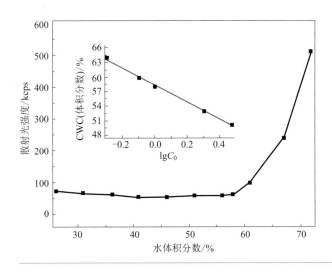

图4-10
NaLS/CTAB 乙醇溶液的初始浓度为1.0mg/mL时，散射光强度随水体积分数的变化图

木质素磺酸盐自身不能形成纳米颗粒可以从以下两个方面解释：首先，木质素磺酸盐的磺酸基、羧基及酚羟基间静电斥力作用的存在将会阻碍球形纳米粒子的形成；另外，酚羟基的存在将会导致木质素磺酸盐与水之间氢键作用的增强，

这同样不利于胶束的形成。然而，向木质素磺酸盐溶液中加入过量的盐屏蔽静电作用，同时加入尿素破坏氢键后，木质素磺酸盐仍然不能形成胶束。

对于等电点处的 NaLS/CTAB 复合体系来说，CWC 与 NaLS/CTAB 在乙醇中的初始浓度紧密相关（如图 4-10 所示），初始浓度越大，则 CWC 越小，这说明在 NaLS/CTAB 纳米颗粒的形成过程中，疏水作用至关重要。疏水作用主要包括 π-π 作用以及范德瓦耳斯力作用。一般情况下，木质素的聚集分为两个层次：木质素分子内苯环间的 π-π 作用及范德瓦耳斯力所导致的分子间聚集。研究中分别测定了木质素磺酸钠及 NaLS/CTAB 的红外光谱图，结果如图 4-11 所示。

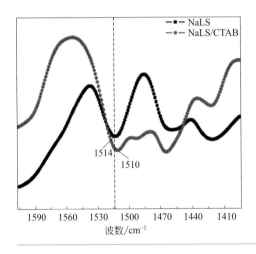

图4-11
NaLS 以及 NaLS/CTAB 的红外光谱图

从图 4-11 中可以看出，在木质素磺酸钠中添加 CTAB 后，苯环的伸缩振动峰由 1514cm^{-1} 偏移到 1510cm^{-1} 处，这主要是由于苯环所处的环境发生了变化（发生 π-π 聚集），该结果也直接证明 NaLS/CTAB 分子内的 π-π 聚集强于木质素磺酸钠分子。因此，NaLS/CTAB 能够形成纳米颗粒，而木质素磺酸钠却不能，主要是因为与木质素磺酸钠相比，NaLS/CTAB 引入了疏水性长链烷基，使体系疏水性增强，导致分子内和分子间的范德瓦耳斯力作用和 π-π 作用增强，同时分子结构中的磺酸基、酚羟基等亲水基团被屏蔽，最终导致了 NaLS/CTAB 纳米颗粒的形成。

除了最常见的溶剂交换法和共沉淀法，还有许多制备木质素纳米颗粒的方法，例如酸析法、机械法、微通道连续平推流反应器法、合成法等，具体见参考文献 [9 ~ 11]。

第二节
环境响应型木质素纳米颗粒的制备

近年来，刺激响应型纳米药物载体备受关注。响应型药物载体可以将活性药物成分运载到特定病灶部位，在到达之前不会出现药物泄漏，而到达作用部位后能发生响应而释放药物，并且实现可持续给药，具有很大的应用前景。木质素在 pH 响应材料方面的应用研究并不多，主要是由其结构不确定等劣势所造成的。但其自身携带大量的酚羟基和羧基等弱电解质基团，是天然的阴离子表面活性剂，可通过化学改性的方法，增加其在 pH 响应聚合物方面的应用潜能。将木质素进行功能化改性后，可制备具有 pH 响应特性的囊泡 / 纳米粒子，用于靶向释放药物。

笔者团队的李圆圆[12]先以造纸制浆废液中的碱木质素为原料，利用 3- 氯 -2-羟丙基三甲基氯化铵对碱木质素进行季铵化改性，成功制备了两性木质素。在这一过程中，季铵根主要接枝在碱木质素的酚羟基上，通过改变季铵化试剂与木质素的用量，可制备出具有不同 pH 响应特性的两性木质素。季铵化木质素（AML）具体制备过程如下：

常压下，将碱木质素（AL）溶液升温到 85℃，利用蠕动泵滴加一定量的 3- 氯 -2- 羟丙基三甲基氯化铵（CHMAC），在滴加中需要补充 20%（质量分数）的 NaOH 水溶液，使反应溶液的 pH 值保持在 11 以上。待 CHMAC 滴加完毕后 85℃搅拌反应 4h，得到两性木质素，最后透析纯化（分子量 1000）。反应式见图 4-12。根据 CHMAC 与木质素的比例不同，分别将其命名为 AML-20、AML-30、AML-50、AML-60 和 AML-80。

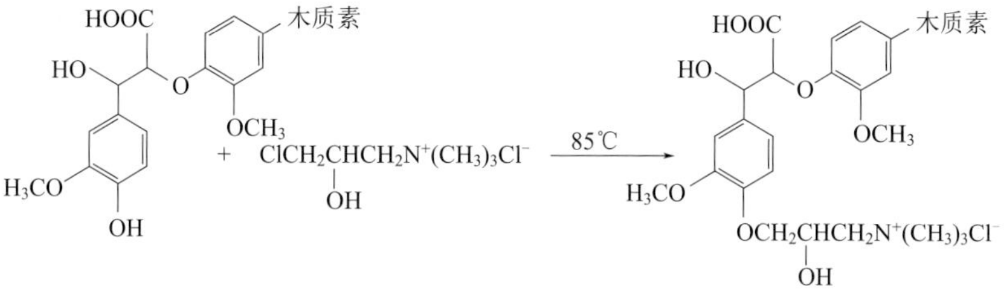

图4-12 季铵化木质素的制备

然后利用十二烷基苯磺酸钠（SDBS）对两性木质素的聚集微结构进行调控，自组装形成规整的木质素纳米颗粒，具有明显的 pH 响应特性。其制备过程如

图 4-13 所示。

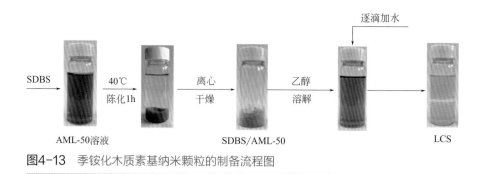

图4-13 季铵化木质素基纳米颗粒的制备流程图

分别配制 1g/L、pH 值为 3 的季铵化木质素（AML-50）溶液和 SDBS 溶液，然后按照一定的比例混合，将混合后的样品在 40℃下陈化 1h，离心分离出沉淀物，冷冻干燥得到 SDBS/AML-50 复合物。将所得 SDBS/AML-50 复合物溶于乙醇配制成 1g/L 的 SDBS/AML-50 乙醇溶液，搅拌下向其逐滴加入 pH=3 的水，制得 SDBS/AML-50 纳米颗粒悬浮液，将 SDBS/AML-50 纳米颗粒悬浮液旋蒸浓缩后，冷冻干燥得到纳米颗粒粉末。实验测定了胶体球在 pH 值分别为 3.0、7.5 和 10.5 时的 TEM 图，如图 4-14 所示。

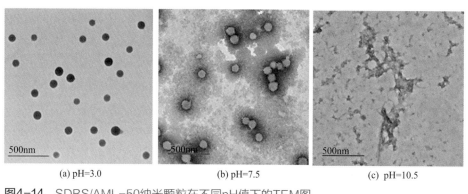

(a) pH=3.0　　　　　(b) pH=7.5　　　　　(c) pH=10.5

图4-14 SDBS/AML-50纳米颗粒在不同pH值下的TEM图

由图 4-14 中可以看出，pH 值为 3.0 时胶体球能够稳定存在；当 pH 值为 7.5 时胶体球已经解聚；当 pH 值达到 10.5 时，胶体球完全解聚。这是由于 AML-50 是一种两性木质素基聚合物，等电点为 pH=7.5。当 pH < 7.5 时，AML-50 带正电，其与 SDBS 通过静电作用结合在一起；当 pH 值为 7.5 时，AML-50 表面

几乎不带电，SDBS 带负电，两者之间的静电作用减弱，使得胶体球开始缓慢解聚；当 pH 值增加到 10.5 时，AML-50 中的酚羟基电离使其具有更强的负电性，SDBS 也带负电，两者之间的静电斥力作用增强，胶体球完全解聚。pH 响应性实验结果表明，当 pH=3.0 时，纳米颗粒能够稳定存在；pH > 7.5 时，纳米颗粒开始解聚，这是由于 pH 值增大导致木质素分子间的静电作用不断减弱。利用 SDBS/AML-50 复合物制备的胶体球在酸性条件下能够稳定存在，在中性条件下逐渐解聚，在碱性条件下完全破裂，具有 pH 响应特性，可用作口服药物的载体。

除了 pH 响应型木质素纳米颗粒外，近年来，研究人员还开发了磁性木质素纳米颗粒、温度响应型木质素纳米颗粒等[11,13]，拓宽了环境响应型木质素纳米颗粒的应用领域。有关响应型木质素纳米颗粒的制备研究目前还处于起步阶段，有待研究人员的继续深入探索。

第三节
木质素纳米颗粒的应用

一、木质素纳米颗粒在农药与肥料中的应用

根据联合国粮食及农业组织（FAO）给出的数据显示，2020 年全球耕地农药消费达到 679.29 亿美元，年消费总量超过 400 万吨。然而，农药的大量使用会对土壤和水源产生巨大的污染。迄今为止，已经有相当部分的农药被欧盟禁止使用。利用木质素纳米颗粒解决农药的释放和污染问题是一个有效的途径。木质素在农药方面应用有着许多优势：可控释药速率、抗紫外防止光解变性、促进农药的分散、防止有毒物质的挥发、替代聚合物封装农药保护环境等[14]。此外，作为一种天然来源的含碳物质，木质素也有助于维持土壤的碳平衡。木质素产量巨大，适用于大规模的农业应用，自身可降解易再生，符合绿色环保的理念，在农药方面显示出巨大的应用潜力。

笔者团队的钱勇等[6,15]利用 THF- 水体系制备乙酰化木质素纳米颗粒的同时负载农药阿维菌素，通过紫外分光光度计测定载药前后溶液中农药阿维菌素在 245nm 的吸光度，计算浓度差，乙酰化木质素纳米颗粒对农药阿维菌素的载药量达到 52.7%，远高于木质素磺酸钠 / 壳聚糖胶束和木质素脲醛树脂的最大载药量。

由此可见，木质素纳米颗粒在提高农药及微肥的使用效率方面有着很好的应用前景和市场潜力，值得进一步拓展与研究。

农药制剂在选择分散剂时应多考虑分子量高、吸附力强、分散能力强且可生物降解的物质。笔者团队的王文利[16]以亚硫酸盐法制浆副产物木质素磺酸钠（SL）为原料，通过接枝反应接入聚氧乙烯（PEG）链制备了木质素磺酸钠接枝聚氧乙烯醚（SL-PEG）。所合成的 SL-PEG 中 PEG 的含量分布在 20% ～ 50% 之间。接入 PEG 后，SL 的酚羟基含量下降，分子电荷密度下降，溶液的表面张力增大，表面活性降低，解决了静电作用而导致的沉淀问题。将 SL-PEG 与十六烷基三甲基溴化铵（CTAB）通过静电自组装制备木质素基阴 - 阳离子表面活性剂（CA-SL），以提高木质素磺酸钠的疏水性和表面活性。随着 CTAB/SL-PEG（质量比）的增加，CA-SL 在溶液中的聚集体粒径分布先减小后增大，在零电荷时达到最大，聚集最严重，然后随着 CA-SL 正电性的增强，聚集体解聚，聚集体粒径分布又开始减小。将制备的 SL-PEG 和 CA-SL 作为分散剂应用在烯酰吗啉和吡虫啉两种农药水悬浮剂的制备中，结果表明，CA-SL 和 SL-PEG 都具有良好的分散效果，可以有效改善烯酰吗啉在热贮过程中的颗粒长大和聚结现象。对于 SL-PEG 制备的农药水悬浮剂，添加黄原胶有利于悬浮剂的稳定，但会导致其热贮后的颗粒变大，悬浮率降低；而对于 CA-SL 制备的农药水悬浮剂，添加黄原胶有利于悬浮剂的稳定，同时对其热贮后的平均粒径和悬浮率影响较小。在亲水性农药吡虫啉的悬浮剂制备中，当分散剂添加量为 4% 时，CA-SL 制备的悬浮剂热贮性能较好。

二、木质素纳米颗粒在生物医药中的应用

理想的口服药物载体需要在指定的时间内以持续且无突释的方式控制释放药物，在胃部环境（pH=1.0 ～ 2.5）中保持结构稳定，确保无药物释放或者药物以很慢的速率释放；当进到肠道环境中（pH=5.1 ～ 7.8），药物能在 8 ～ 10h 内释放出来[17]。木质素基纳米颗粒在酸性条件下结构稳定，能够保护药物免受胃酸和酶的攻击；在中性条件下逐渐解聚，有利于药物的释放，可用作药物传输的载体。另外，木质素基纳米颗粒在自组装过程中形成内部疏水、外部亲水的结构，一方面增加了与机体的相容性，另一方面有利于负载疏水性的药物，可作为口服药物的载体。

目前，木质素在药物输送领域的应用仍然存在许多问题亟待解决。首先，木质素基载体对药物的包封率和负载量较低，增加了生产成本。其次，未经改性的木质素制备的药物载体功能性单一，对药物的释放缓慢且不具有靶向性。另外，制备的 pH 响应型木质素基载体的环境敏感性较弱，药物释放过程中存在突释现

象。这些问题若得到解决，木质素纳米颗粒将在载药上获得更好的应用。

近年来，有很多研究人员开展了木质素作为药物载体方面的研究[13, 18-21]。笔者团队的李圆圆[12]利用十二烷基苯磺酸钠（SDBS）对季铵化改性木质素（AML）的微结构进行调控，AML/SDBS复合物在选择性溶剂中通过疏水作用自组装形成结构规整的木质素基纳米颗粒，其在酸性条件下能够稳定存在，中性条件下缓慢解聚，具有明显的pH响应特性。将木质素基纳米颗粒用作疏水药物布洛芬（IBU）的载体，对布洛芬的负载率为46%，包封率为74%。负载布洛芬的木质素纳米颗粒在模拟肠液（SIF，pH=7.4）和模拟胃液（SGF，pH=1.2）中的释放性能如图4-15所示。在模拟胃液中，载药纳米颗粒中的布洛芬平稳缓慢地释放，24h的释放率仅为24%；而在模拟肠液中，载药纳米颗粒中的布洛芬能够快速且持续地释放出来，24h的释放率为96%，符合口服药物载体释放性能的要求，是一种理想的大肠类药物载体。

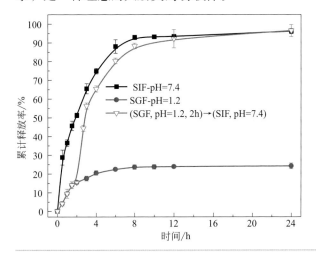

图4-15
载药纳米颗粒的体外释放曲线

此研究也提出了木质素基载药纳米颗粒pH响应性释药机理，如图4-16所示。IBU与SDBS/AML-50通过疏水作用结合，在自组装的过程中被包裹在纳米颗粒的内部。在模拟胃液（pH=1.2）中，木质素中的羧基处于质子化的状态，AML-50中的季铵根与SDBS中的磺酸根通过静电作用紧密结合，致使纳米颗粒变得更加密实，从而保护药物。另外，在酸性条件下IBU的溶解性较差，因此释放速率也比较慢。当将载药纳米颗粒转移到模拟肠液（pH=7.4）中时，AML-50上的羧基去质子化，与SDBS间的静电引力作用转化为静电斥力作用，纳米颗粒开始解聚，包裹在内部的IBU逐渐释放出来。此外，在中性条件下，IBU中的羧基会去质子化，IBU与AML-50和SDBS的静电斥力作用也会导致药物的释放速率增大。

近几年在医疗领域，木质素作为抗菌剂的应用也备受关注。木质素中侧链酚羟基对木质素的抗菌特性起着至关重要的作用。一般来说，当一个酚羟基在侧链的 α 和 β 位置上与一个甲基在 γ 位置上形成双键时，它的抗菌效果最好。Richter 等[22]通过硝酸银溶液浸泡纳米木质素（EbNP），然后将其表面吸附聚二烯丙基二甲基氯化铵（PDAC）形成阳离子涂层，从而制备出绿色可生物降解且具有高抗菌活性的 EbNP-Ag+-PDAC 复合纳米粒子，能杀死大肠杆菌和绿脓杆菌。Yang 等[23]以聚乙烯醇、壳聚糖和木质素纳米粒子为原料，采用溶剂浇铸法制备了二元和三元聚合物薄膜，对革兰阴性菌和树黄单胞菌的生长有抑制作用。这些结果展示了木质素纳米颗粒在抗菌方面的巨大潜力，也展示出其在食品包装市场的应用前景。

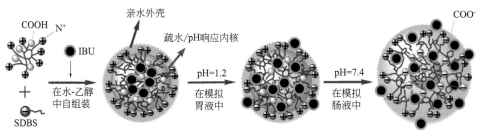

图4-16 木质素基载药纳米颗粒pH响应性释药机理图

三、木质素纳米颗粒的其他应用

木质素由于具有苯环结构和苯酚单元，表现出优异的紫外吸收性能，在防晒护肤应用领域也有较多的报道（详见本章第四节）。相比于原始木质素，木质素纳米粒子的紫外防护性能更佳。此外，由于具有低密度、可再生、可降解和表面活性等功能，木质素纳米粒子在高分子复合材料中也有应用，起到增强、增韧、抗紫外的作用（详见第七～九章）。

天然抗氧化剂是从动植物或其代谢产物中提取的活性物质，相比于合成抗氧化剂，天然抗氧化剂更高效、安全，因此被广泛应用于食品、化妆品、医药领域。木质素具有很高的抗氧化活性，将活性包装材料与木质素天然抗氧化剂结合起来，可以用于食品保护（详见本章第五节）。

第四节
木质素基大分子防晒剂

一、天然木质素防晒剂

受木质素可以保护植物免受紫外线侵害的现象启发，Qian 等[24] 首次将碱法制浆的碱木质素提纯后用于防晒护肤领域。将碱木质素分别与两种没有防晒性能的霜体 Cream-N 和 Cream-L 共混制备木质素基防晒霜，采用紫外分光光度计测试木质素基防晒霜紫外线透过率并计算防晒系数（SPF）。与空白霜体相比，木质素基防晒霜的紫外线透过率明显降低，且随着木质素添加量的增多逐渐趋于 0%，与此同时，SPF 值不断增加。当木质素添加量为 10%（质量分数）时，木质素 + Cream-N 的 SPF 值为 5.72，而木质素 +Cream-L 的 SPF 值为 5.33。一些天然活性物质虽然本身防晒效果并不明显，但却可以帮助提高合成类防晒分子的防晒性能。基于此，研究人员将少量碱木质素与市售 SPF15 的防晒霜复配后，测试其防晒性能，并与 SPF30 和 SPF50 防晒霜的防晒性能进行比较，测试结果如图 4-17 所示。在 2%（质量分数）木质素的添加量下，霜体的紫外线透过率与 SPF30 防晒霜的接近，但低于 SPF 50 防晒霜，尤其是在 UVA 区域。霜体 SPF15-B 添加 2%（质量分数）木质素后 SPF 值提高至 35。进一步提高木质素添加量至 10%（质量分数），霜体的 SPF 值提高至 90。

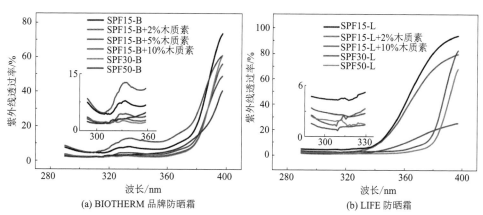

(a) BIOTHERM 品牌防晒霜　　　　　　　(b) LIFE 防晒霜

图4-17　含有不同木质素添加量的市售SPF15防晒乳液在UVB和UVA区域的紫外线透过率，防晒系数为30和50的防晒乳液作为对比

光稳定性也是评价防晒霜性能的重要参数。如图 4-18 所示，添加了木质素的防晒霜在经过 2h 的紫外线辐射后，其在 UVA 和 UVB 区域的紫外线吸收率增加了数倍，而未添加木质素的防晒霜紫外线吸收率仅有微小变化，说明碱木质素与小分子化学防晒剂之间可能存在协同作用，也充分证明了来源于工业废弃物的碱木质素可作为一种绿色、无害的紫外线防护剂应用于化妆品防晒领域。

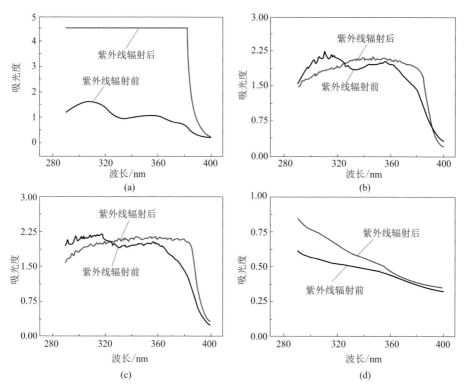

图4-18 紫外线辐射2h前后防晒霜的吸光度：（a）SPF15-L +10%（质量分数）木质素；（b）SPF 15-L；（c）SPF 30-L；（d）10%（质量分数）木质素

不同来源的工业木质素在结构上也会有所差异，会直接影响木质素的紫外线吸收性能。Qian 等[25]选择了碱木质素（AL 370）、硫酸盐木质素（AL 471）、木质素磺酸盐（LS）、酶解木质素（EHL）、有机溶剂型木质素（OL）五种不同工艺来源的工业木质素，测试并比较其防晒性能。如表 4-1 所示，含 1%（质量分数）OL 的防晒霜的 SPF 值为 3.25，而含有其他木质素类型的防晒霜的 SPF 值在 1.37 ~ 1.91 之间。木质素含量增加，所有防晒霜的 SPF 值呈现不同程度的升高。总体来说，疏水性的木质素相比于木质素盐类具有更好的防晒性能，而 OL

表现出最好的防晒性能。研究人员测试了五种木质素的红外光谱和碳谱，并结合四种木质素模型物单体的紫外线透过率结果，揭示出导致木质素间防晒性能差异的原因是：OL 的分子结构中含有更多的芳香环和共轭羰基，可以更好地吸收紫外线；同时，甲氧基作为重要的供电子基团，对木质素的共轭体系有重要贡献，木质素中甲氧基官能团越多，防晒效果越好。OL 中甲氧基含量为 5.19mmol/g，在五种木质素中含量最大。

表4-1　不同来源的木质素防晒霜的SPF值

木质素	1%	2.5%	5%	10%
AL370	1.91 ± 0.09	3.68 ± 0.25	4.01 ± 0.35	6.81 ± 1.15
AL471	1.83 ± 0.09	2.76 ± 0.40	4.00 ± 0.67	6.33 ± 0.37
LS	1.46 ± 0.05	2.06 ± 0.09	3.71 ± 0.29	5.54 ± 0.96
OL	3.25 ± 0.56	5.52 ± 0.40	6.67 ± 0.25	8.66 ± 0.25
EHL	1.37 ± 0.03	2.24 ± 0.15	3.24 ± 0.28	4.20 ± 0.50

笔者证明五种木质素皆与化学防晒剂有协同作用，其中尤以 OL 与防晒剂的协同作用明显。在市售 SPF15 的防晒霜中添加 10%（以下皆为质量分数）OL，防晒霜的 SPF 值高达 91.61。协同机理如下：木质素与化学防晒剂的协同作用源于二者的芳环堆叠，其中发生的 J 聚集可以增强共轭作用，降低 π-π* 跃迁的能量而使紫外吸收发生红移，进一步扩大了紫外吸收范围并增强了紫外防护能力。而紫外线辐射导致的防晒性能增强是因为木质素在接受紫外线辐射后会形成醌型结构，同时辐射产生的酚氧自由基与小分子防晒剂发生相互作用，从而产生协同效应。

木质素是一种极具应用潜力的天然高分子防晒剂，但因为外观颜色普遍较深而限制了木质素防晒产品的实用性。Zhang 等[26]发现，不同干燥技术得到的木质素会呈现不同深浅的颜色。干燥后木质素的颗粒越小，表观颜色越浅，这是因为较小的颗粒可以产生更大的比表面积和分子空间间隔，样品的体积密度更低。换言之，木质素的发色团数量是恒定的，较低的体积密度会降低宏观尺度上发色团的浓度，表现在宏观上就是木质素颜色变浅。所以，喷雾干燥的木质素颜色最浅，因为其颗粒粒径最小，体积密度最低。在此理论基础上，将制备的浅色木质素与市售 SPF15 的防晒霜混合测试其防晒性能。浅色木质素添加量为 5% 时，防晒霜的 SPF 值达到 50.69；将木质素防晒霜均匀地涂抹在皮肤上，几乎看不到明显的着色现象。将木质素进行简单的化学处理也可以改善其颜色[27]。

除了工业木质素外，研究人员也尝试从植物中直接提取木质素用于防晒产品中，新木质素的开发也为木质素在防晒领域的应用提供更多的可能[28, 29]。例如，Lee 等在室温下用中性溶剂从芒草荻和赤松中分离出两种浅色木质素 MWL-M 和 MWL-P，与商用防晒霜一样也显示出一定的协同作用和辐射增强作用。

二、纳米木质素防晒剂

工业木质素虽然具有一定的紫外吸收能力，但仍存在无规团聚、颜色深等不足，限制了其在防晒领域的进一步应用。木质素纳米化为木质素类防晒剂的开发提供了新方向[30, 31]。

笔者团队[32]采用自组装法分别制备了酶解木质素（EHL）、乙酰化酶解木质素（AcEHL）和有机溶剂型木质素（OL）的纳米微球。以丙酮/水混合液（丙酮与水的体积比为 8:1）作为 EHL 和 OL 的良溶剂配制一定浓度的样品溶液，以纯水作为不良溶剂分别滴加进样品溶液中，得到 EHL 和 OL 的纳米微球。通过改变木质素溶液的初始浓度和不良溶剂的离子强度，制备得到纳米、亚微米和微米三个尺度的表面亲水木质素微球，扫描电镜图像如图 4-19 所示。测试表明，木质素微球在极性霜体中的分散性和紫外防护性能优于普通木质素，且随着木质素微球粒径的减小，紫外吸收能力逐渐增强。由于 OL 分子中酚羟基、甲氧基含量更高、共轭结构更丰富，OL 微球的紫外防护性能和抗氧化性能优于同尺寸的 EHL 微球。添加 10% OL 纳米粒子（OL-S）的防晒霜 SPF 值为 15。所有的木质素微球都与小分子化学防晒剂间存在协同防晒作用。

Wu 等[33]首先对碱木质素（AL）进行分子活化和化学修饰两步处理，合成得到具有广谱紫外吸收特性的活性分子 AL-UV0，再将 AL-UV0 溶于氢氧化钠溶液中，通过缓慢滴加丙酮诱导木质素反相自组装，得到表面疏水的反相木质素纳米微球 LRCS。在空白霜体中添加 10%（质量分数）的 LRCS，其 SPF 值达到 56.14，远高于同等添加量的 AL 和 AL-UV0，完全可以满足人们日常防晒需求。采用紫外光谱（UV）对 LRCS 的形成过程进行监测，阐释紫外线防护增强机理。结果显示，随着不良溶剂的增加，木质素溶液的吸光度先增大后略有减小，且伴随着最大吸收波长红移。自组装过程中，包括苯环、二苯甲酮在内的疏水性结构更多暴露出来，逐渐分布在分子团簇及最终的微球表面，可以更充分地吸收紫外线；吸收峰红移主要是因为芳环单元间的 π-π 堆积导致的共轭效应增强。抗氧化性测试结果表明，LRCS 的自由基清除能力优于 AL，且可以通过增加用量进一步提高，具有剂量依赖性。毒性试验表明，木质素反相胶束 LRCS 具有良好的生物相容性，当样品浓度达到 1.0mg/mL 时，其细胞活性保持在 72%。

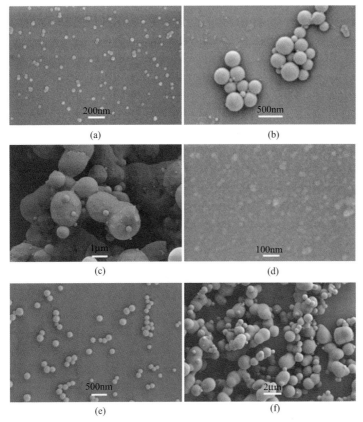

图4-19　酶解木质素微球[（a）～（c）]和乙酰化酶解木质素[（d）～（f）]微球的扫描电镜图

三、木质素/有机复合防晒剂

　　常用的化学防晒霜具有质地轻盈、不易堵塞毛孔的优势，其中化学防晒剂的含量通常高于 25%[34]。然而常用的化学防晒剂如 UVB 型防晒剂甲氧基肉桂酸辛酯（OMC）和 UVA 型防晒剂阿伏苯宗（BMDM）等，活性分子光稳定性差，经紫外线辐射后易产生对人体有害的自由基；此外，这些小分子容易渗入皮肤并与核酸、脂质和蛋白质结合，影响信号转导途径和基因表达。针对此类问题，研究人员曾用可生物降解聚合物作为化学防晒成分的载体，包裹化学防晒活性成分，但可生物降解聚合物载体的紫外吸收作用弱，仅可作为活性成分的控制释放载体，对提高防晒性能以及防晒剂的稳定性存在局限性。

　　笔者团队近年来以酶解木质素（EHL）为壁材，以化学防晒剂甲氧基肉桂酸辛酯（OMC）和阿伏苯宗（BMDM）为芯材，采用超声空化技术一步制备复合微胶囊[35]。研究发现，微胶囊可在室温下储存 12 个月以上而不发生泄漏；红外光谱测试结果表明，EHL 对化学防晒剂的结构具有保护作用，其防晒性能并未受到超声空化作用的影响；表面活性剂聚山梨酯 80（Tween80）和烷基多苷（APG）可提高 EHL 在水溶液中的分散程度并降低水油界面张力，使微胶囊粒径减小至100 ～ 150nm。体外防晒性能测试结果如图 4-20 所示，当包封了两种化学防晒剂的微胶囊掺量为 10% 时，防晒霜的 SPF 值高达 408；与游离的化学防晒剂相比，防晒指数（SPF）提高了 153%，这归功于微胶囊的纳米散射效应以及 EHL 与化学防晒剂的协同作用；由于木质素的抗光解保护，在高强度紫外线照射下，添加纳米微胶囊防晒霜的防晒性能至少可以维持 8h，且胶囊中的化学防晒剂并未出现明显的泄漏和皮肤渗透现象；细胞毒性测试结果表明，该微胶囊具有良好的生物相容性，当浓度高达 1.0mg/mL 时，其细胞活性仍可维持在 80% 左右。

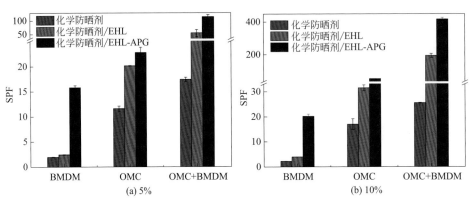

图4-20　游离化学防晒剂、化学防晒剂/EHL胶囊在不同掺量下对应的霜体的SPF值

普通木质素磺酸盐（LS）具有紫外防护能力且与化学防晒剂具有协同作用，但与霜体的相容性差，霜体中 LS 添加量超过 10% 时，防晒性能不仅不会提升，还会导致霜体破乳。李莹[36]将 LS 作为壁材，采用超声包埋化学防晒剂制备复合微胶囊。按照一定质量比称取 OMC 和一定浓度的 LS 水溶液，采用超声细胞破碎仪，将两相混合物按照一定超声条件处理后即得到复合微胶囊乳液。将其与 EHL 基复合微胶囊的性能进行对比，探索了木质素种类对微胶囊性能的影响。最优制备工艺条件为 LS 超声 3min，与化学防晒剂的质量比为 2:1，LS 浓度 3%，超声功率 600W，表面活性剂浓度 2%。研究发现，超声空化制备的 LS 复合微胶囊可在室温下储存 12 个月以上而不发生泄漏。红外光谱测试结果表明，LS 对化学防晒剂的结构具有保护作用。表面活性剂有助于使微胶囊的粒径减小为200 ～ 250nm，同时增加囊壁 LS 的含量，增强胶囊的防晒性能。体外防晒性能

测试结果显示，同时包封两种防晒剂的微胶囊掺量为 10% 时，防晒霜的 SPF 值高达 324，与游离化学防晒剂相比，防晒指数（SPF）提高了 119%；同时，添加了微胶囊的防晒霜防晒性能至少可以维持 4h。综合比较两种木质素原料制备的微胶囊的各种性能，EHL 在 Tween80 存在时具有更高的分散程度，因此 OMC/EHL-Tween80 胶囊的粒径更小，稳定性更优。EHL 的酚羟基高于 LS，因此 EHL 基微胶囊的防晒性能、自由基清除能力、光稳定性优势更明显。

木质素可以有效吸收 UVB 波段的紫外线，但对具有强穿透力、累积性伤害的 UVA 波段紫外线的吸收较为薄弱。Wu 等[33]采用碘环己烷对碱木质素（AL）进行脱甲基化，改性后木质素的酚羟基含量从 2.5mmol/g 提高至 3.7mmol/g。随后将 UVA 型小分子二苯甲酮（UV-0）通过点击化学反应引入木质素骨架中，得到一系列木质素广谱防晒剂产品。其中，防晒剂产品 AL-UV0$_3$ 表现出最强的广谱紫外线吸收能力，临界波长为 375nm，UVA/UVB 比值达到 0.84。光稳定测试结果表明，由于木质素三维网状结构的保护，AL-UV0$_3$ 表现出良好的光稳定性。在空白霜体中掺入 10%（质量分数）的 AL-UV0$_3$ 制备木质素基防晒霜，其 SPF 值可以达到 22.81。AL-UV0$_3$ 表现出比 AL 更强的自由基清除能力，这是因为第二步改性消耗的酚羟基由第一步脱甲基反应得到，改性后的 AL-UV0$_3$ 中酚羟基含量仍高于 AL。

四、木质素/无机复合防晒剂

包括 TiO$_2$、ZnO 在内的物理防晒剂因防晒波段广、光稳定性良好以及不易产生过敏反应而备受青睐。然而，除了抗紫外的特性外，这些无机防晒颗粒还具有紫外线催化性能，在阳光照射下可产生超氧自由基（·O^{2-}）、羟基自由基（·OH）以及其他活性氧（ROS）等活性物质，这些具有细胞毒性和基因毒性的活性氧会与皮肤表面的蛋白质、DNA 等生物分子发生反应，造成酶失活、癌变和生物分子失活等健康损伤。利用木质素包覆无机颗粒，既能提高其分散性、屏蔽其紫外线催化效果，也能进一步强化二者的紫外线防护性能。

Yu 等[37]使用一步水热法将木质素磺酸（LS）包覆在金红石型 TiO$_2$ 表面，得到木质素磺酸改性 TiO$_2$ 颗粒（LS@TiO$_2$）。结果显示，LS 与 TiO$_2$ 发生酯化反应，LS@TiO$_2$ 颗粒的平均粒径为 118.8nm，表面包覆的 LS 厚度为 13.3nm，含量为 3.4%（质量分数）。LS@TiO$_2$ 的紫外防护性能相比 TiO$_2$ 有明显提升，且随着 LS 相对含量增加持续提升。将制备的 LS@TiO$_2$ 作为唯一防晒活性成分配制防晒霜，LS 含量为 6.0%（质量分数）的 LS@TiO$_2$-1M 在 10%（质量分数）掺量下，SPF 值可以达到 50 以上，远高于添加同等 TiO$_2$ 防晒霜的 SPF 值。进一步通过原子力显微镜（AFM）、紫外-可见光谱（UV-Vis）、电子自旋共振（ESR）和接触角测试等手段揭示了 LS@TiO₂ 紫外防护性能提升的协同机理，如图 4-21 所示。一方面，LS 与 TiO₂ 之间以酯键连接，有利于电子转移，促使形成更多的共轭结构，强化紫外线吸收能力；另一方面，LS 包覆改性的 TiO₂ 表面粗糙度显著增加，散射、反射能力增强。在此基础上，笔者采用非水溶性的碱木质素（AL）、有机溶剂型木质素（OL）和酶解木质素（EHL）改性 TiO₂，制备得到一系列木质素改性 TiO₂ 纳米复合颗粒。其中，OL@TiO₂ 具有最佳的紫外防护性能，添加量为 10% 和 20% 时防晒霜的 SPF 值分别达到 43.88 和 72.83，是同等添加量下 TiO₂ 防晒霜的两倍[38]。

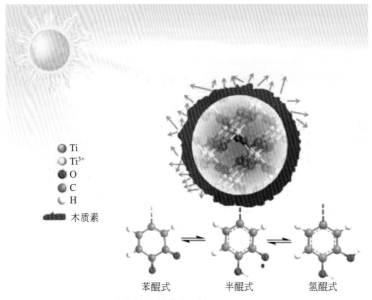

图4-21 LS@TiO₂抗紫外线性能提升机理图

木质素本身颜色深、易团聚，而 TiO₂ 白度高、具有较好的紫外防护性能。将木质素自组装为规整球形后，再包覆 TiO₂ 制备核壳结构的球形复合材料，可以改善木质素团聚现象。基于此，笔者团队[39]使用 Stober 法在木质素胶体球上均匀包覆 TiO₂，制备具有核壳结构的二氧化钛/木质素球基复合材料 TiO₂@ALS。制备得到的球基复合材料颜色浅、结构完整，紫外防护性能优于纯木质素胶体球，表明 TiO₂ 壳层在遮蔽木质素颜色的同时能提升其紫外防护性能。将 TiO₂@ALS 在空气氛围中 450℃煅烧，煅烧后的产物 TiO₂@ALS-air 仍然保持较好的球形形貌；TiO₂@ALS 的 TiO₂ 含量为 14.9%，煅烧产物中 TiO₂ 含量为 94.8%，表明经空气煅烧后的产物基本为 TiO₂ 空心球结构；TiO₂@ALS-air 表面 TiO₂ 与剩余的少部分"核材料"木质素碳相掺杂，形成了 C 原子与 Ti 原子的连接。

煅烧产物的紫外防护性能明显下降，掺有 TiO_2@ALS-air 霜体的 SPF 值仅有 2.84。这是因为煅烧产物中木质素官能团基本消失，残余木质素碳紫外防护功能薄弱；此外，球基材料经煅烧后亲水性下降、部分团聚，紫外防护能力下降。

Li 等[40]以十二烷基苯磺酸钠（SDBS）为结构导向剂，利用具有两亲性的季铵化改性木质素（AML-50）与 TiO_2 纳米颗粒在乙醇／水的混合溶剂中自组装，制备得到浅色的 LCS@TiO_2 复合微球。通过改变 SDBS/AML-50 复合物与 TiO_2 的质量比，得到不同木质素负载量的复合微球。与单独的 TiO_2 纳米颗粒相比，LCS@TiO_2 的疏水性增大，与霜体的相容性提高，紫外防护性能优于单独使用木质素或 TiO_2，不同 TiO_2 和 LCS@TiO_2 掺量防晒霜的 SPF 值如图 4-22 所示。添加 20% LCS@TiO_2 的防晒霜 SPF 值达到 62.14，优于市售 SPF50 防晒霜。更重要的是，LCS@TiO_2 中的木质素可以有效捕捉 TiO_2 在光照条件下产生的自由基，减少 TiO_2 对皮肤的伤害。

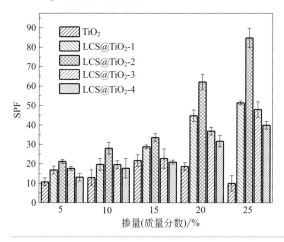

图4-22
不同TiO₂和LCS@TiO₂掺量防晒霜的SPF值

第五节
木质素基抗氧化材料

抗氧剂是一类有效延缓或抑制氧化反应的物质。按照来源可分为人工合成抗氧剂和天然抗氧剂。由于合成抗氧化剂具有各种各样潜在的副作用以及对人体酶系统有毒害作用，安全无毒的天然抗氧化剂正在受到越来越多的重视和关注。

天然抗氧化剂主要是指从动植物或其代谢产物中提取的活性物质，具有天然、高效、安全等优点。常见的天然抗氧化剂包括：香辛料提取物、多酚类化合物、黄酮类化合物、维生素及其衍生物、类胡萝卜素等。目前已知的天然抗氧化剂存在原料及生产工艺成本高、产量低等问题。因此，寻找低成本的天然抗氧化剂资源、开发和优化天然抗氧化剂生产工艺、降低天然抗氧化剂成本，是提高天然抗氧化剂市场竞争力的重要途径。已有多项研究证明木质素具有良好的自由基清除性能，是极具应用潜力的天然抗氧化剂。

影响木质素抗氧化性强弱的因素繁多，包括提取溶剂类型、提取方法与条件、分子量、官能团含量、改性技术等[41-43]。酚型结构能够使木质素捕获固体或液体介质中的自由基，从而防止聚合物和生物分子氧化降解。酚含量是木质素样品抗氧化能力的重要因素[44]。IC50 为半数抑制率浓度，即自由基清除率为50% 时自由基清除剂的浓度，是评价自由基清除剂性能的常用指标，该值越小，表示自由基清除剂的清除效果越好。

如何提高木质素抗氧化性能是研究重点之一。笔者团队将乙醇水溶液提取得到的马尾松木质素与槲皮素物理复配，测试木质素/槲皮素二者不同复配比例的抗氧化效果[45]。研究发现，低浓度下木质素/槲皮素可以发生协同抗氧化作用，最佳复配质量比为4:1。酸、碱、紫外线辐照等环境刺激对木质素/槲皮素混合物的抗氧化性能均有影响，其中又以紫外线辐照的影响最大，但是二者的复配可以延缓被紫外线氧化的程度。利用核磁、紫外-可见分光光度法、荧光等方法初步揭示木质素与槲皮素协同抗氧化作用机理。小分子槲皮素与木质素复合，减弱了木质素的聚集，增大了木质素酚羟基与活性自由基的接触效率，同时木质素紫外防护特性降低了槲皮素的光降解速度，延长了槲皮素的抗紫外氧化效果。

与普通木质素相比，纳米木质素能够克服普通木质素的结构不均匀性，具有更高附加值。研究表明，纳米木质素的抗氧化性能强于木质素原料[46-48]。作为一种植物多酚和具有紫外线吸收特性的天然高分子，木质素基天然抗氧化剂在日用化妆品[49-52]、食品医药[53-56]、涂料[57-59]等方面的应用获得了广泛关注。

在农药制剂领域，传统农药活性成分的光解、水解以及微生物活动等是造成药物施用损失的主要原因。微胶囊农药制剂相比传统剂型能够减缓药物释放速度而延长持效期，保护农药免受环境影响造成浪费，有效提高农药的性能水平，降低对环境和人类的潜在风险等。将天然木质素开发为农药微胶囊的壁材，其优异的抗紫外、抗氧化性能可以有效避免农药被氧化，提高农药的光稳定性。笔者团队的谭善元[56]以工业碱木质素（AL）为壁材，农药咪鲜胺（P）为芯材，采用超声空化技术制备咪鲜胺/木质素微胶囊（AL-P）。红外光谱测试表明，咪鲜胺的结构在超声前后未发生变化，AL-P 的谱图中有木质素特征峰，说明 AL 成功包埋了咪鲜胺。在紫外线照射 60h 后，AL-P 中咪鲜胺剩余量为 87.6%，光解量仅为同时长辐射后咪鲜胺原药的 1/4，表明木质素对咪鲜胺起到明显保护作用。

除了能够起到紫外防护作用外，木质素还可以及时清除光辐射引起的有害自由基，抑制自由基引发的光降解氧化反应，提高农药的抗光解性。

在涂层领域，加入抗氧剂，可以提高涂层的光稳定性。相比于商业抗氧剂，木质素类易于改性，迁移性低，且具有吸收紫外线作用，可以大大提升材料的抗紫外老化性能。虽然木质素酚羟基具有优异的抗氧化性能，但因为木质素分子易团聚导致自由基清除能力无法完全发挥出来。笔者团队[57]通过自组装技术将有机溶剂型木质素（OL）制备成尺寸为100nm的表面亲水的纳米微球（OLCS），增大木质素表面的有效酚羟基含量。相比于0.3%（质量分数）掺量的商业抗氧剂1010，0.3%（质量分数）的OLCS添加入木器清漆后即可将清漆的抗氧效果提高68.9%，相比原清漆的抗氧效果提高了83.7%。选取最接近木器的松木实木板为样板，测试涂有原清漆、OL-清漆、OLCS-清漆和商业抗氧剂清漆时松木板的抗紫外老化情况，并通过不同紫外老化时间的色差（ΔE）表征清漆延缓木器老化的性能，ΔE越负，表明其变黄程度越大，老化速度越快。如图4-23所示，紫外线辐照100h后，未涂清漆的ΔE达到-78，而涂有OL-清漆的木板ΔE只有轻微下降，OLCS-清漆的ΔE变化曲线则更加平稳，说明木质素清漆具有良好的延缓木器老化的效果，木质素纳米微球的效果更优。此外，添加少量（1%）木质素及其纳米微球对清漆的硬度、黏附力和外观没有明显影响。

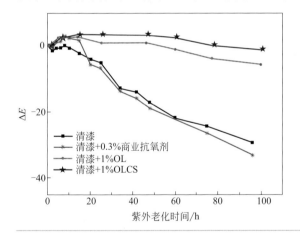

图4-23
含OL、OLCS、商业抗氧剂的清漆及原清漆中纤板的色差-紫外老化时间图

笔者团队[58]还合成了一种木质素基聚脲微胶囊，可用于制备自修复聚脲涂层。首先将木质素磺酸钠（NaLS）直接溶解于超纯水中作为水相，以多亚甲基多苯基多异氰酸酯（PMDI）和异佛尔酮二异氰酸酯（IPDI）两种异氰酸酯组分作为油相。在高速剪切的条件下，NaLS会和油相形成水包油型乳液，在分离的过程中，NaLS与反应活性高的PMDI异氰酸酯组分反应生成聚脲作为微胶囊的壁材，而低反应活性的IPDI则被包裹在其中作为愈合剂。利用该微胶囊表面的

羟基继续与六亚甲基二异氰酸酯（HDI）、胺组分反应形成自愈合聚脲涂层，制备过程如图4-24所示。结果表明，自愈合聚脲涂层具有快速愈合性能和良好的防腐性能。紫外线照射后的所有涂层均有不同程度的颜色变化，其中，自修复聚脲涂层的颜色变化小于纯聚脲涂层的颜色变化，在照射200h后，自愈合聚脲涂层的颜色变化趋于平稳，而纯聚脲涂层的颜色不断加深。在照射时间达到400h时，7%和14%微胶囊掺量的自愈合聚脲涂层的ΔE分为 -30.19 和 -30.13，而纯聚脲涂层的ΔE为 -42.71。纯聚脲涂层的断裂拉伸强度为25MPa，断裂伸长率为941%。当加入7%和14%木质素磺酸钠微胶囊时，断裂拉伸强度增加至31.3MPa和35.4MPa，而断裂伸长率分别降至586%和579%。紫外线照射200h后，纯聚脲涂层的力学性能几乎不存在，而含有7%木质素磺酸钠微胶囊的自愈合聚脲涂层的断裂拉伸强度和断裂伸长率保持在其原始值的30%～40%，含有14%木质素磺酸钠微胶囊的自愈合聚脲涂层的断裂拉伸强度和断裂伸长率则可以保持在40%和50%。此外，经过了200h紫外线照射后，纯聚脲涂层的表面粗糙度从25nm增加到33nm，而自愈合聚脲涂层的表面粗糙度仅从24nm增加到29nm。因此，木质素磺酸钠微胶囊的引入在一定程度上能够延缓聚脲涂层因紫外线照射引起的老化过程。

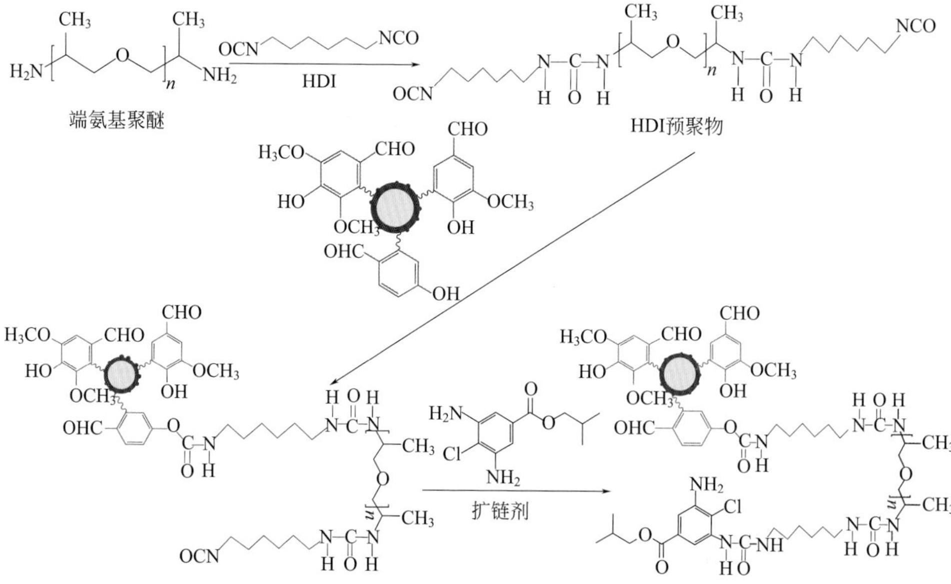

图4-24　自愈合聚脲涂层的制备过程

李岚[59]进一步采用磷酸化改性木质素／二氧化硅复合纳米颗粒（PAL/SiO₂）包埋IPDI制备微胶囊（PAL/SiO₂-IPDI），并将其添加到环氧树脂中得到自愈合环氧树脂涂层。结果表明，添加 PAL/SiO$_2$-IPDI 微胶囊的环氧树脂涂层在划破后能够快速愈合，显著降低基体的腐蚀电流和腐蚀速率。环氧树脂涂层紫外老化测试结果显示：紫外线照射 400h 后，纯环氧树脂的弹性模量从 4.5GPa 下降到 3.9GPa；而掺有 PAL/SiO$_2$ 的涂层变化更小，其弹性模量从 4.8GPa 下降到 4.4GPa 左右，降幅约为 8%。

随着人们对绿色、安全和无毒的要求越来越重视，许多人工合成的无机／有机纳米抗菌剂的应用也越来越受到限制。木质素因其丰富的多酚结构而具有天然的抗菌和抗病毒性能，且其具有良好的生物相容性、天然的抗紫外和抗氧化性能，近年来还被开发为抗菌材料在食品包装、化妆品和医药等方面应用，相关研究进展可参考最近的文献报道[60-79]。

参考文献

[1] Melro E, Alves L, Antunes F E, et al. A brief overview on lignin dissolution [J]. Journal of Molecular Liquids, 2018, 265: 578-584.

[2] Deng Y, Zhao H, Qian Y, et al.Hollow lignin azo colloids encapsulated avermectin with high anti-photolysis and controlled release performance [J]. Industrial Crops and Products, 2016, 87: 191-197.

[3] Lievonen M, Valle-Delgado J J, Mattinen M L, et al. A simple process for lignin nanoparticle preparation[J]. Green Chemistry. 2016,18(5): 1416-1422.

[4] Qian Y, Qiu X, Zhong X, et al. Lignin reverse micelles for UV-absorbing and high mechanical performance thermoplastics [J]. Industrial & Engineering Chemistry Research, 2015, 54(48): 12025-12030.

[5] Li H, Deng Y, Liu B, et al. Preparation of nanocapsules via the self-assembly of kraft lignin: A totally green process with renewable resources [J]. ACS Sustainable Chemistry & Engineering, 2016, 4(4): 1946-1953.

[6] 钱勇 . 木质素两亲聚合物的微结构及聚集体调控 [D]. 广州：华南理工大学，2014.

[7] 李浩 . 分子间相互作用对木质素两亲聚合物微结构的影响及纳米微球的制备 [D]. 广州：华南理工大学，2015.

[8] 汤潜潜 . 木质素磺酸盐的浓溶液行为研究及纳米木质素微球的制备 [D]. 广州：华南理工大学，2015.

[9] Gupta A K, Mohanty S, Nayak S K. Synthesis, characterization and application of lignin nanoparticles (LNPs) [J]. Mater Focus, 2015, 3(6): 444-454.

[10] Gilca I A, Popa V I, Crestini C. Obtaining lignin nanoparticles by sonication [J]. Ultrasonics Sonochemistry, 2015, 23: 369-375.

[11] Figueiredo P, Ferro C, Kemell M, et al. Functionalization of carboxylated lignin nanoparticles for targeted and pH-responsive delivery of anticancer drugs [J]. Nanomedicine, 2017, 12(21): 2581-2596.

[12] 李圆圆 . 两性木质素的自组装特性及其作为功能性材料的性能研究 [D]. 广州：华南理工大学，2018.

[13] Figueiredo P, Lintinen K, Kiriazis A, et al. In vitro evaluation of biodegradable lignin-based nanoparticles for drug delivery and enhanced antiproliferation effect in cancer cells[J]. Biomaterials, 2017, 121: 97-108.

[14] Sipponen M H, Lange H, Crestini C, et al. Lignin for nano- and microscaled carrier systems: Applications,

trends, and challenges [J]. ChemSusChem, 2019, 12(10): 2038.

[15] 邱学青，邓永红，钱勇，等. 一种乙酰化木质素两亲聚合物纳米胶体球及其制备方法：ZL201310150178. X[P]. 2014-09-10.

[16] 王文利. 木质素基阴 - 阳离子表面活性剂的研制及在农药水悬浮剂中的应用 [D]. 广州：华南理工大学，2015.

[17] 杨友强. pH 响应聚合物及其胶束给药系统：制备和结构性能关系 [D]. 广州：华南理工大学，2012.

[18] Dai L, Liu R, Hu L, et al. Lignin nanoparticle as a novel green carrier for the efficient delivery of resveratrol [J]. ACS Sustainable Chemistry & Engineering, 2017, 5(9): 8241-8249.

[19] Yiamsawas D, Beckers S J, Lu H , et al. Morphology-controlled synthesis of lignin nanocarriers for drug delivery and carbon materials [J]. ACS Biomaterials Science & Engineering, 2017, 3(10): 2375-2383.

[20] Chen N, Dempere L A, Tong Z. Synthesis of pH-responsive lignin-based nanocapsules for controlled release of hydrophobic molecules [J]. ACS Sustainable Chemistry & Engineering, 2016, 4(10): 5204-5211.

[21] Chen L, Zhou X, Shi Y, et al. Green synthesis of lignin nanoparticle in aqueous hydrotropic solution toward broadening the window for its processing and application [J]. Chemical Engineering Journal, 2018, 346: 217-225.

[22] Richter A P, Brown J S, Bharti B, et al. An environmentally benign antimicrobial nanoparticle based on a silver-infused lignin core [J]. Nature Nanotechnology, 2015, 10(9): 817-823.

[23] Yang W, Fortunati E, Bertoglio F, et al. Polyvinyl alcohol/chitosan hydrogels with enhanced antioxidant and antibacterial properties induced by lignin nanoparticles [J]. Carbohydrate Polymers, 2018, 181: 275-284.

[24] Qian Y, Qiu X, Zhu S. Lignin: A nature-inspired sun blocker for broad-spectrum sunscreens [J]. Green Chemistry, 2014, 17(1): 320-324.

[25] Qian Y, Qiu X, Zhu S. Sunscreen performance of lignin from different technical resources and their general synergistic effect with synthetic sunscreens [J]. ACS Sustainable Chemistry & Engineering, 2016, 4(7): 4029-4035.

[26] Zhang H, Chen F, Liu X, et al. Micromorphology influence on the color performance of lignin and its application in guiding the preparation of light-colored lignin sunscreen [J]. ACS Sustainable Chemistry Engineering, 2018, 6(9): 12532-12540.

[27] Zhang H, Liu X, Fu S, et al. High-value utilization of kraft lignin: Color reduction and evaluation as sunscreen ingredient [J]. International Journal of Biological Macromolecules, 2019, 133: 86-92.

[28] Lee S C, Tran T M T, Cho J W, et al. Lignin for white natural sunscreens [J]. International Journal of Biological Macromolecules, 2019, 122: 549-554.

[29] Li S, Li M, Bian J, et al. Preparation of organic acid lignin submicrometer particle as a natural broad-spectrum photo-protection agent [J]. International Journal of Biological Macromolecules, 2019, 132: 836-843.

[30] Zhou Y, Li G, Han Y, et al. Research progress of preparation and performance of lignin nanoparticals [J].China Wood Industry, 2019, 33(4): 27-31.

[31] Xiong F, Wang H, Han Y, et al. Progress of preparation and application of lignin micro/nano-spheres [J]. Scientia Silvae Sinicae, 2019, 55(8): 171-175.

[32] Qian Y, Zhong X W, Li Y, et al. Fabrication of uniform lignin colloidal spheres for developing natural broad-spectrum sunscreens with high sun protection factor [J]. Industrial Crops and Products, 2017, 101: 54-60.

[33] Wu Y, Qian Y, Lou H, et al. Enhancing the broad-spectrum adsorption of lignin through methoxyl activation, grafting modification and reverse self-assembly [J]. ACS Sustainable Chemistry & Engineering, 2019, 7(19): 15966-15973.

[34] Laszlo J A, Compton D L, Eller F J, et al. Packed-bed bioreactor synthesis of feruloylated monoacyl-and

diacylglycerols: Clean production of a "green" sunscreen [J]. Green Chemistry, 2003, 5(4): 382-386.

[35] Qiu X, Li Y, Qian Y, et al. Long-acting and safe sunscreens with ultrahigh sun protection factor via natural lignin encapsulation and Synergy [J]. ACS Applied Bio Materials, 2018, 1(5): 1276-1285.

[36] 李莹. 木质素 / 化学防晒剂复合微胶囊的木质素基胶束制备高效构建及应用探索 [D]. 广州：华南理工大学，2018.

[37] Yu J, Li L, Qian Y, et al. Facile and green preparation of high UV-blocking lignin/titanium dioxide nanocomposites for developing natural sunscreens [J]. Industrial & Engineering Chemistry Research, 2018, 57(46): 15740-15748.

[38] 余爵，王显华，余佩敏，等. 木质素 /TiO₂ 复合纳米颗粒的制备及其防晒应用 [J]. 精细化工，2019.

[39] 余爵. 木质素 / 二氧化钛复合纳米颗粒的制备及其紫外防护性能研究 [D]. 广州：华南理工大学，2019.

[40] Li Y, Yang D, Lu S, et al. Encapsulating TiO₂ in lignin-based colloidal spheres for high sunscreen performance and weak photocatalytic activity [J]. ACS Sustainable Chemistry & Engineering, 2019, 7(6): 6234-6242.

[41] Dizhbite T, Telysheva G, Jurkjane V, et al. Characterization of the radical scavenging activity of lignins-natural antioxidants [J]. Bioresource Technology, 2004, 95(3): 309-317.

[42] Ponomarenko J, Lauberts M, Dizhbite T, et al. Antioxidant activity of various lignins and, lignin-related phenylpropanoid units with high and low molecular weight [J].Holzforschung, 2015, 69(6): 795-805.

[43] 张莹. 造纸黑液中木质素的提取及抗氧化性研究 [D]. 上海：复旦大学，2009.

[44] 张红雨，陈德展. 酚类抗氧化剂清除自由基活性的理论表征与应用 [J]. 生物物理学报，2000, 16(1): 1-9.

[45] Liu D, Li Y, Qian Y, et al. Synergistic antioxidant performance of lignin and quercetin mixtures [J]. ACS Sustainable Chemistry & Engineering, 2017, 5(9): 8424-8428.

[46] 钟晓雯. 木质素基胶束制备及其高效紫外防护应用研究 [D]. 广州：华南理工大学，2017.

[47] Zhang X, Yang M, Yuan Q, et al. Controlled preparation of corncob lignin nanoparticles and their size-dependent antioxidant properties: Toward high value utilization of lignin [J]. ACS Sustainable Chemistry & Engineering, 2019, 7(20): 17166-17174.

[48] Yearla S R, Padmasree K. Preparation and characterisation of lignin nanoparticles: Evaluation of their potential as antioxidants and UV protectants [J]. Journal of Experimental Nanoscience, 2016, 11(4): 289-302.

[49] Ugartondo V, Mitjans M, Vinardell M P. Comparative antioxidant and cytotoxic effects of lignins from different sources [J]. Bioresource Technology, 2008, 99(14): 6683-6687.

[50] Kaur R, Thakur N S, Chandna S, et al. Development of agri-biomass based lignin derived zinc oxide nanocomposites as promising UV protectant-cum-antimicrobial agents [J]. Journal of Materials Chemistry B, 2020, 8(2): 260-267.

[51] Gordobil O, Olaizola P, Banales J M, et al. Lignins from agroindustrial by-products as natural ingredients for cosmetics: Chemical structure and in vitro sunscreen and cytotoxic activities [J]. Molecules, 2020, 25(5): 1131.

[52] Trevisan H, Rezende C A. Pure, stable and highly antioxidant lignin nanoparticles from elephant grass [J]. Industrial Crops & Products, 2020, 145: 112105.

[53] Espinoza Acosta J L, Torres-Chavez P I, Ramirez-Wong B, et al. Mechanical, thermal, and antioxidant properties of composite films prepared from durum wheat starch and lignin [J]. Starch-Starke, 2015, 67(5-6): 502-511.

[54] Kai D, Zhang K, Jiang L, et al. Sustainable and antioxidant lignin-polyester copolymers and nanofibers for potential healthcare applications [J]. ACS Sustainable Chemistry & Engineering, 2017, 5(7): 6016-6025.

[55] Kai D, Ren W, Tian L, et al. Engineering poly(lactide)-lignin nanofibers with antioxidant activity for biomedical application [J]. ACS Sustainable Chemistry & Engineering, 2016, 4(10): 5268-5276.

[56] 谭善元 . 超声空化法制备咪鲜胺 / 木质素微胶囊及其应用性能研究 [D]. 广州：华南理工大学，2019.

[57] Tan S, Liu D, Qian Y, et al. Towards better UV-blocking and antioxidant performance of varnish via additives based on lignin and its colloids [J].Holzforschung, 2019, 73(5): 485-491.

[58] Qian Y, Zhou Y, Li L, et al. Facile preparation of active lignin capsules for developing self-healing and UV-blocking polyurea coatings [J]. Progress in Organic Coatings, 2020, 138: 105354.

[59] 李岚 . 木质素胶囊型自愈合涂层的制备及应用研究 [D]. 广州 : 华南理工大学 , 2019.

[60] Yang W, Fortunati E, Dominici F, et al. Effect of cellulose and lignin on disintegration, antimicrobial and antioxidant properties of PLA active films [J]. International Journal of Biological Macromolecules, 2016, 89: 360-368.

[61] Yang W, Fortunati E, Dominici F, et al. Synergic effect of cellulose and lignin nanostructures in PLA based systems for food antibacterial packaging [J]. European Polymer Journal, 2016, 79: 1-12.

[62] Yang W, Fortunati E, Gao D, et al. Valorization of acid isolated high yield lignin nanoparticles as innovative antioxidant/antimicrobial organic materials [J]. ACS Sustainable Chemistry & Engineering, 2018, 6(3): 3502-3514.

[63] Domínguez-Robles J, Larrañeta E, Fong M L, et al. Lignin/poly(butylene succinate) composites with antioxidant and antibacterial properties for potential biomedical applications [J]. International Journal of Biological Macromolecules, 2020, 145: 92-99.

[64] El-Nemr K F, Mohamed H R, Ali M A, et al. Polyvinyl alcohol/gelatin irradiated blends filled by lignin as green filler for antimicrobial packaging materials [J]. International Journal of Environmental Analytical Chemistry, 2019, 100(14):1-25.

[65] Sunthornvarabhas J, Liengprayoon S, Suwonsichon T. Antimicrobial kinetic activities of lignin from sugarcane bagasse for textile product [J]. Industrial Crops and Products, 2017, 109: 857-861.

[66] Kaur R, Uppal S K, Sharma P. Antioxidant and antibacterial activities of sugarcane bagasse lignin and chemically modified lignins [J]. Sugar Technology, 2017, 19(6): 675-680.

[67] Wang G, Xia Y, Liang B, et al. Successive ethanol-water fractionation of enzymatic hydrolysis lignin to concentrate its antimicrobial activity [J]. Journal of Chemical Technology & Biotechnology, 2018, 93(10): 2977-2987.

[68] Marulasiddeshwara M B, Dakshayani S S, Kumar M N S, et al. Facile-one pot-green synthesis, antibacterial, antifungal, antioxidant and antiplatelet activities of lignin capped silver nanoparticles: A promising therapeutic agent [J]. Materials Science and Engineering: C, 2017, 81: 182-190.

[69] Shankar S, Rhim J W, Won K. Preparation of poly(lactide)/lignin/silver nanoparticles composite films with UV light barrier and antibacterial properties [J]. International Journal of Biological Macromolecules, 2018, 107: 1724-1731.

[70] Li M, Jiang X, Wang D, et al. In situ reduction of silver nanoparticles in the lignin basedhydrogel for enhanced antibacterial application [J]. Colloids and Surfaces B: Biointerfaces, 2019, 177: 370-376.

[71] Xiao D, Ding W, Zhang J, et al. Fabrication of a versatile lignin-based nano-trap forheavy metal ion capture and bacterial inhibition[J]. Chemical Engineering Journal, 2019, 358: 310-320.

[72] Lintinen K, Luiro S, Figueiredo P, et al. Antimicrobial colloidal silver–lignin particles via ion and solvent exchange [J]. ACS Sustainable Chemistry & Engineering, 2019, 7(18): 15297-15303.

[73] Rocca D M, Vanegas J P, Fournier K, et al. Biocompatibility and photo-induced antibacterial activity of lignin-stabilized noble metal nanoparticles [J]. RSC advances, 2018, 8(70): 40454-40463.

[74] Sinisi V, Pelagatti P, Carcelli M, et al. A green approach to copper-containing pesticides: Antimicrobial and antifungal activity of brochantite supported on lignin for the development of biobased plant protection products [J]. ACS Sustainable Chemistry & Engineering, 2018, 7(3): 3213-3221.

[75] Klapiszewski Ł, Bula K, Dobrowolska A, et al. A high-density polyethylene container based on ZnO/lignin dual

fillers with potential antimicrobial activity [J]. Polymer Testing, 2019, 73: 51-59.

[76] Grossman A B, Rice K C, Vermerris W. Lignin solvated in zwitterionic good's buffers displays antibacterial synergy against staphylococcus aureus [J]. Journal of Applied Polymer Science, 2020: 49107.

[77] Yang W, Fortunati E, Bertoglio F, et al. Polyvinyl alcohol/chitosan hydrogels with enhanced antioxidant and antibacterial properties induced by lignin nanoparticles [J]. Carbohydrate polymers, 2018, 181: 275-284.

[78] Yang W, Owczarek J S, Fortunati E, et al. Antioxidant and antibacterial lignin nanoparticles in polyvinyl alcohol/chitosan films for active packaging [J]. Industrial Crops and Products, 2016, 94: 800-811.

[79] Zhang Y, Jiang M, Zhang Y, et al. Novel lignin-chitosan-PVA composite hydrogel for wound dressing [J]. Materials Science and Engineering: C, 2019, 104: 110002.

第五章
木质素基碳材料的制备及应用

木质素具有高碳氧比（C/O），含碳量超过 60%，是理想的碳材料前驱体。根据国际纯粹与应用化学联合会对活性炭孔的定义，直径小于 2nm 的孔为微孔，介于 2～50nm 之间的孔为介孔，大于 50nm 的孔为大孔。多孔碳的比表面积高，孔隙结构发达，由微孔（孔径＜2nm）、介孔（孔径 2～50nm）和大孔（孔径＞50nm）以不同比例构成。根据孔径分布的不同，木质素基多孔碳材料包括以微孔为主的木质素基活性炭，介孔为主的木质素基模板碳和具有微孔、介孔和大孔合理分布的木质素基分级多孔碳。制备木质素多孔活性炭的传统手段主要有物理活化和化学活化，主要以微孔结构为主且孔径不可调控。近年来，受传统铸造工艺的启发，研究人员开发了模板法以构筑尺寸可控和形貌规整的木质素基多孔碳材料。此外，为进一步调控木质素碳的形貌及结构特性以改善其在锂离子电池、超级电容器、催化剂载体、燃料电池等领域的应用性能，静电纺丝、水热和熔融盐等新技术应运而生，相关研究进展可参考最新的文献报道[1-39]。

本章详细介绍了笔者团队近年来在木质素碳制备机理、高比能木质素基碳储能材料和高性能木质素基碳催化剂等方面的相关研究进展以及当前研究中存在的关键问题，希望给予读者以木质素碳材料制备及应用研究方面的启发。

第一节
钾化合物活化制备木质素碳

在木质素碳的制备中，$ZnCl_2$、H_3PO_4、KOH 和 Na_2CO_3 等常作为活化剂使用。已有研究表明，以 $ZnCl_2$ 和 H_3PO_4 为活化剂时，在 600℃碳化温度下制得木质素碳材料的比表面积最高；当使用碱金属氢氧化物作为活化剂时，在 800℃碳化温度下木质素碳材料的比表面积最高，约为 2000m^2/g。碱金属化合物是常见的制备多孔碳的活化剂，其中以含钾化合物（KOH、K_2CO_3）的作用效果更为显著。但目前关于钾化合物活化制备木质素多孔碳材料的系统研究未见报道。

因此，笔者团队利用酶解木质素作为碳源，研究了 KOH、K_2CO_3、$K_2C_2O_4$ 和 K_3PO_4 四种钾化合物活化剂对木质素多孔碳材料制备的影响并揭示其活化机理，为实现工业木质素的高附加值转化利用提供基础[8, 40]。

一、木质素碳的制备

首先，将酶解木质素（EHL）与钾化合物活化剂按质量比 1:1 加入 100mL

去离子水中，常温搅拌 4h，放置于红外干燥箱中 80℃干燥 20min，研磨后均匀装载于瓷舟中，在水平管式炉中进行炭化。

炭化条件如下：炭化过程在高纯氮气氛围下进行。炭化温度从室温以升温速率 10℃/min 加热至 250℃并停留 30min；再以 10℃/min 加热至 700～900℃并停留 2h；待温度降至室温后取出。使用 1mol/L 稀盐酸洗涤除去木质素碳材料中无机矿物质，再用去离子水反复洗涤至 pH 呈中性。最后在 120℃下干燥 6h，并收集进行下一步表征。所得木质素多孔碳材料标记为 LPC-X-Y。其中，X 为 KOH、K_2CO_3、$K_2C_2O_4$ 和 K_3PO_4 活化剂；Y 为炭化温度，分别为 700℃、800℃和 900℃。

二、木质素碳的结构表征

为了研究钾化合物活化剂对酶解木质素碳材料微观结构的影响，对木质素碳材料进行了氮气吸附/脱附测试，不同炭化条件下制得纯酶解木质素基碳和酶解木质素基多孔碳的比表面积和孔结构参数见表 5-1。

表5-1　不同条件下所得LC和LPC的孔结构参数

样品名称	比表面积/（m^2/g）	总孔容/（cm^3/g）	微孔率/%
LC-700	2	—	—
LPC-$K_2C_2O_4$-700	678	0.21	91.28
LPC-K_2CO_3-700	1574	0.97	78.85
LPC-KOH-700	1236	0.53	65.41
LPC-K_3PO_4-700	76	—	—
LC-800	3	—	—
LPC-$K_2C_2O_4$-800	1336	0.70	77.43
LPC-K_2CO_3-800	1803	1.06	61.80
LPC-KOH-800	1562	0.84	64.20
LPC-K_3PO_4-800	128	0.31	60.07
LC-900	5	—	—
LPC-$K_2C_2O_4$-900	1816	1.09	45.76
LPC-K_2CO_3-900	2301	2.03	30.05
LPC-KOH-900	2026	1.59	33.40
LPC-K_3PO_4-900	477	0.57	73.16

如表 5-1 所示，除 LC 外，相同炭化温度下 K_2CO_3 活化制得 LPC 的比表面

积最高，KOH 次之，K_3PO_4 最小。随着温度升高，同一活化剂制得 LPC 的比表面积逐渐增大，900℃温度下 K_2CO_3 活化制得 LPC 的比表面积最高，为 2301m²/g。同一活化剂制得 LPC 的总孔容随着温度升高逐渐增加，相同炭化温度下 K_2CO_3 活化制得 LPC 的总孔容最大为 2.03cm³/g，与比表面积的变化规律一致。因此，四种钾化合物活化剂对 EHL 孔径结构的影响次序为：$K_2CO_3 > KOH > K_2C_2O_4 > K_3PO_4$，即 K_2CO_3 对 EHL 的活化作用最强。此外，除 K_3PO_4 之外，其余活化剂制得木质素碳材料的微孔率均随着温度的升高而减小，这可能是由于 K_3PO_4 在更高温度下（大于 1000℃）对 EHL 才有较好的活化促进作用。

采用 X 射线衍射技术和拉曼光谱仪对 LC 和 LPC 进行结晶度和石墨化程度表征。图 5-1 为不同炭化温度条件下制得 LPC 的 XRD 图谱和拉曼（Raman）光谱图。如图 5-1（a）所示，900℃下不同钾化合物活化后制得 LPC 在 2θ 为 26°和 44°处有相应的石墨衍射峰和金刚石衍射峰，其中 LPC-K_2CO_3-900 峰强显著高于其他 LPC。

拉曼光谱是研究碳材料结构的重要手段，D 峰、G 峰和 2D 峰是三个明显的特征峰。一般来说，将 D 峰与 G 峰强度的比值（I_D/I_G）用于表征碳材料石墨化程度的高低，比值越小表明石墨化程度越高。

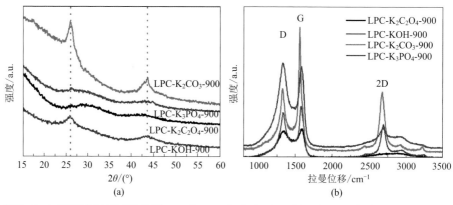

图5-1 不同温度下经活化所得LPC的XRD图谱（a）和拉曼光谱图（b）

不同钾化合物活化制得 LPC 的拉曼光谱图如图 5-1（b）所示。LPC 均显现出 D 峰、G 峰和 2D 峰，且 LPC-K_2CO_3-900 的强度更高。LC-900 的 G 峰并不尖锐，表明 K_2CO_3 显著促进了碳材料的石墨化。另外，K_2CO_3 活化制得 LPC 的 2D 峰明显突起，并且随着温度升高越来越尖锐，表明 K_2CO_3 在高温下对碳层起气相剥离作用形成了片层结构。LPC-K_2CO_3-900 的 I_D/I_G 值为 0.70。因此，K_2CO_3 有利于提高木质素碳材料的石墨化程度。

不同炭化温度条件下无活化剂及 900℃温度下 K_2CO_3 活化制得木质素碳材料的 SEM 图和 TEM 图见图 5-2。相同温度下未活化的 LC 呈紧密无孔结构〔图 5-2（a）～（c）〕。而 K_2CO_3 活化制得 LPC 具有较为发达的孔隙结构，表明 K_2CO_3 在木质素炭化过程中起"爆破"作用，促使结构排列并刻蚀造孔。此外，K_2CO_3 对木质素的过度活化可能引起微孔塌陷并不断扩大成为介孔直至大孔。

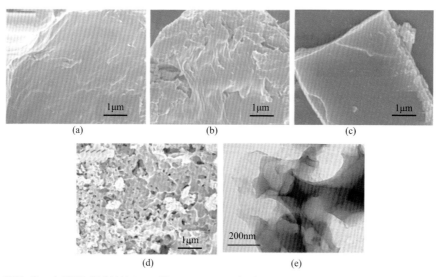

图5-2 木质素碳材料的SEM图和TEM图：（a）LC-700 SEM图；（b）LC-800 SEM图；（c）LC-900 SEM图；（d）LPC-K_2CO_3-900 SEM图；（e）LPC-K_2CO_3-900 TEM图

从 TEM 图中可进一步观察到 K_2CO_3 活化后的 LPC 为片层结构，片层随着炭化温度升高变薄并且片层的排列更为有序。图 5-3 为 LC-900 和 LPC-K_2CO_3-900 的高倍透射电镜（HR-TEM）图，LPC-K_2CO_3-900 在（002）晶面有明显的有序晶格排列，进一步证明 K_2CO_3 活化有利于提高 LPC 的石墨化程度。

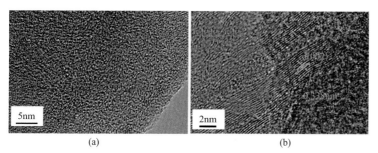

图5-3 木质素碳材料的HR-TEM图：（a）LC-900；（b）LPC-K_2CO_3-900

三、木质素炭化活化机理

四种钾化合物活化剂和 EHL 的一次微分热重曲线如图 5-4（a）所示。EHL 的分解温度范围较宽（200～600℃），是由于木质素具有复杂的支链结构，主失重峰位于 360℃处。K_2CO_3 的失重始于 900℃，分解为 K_2O 和 CO_2。$K_2C_2O_4$ 在约 600℃处出现第一个明显的失重峰，分解为 K_2CO_3 和 CO_2，在 900℃出现第二次分解。KOH 具有三个明显的失重峰，分别位于 240℃、720℃和 870℃，峰值随着热解温度的升高依次增加，在 870℃的失重最大。K_3PO_4 有且仅有一个主失重峰，并且初始的失重温度最低为 200℃。活化剂的分解温度与 LPC 的比表面积和石墨化程度的关系如图 5-4（b）所示。随着活化剂初始分解温度的升高，不同炭化温度下 LPC 的比表面积呈现先增加而后降低的趋势，表明初始分解温度约为 900℃的钾化合物活化剂制得的木质素多孔碳材料的比表面积较高。同时，在 900℃下不同钾化合物活化制得木质素多孔碳材料的 I_D/I_G 值随着初始分解温度的增加呈先减小后增加的趋势，表明初始分解温度为 900℃左右的钾化合物活化剂可提高木质素碳材料的石墨化程度。

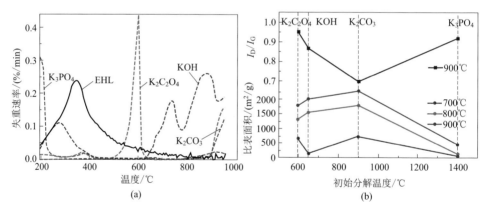

图5-4 （a）EHL及钾化合物活化剂在200～1000℃的一次微分热重曲线；（b）钾化合物活化剂初始分解温度与LPC的比表面积和I_D/I_G值的关系

通过钾化合物活化剂和 EHL 的理论微分热重曲线与实际微分热重曲线的差异来探究钾化合物活化剂对 EHL 的作用机理，如图 5-5 所示。

K_3PO_4 与 EHL 的实际失重速率的变化趋势与其他三种活化剂明显不同，大致可分为两个阶段。当热解温度低于 500℃时，主失重峰向低温移动，表明热解时易挥发组分在较低温度下分解，即 K_3PO_4 促进了木质素的低温热解过程。当热解温度高于 700℃时，实际失重峰的峰值略高于理论失重峰的峰值，而 K_3PO_4 和 EHL 无明显的失重行为，表明 K_3PO_4 与 EHL 发生了轻微的反应。因此，K_3PO_4

作用于 LPC 的孔结构，但由于反应较弱未能影响 LPC 的石墨化程度。

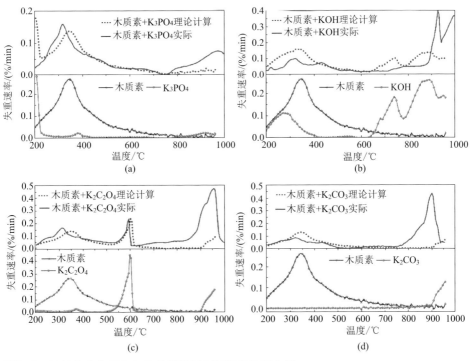

图5-5 钾盐化合物活化EHL的理论及实际微分热重曲线

当热解温度低于900℃时，KOH 与 EHL 的实际失重速率低于理论失重速率，表明 KOH 抑制了 EHL 的脱水反应和焦油的生成。此外，EHL 优异的耐火性，可能抑制了 KOH 的分解和挥发，使得 KOH 不仅作为活化剂，而且作为硬模板剂提高了 LPC 的比表面积。由于 KOH 的活化作用被抑制，钾金属的生成量减少。因此，KOH 对提高 LPC 石墨化程度的作用大大减弱。

当热解温度低于600℃时，$K_2C_2O_4$ 与 EHL 的实际失重速率与理论失重速率相似，并且主失重峰向低温区偏移。该结果表明，$K_2C_2O_4$ 在低温下也可促进 EHL 的热解，同时生成 K_2CO_3 和 CO_2。然而，当温度高于600℃时，实际失重速率与理论失重速率的差值不断增大，表明碳原子被大量消耗。因此，LPC 的比表面积增加可能是 CO_2 的剥离作用所致，K_2CO_3 也作用于 LPC，改善了碳材料的孔径结构。此外，由于 $K_2C_2O_4$ 分解生成的 K_2CO_3 质量比例较低，可能对 LPC 石墨化程度的影响较弱。

当热解温度低于750℃时，K_2CO_3 与 EHL 的实际失重速率低于理论失重速率，表明 K_2CO_3 抑制了 EHL 的热解。特别地，实际失重速率低于理论失重速率的差值在 400℃处最大，表明 K₂CO₃ 主要抑制了焦油即三苯类化合物的生成。当热解温度高于 800℃时，实际失重速率的急剧增加是由于 K₂CO₃ 与 EHL 发生了强烈的氧化还原反应，两者反应生成大量的钾金属会作用于碳原子列阵，从而促进列阵的重排，提高碳材料的石墨化程度。另外，CO₂ 起到的气相剥离作用和刻蚀作用提高了 LPC 的比表面积。

EHL 在高温下团聚能力降低变得蓬松，K₂CO₃ 在高温下缓慢分解成 CO₂ 起到物理活化作用，形成较大的孔道和层间隙。KOH 在活化过程中分解转化成 K₂CO₃ 才起高温活化的作用，故使用 K₂CO₃ 作为活化剂的效果更为显著。因此，K₂CO₃ 比 KOH 具有更优异的活化作用。

K₂CO₃ 对 EHL 的活化机理如图 5-6 所示。在 EHL 热解过程中，水分和易挥发物质依次析出。随着温度的升高，EHL 中苯环上的侧链分解及含氧官能团脱落形成三苯类化合物。在活化过程中，K₂CO₃ 首先分解成 K₂O 和 CO₂，再与碳原子反应。CO₂ 将木质素碳层气相剥离成片层，钾金属渗透至碳原子阵列促使其重新排列，提高了 LPC 的石墨化程度。

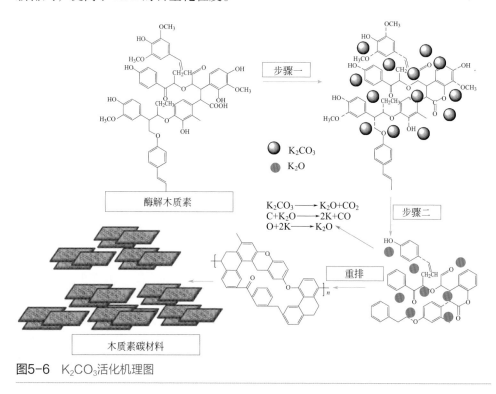

$$K_2CO_3 \longrightarrow K_2O + CO_2$$
$$C + K_2O \longrightarrow 2K + CO$$
$$O + 2K \longrightarrow K_2O$$

图5-6　K₂CO₃活化机理图

本节系统研究了钾化合物对酶解木质素的活化效果并揭示了活化机制。钾化合物活化剂对木质素的活化作用效果如下：K₂CO₃ > KOH > K₂C₂O₄ > K₃PO₄。

相比于其他三种活化剂，K_2CO_3 表现出独特的活化作用，K_2CO_3 在约 900℃ 开始分解，同时到达木质素活化温度，经气相剥离和碳层重排协同作用后，形成了高比表面积、高石墨化程度层状结构 LPC。相比于传统 KOH 活化，K_2CO_3 活化制得 LPC 的特殊微结构更有利于锂离子的传输和存储，表现出优异的储锂能力，包括高比容量（200mA/g 下循环 200 次保持 494mA·h/g，是商业石墨负极理论比容量的 1.5 倍）、高倍率（1A/g 下循环 600 次保持 249mA·h/g）和高循环稳定性。

第二节
高石墨化木质素碳的制备及应用

木质素具有高碳含量、高芳香性、绿色环保和成本低的优势。钾化合物炭化活化可制得微结构可调的木质素多孔碳材料（LPC），而兼具高石墨化和分级多孔结构的 LPC 可进一步改善其电化学性能。

碳纳米管（CNTs）具有电导率高、物理化学性质稳定、力学性能强等特点，是电化学领域所需的理想材料。CNTs 作为锂离子电池的负极材料时能提供更多的活性位点。同时，由于碳管的长径比较大，在电极中可搭建完整的导电网络，极大地改善了电极材料的电化学性能。因此，使用 CNTs 调节高石墨化程度 LPC 的孔径结构，制备得到兼具 LPC 高石墨化和 CNTs 介孔结构的 LPC/CNTs 复合材料，是一种极具潜力的高储锂负极材料。

综上，本节首先利用 K_2CO_3 活化制备了高石墨化程度和分级多孔结构的 LPC，研究其作为锂离子电池负极活性材料的储锂性能。进一步利用木质素自身具有苯丙烷疏水骨架和羧基、酚羟基亲水性官能团的两亲性特点，EHL 既作为分散剂又作为碳源，笔者课题组通过疏水自组装和 K_2CO_3 活化法制得 LPC 包覆 CNTs 的 LPC/CNTs 复合材料并研究其储锂性能[40-42]。

一、高石墨化木质素碳的合成及表征

高石墨化木质素碳的制备过程如下：将酶解木质素与 K_2CO_3 活化剂按 1:1（质量比）加入 100mL 去离子水中，常温搅拌 4h，放置于红外干燥箱中干燥，研磨后均匀装载于瓷舟中，在水平管式炉中进行炭化。炭化条件与本章第一节一致。制备所得木质素多孔碳材料标记为 LPC-K_2CO_3-Y。其中，Y 代表炭化温度，分别为 700℃、800℃ 和 900℃。

随后对合成的木质素碳进行一系列结构表征。不同炭化温度对 K_2CO_3 活化制得 LPC 的孔径结构和微观结构的影响如图 5-7 所示。由图 5-7（a）不同炭化温度下 K_2CO_3 活化制得 LPC 的 N_2 吸 / 脱附等温线可知，LPC-K_2CO_3-700 和 LPC-K_2CO_3-800 的吸 / 脱附曲线均为 I 型，LPC-K_2CO_3-900 则为 II 型，并且其微孔率分别为 78.8%、61.8% 和 30.0%。由图 5-7（b）不同炭化温度下 LPC 的孔径分布曲线可知，LPC-K_2CO_3-700 和 LPC-K_2CO_3-800 的孔主要分布于孔径为 1 ～ 1.9nm 的微孔区域，曲线在介孔和大孔区域逐渐趋于平缓，仅 LPC-K_2CO_3-900 具有少量孔径为 10 ～ 20nm 的介孔。以上结果表明，当炭化温度低于 800℃时，K_2CO_3 主要起微孔造孔作用；当炭化温度高于 800℃时，K_2CO_3 转变为微孔和介孔造孔作用。这主要是在较低温度下 K_2CO_3 转变为熔融态与碳原子发生反应，使得 LPC 形成微孔型缺陷，而在高温下 K_2CO_3 分解产生的 CO_2 气体对木质素碳层起气相剥离作用，使微孔扩大成介孔及大孔。

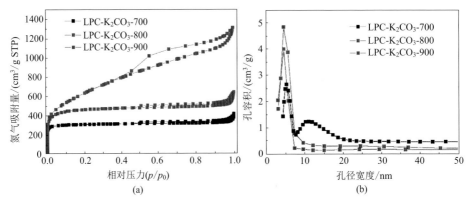

图5-7　不同温度碳酸钾活化所得LPC的氮气吸/脱附等温线（a）和孔径分布（b）

不同炭化温度下 K_2CO_3 活化制得 LPC 的 XRD 曲线及拉曼光谱曲线见图 5-8。如图 5-8（a）所示，随着炭化温度的升高，K_2CO_3 活化制得 LPC 在 2θ 约为 26° 和 44° 处的衍射峰强度逐渐增加，表明高温下经 K_2CO_3 活化制得 LPC 中碳晶格的有序化程度较高。如图 5-8（b）所示，随着炭化温度的升高，K_2CO_3 活化制得 LPC 的 G 峰变尖锐，表明碳骨架随着温度升高而逐渐有序。LPC-K_2CO_3-700、LPC-K_2CO_3-800 和 LPC-K_2CO_3-900 的 I_D/I_G 值分别为 0.95、0.92 和 0.70，表明 LPC 的石墨化程度随着炭化温度的升高而增大。

图 5-9 为不同炭化温度下 K_2CO_3 活化制得木质素碳材料的 SEM 图和 TEM 图。如图 5-9 所示，K_2CO_3 活化制得 LPC 具有较为发达的孔隙结构。由此可见，K_2CO_3 在木质素炭化过程中起"爆破"木质素紧密排列的作用，并具有刻蚀造孔的作用。结合不同温度下 K_2CO_3 活化所得 LPC 的 SEM 图、比表面积和孔径分布

可得，随着炭化温度的升高，K_2CO_3对木质素的过度活化可能引起微孔不断塌陷扩大为介孔或大孔，导致比表面积逐渐增大。

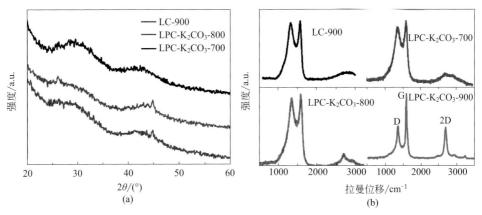

图5-8 700～900℃下K_2CO_3活化制得LPC和900℃直接炭化制得LC的XRD曲线（a）和拉曼光谱曲线（b）

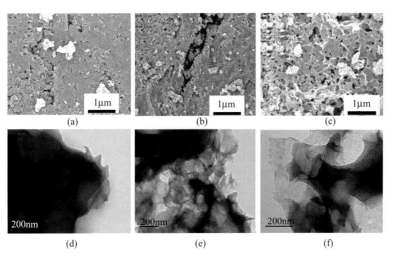

图5-9 700～900℃下K_2CO_3活化制得木质素碳材料的SEM图［（a）～（c）］和TEM图［（d）～（f）］

二、高石墨化木质素碳的储锂性能

不同炭化温度下K_2CO_3活化制得LPC的恒电流充放电（GCD）循环测试曲线如图5-10（a）所示。LPC-K_2CO_3-900经10次循环后达到稳定状态，可逆比容量为 525mA·h/g，而 LPC-K$_2$CO$_3$-700 和 LPC-K$_2$CO$_3$-800 分别经 50 次和 25 次左右循环达到稳定状态，可逆比容量分别为 204mA·h/g 和 403mA·h/g。在 200 次循环范围内，LPC 的循环稳定较好，库仑效率保持在 99.5% 以上。在循环 200 次后，LPC-K$_2$CO$_3$-900 的可逆比容量为 494mA·h/g，远远高于 LPC-K$_2$CO$_3$-700 和 LPC-K$_2$CO$_3$-800 的可逆比容量（分别为 159mA·h/g 和 326mA·h/g）。

不同炭化温度下 K$_2$CO$_3$ 活化制得 LPC 在不同电流密度下的倍率性能如图 5-10（b）所示。在 50 mA/g 电流密度下，LPC-K$_2$CO$_3$-700、LPC-K$_2$CO$_3$-800 和 LPC-K$_2$CO$_3$-900 的首次放电比容量均高于 1000mA·h/g，经 9 次循环后的可逆比容量有所降低。但是，LPC-K$_2$CO$_3$-900 的可逆比容量为 601mA·h/g，远远高于 LPC-K$_2$CO$_3$-700 和 LPC-K$_2$CO$_3$-800 的可逆比容量（分别为 451mA·h/g 和 397 mA·h/g）。随着电流密度增加至 100mA/g，三者的可逆比容量趋于恒定，经 20 次循环后 LPC-K$_2$CO$_3$-700、LPC-K$_2$CO$_3$-800 和 LPC-K$_2$CO$_3$-900 的可逆比容量分别为 298mA·h/g、307mA·h/g 和 441mA·h/g。

在 500 mA/g 电流密度下，LPC-K$_2$CO$_3$-900 经 10 次循环后的可逆比容量为 321mA·h/g；在 1000 mA/g 电流密度下，LPC-K$_2$CO$_3$-900 的可逆比容量仍为 223mA·h/g。当电流密度调节至 50mA/g 时，经 10 次循环后 LPC-K$_2$CO$_3$-900 的可逆比容量升高并恒定为 550mA·h/g 左右。同时，LPC-K$_2$CO$_3$-700 和 LPC-K$_2$CO$_3$-800 在较高电流密度下可逆比容量的变化趋势与 LPC-K$_2$CO$_3$-900 相似，表明 K$_2$CO$_3$ 活化制得 LPC 作为锂离子电池负极材料时具有优异的倍率性能，可满足 50～1000mA/g 的工作条件。

900℃炭化温度下 K$_2$CO$_3$ 活化制得 LPC 在 1000 mA/g 高电流密度下的 GCD 循环测试曲线如图 5-10（a）中插图所示，LPC-K$_2$CO$_3$-900 的放电比容量为 249 mA·h/g，与 Zhang 等[7] 使用 KOH 活化制备的木质素碳材料相比，LPC-K$_2$CO$_3$-900 的可逆比容量提升了约 5%。

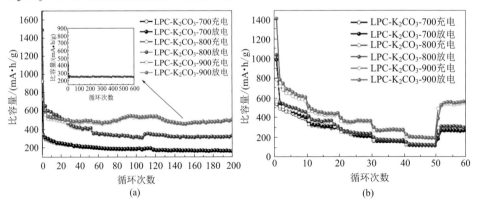

图5-10　200 mA/g 下 LPC 的恒电流充放电曲线和 LPC-K$_2$CO$_3$ 在 1000mA/g 下的恒电流充放电曲线（a）及不同电流密度下 LPC 的倍率性能（b）

三、高石墨化木质素碳/碳纳米管复合材料的合成及表征

CNTs 团聚效应严重，制约着其在电化学领域中的应用。大量研究表明，CNTs 与芳香分子之间的 π-π 作用，特别是 π- 电子的耦合作用可改变 CNTs 的电子传输性质，促进碳纳米管的分散。木质素分子具有疏水性和芳香结构等特点，可作为 CNTs 分散剂。笔者课题组前期工作发现，木质素具有亲水官能团和疏水骨架，具有良好的 pH 响应性，主要表现为在碱性条件下溶解良好及在酸性条件下具有疏水自组装特性。因此，木质素与 CNTs 复合可实现各自的优缺互补。本节利用木质素的 pH 响应性，采用疏水自组装法，经碳酸钾原位炭化活化制备了分散性高、导电性好的 LPC/CNTs 复合材料。

木质素碳 / 碳纳米管复合材料（LPC/CNTs）的制备流程如图 5-11 所示。首先，将木质素和 CNTs 分别按质量比 5∶5、7∶3、9∶1 分散于乙醇 / 水体系（1∶4，体积比）。调节溶液 pH 值至 12。将 CNTs 分散液逐滴滴加至木质素溶液中，超声混合得到均匀的胶状悬浮液后，调节混合物溶液的 pH 值至 2，使木质素与 CNTs 共沉淀。然后将沉淀过滤、干燥后得到分散均匀的酶解木质素 / 碳纳米管复合物（EHL/ CNTs）。EHL/CNTs 再经 K_2CO_3 炭化活化和 H_2 还原后制得由 EHL 及 CNTs 层层堆积的 LPC/CNTs 复合材料，LPC/CNTs 复合材料分别标记为 LPC/CNTs-5∶5、LPC/CNTs-7∶3 和 LPC/CNTs-9∶1。

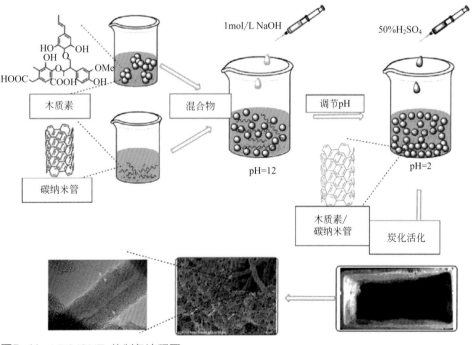

图5-11 LPC/CNTs的制备流程图

EHL/CNTs 在不同制备阶段的 TEM 表征见图 5-12。如图 5-12（a）所示，在 pH 值为 12 下超声分散后，EHL 均匀分布于碱性环境，且略集中于 CNTs 附近。这一结果可能有如下原因：① EHL 中苯丙烷单元上芳香环与 CNTs 间通过 π-π 共轭作用相互吸引，即通过疏水性吸附 CNTs；②碱性环境下 EHL 分子上羧酸、酚羟基等亲水性官能团电离，苯丙烷之间的 *β-O-4* 键断裂使三维网络结构舒展，空间位阻和静电斥力作用驱动 CNTs 分散。如图 5-12(b)所示，在 pH=2 条件下，CNTs 均匀地分散在 EHL/CNTs 复合物沉淀内部。这是由于酸性环境使得 EHL 分子重新生成羧酸、酚羟基等官能团，产生 EHL 胶团并层层聚集和沉淀，包覆在 CNTs 的表面。如图 5-12（c）所示，本质素 /CNTs 混合物经 K_2CO_3 溶液浸渍后并无变化。如图 5-12（d）所示，经炭化活化制得的 LPC/CNTs 复合材料呈现由 LPC 包裹 CNTs 的层状结构。

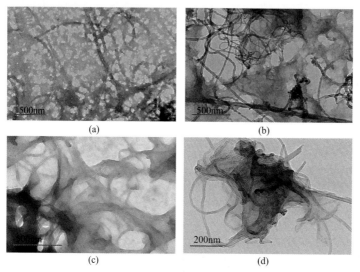

图5-12 样品的TEM图（a）pH=12；（b）pH=2；（c）浸渍K_2CO_3后；（d）LPC/CNTs

基于上述实验现象，提出了 EHL 疏水自组装和 K_2CO_3 原位炭化活化法制备 LPC/CNTs 复合材料的机理图，如图 5-13 所示。在碱性条件下，CNTs 因与 EHL 之间的 π-π 键作用而分散均匀；在调节 pH 至酸性后疏水自组装制得 EHL 包裹 CNTs 层层堆积结构的 EHL/CNTs 混合物；最后经 K_2CO_3 原位炭化活化后制得自支撑的 LPC/CNTs 复合材料。综上，木质素作为分散剂均匀分散 CNTs，制得由 CNTs 支撑的层层堆积结构，增强了 LPC 的结构稳定性，从而避免其在炭化活化过程中结构发生扭曲或坍塌。

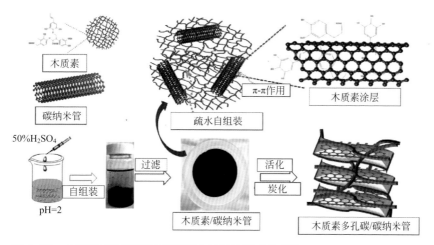

图5-13 木质素多孔碳/碳纳米管复合材料的形成机理图

对木质素碳/碳纳米管复合材料的结构进行一系列表征，LPC、CNTs和LPC/CNTs复合材料的氮气吸/脱附曲线及孔径分布见图5-14。图5-14（a）中LPC和CNTs的氮气吸/脱附曲线均为Ⅳ型，但是两者的吸附过程和回滞环差异较大。LPC在小于$0.1p/p_0$低压区的吸附量迅速增大并达到饱和，并且远高于CNTs。CNTs的吸附量呈现持续上升的趋势并且在高压区的吸附量显著增加。此外，LPC和CNTs的回滞环分别为典型的H_4型和H_3型。结合两者的孔径分布曲线可知，LPC具有微孔和大孔，而CNTs具有介孔和狭缝状孔。由此可见，LPC和CNTs存在结构缺陷。过多的微孔结构易造成高不可逆比容量和"死锂"现象，因此CNTs单独作为锂离子电池负极材料时的储锂性能差。

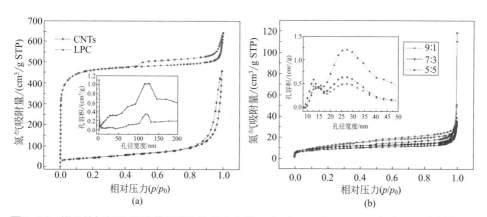

图5-14 样品的氮气吸/脱附等温线和孔径分布图：（a）LPC和CNTs；（b）不同比例的LPC/CNTs复合材料

图 5-14（b）为不同比例 LPC/CNTs 复合材料的氮气吸 / 脱附等温线和孔径分布图。LPC/CNTs 复合材料的氮气吸 / 脱附等温线均为Ⅳ型，但吸附过程为多层吸附。不同比例 LPC/CNTs 复合材料的孔结构参数如表 5-2 所示。随着 CNTs 比例的增加，LPC/CNTs 复合材料的比表面积从 1050m²/g 逐渐降低至 740m²/g，总孔容从 1.55cm³/g 逐渐降低至 0.83cm³/g，微孔率也呈现相同的变化趋势，而孔径宽度从 39nm 增加至 62nm。

表5-2　不同比例 LPC/CNTs 复合材料的孔结构参数

样品	比表面积/（m²/g）	总孔容/（cm³/g）	孔径宽度/nm	微孔孔容积/（cm³/g）	微孔率/%
LPC	1860	1.06	3	0.65	61.2
LPC/CNTs-9∶1	1050	1.55	39	0.46	29.9
LPC/CNTs-7∶3	860	0.88	59	0.34	38.2
LPC/CNTs-5∶5	740	0.83	62	0.33	40.0
CNTs	167	1.13	87	0.44	39.1

不同比例 LPC/CNTs 复合材料具有微孔、介孔和大孔结构，因此 LPC/CNTs 复合材料呈现三级孔道多孔结构。随着 CNTs 比例的增加，LPC/CNTs 复合材料的介孔率逐渐增加，微孔率基本保持不变。据研究报道，具有较高比表面积和三级孔道结构的碳材料作为锂离子电池负极材料将具有优异的储锂性能。

LPC、CNTs 和 LPC/CNTs 复合材料的拉曼光谱图如图 5-15 所示。由图可以看出 CNTs 显现出尖锐的 G 峰、D 峰和 2D 峰，这是由于 CNTs 由类单层石墨烯卷曲而成，D 峰主要是边缘的碳原子 sp^3 杂化而成。LPC 也具有三种特征峰，I_D/I_G 值为 0.73，表明 LPC 具有较高的石墨化程度。LPC/CNTs 复合材料具有尖锐的 G 峰和 2D 峰，表明其具有较高的部分石墨化程度和片层结构。

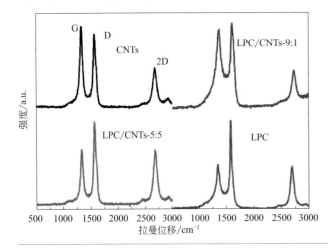

图5-15

LPC、CNTs和LPC/CNTs的拉曼光谱图

四、高石墨化木质素碳/碳纳米管复合材料的储锂性能

图 5-16 为 LPC、CNTs 和 LPC/CNTs-5:5 三种材料的循环伏安（CV）测试曲线，在 LPC 的第一次阴极扫描中，出现了位于 0.6V 和 0.02V 处的两个还原峰。位于 0.6 V 处的峰归因于固体电解质界面膜（SEI 膜）的形成；电解液的分解和界面副反应，也是造成不可逆容量的主要因素。位于 0.02V 处的峰是由于锂离子嵌入碳层中形成 LiC_x 化合物。相比于 LPC，CNTs 的第一次扫描存在 0.8V 和 0.02V 两个还原峰，其中位于 0.8V 处的峰与 CNTs 自身空心管状结构和固体界面的堆积密切相关。LPC/CNTs-5:5 的还原峰变得宽泛，这是由于 LPC 和 CNTs 复合后显著地改变了原结构。另外，复合材料第一次与第二次扫描的面积差较小，表明 LPC/CNTs 复合材料的不可逆比容量较小。在第二次和第三次扫描中，三种材料仅出现位于 0.02V 处的峰，表明形成了稳定的 SEI 膜。

在阳极扫描中，LPC 出现多个较小的氧化峰。位于 0.2V 处的氧化峰对应位于 0.02V 处的还原峰，表明锂离子可以从碳层中脱出。位于 1.2V 处的氧化峰表明 LPC 表面含氧官能团对锂离子的可逆脱出。位于 2.4V 以上的氧化峰表示微孔中锂离子的可逆脱出，表明具有较高的储锂能力。相比于 LPC，CNTs 的氧化峰集中出现于 0.2V，主要与 CNTs 的比表面积和微孔率有关。LPC/CNTs 复合材料的氧化峰与 LPC 相似，表明其具有与 LPC 相似的高比表面积及强储锂能力。

在 200mA/g 电流密度下，LPC、CNTs 和 LPC/CNTs 复合材料的充放电曲线，分别如图 5-16（d）～（f）所示。LPC 的初始放电比容量为 1650mA·h/g，首次库仑效率仅为 38.0%，而不可逆比容量主要归因于 SEI 膜的形成、电解液的分解和副反应的发生。LPC 具有高比面积和高比例微孔，导致 SEI 膜的面积增加，从而造成了高不可逆容量。此外，孔径极小的微孔阻碍了锂离子的脱出，造成大量的"死锂"。CNTs 的初始库仑效率为 38.6%，这主要与 SEI 膜的形成有关，尤其是电解液与 CNTs 结构缺陷之间发生的副反应。LPC/CNTs 的初始比容量为 905mA·h/g，而初始库仑效率为 62.7%。相比于 LPC 和 CNTs，LPC/CNTs 的初始库仑效率提升了近一倍。这主要是由于 CNTs 与 LPC 的复合降低了 LPC 的比表面积，增强了结构的稳定性，并且 LPC 包裹着 CNTs，降低了 CNTs 的表面缺陷。

图 5-17（a）为 LPC、CNTs 和 LPC/CNTs-5:5 在 200 mA/g 电流密度下的 GCD 测试图。LPC 和 CNTs 经 20 次循环后的放电比容量趋于稳定，LPC/CNTs-5:5 经 20 次循环后的放电比容量呈现上升趋势。经 300 次循环后，LPC、CNTs 和 LPC/CNTs-5:5 的放电比容量分别为 501mA·h/g、210mA·h/g 和 614mA·h/g。同时，LPC/CNTs-5:5 的库仑效率高达 99.5%，远高于 LPC、CNTs 两种材料。由

此可见，EHL 与 CNTs 制备的复合材料作为锂离子电池负极活性材料时具有较高的放电比容量，相比于 LPC 和 CNTs 的放电比容量，分别提高了 24% 和 192%。相比于商用石墨负极材料的理论比容量（372mA·h/g），LPC/CNTs 复合材料具有显著的优势。

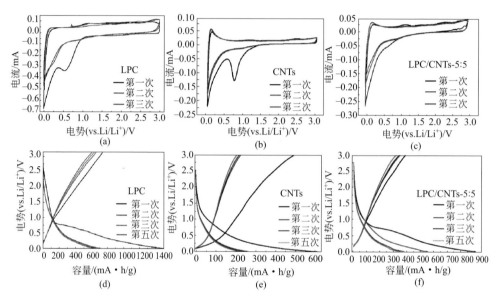

图5-16 LPC、CNTs和LPC/CNTs-5:5的CV曲线[（a）~（c）]和电势–比容量曲线[（d）~（f）]

LPC、CNTs 和 LPC/CNTs-5:5 三种材料在 50 ~ 1000mA/g 电流密度下的 GCD 测试图如图 5-17（b）所示。LPC 和 LPC/CNTs 在不同倍率下的放电比容量较为相近，并且均高于 CNTs。当电流密度为 50mA/g 时，LPC 和 LPC/CNTs 的初始放电比容量分别为 1402mA·h/g 和 1381mA·h/g，首次库仑效率分别为 45.2% 和 65.7%。当电流密度增加至 1000 mA/g 时，可逆比容量分别保持在 225mA·h/g 和 240mA·h/g。当电流密度降低至 50mA/g，LPC/CNTs 的可逆比容量为 731mA·h/g，显著高于 LPC 的可逆比容量（557mA·h/g）。由此可知，LPC/CNTs 复合材料的倍率性能更优异，能适合复杂的工作条件。

为进一步探究 LPC、CNTs 比例对制成复合材料电化学性能的影响，对不同比例的复合材料在 200 mA/g 电流密度下进行了 GCD 测试。如图 5-17（c）所示，LPC/CNTs-9:1、LPC/CNTs-7:3 和 LPC/CNTs-5:5 的初始放电比容量分别为 1118mA·h/g、702mA·h/g 和 905mA·h/g，首次库仑效率分别为 59.2%、

62.5% 和 62.7%。如图 5-17（d）所示，LPC/CNTs-9∶1、LPC/CNTs-7∶3 和 LPC/CNTs-5∶5 的可逆比容量经约 20 次循环后达到稳定。随着循环次数的增加，三种材料的可逆比容量有所提升，LPC/CNTs-5∶5 活化效果最为明显。经 300 次循环后，LPC/CNTs-9∶1、LPC/CNTs-7∶3 和 LPC/CNTs-5∶5 的可逆比容量分别为 426mA·h/g、360mA·h/g 和 614mA·h/g，为初始放电比容量的 38.1%、51.2% 和 54.9%。因此，随着 CNTs 含量的增加，复合材料的储锂性能不断增强。

LPC、CNTs 和 LPC/CNTs-5∶5 电极的交流阻抗（EIS）测试结果如图 5-17（e）所示，从内部电阻和离子传输角度分析材料各自的储存锂离子能力。高频区呈现半圆形曲线，低频区则近似为直线，等效拟合电路图如图 5-17（f）所示。结果表明，LPC 的电阻较大，直接导致其储锂性能较差。CNTs 和 LPC/CNTs-5∶5 的导电性相等，CNTs 的内部离子扩散性高于 LPC/CNTs-5∶5。但是，过高的导电性不利于锂离子的存储，这与其高度规整性有关。

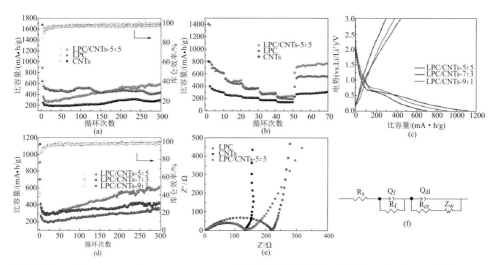

图5-17　LPC、CNTs和LPC/CNTs-5:5复合材料性能测试：（a）、（d）GCD曲线；（b）倍率性能；（c）电势-比容量曲线；（e）EIS图谱；（f）等效拟合电路图

基于上述讨论和分析，提出一种兼具介孔和高石墨化 LPC/CNTs 复合材料的储锂模型，如图 5-18 所示。通过疏水自组装和碳酸钾原位炭化活化法成功将 CNTs 引入高石墨化 LPC 中，LPC 的介入增强了材料的结构稳定性并增加了材料的介孔结构，大大降低了 LPC 的微孔率。因此，在充放电过程中，介孔结构为锂离子的传输提供了快速通道，有利于锂离子迅速到达储锂位点。此外，高石墨区域提供了更多的储锂位点，从而提高了 LPC 首次库仑效率和可逆比容量。

本节针对 K_2CO_3 活化制得 LPC 的比表面积和微孔率高、结构稳定性差导致首次库仑效率低的问题，采用一种简单、绿色且低成本的疏水自组装和原位炭化活化法进行改善。将碳纳米管（CNTs）引入 LPC 制备层状结构自支撑 LPC/CNTs 复合材料，孔道结构由微孔型调整为介孔型且保留 LPC 的高石墨化度。CNTs 增强了 LPC 的结构稳定性，降低了微孔率，有利于锂离子的快速传输并缩短其传输距离，在 300 次循环后，LPC 与 CNTs 比例为 5∶5 的复合材料可保持 614mA·h/g 的放电比容量和优异的倍率性能，相比于 LPC 和 CNTs 分别提高了 24% 和 192%。

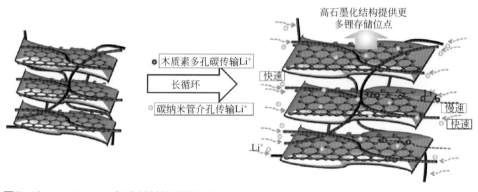

图5-18　LPC/CNTs复合材料的储锂机理

第三节
木质素多孔碳类纳米片的合成及应用

由传统活化法制备的木质素碳材料形貌多为无规聚集体，严重的团聚使其孔隙率下降，导致应用性能十分受限。而二维多孔碳材料因其独特的微结构、合理的孔径分布和优越的电化学性质，在能量储存与转化领域具有极好的应用前景，受到了研究者的广泛关注。

工业碱木质素和酶解木质素表现出严重的分子间聚集，导致其与活化剂的相容性较差，因此活化过程需要大量的强腐蚀性试剂。然而强腐蚀性试剂的大量使用引入了过多电解质无法浸润的微孔，且不可回收，限制了大规模生产。更糟糕的是，木质素与活化剂的物理共混导致团聚现象更加严重，所得木质素碳孔隙率更低，电化学性能差。水溶性木质素直接炭化或者由腐蚀性试剂活化制备的木质素碳展现出比水不溶性木质素衍生碳更好的电化学性能，但其团聚问题仍无法避免。

为了克服上述问题，本节选择水溶性木质素磺酸钠为碳前驱体，草酸锌为活化剂，基于溶剂诱导的疏水自组装作用制备了均匀复合的木质素/草酸锌复合物，经原位炭化并借助气相剥离活化作用成功制备了木质素多孔碳类纳米片，有效解决了木质素炭化过程中木质素骨架极易团聚塌陷、炭化产物形貌无规和孔隙率低等问题。所制备的木质素多孔碳类纳米片作为超级电容器电极材料时，展现出极高的比容量、良好的倍率性能及优异的循环稳定性[43]。

一、木质素多孔碳类纳米片的合成与表征

木质素多孔碳类纳米片的合成：取一定质量的木质素磺酸钠（LS）和六水合硝酸锌分别溶解于去离子水中，加入草酸钠的去离子水饱和溶液，大力搅拌以形成稳定的分散液，再向分散液中逐滴加入无水乙醇直至形成明显沉淀物，静置过滤醇洗后将得到的木质素磺酸钠/草酸锌复合物（LS/ZnC$_2$O$_4$）置于50℃烘箱中干燥。随后在N$_2$氛围中650℃煅烧2h，产物经酸洗去除氧化锌和其他杂质，再用无水乙醇和去离子水清洗，80℃真空干燥。所得产物标记为PLC-650-X，X代表草酸锌与木质素磺酸钠的质量比（$X=1$，2，3），直接炭化木质素磺酸钠得到的产物记为LC。

首先采用扫描电镜（SEM）表征制备过程中样品微观形貌的演变。如图5-19（a）所示，经溶剂诱导自组装后，制备的木质素磺酸钠/草酸锌复合物呈椭球形片层堆叠结构，其直径约为4μm。经高温炭化后复合物成功转变为木质素碳/氧化锌复合物［图5-19（b）］。氧化锌纳米颗粒原位镶嵌在木质素碳骨架内部，有利于支撑碳片层防止其团聚。将氧化锌纳米颗粒除去后，所制备的PLC-650-2具有开放大孔的类纳米片结构［图5-19（c）］，其片层厚度约为30nm。透射电镜（TEM）图进一步证实了PLC结构中还存在丰富的微孔和介孔［图5-19（d）］，表明草酸锌的气相剥离及原位活化作用有助于提升木质素碳孔隙率。上述结果证明了PLC是由大孔、介孔和微孔构成的分级多孔结构。这种二维的分级多孔纳米片结构不仅可以提供充足的电荷储存活性位点，还可以缩短电解质离子扩散传输的距离[44]。

高倍透射电镜（HRTEM）图进一步显示PLC具有明显的石墨层结构［图5-19（e）］，表明其具有石墨化的趋势，其碳层间距约为0.348nm。图5-19（f）的元素分布图显示C、O和S元素在PLC-650-2中分布均匀。综上所述，可推断PLC的二维片层结构与草酸锌热解释放气体产物（CO$_2$、CO）的剥离作用密切相关[45]，而丰富的纳米孔道则来自纳米ZnO的模板作用。

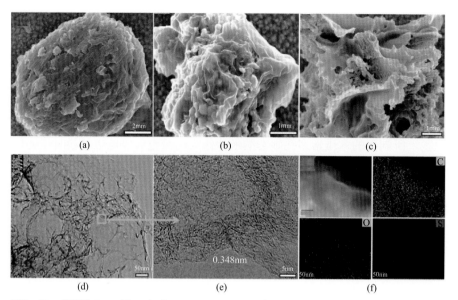

图5-19　样品的SEM图：（a）LS/ZnC₂O₄-2；（b）LC/ZnO-650-2；（c）PLC-650-2；（d）PLC-650-2的TEM图；（e）PLC-650-2的HR TEM图；（f）PLC-650-2中C、O和S的元素分布图

　　碳材料的比表面积和孔径分布是影响电化学性能的关键因素。图 5-20（a）是样品的氮气吸附/脱附曲线。可以看到，除了 LC，所有的 PLC 样品都具有Ⅳ型吸附等温线，同时在相对压力较高的区域（$p/p_0 > 0.6$）具有明显的 H₃型滞后环，表明 PLC 具有大孔和介孔。而在相对压力较低的区域（$p/p_0 < 0.01$），PLC 的氮气吸附量出现了迅速增加，证明碳结构中存在丰富的微孔。另外，孔径分布曲线［图 5-20（b）］揭示了 PLC 主要有 0.5 ～ 2nm 的微孔和 2 ～ 20nm 的介孔，此结果与 TEM 表征结果一致。

　　表 5-3 详细总结了 LC 和 PLC 的比表面积和孔道结构参数。PLC-650-2 具有最高的比表面积（1069m²/g）和最大的孔体积（1.375cm³/g），同时还具有合理的微孔和介孔比表面分布。该结果表明，碳材料的孔道结构特性可通过调控原料用量来进行优化。PLC-650-2 的介孔孔体积达到了 1.20cm³/g，原因是 ZnO 纳米颗粒作为模板更倾向于产生介孔。这种典型的以介孔为主导的多孔碳与文献报道的通过 KOH 或 ZnCl₂ 活化制备的微孔碳明显不同[17, 25, 26, 32]，更多的介孔有利于电解质离子的缓冲，加快电化学过程电解质的扩散与传输[46]。此外，与纯木质素磺酸钠制备的 LC 相比，木质素磺酸钠与草酸锌复合制备的碳材料 PLC 比表面积和孔体积显著增加，表明在草酸锌气相剥离活化及原位模板作用的辅助下，碳材料的孔隙率实现了显著提升。上述的分析结果表明，草酸锌的气相剥离活化作

用是形成分级多孔碳类纳米片的必要条件，而高比表面积和大孔体积对于提升碳材料的电容性能也有重要的作用。

　　X 射线衍射图和拉曼光谱用于表征木质素多孔碳类纳米片的结构特性。如图 5-20（c）所示，所有样品的 X 射线衍射图在 $2\theta=23.6°$、$43.7°$ 处出现两个较宽的峰，分别归属于石墨的（002）和（100）晶面，表明材料为无定形的碳结构且结晶度较低。与 LC 的（100）晶面相比，PLC 的衍射峰强度有所减弱，且起峰点往大角度偏移，表明由于草酸锌的气相剥离作用，它们具有更宽的碳层间距。碳材料的拉曼光谱如图 5-20（d）所示，在大约 $1350cm^{-1}$ 和 $1590cm^{-1}$ 处可以观察到两个明显的特征峰，分别归属于 D 峰和 G 峰。其中，D 峰表示石墨层的缺陷或混乱；G 峰则与有序的石墨碳结构有关[15]。两峰的强度之比 I_D/I_G 表示碳材料的石墨化程度，可以发现 LC 和 PLC-650 的 I_D/I_G 基本一致，表明木质素磺酸钠的用量对石墨化程度无明显影响。

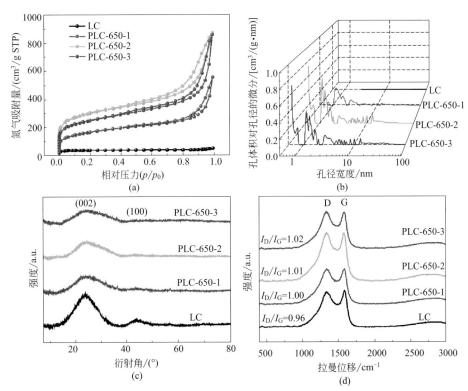

图5-20　（a）样品的氮气吸/脱附曲线；（b）样品的孔径分布曲线；（c）样品的X射线衍射图；（d）样品的拉曼光谱

表5-3　样品的比表面积和孔道结构参数

样品	比表面积/（m²/g）			孔体积/（cm³/g）		
	S_{BET}	S_{micro}	S_{meso}	V_{total}	V_{micro}	V_{meso}
LC	75	63	12	0.046	0.023	0.023
PLC-650-1	585	128	457	0.867	0.060	0.807
PLC-650-2	1069	406	663	1.375	0.177	1.198
PLC-650-3	872	265	607	1.134	0.120	1.014

注：S_{BET} 为总 BET 比表面积；S_{micro} 为微孔比表面积；S_{meso} 为介孔比表面积；V_{total} 为总孔体积；V_{micro} 为微孔孔体积；V_{meso} 为介孔孔体积。

二、木质素多孔碳类纳米片形成机理

为了探究木质素碳类纳米片的形成机理，采用 TGA 分析了木质素磺酸钠、草酸锌和木质素磺酸钠 / 草酸锌复合物的热解特性。如图 5-21（a）所示，木质素磺酸钠的失重主要分为三个阶段。第一阶段（25 ～ 200℃）主要是水分及挥发分的消除。在第二阶段中（200 ～ 600℃，失重率约为 28%），280℃处出现了明显的失重速率峰［图 5-21（b）］，该峰归属于不稳定含氧官能团和含硫小分子的热解。在此阶段，木质素无定形碳骨架逐渐形成。第三阶段（600 ～ 800℃，失重率约为 15%）的最大失重速率发生在 770℃［图 5-21（b）］，此阶段含氧官能团继续分解，木质素碳骨架能与释放的 CO_2 和 H_2O 发生反应[28]。草酸锌的失重主要包括两个阶段：150℃以下的结晶水散失和 350 ～ 420℃间 CO_2 和 CO 的释放。后一失重区间正好与木质素磺酸钠热解第二阶段的快速失重区间相吻合，表明两者具有潜在的热解协同效应。另外，图 5-21（b）展示了木质素磺酸钠 / 草酸锌复合物的理论与实际热解过程的微分热重曲线。实际曲线并没有出现木质素磺酸钠在 280℃的快速失重峰，表明木质素磺酸钠与草酸锌在自组装过程中由于疏水键、阳离子 -π 键和静电吸附等非共价键作用，形成了较强的相互作用力，延缓了木质素磺酸钠的分解。而且实际曲线的后两处失重速率峰相较于理论曲线皆往低温方向移动，380℃处的失重速率峰也高于理论曲线，表明木质素磺酸钠 / 草酸锌复合物的热解是一个相互促进的过程。

基于以上热重分析及结构表征结果，提出如图 5-22 所示的木质素多孔碳类纳米片形成机理。首先，木质素磺酸钠、锌离子和草酸根均匀分散在乙醇 / 水混合溶剂中，随着体系乙醇体积分数的增大，木质素磺酸钠的疏水苯环骨架和亲水的磺酸基团在溶剂诱导的疏水作用下逐渐发生有序的分子翻转。同时，木质素磺酸钠与锌离子间通过阳离子 -π 键相互作用，锌离子继而静电吸引草酸根。此过程促进了木质素磺酸钠与草酸锌间的自组装。进一步增大体系中的乙醇体积分数，木质素磺酸钠溶解度出现急剧下降，致使体系生成二维片层堆叠的木质素磺酸钠/草酸锌复合物沉淀。最后，在高温炭化过程中，草酸锌热解持续释放气体以剥离并减薄木质素的骨架，复合物前驱体很容易转化成木质素碳/氧化锌复合物。去除镶嵌在骨架中的纳米氧化锌模板后，即可形成具有类二维纳米片结构的木质素多孔碳。

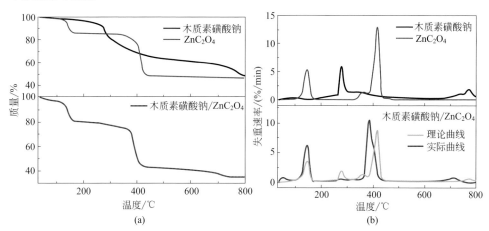

图5-21　（a）木质素磺酸钠、ZnC₂O₄和木质素磺酸钠/ZnC₂O₄-2的热重曲线；（b）木质素磺酸钠、ZnC₂O₄和木质素磺酸钠/ZnC₂O₄-2的微分热重曲线

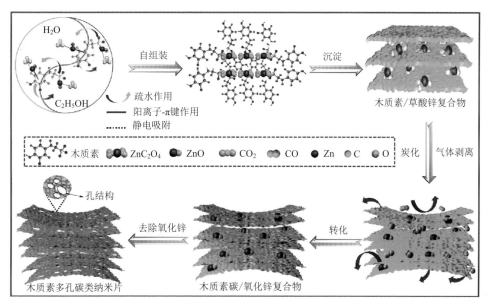

图5-22　木质素多孔碳类纳米片（PLC）形成机理示意图

三、木质素多孔碳类纳米片在超级电容器中的应用

将80%（质量分数）的木质素多孔碳类纳米片，用10%的乙炔黑和10%（质量分数）PTFE乳液分散到无水乙醇中，研磨至乙醇挥发后将浆料涂覆到1cm²的泡沫镍上，80℃真空干燥24h后得到超级电容器工作电极，以进行后续的电化学测试，电极活性物质的负载量约为1.5mg/cm²。在三电极测试体系中，以铂片作为对电极，饱和甘汞电极（SCE）作为参比电极在-1～0V的电压范围内进行测试，电解液为6mol/L KOH。

木质素多孔碳类纳米片的电化学性能通过三电极体系测试来进行评价。图5-23（a）展示了所有样品在扫描速率为5 mV/s下的循环伏安（CV）曲线，曲线呈类矩形，表明其电容贡献主要为双电层电容。PLC-650-2的CV曲线在-0.7～-0.5 V的电压区间内出现一个较宽的驼峰，这是由杂原子官能团的氧化还原反应而引起的。PLC-650-2的CV曲线包围面积最大，在所有的样品中具有最大的比电容。图5-23（b）展示了样品在电流密度为1.0 A/g时的恒直流充放电（GCD）曲线，曲线呈对称的三角形，表明样品具有良好的电化学可逆性。根据充放电曲线，LC、PLC-650-1、PLC-650-2和PLC-650-3比电容分别为156F/g、209 F/g、320 F/g和240 F/g。PLC-650-2具有最大的比电容，该数值高于绝大部分文献报道的生物质多孔碳或木质素多孔碳，也高于大部分石墨烯基材料[5, 6, 17, 25, 32, 33, 47-50]。其优越的电化学性能主要来源于草酸锌气相剥离活化作用产生的大比表面积和丰富的孔道结构。

图5-23（c）展示了PLC-650-2在不同扫描速率下的CV曲线。即使在200 mV/s的高扫描速率下，其CV曲线依然没有出现明显的弯曲变形，仍保持规整的矩形状，表明木质素多孔碳类纳米片具有优越的倍率性能。此外，PLC-650-2在不同电流密度下的GCD曲线［图5-23（d）］呈对称的三角形，具有典型的电容器特性，在高电流密度下电压降可以忽略，表明电极阻抗非常小。

样品比电容与充放电电流密度的关系图如图5-23（e）所示。所有样品的比电容都随着电流密度增大而减小，这是超级电容器的本质特征，在快速的充放电过程中，电解质离子没有足够的时间扩散到电极表面，因此产生了这种现象。PLC-650-2在电流密度为0.5A/g时比电容达到了365F/g，电流密度增大到20.0A/g时，比电容仍保持在260F/g，电容保持率为71.2%，表明发达的介孔结构有利于提升倍率性能。然而，LC的比电容随电流密度的增大出现了急剧减小，在20.0A/g的电流密度下比电容仅为60F/g，电容保持率仅为35.9%。此外，图5-23（f）揭示了PLC-650-2具有优越的循环稳定性，经5.0A/g循环充放电10000次后，比电容保持率为93.5%，且库仑效率都接近100%。

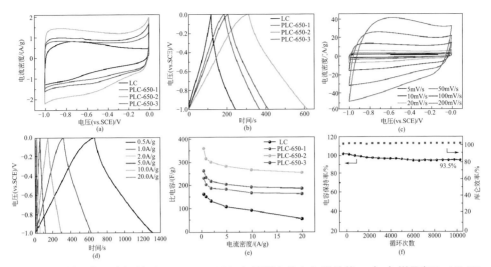

图5-23 样品在三电极体系下6mol/L KOH电解质中的电化学性能：（a）样品在5mV/s下的循环伏安曲线；（b）样品在1.0A/g下的恒直流充放电曲线；（c）PLC-650-2在不同扫描速率下的循环伏安曲线；（d）PLC-650-2在不同电流密度下的恒直流充放电曲线；（e）样品在不同电流密度下的比电容；（f）PLC-650-2在5.0A/g循环充放电10000次后的电容保持率和对应的库仑效率

基于以上讨论结果，从电解质及电子传输方面总结了 PLC-650-2 具有优越电化学性能的原因，如图 5-24 所示。首先，PLC-650-2 多孔的类二维纳米片结构具有丰富的活性表面，有利于电荷的积聚。这种开放的骨架结构缩短了电解质离子扩散的距离，钾离子和氢氧根离子既能在片层表面传输，又可以在层与层之间的孔道纵向穿梭。其次，大介孔孔容通过缓冲更多的电解质，显著加快了离子的扩散动力，使得传质阻力减小。另外，完整的片层结构为电子的传递提供了畅通的路径，赋予 PLC-650-2 良好的导电性。最后，互连的二维片层结构具有良好的力学性能，在持续充放电过程中结构不易被破坏。以上三方面因素协同作用，促使PLC-650-2 具有高的比电容、良好的倍率特性和优越的循环稳定性。

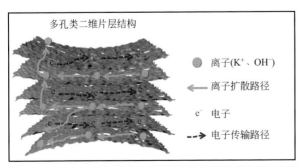

图5-24
PLC-650-2的电解质离子传输通道和电子转移路径示意图

本节通过溶剂诱导自组装 - 原位气相剥离活化法成功制备了具有类二维分级多孔结构的木质素碳纳米片。与传统化学活化法制备木质素碳材料相比，此法创新地采用无毒低腐蚀性的草酸锌作为造孔介质，解决了制备过程中设备腐蚀严重及木质素塌陷团聚的问题。制备所得木质素多孔碳类纳米片具有高比表面积，丰富的微孔与介孔结构以及合理的孔径分布，不仅为电解质的快速扩散与传输提供了通道，同时还为电荷的储存提供了充足的活性位点。因此该木质素多孔碳类纳米片具有优越的电化学性能。

第四节
木质素碳/氧化锌复合材料的制备及应用

氧化锌（ZnO）是一种具有特殊光学和电学特性的半导体金属氧化物，在光电材料领域具有广泛的应用前景。由于 ZnO 具有优异的紫外吸收性能，其在紫外探测、传感、屏蔽等领域的应用已有大量报道[51]。然而纯 ZnO 在光电材料实际应用中存在性能较弱、稳定性较差等问题，常常需要对其进行改性。大量的研究结果表明，与碳材料复合可显著改善其性能、提高其稳定性[52]。由于自身的三维网状结构和分子结构上丰富的含氧官能团，木质素可与 ZnO 前驱体进行高效复合，得到木质素碳 /ZnO 复合材料前驱体，经高温炭化可制备结构新颖、性能优异的木质素碳 /ZnO 复合材料。

工业碱木质素的水溶性较差、反应活性低，且分子结构含有大量的羧基、羟基等负电性含氧官能团，其在水溶液中显负电性。ZnO 及其前驱体表面含有大量的羟基，在水溶液中也呈现负电性，静电排斥作用使得工业碱木质素与 ZnO 前驱体难以复合。因此，本节提出对碱木质素进行改性，在其分子结构上接入显正电性的季铵根官能团，得到季铵化木质素，增强其水溶性和反应活性，提高其与 ZnO 前驱体的复合效率，以便制备出结构规整、分散性良好的木质素碳 /ZnO 复合材料，并探究复合材料光降解染料废水的性能和作用机制及作为超级电容器电极材料的应用性能[53-55]。

一、木质素碳/氧化锌复合材料的制备及表征

木质素碳 / 氧化锌复合光催化剂的制备如图 5-25 所示。首先采用 3- 氯 -2- 羟丙基氯化铵对碱木质素进行季铵化改性制备季铵化木质素（QAL）[56]；然后配

制硝酸锌溶液，在搅拌条件下加入草酸钠水溶液，搅拌反应一定时间后，添加季铵化木质素（QAL），继续搅拌反应一定时间后，抽滤、干燥，得到静电自组装法所制备的 LC/ZnO 复合材料前驱体。将上述前驱体置于管式炉中，在 N₂ 氛围下 550℃炭化，制备得到一系列 LC/ZnO 复合光催化剂。根据初始 QAL 的添加量（0.5g、1.0g、2.0g、8.0g），将所得样品依次命名为 LC/ZnO-1、LC/ZnO-2、LC/ZnO-3、LC/ZnO-4。

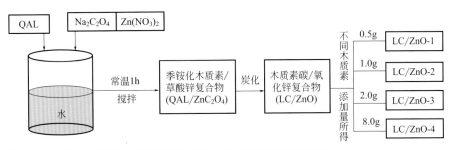

图5-25 静电自组装炭化法制备LC/ZnO复合光催化剂流程图

木质素碳／氧化锌复合超级电容器电极材料的制备：季铵化木质素／氧化锌前驱体复合液的制备过程与图 5-25 流程一致；不同的是，QAL 的用量固定为 2g，且复合液需升温至 80℃水热 6h。待复合液冷却至室温后，将复合液进行抽滤，干燥 10h，得到固体粉末。然后在 N₂ 保护条件下将所得季铵化木质素／氧化锌前驱体复合物在一定温度下煅烧 2h，冷却至室温，得到不同炭化温度所制备的木质素碳／氧化锌纳米复合材料。根据煅烧温度，将其依次命名为 LC/ZnO-500、LC/ZnO-600、LC/ZnO-700、LC/ZnO-800，如图 5-26 所示。

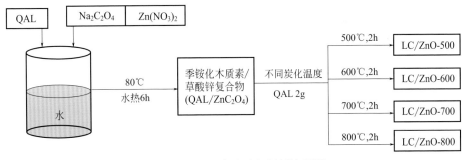

图5-26 静电自组装炭化法制备LC/ZnO复合电极材料流程图

扫描电镜（SEM）图展示了样品微观形貌随季铵化木质素用量的变化规律，图 5-27（a）是纯 ZnC₂O₄ 炭化所得 ZnO 纳米颗粒，该颗粒平均大小接近

100nm。图 5-27（b）是纯木质素直接炭化所得木质素碳（LC），呈无规团聚体。图 5-27（c）～（f）是静电自组装炭化法所得 LC/ZnO 复合光催化剂的 SEM 图，结果显示 LC/ZnO 复合材料的微观形貌为尺寸在 10μm 左右的立方体状颗粒。纳米级 ZnO 颗粒均匀镶嵌在木质素碳纳米片内部，构成了 LC/ZnO 复合颗粒，且复合颗粒内部有许多纳米级孔道。LC/ZnO-1 样品内的孔道结构最多，但是几乎没有完整的木质素碳纳米片结构；LC/ZnO-2 样品的表面附着一层非常薄的木质素碳纳米薄膜，形貌与石墨烯相似；LC/ZnO-3 具有与 LC/ZnO-2 相似的微观形貌，但其纳米片层更厚，内部孔道结构较少；LC/ZnO-4 表面的木质素碳厚度更大，紧密包裹内部的 ZnO 颗粒。

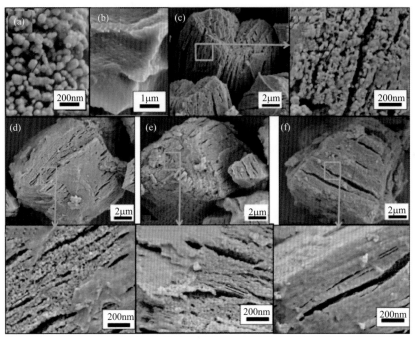

图5-27　样品的SEM图：（a）纯ZnO；（b）直接炭化LC；（c）LC/ZnO-1；（d）LC/ZnO-2；（e）LC/ZnO-3;（f）LC/ZnO-4

透射电镜（TEM）图进一步展示了样品结构的内部特征。图 5-28（a）显示 ZnO 纳米颗粒具有较为严重的聚集行为，且平均粒径在 100nm 左右，与 SEM 表征结果一致。图 5-28（b）所示的纯木质素直接炭化所得 LC 是非常厚的无孔道结构的无规团聚体。图 5-28（c）～（f）是静电自组装炭化法所得 LC/ZnO 复合颗粒的 TEM 图，图中的黑色颗粒为 ZnO，颜色相对较浅的是木质素碳纳米片，可以很明显地看到 ZnO 纳米颗粒均匀分散在木质素碳纳米片上，且 ZnO 的粒径随季铵化木质素用量的增大而减小。从图 5-28（c）的高倍 TEM 插图中可以明显看到 ZnO 的晶格条纹和少量的类似石墨烯的指纹状条纹，说明木质素碳具有一定的石墨化程度，可能具有类似石墨烯的优异光电性质。

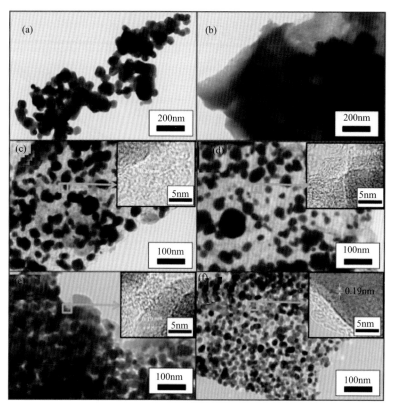

图5-28 样品的TEM图（插图是对应位置的高分辨TEM图）：（a）纯ZnO；（b）直接炭化 LC；（c）LC/ZnO-1；（d）LC/ZnO-2；（e）LC/ZnO-3；（f）LC/ZnO-4

　　LC/ZnO 复合材料的光学性质可以用于初步预测其光催化性能。图 5-29（a）是所得 LC/ZnO 和纯 ZnO 的 UV-Vis 漫反射吸收光谱，结果表明，LC/ZnO 复合材料和纯 ZnO 在 200 ～ 400nm 的紫外光区具有很强的吸收，这主要是 ZnO 中的价带电子跃迁至导带所致，且复合材料显示出更强的吸收，这主要是因为木质素碳与 ZnO 的良好复合。此外，LC/ZnO 复合材料在可见光区也显示出非常明显的增强吸收效果。图 5-29（b）是由 Kubelka-Munk 法[57]计算的 ZnO 和 LC/ZnO 的带隙曲线，ZnO、LC/ZnO-1、LC/ZnO-2、LC/ZnO-3 和 LC/ZnO-4 带隙宽度的计算结果依次为 3.25eV、3.15eV、3.03eV、2.96eV 和 2.90eV，结果表明，负载木质素碳的 ZnO 的带隙有所减小，这主要归因于木质素碳与 ZnO 之间较强的相互作用[58]。通过光致发光（PL）光谱可以判断光生电子空穴对的复合情况。图 5-29（c）是纯 ZnO 和 LC/ZnO 复合材料在 365nm 波长的光照激发下的 PL 光谱，纯 ZnO 具有很强的荧光，这说明其光生电子空穴极易复合。而 LC/ZnO 复合材料的荧光很弱，说明其光生电子可以有效转移，从而避免了电子与空穴的复合，这有利于提高 LC/ZnO 复合材料的光催化性能。

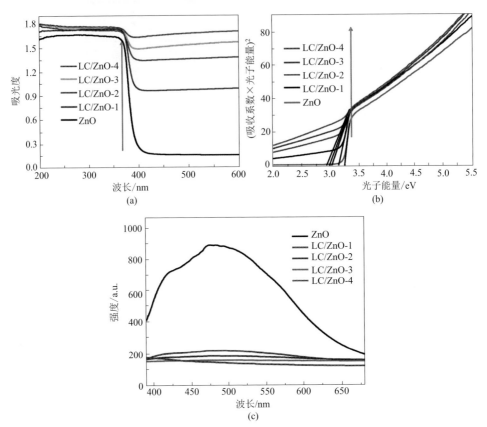

图5-29 （a）所得LC/ZnO和纯ZnO的UV-Vis光谱；（b）Kubelka-Munk函数与光子能量的曲线；（c）PL光谱

光催化剂的性能与其光生电子的转移速率密切相关。LC/ZnO-2 和纯 ZnO 的光电流响应曲线和交流阻抗曲线如图 5-30 所示。从图 5-30（a）可以看出，ITO（氧化铟锡导电玻璃）/LC/ZnO-2 和 ITO/ZnO 的光电流响应曲线形状和走势几乎相同，当光照时具有快速的光电流响应信号，这是由于光照时半导体中会产生很多光生电子，这会显著提高导电性从而产生光电流。LC/ZnO-2 的光电流强度约为纯 ZnO 的 8 倍，说明 LC/ZnO-2 复合材料中的光生电子空穴对具有更优异的分离效率。图 5-30（b）是 ITO/LC/ZnO-2 和 ITO/ZnO 的 EIS 曲线，曲线中的半圆直径对应于其电子转移电阻（R_{et}），结果显示 LC/ZnO-2 复合材料的 R_{et} 明显小于纯 ZnO，说明木质素碳的引入可有效减小 ZnO 的电子转移电阻，从而促进光生电子空穴对的分离。

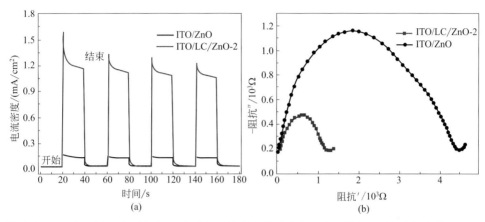

图5-30　ITO/LC/ZnO-2和ITO/ZnO极片的光电流响应曲线和交流阻抗（EIS）曲线

　　复合物的微观结构对其电化学性能具有重要影响，图 5-31 是 LC/ZnO 复合电极材料的 SEM 图。LC/ZnO-500 表面的木质素碳较厚，孔隙较少，从缝隙处可以清晰看到内部的 ZnO 纳米颗粒。LC/ZnO-600 和 LC/ZnO-700 的表面呈木质素碳纳米片结构，且其厚度随着温度的升高而减小。此外，随着温度的升高，其表面的孔道显著增多。这种表面完整的片状木质素碳有利于电子在结构内部的传导，具有良好的导电性。LC/ZnO-800 的微观结构与其他 LC/ZnO 样品相比具有明显差异，其木质素碳纳米片结构呈"坍塌"状，破碎严重，这种破碎结构不利于电子的传导。但 LC/ZnO-800 具有更丰富的孔道结构，这有利于电解质在其内部的传递和扩散。LC/ZnO-800 中 ZnO 纳米颗粒的粒径有所增大，这可能是炭化温度过高，导致 ZnO 纳米粒子"熔融"增大。

　　为评估 LC/ZnO 复合材料的晶体结构及其孔道特征，对其进行了 X 射线衍射、拉曼光谱、氮气吸 / 脱附等测试。图 5-32（a）是不同炭化温度所得 LC/ZnO 和纯 ZnO 的 X 射线衍射谱图，结果显示不同炭化温度所得复合材料具有与纯 ZnO 相似的特征衍射峰，说明木质素碳的引入不会影响 ZnO 纳米晶体结构。炭化温度较高时，所得 LC/ZnO 的特征峰更加尖锐，说明炭化温度对其晶粒大小有一定影响。根据 Scherrer 公式计算（101）晶面所对应的晶粒大小，结果依次为 19.5nm（ZnO）、14.5nm（LC/ZnO-500）、15.9nm（LC/ZnO-600）、19.1nm（LC/ZnO-700）和 21.9nm（LC/ZnO-800）。可见，LC/ZnO 中 ZnO 的晶粒大小随着温度的升高而增大，且炭化温度较低时粒径略小于纯 ZnO。

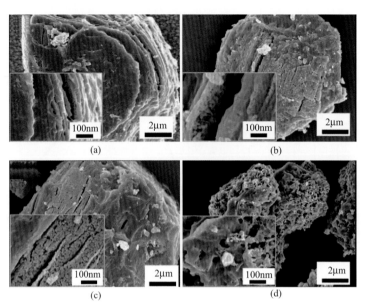

图5-31 不同炭化温度所得样品SEM图（插图对应相应样品的高倍图）：（a）LC/ZnO-500；（b）LC/ZnO-600；（c）LC/ZnO-700；（d）LC/ZnO-800

拉曼光谱广泛用于研究材料的相组成，特别是用于检测碳及其复合材料的有序/无序晶体结构。图 5-32（b）是不同炭化温度所得 LC/ZnO 复合材料的拉曼光谱，结果显示所有样品都出现了碳材料的 D 峰（1360cm^{-1}）、G 峰（1590cm^{-1}）和 ZnO 的特征峰（430cm^{-1}），表明木质素碳和 ZnO 复合材料制备成功。D 峰对应于复合材料中的木质素碳的无序 sp^2 杂化碳，表明复合材料中的木质素碳存在许多无序结构和缺陷，这主要归因于 ZnO 对团聚状木质素碳的分散与造孔作用。D 峰和 G 峰的强度比（I_D/I_G）可估计 sp^2 杂化碳区域的无序程度和平均尺寸，I_D/I_G 的值越高，表明石墨化结构的缺陷和混乱程度越高。炭化温度越高，复合材料中的木质素碳具有更高的无序度和缺陷，这极可能是草酸锌在炭化过程中促进了木质素的炭化，并提高了木质素碳的无序度和分散性。

通过氮气吸/脱附可进一步测试表征 LC/ZnO 复合材料的微观孔道结构特性，图 5-32（c）和（d）分别是 LC/ZnO 复合材料的氮气吸/脱附等温曲线和孔径分布曲线图。如图所示，500℃ 和 600℃所得样品 LC/ZnO-500 和 LC/ZnO-600 的吸附等温线为 Ⅱ型，在相对压力较高处有明显的滞后回环，说明其微观结构含有较多大孔。700℃和 800℃所得样品 LC/ZnO-700 和 LC/ZnO-800 的吸附等温线为 Ⅰ+Ⅳ型，吸附量在相对压力较低处出现了迅速增长，说明复合材料的内部存在微孔结构，而在相对压力较高处，出现了更加明显的滞后回环，说明其内部存在更多的大孔及介孔结构。样品的 BET 比表面积依次为 187m²/g（LC/ZnO-500）、232m²/g（LC/ZnO-600）、365m²/g（LC/ZnO-700）和 372m²/g（LC/ZnO-800）。图 5-32（d）所示的孔径分布曲线显示复合材料是具有微孔、介孔和大孔分布的分级多孔结构，各自的总孔容为 0.19cm³/g（LC/ZnO-500）、0.20cm³/g（LC/ZnO-600）、0.28cm³/g（LC/ZnO-700）和 0.35cm³/g（LC/ZnO-800）。上述结果说明，高炭化温度有利于提高复合材料的比表面积和产生更丰富的孔道结构，而这种优异的微观结构非常有利于提升其在超级电容器领域的应用性能。

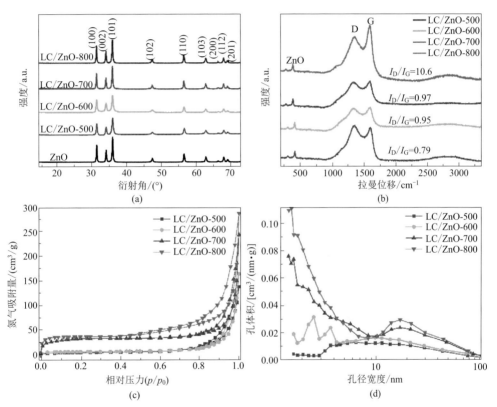

图5-32　不同温度炭化制备的LC/ZnO复合材料的X射线衍射图（a）；拉曼光谱（b）；氮气吸/脱附曲线（c）；孔径分布曲线（d）

二、木质素碳/氧化锌复合材料光催化降解染料废水研究

印染工业是我国的一个重点行业，其在创造良好经济效益的同时也产生了大

量的有机染料废物，污染了水环境。本书选择印染行业所产生的有机染料污染物（甲基橙和罗丹明 B）为降解目标，用以评估静电自组装炭化法所得 LC/ZnO 复合光催化剂的光催化性能。

光催化实验测试过程如下：取一定量的光催化剂 LC/ZnO-2 粉末加入甲基橙（MO）或罗丹明 B（RhB）溶液中，在黑暗条件下磁力搅拌均匀，使光催化剂对染料达到吸附饱和。在光催化剂均匀分散的条件下取出 10mL 分散液，高速离心去除催化剂，通过紫外 - 可见分光光度计测定其浓度。然后将吸附饱和后的染料溶液置于光催化反应器中进行光催化降解实验。作为对比，纯氧化锌光催化降解实验按照上述相同条件进行。每隔一段固定时间取样，通过紫外 - 可见分光光度计测试甲基橙和罗丹明 B 的实时浓度，光降解率用以下公式计算：

$$D = \frac{C_0 - C}{C_0} \times 100\% = \frac{A_0 - A}{A_0} \times 100\% \tag{5-1}$$

式中　D——光降解率；

　　　C_0——光照开始时甲基橙或罗丹明 B 的浓度；

　　　C——甲基橙或罗丹明 B 在光催化反应过程中的实时浓度；

　　　A_0——光照开始时甲基橙或罗丹明 B 的最大吸收峰的吸光度；

　　　A——甲基橙或罗丹明 B 的最大吸收峰在光催化反应过程中的实时吸光度。

图 5-33（a）和（b）分别是 LC/ZnO-2 光降解 MO 和 RhB 的性能曲线，相比于纯 ZnO，负载木质素碳的复合材料的光催化性能显著增强，且 LC/ZnO-2 和纯 ZnO 光降解 MO 的速率和效率都要高于 RhB。图 5-33（c）和（d）分别是催化剂光降解 MO 和 RhB 的反应动力学拟合曲线，LC/ZnO-2 和纯 ZnO 光降解 MO 的速率常数都要明显高于光降解 RhB 的速率常数。具体实验结果显示，相对于阴性的 MO，阳性的 RhB 在 50min 内仅能被 LC/ZnO-2 光降解 79.2%，且未负载木质素碳的纯 ZnO 在 50min 的时间内只能光降解 31.1% 的 RhB。LC/ZnO-2 光降解 MO 的速率常数是纯 ZnO 光降解 MO 的 5 倍，而其光降解 RhB 的速率常数则是纯 ZnO 光降解 RhB 的 2.6 倍，这表明 LC/ZnO-2 光催化降解阴性 MO 的增强效果要优于光催化降解阳性 RhB 的增强效果，这也预示着 LC/ZnO-2 光催化降解不同极性有机染料的作用机理存在差异。

为了深入探究 LC/ZnO 复合材料的光催化机理，采用 EPR 光谱分析了复合物催化剂所产生的活性基团种类和相对强度。$\cdot O_2^-$ 和 $\cdot OH$ 在水溶液中不能稳定存在，$\cdot O_2^-$ 可以在添加自由基稳定剂 DMPO（5，5- 二甲基 -1- 吡咯啉 -N- 氧化物）的甲醇溶液中稳定存在，而 $\cdot OH$ 可以在添加自由基稳定剂 DMPO 的甲醇溶液中稳定存在[59]。

图 5-34（a）是催化剂在没有添加 DMPO 的纯水环境中的 EPR 光谱。结果显示，在黑暗条件下，纯 ZnO 没有空穴 h^+ 特征峰信号，而 LC/ZnO-2 显示出较

强的 h⁺ 特征峰信号。这是由于炭化过程中木质素碳在 ZnO 的表面刻蚀形成了许多氧缺陷，导致 ZnO 晶体内存在许多正电中心，从而形成空穴。在光照条件下，LC/ZnO-2 和纯 ZnO 都显示出 h⁺ 特征峰信号，且光照下 ZnO 的 h⁺ 特征峰信号强度仅与 LC/ZnO-2 在黑暗条件下相当，说明复合材料的 h⁺ 浓度显著大于纯 ZnO。

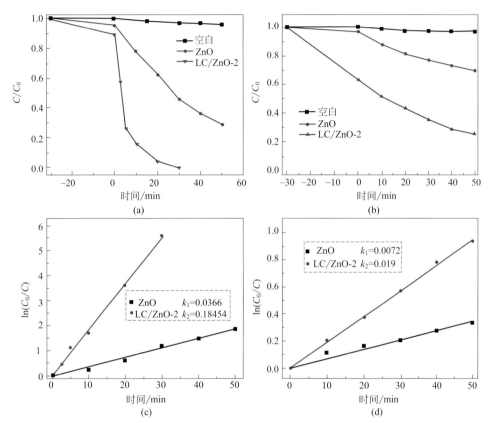

图5-33 LC/ZnO-2和ZnO光催化降解MO（a）和RhB（b）性能曲线；光降解反应动力学曲线：拟合（c）MO，（d）RhB

C/C_0 表示染料实时浓度与初始浓度之比

图 5-34（b）是催化剂在添加 DMPO 的水环境中的 EPR 光谱。黑暗条件下，纯 ZnO 的 EPR 谱图中没有出现·OH 四重特征峰，LC/ZnO-2 的 EPR 谱图中出现了较弱的·OH 四重特征峰，这是因为复合材料中大量的空穴与水或羟基发生作用。光照时，纯 ZnO 和 LC/ZnO-2 的 EPR 谱图中都出现了显著增强的·OH 四重特征峰，说明光照时产生了许多·OH，且复合材料可以产生更多的·OH。

图 5-34（c）是催化剂在添加 DMPO 的甲醇溶液环境中的 EPR 光谱。黑暗条件下，纯 ZnO 和 LC/ZnO-2 的 ESR 谱图中都没有出现·O₂ 特征峰。光照时，

纯 ZnO 和 LC/ZnO-2 的 EPR 谱图中都出现了·O_2^- 的特征峰，说明光照时产生·O_2^-，且复合材料可以产生更多的·O_2^-。综上所述，LC/ZnO-2 复合材料中存在大量的空穴，且光照条件下，复合材料可以比纯 ZnO 产生更多的·OH 和·O_2^-，这是复合材料光催化性能显著优于纯 ZnO 的根本原因。

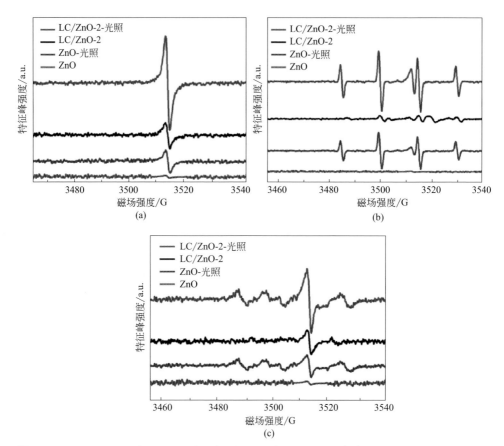

图5-34 LC/ZnO-2和纯ZnO在黑暗和光照条件下的EPR光谱：（a）不加DMPO的纯水环境；（b）加DMPO的水环境；（c）加DMPO的甲醇溶液环境

上述研究发现，LC/ZnO-2 光催化降解 MO 和 RhB 的增强效果存在差异，推测其作用机理可能存在着差异，为进一步研究其光催化的作用机理，通过在其各自的光降解过程中添加相应活性基团的屏蔽剂，并对主要的光活性物种进行考察，分别加入三乙醇胺（TEOA）屏蔽空穴、叔丁醇（TBA）屏蔽羟基自由基、苯醌（BQ）屏蔽超氧自由基。

图 5-35（a）是 LC/ZnO-2 光催化降解 MO 时分别加入相应活性基团屏蔽剂的实验结果。当加入 TEOA 屏蔽 h^+ 时，MO 几乎没有任何降解。当加入 TBA 屏

蔽·OH 时，MO 在 30min 内被降解约 30%。当加入 BQ 屏蔽·O_2^- 时，MO 在 30min 内被降解 60%。以上结果说明 LC/ZnO-2 在光催化降解 MO 时，活性基团起作用的主次关系是 $h^+ > ·OH > ·O_2^-$，h^+ 起到了最主要的降解 MO 的作用。图 5-35（b）则表明了 LC/ZnO-2 在光催化剂降解 RhB 时，活性基团起作用的主次关系是 $·OH > ·O_2^- > h^+$，h^+ 几乎没有起到任何降解 RhB 的作用。这说明 LC/ZnO-2 在光降解 MO 时参与直接降解反应的 h^+ 活性基团比光降解 RhB 时多，而 LC/ZnO-2 含有丰富的 h^+，这也是 LC/ZnO-2 光催化降解 MO 性能优于光降解 RhB 性能的内在原因。

此外，上述光催化降解 MO 和 RhB 实验中，发现 LC/ZnO-2 复合材料对阴性 MO 和阳性 RhB 的吸附存在很大的差异，因此对其表面电荷进行了测试。Zeta 电位测试结果显示 LC/ZnO-2 表面呈较强的负电位。

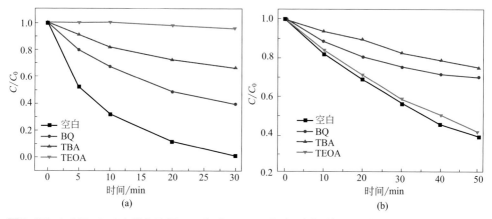

图5-35 LC/ZnO-2光催化降解MO（a）和RhB（b）时分别加入相应的活性基团屏蔽剂

C/C_0表示染料实时浓度与初始浓度之比

因此，根据以上的光催化实验结果，提出如图 5-36 所示的 LC/ZnO-2 光催化降解 MO 和 RhB 的作用机理。小分子染料有机化合物可以被吸附到 LC/ZnO 复合材料的框架型结构内部，阴性 MO 分子在水溶液中显负电性，而木质素碳也显示出较强的负电性，可以通过静电排斥作用将 MO "推送" 至 ZnO 的表面，从而被 ZnO 中的大量 h^+ 直接降解。此外，木质素碳可以有效转移 ZnO 的光生电子和空穴，从而在木质素碳表面形成许多·O_2^- 和·OH，·O_2^- 和·OH 也可以参与到 MO 的降解，从而显著增强光催化性能。而阳性的 RhB 分子在水溶液中显正电性，被牢牢吸附在显负电性的木质素碳表面，只能被木质素碳表面的·O_2^- 和·OH 降解，而不能被有效 "推送" 到 ZnO 表面由 h^+ 直接降解。综上所述，LC/ZnO 复合材料在光催化降解 MO 时，自身含有的大量 h^+ 起到了主要的直接降解作用,因此它相对于纯 ZnO 的光催化降解性能增强了 5 倍。而 LC/ZnO 复合材料在光降解 RhB 时,h^+ 没有起到直接的降解作用,只能通过·O_2^- 和·OH 来起降解作用,因此其相对于纯 ZnO 的性能仅增强了 2.6 倍。

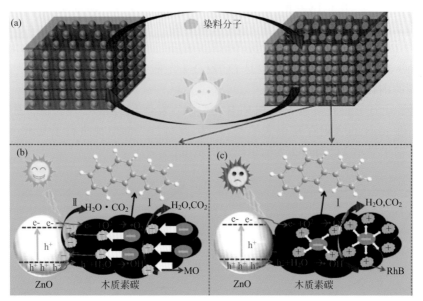

图5-36 LC/ZnO光催化降解MO和RhB的作用机理模型

三、木质素碳/氧化锌复合材料在超级电容器中的应用

决定超级电容器性能的关键因素是其电极材料,碳 /ZnO 复合材料兼具碳材料和金属氧化物材料各自的优点,电化学性能优异,具有良好的应用潜力。本书采用两电极体系对不同炭化温度制备的 LC/ZnO 复合电极材料(LC/ZnO-500、LC/ZnO-600、LC/ZnO-700、LC/ZnO-800)的电化学性能进行评价。主要的电化学测试方法为循环伏安法、恒电流充放电法和交流阻抗谱法。工作电极制备流程与本章第五节中木质素多孔碳类纳米片电极流程一致,电极活性物质的负载量约为 $8mg/cm^2$。然后将制备好的两个相同尺寸的电极作为工作电极,滤纸为隔膜,PVA/KOH 凝胶为电解质组装成对称超级电容器以进行一系列测试。

图 5-37(a)为 LC/ZnO 复合电极材料在 5 mV/s 扫描速率下的循环伏安(CV)曲线,结果显示 LC/ZnO-700 具有最大的曲线积分面积,比电容最高,这主要归因于其高比表面积和三维多孔骨架。所有的 CV 曲线都呈类矩形,表明电容贡献为双电层电容。另外,炭化温度越高,样品的 CV 曲线所呈矩形越规整,低温炭

化所得样品 LC/ZnO-500 的 CV 曲线出现明显变形，其原因在于低温炭化时木质素含氧官能团未完全分解，所残留的非电化学活性氧限制了电导率，导致电容性能较差。图 5-37（b）为 LC/ZnO 复合电极材料在 0.5 A/g 电流密度下的 GCD 曲线，所有曲线都呈对称的近似等腰三角形，表明样品具有良好的电化学可逆性。LC/ZnO-700 具有最长的放电时间，表明其比电容最高。根据充放电曲线可计算样品的比电容，结果为 111F/g（LC/ZnO-500）、145F/g（LC/ZnO-600）、193F/g（LC/ZnO-700）和 168F/g（LC/ZnO-800）。对于 LC/ZnO-700，其具有最高比电容主要是由于其具有高比表面积和大孔体积的三维骨架不仅促进了电解质离子的快速扩散与传输，还为电荷积聚提供了丰富的活性位点。尽管 LC/ZnO-800 具有最高的比表面积，但其比电容并不是最高的，原因在于其破碎的木质素碳骨架导致电导率较低。

图 5-37（c）为 LC/ZnO-700 在不同扫描速率下的 CV 曲线，当扫描速率提高到 200 mV/s 时，其仍保持开始的矩形，表明具有优异的倍率性能。图 5-37（d）为 LC/ZnO-700 在不同电流密度下的 GCD 曲线，所有曲线都具有典型电容特性的对称三角形，同时高电流密度下其电压降可以忽略不计，表明器件的等效串联电阻非常小。

根据充放电曲线可以计算样品在不同电流密度下的比电容［图 5-38（a）］。由于受到电解质离子扩散能力的限制，电容响应会随电流增大而受限，导致比电容下降。LC/ZnO-700 在 20.0A/g 的高电流密度下仍保持 151F/g 的比电容，其优异的倍率性能主要来源于较低的离子传输阻抗。图 5-38（b）采用交流阻抗谱（EIS）测试研究了 LC/ZnO 基超级电容器的频率响应特性，如图所示，除了 LC/ZnO-500，所有图谱都由高频区的半圆和低频区接近 90° 的直线组成，特别是 LC/ZnO-700。LC/ZnO-500 的阻抗谱在高频区只呈 1/4 的圆弧，且圆弧直径非常大，而其低频区直线接近 45°，表明其具有非理想的电容特性。半圆的直径代表电极与电解质界面间的电荷转移电阻（R_{ct}），根据等效拟合电路，器件的 R_{ct} 分别为 12.030Ω（LC/ZnO-500）、7.087Ω（LC/ZnO-600）、4.681Ω（LC/ZnO-700）和 6.378Ω（LC/ZnO-800）。LC/ZnO-700 和 LC/ZnO-800 低频区陡峭的直线则表明它们具有典型的电容特性，且离子扩散电阻较小。曲线在实轴上的交点代表器件的等效串联电阻（ESR），包括活性材料与电解质的阻抗和活性材料与集流体间的接触电阻。器件的 ESR 依次为 1.933Ω（LC/ZnO-500）、1.663Ω（LC/ZnO-600）、1.490Ω（LC/ZnO-700）和 1.616Ω（LC/ZnO-800）。因此，LC/ZnO-700 基超级电容器具有最小的电阻，其导电性最好，电化学性能最佳。

LC/ZnO-700 的循环稳定性通过在 2.0A/g 电流密度下进行 1 万次充放电测试进行评价。如图 5-38（c）所示，经 1 万次测试后，LC/ZnO-700 的比电容保持在 161 F/g，电容保持率为 94.2%。图 5-38（d）展示了不同循环测试次数对应的

GCD 曲线，所有曲线保持与第一次相似的三角形，表明其具有优越的循环稳定性。其优越的循环稳定性主要归因于以下三个因素：① 三维多孔结构具有丰富的孔道，且木质素碳纳米片完整的骨架结构允许电解质进行长期的扩散与传输；② 大的孔体积和独特的三明治结构有效缓解了 ZnO 在充放电过程中的体积膨胀；③ 木质素碳与 ZnO 的良好复合保证了长期充放电过程中骨架的稳定性，并且提升了电导率。

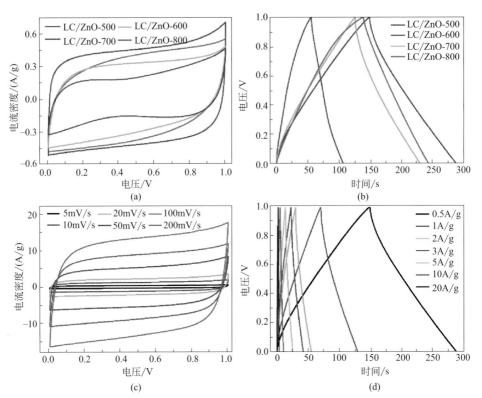

图5-37 不同炭化温度制备的LC/ZnO复合电极材料的电化学性能：（a）样品在5mV/s下的CV曲线；（b）样品在0.5A/g下的GCD曲线；（c）LC/ZnO-700在不同扫描速率下的CV曲线；（d）LC/ZnO-700在不同电流密度下的GCD曲线

本节以季铵化木质素为碳源，草酸锌为 ZnO 前驱体，通过静电自组装炭化法制备了一种木质素碳负载量可控的多功能木质素碳 /ZnO 复合物。该复合物具有稳定的多孔框架型立方体结构，且两相间具有良好的界面相容性，赋予其优越的光电特性。其作为光催化剂时可快速降解有机染料分子，作为超级电容器电极材料时具有高比容量和优越的循环稳定性。

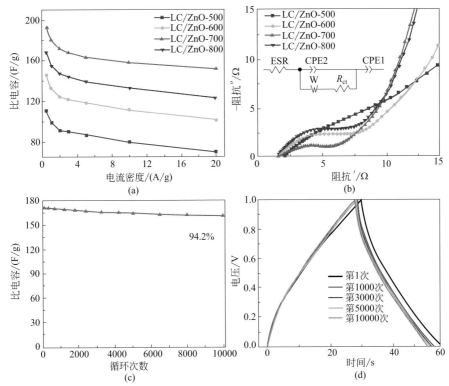

图5-38 （a）不同炭化温度制备的LC/ZnO复合电极材料的比电容随电流密度的变化曲线；（b）LC/ZnO复合电极材料的EIS图谱（插图为等效拟合电路）；（c）LC/ZnO-700的循环稳定性；（d）LC/ZnO-700在不同循环次数对应的GCD曲线

参考文献

[1] Myglovets M, Poddubnaya O I, Sevastyanova O, et al. Preparation of carbon adsorbents from lignosulfonate by phosphoric acid activation for the adsorption of metal ions [J]. Carbon, 2014, 80: 771-783.

[2] Valero-Romero M J, Márquez-Franco E M, Bedia J, et al. Hierarchical porous carbons by liquid phase impregnation of zeolite templates with lignin solution [J]. Microporous and Mesoporous Materials, 2014, 196: 68-78.

[3] Salinas-Torres D, Ruiz-Rosas R, Valero-Romero M J, et al. Asymmetric capacitors using lignin-based hierarchical porous carbons [J]. Journal of Power Sources, 2016, 326: 641-651.

[4] Xie A, Dai J, Chen Y, et al. NaCl-template assisted preparation of porous carbon nanosheets started from lignin for efficient removal of tetracycline [J]. Advanced Powder Technology, 2019, 30(1): 170-179.

[5] Song Y, Liu J, Sun K, et al. Synthesis of sustainable lignin-derived mesoporous carbon for supercapacitors using a

nano-sized MgO template coupled with Pluronic F127 [J]. RSC Advances, 2017, 7(76): 48324-48332.

[6] Saha D, Li Y, Bi Z, et al. Studies on supercapacitor electrode material from activated lignin-derived mesoporous carbon [J]. Langmuir, 2014, 30(3): 900-910.

[7] Zhang W, Yin J, Lin Z, et al. Facile preparation of 3D hierarchical porous carbon from lignin for the anode material in lithium ion battery with high rate performance [J]. Electrochimica Acta, 2015, 176: 1136-1142.

[8] Xi Y, Yang D, Qiu X, et al. Renewable lignin-based carbon with a remarkable electrochemical performance from potassium compound activation [J]. Industrial Crops and Products, 2018, 124: 747-754.

[9] Wang S, Yang L, Stubbs L P, et al. Lignin-derived fused electrospun carbon fibrous mats as high performance anode materials for lithium ion batteries [J]. ACS applied materials & interfaces, 2013, 5(23): 12275-12282.

[10] Tenhaeff W E, Rios O, More K, et al. Mcguire, highly robust lithium ion battery anodes from lignin: An abundant, renewable, and low-cost material [J]. Advanced Functional Materials, 2014, 24(1): 86-94.

[11] Chang Z, Yu B, Wang C. Influence of H_2 reduction on lignin-based hard carbon performance in lithium ion batteries [J]. Electrochimica Acta, 2015, 176: 1352-1357.

[12] Zhao H, Wang Q, Deng Y, et al. Preparation of renewable lignin-derived nitrogen-doped carbon nanospheres as anodes for lithium-ion batteries [J]. RSC advances, 2016, 6(81): 77143-77150.

[13] Gnedenkov S V, Opra D P, Sinebryukhov S L, et al. Hydrolysis lignin: Electrochemical properties of the organic cathode material for primary lithium battery [J]. Journal of Industrial and Engineering Chemistry, 2014, 20(3): 903-910.

[14] Simon P, Gogotsi Y, Dunn B. Where do batteries end and supercapacitors begin? [J]. Science, 2014, 343(6176): 1210-1211.

[15] Lu S, Jin M, Zhang Y, et al. Chemically exfoliating biomass into a graphene-like porous active carbon with rational pore structure, good conductivity, and large surface area for high-performance supercapacitors [J]. Advanced Energy Materials, 2018, 8(11): 1702545.

[16] Wang K, Xu M, Gu Y, et al. Symmetric supercapacitors using urea-modified lignin derived N-doped porous carbon as electrode materials in liquid and solid electrolytes [J]. Journal of Power Sources, 2016, 332: 180-186.

[17] Klose M, Reinhold R, Logsch F, et al. Softwood lignin as a sustainable feedstock for porous carbons as active material for supercapacitors using an ionic liquid electrolyte [J]. ACS Sustainable Chemistry & Engineering, 2017, 5(5): 4094-4102.

[18] Wu Y, Cao J, Hao Z, et al. One-step preparation of alkaline lignin-based activated carbons with different activating agents for electric double layer capacitor [J]. International Journal of Electrochemical Science, 2017, 12(8): 7227-7239.

[19] Zhang K, Liu M, Zhang T, et al. High-performance supercapacitor energy storage using a carbon material derived from lignin by bacterial activation before carbonization [J]. Journal of Materials Chemistry A, 2019, 7(47): 26838-26848.

[20] Chen F, Zhou Z, Chang L, et al. Synthesis and characterization of lignosulfonate-derived hierarchical porous graphitic carbons for electrochemical performances [J]. Microporous and Mesoporous Materials, 2017, 247: 184-189.

[21] Chen Y, Zhang G, Zhang J, et al. Synthesis of porous carbon spheres derived from lignin through a facile method for high performance supercapacitors [J]. Journal of materials science & technology, 2018, 34(11): 2189-2196.

[22] Hao Z, Cao J, Dang Y, et al. Three-dimensional hierarchical porous carbon with high oxygen content derived fromorganic waste liquid with superior electric double layer performance [J]. ACS Sustainable Chemistry & Engineering, 2019, 7(4): 4037-4046.

[23] Li H, Yuan D, Tang C, et al. Lignin-derived interconnected hierarchical porous carbon monolith with large areal/ volumetric capacitances for supercapacitor [J]. Carbon, 2016, 100: 151-157.

[24] Liu W, Yao Y, Fu O, et al. Lignin-derived carbon nanosheets for high-capacitance supercapacitors [J]. RSC

advances, 2017, 7(77): 48537-48543.

[25] Zhang W, Lin H, Lin Z, et al. 3D Hierarchical porous carbon for supercapacitors prepared from lignin through a facile template-free method [J]. ChemSusChem, 2015, 8(12): 2114-2122.

[26] Guo N, Li M, Sun X, et al. Enzymatic hydrolysis lignin derived hierarchical porous carbon for supercapacitors in ionic liquids with high power and energy densities [J]. Green Chemistry, 2017, 19(11): 2595-2602.

[27] Zhang W, Yu C, Chang L, et al. Three-dimensional nitrogen-doped hierarchical porous carbon derived from cross-linked lignin derivatives for high performance supercapacitors [J]. Electrochimica Acta, 2018, 282: 642-652.

[28] Pang J, Zhang W, Zhang J, et al. Facile and sustainable synthesis of sodium lignosulfonate derived hierarchical porous carbons for supercapacitors with high volumetric energy densities [J]. Green Chemistry, 2017, 19(16): 3916-3926.

[29] Pang J, Zhang W, Zhang H, et al. Sustainable nitrogen-containing hierarchical porous carbon spheres derived from sodium lignosulfonate for high-performance supercapacitors [J]. Carbon, 2018, 132: 280-293.

[30] Liu F, Wang Z, Zhang H, et al. Nitrogen, oxygen and sulfur co-doped hierarchical porous carbons toward high-performance supercapacitors by direct pyrolysis of kraft lignin [J]. Carbon, 2019, 149: 105-116.

[31] Zhang W, Zhao M, Liu R, et al.Hierarchical porous carbon derived from lignin for high performance supercapacitor [J]. Colloids and Surfaces A: Physicochemical and Engineering Aspects, 2015, 484: 518-527.

[32] Zhang L, You T, Zhou T, et al. Interconnected hierarchical porous carbon from lignin-derived byproducts of bioethanol production for ultra-high performance supercapacitors [J]. ACS Applied Materials & Interfaces, 2016, 8(22): 13918-13925.

[33] Ma C, Li Z, Li J, et al. Lignin-based hierarchical porous carbon nanofiber films with superior performance in supercapacitors [J]. Applied Surface Science, 2018, 456: 568-576.

[34] Wang N, Fan H, Ai S. Lignin templated synthesis of porous carbon-CeO_2 composites and their application for the photocatalytic desulphuration [J]. Chemical Engineering Journal, 2015, 260: 785-790.

[35] Srisasiwimon N, Chuangchote S, Laosiripojana N, et al. TiO_2/Lignin-based carbon composited photocatalysts for enhanced photocatalytic conversion of lignin to high value chemicals [J]. ACS Sustainable Chemistry & Engineering, 2018, 6(11): 13968-13976.

[36] Qin H, Kang S, Wang Y, et al. Lignin-based fabrication of Co@C core-shell nanoparticles as efficient catalyst for selective fischer-tropsch synthesis of C5+ compounds [J]. ACS Sustainable Chemistry & Engineering, 2016, 4(3): 1240-1247.

[37] Qin H, Zhou Y, Bai J, et al. Lignin-derived thin-walled graphitic carbon-encapsulated iron nanoparticles: Growth, characterization, and applications [J]. ACS Sustainable Chemistry & Engineering, 2017, 5(2): 1917-1923.

[38] Qin H, Jian R, Bai J, et al. Influence of molecular weight on structure and catalytic characteristics of ordered mesoporous carbon derived from lignin[J]. ACS Omega, 2018, 3(1): 1350-1356.

[39] Martin-Martinez M, Barreiro M F F, Silva A M T, et al. Lignin-based activated carbons as metal-free catalysts for the oxidative degradation of 4-nitrophenol in aqueous solution [J]. Applied Catalysis B: Environmental, 2017, 219: 372-378.

[40] 席跃宾 . 木质素基多孔碳微结构的构筑及其储锂性能研究 [D]. 广州：华南理工大学，2019.

[41] Xi Y, Wang Y, Yang D, et al. K_2CO_3 activation enhancing the graphitization of porous lignin carbon derived from enzymatic hydrolysis lignin for high performance lithium-ion storage [J]. Journal of Alloys and Compounds, 2019, 785: 706-714.

[42] Xi Y, Yang D, Liu W, et al. Preparation of porous lignin-derived carbon/carbon nanotube composites by hydrophobic self-assembly and carbonization to enhance lithium storage capacity [J]. Electrochimica Acta, 2019, 303: 1-8.

[43] Fu F, Yang D, Zhang W, et al. Green self-assembly synthesis of porous lignin-derived carbon quasi-nanosheets for high-performance supercapacitors [J]. Chemical Engineering Journal, 2020, 392: 123721.

[44] Zheng X, Luo J, Lv W, et al. Two-dimensional porous carbon: synthesis and ion‐transport properties [J]. Advanced Materials, 2015, 27(36): 5388-5395.

[45] Zhao Y, Huang S, Xia M, et al. NPO co-doped high performance 3D graphene prepared through red phosphorous-assisted "cutting-thin" technique: A universal synthesis and multifunctional applications [J]. Nano Energy, 2016, 28: 346-355.

[46] Xing W, Qiao S, Ding R, et al. Superior electric double layer capacitors using ordered mesoporous carbons [J]. Carbon, 2006, 44(2): 216-224.

[47] Yin H, Lu B, Xu Y, et al. Harvesting capacitive carbon by carbonization of waste biomass in molten salts [J]. Environmental Science & Technology, 2014, 48(14): 8101-8108.

[48] Gong Y, Li D, Luo C, et al. Highly porous graphitic biomass carbon as advanced electrode materials for supercapacitors [J]. Green Chemistry, 2017, 19(17): 4132-4140.

[49] Wen Z, Wang X, Mao S, et al. Crumpled nitrogen-doped graphene nanosheets with ultrahigh pore volume for high-performance supercapacitor [J]. Advanced Materials, 2012, 24(41): 5610-5616.

[50] Kota M, Yu X, Yeon S H, et al. Ice-templated three dimensional nitrogen doped graphene for enhanced supercapacitor performance [J]. Journal of Power Sources, 2016, 303: 372-378.

[51] Wang H, Yi G, Zu X, et al. Photoelectric characteristics of the p-n junction between ZnO nanorods and polyaniline nanowires and their application as a UV photodetector [J]. Materials Letters, 2016, 162: 83-86.

[52] Moussa H, Girot E, Mozet K, et al. ZnO rods/reduced graphene oxide composites prepared via a solvothermal reaction for efficient sunlight-driven photocatalysis [J]. Applied Catalysis B: Environmental, 2016, 185: 11-21.

[53] 王欢 . 木质素碳 /ZnO 复合材料的制备及在光催化和超级电容器中的应用 [D]. 广州：华南理工大学，2018.

[54] Wang H, Qiu X, Liu W, et al. Facile preparation of well-combined lignin-based carbon/ZnO hybrid composite with excellent photocatalytic activity [J]. Applied Surface Science, 2017, 426: 206-216.

[55] Fu F, Yang D, Wang H, et al. Three-dimensional porous framework lignin-derived carbon/ZnO composite fabricated by a facile electrostatic self-assembly showing good stability for high-performance supercapacitors [J]. ACS Sustainable Chemistry & Engineering, 2019, 7(19): 16419-16427.

[56] 李圆圆，杨东杰，邱学青 . pH 响应木质素基胶体球的制备和表征 [J]. 高等学校化学学报，2017, 38(05): 880-887.

[57] Wang H, Qin P, Yi G, et al. A high-sensitive ultraviolet photodetector composed of double-layered TiO$_2$ nanostructure and Au nanoparticles film based on Schottky junction [J]. Materials Chemistry and Physics, 2017, 194: 42-48.

[58] Rokhsat E, Akhavan O. Improving the photocatalytic activity of graphene oxide/ZnO nanorod films by UV irradiation [J]. Applied Surface Science, 2016, 371: 590-595.

[59] Zhang N, Yang M Q, Tang Z R, et al. CdS-graphene nanocomposites as visible light photocatalyst for redox reactions in water: A green route for selective transformation and environmental remediation [J]. Journal of catalysis, 2013, 303: 60-69.

第六章

木质素/无机氧化物纳米复合材料的制备及应用

无机微纳米颗粒具有来源广、毒性低和稳定性好的特点，常常被用作高分子材料的填料或者功能助剂，如紫外防护剂、抗氧化剂、光稳定剂以及补强剂等。常用的无机微纳米颗粒主要有 ZnO、TiO_2、SiO_2 等[1-3]，具有刚性大、表面能高、自身极易团聚等特点，若直接添加到高分子材料中，其优异的性能难以充分体现。为了充分发挥无机微纳米颗粒的功能，通过化学键作用、物理作用等制备有机/无机复合颗粒，其不仅可以保持各组分的优点，而且能赋予单一有机物或者无机物所不具备的性能[4]，并且能赋予材料新的力学、热学等特性。

天然木质素是一种三维网状结构高分子，其分子结构中含有大量苯环、共轭双键和含氧官能团[5]。通过负载木质素制备木质素/无机氧化物复合材料不仅可以有效解决无机颗粒分散性差和兼容性不佳的问题，同时还可赋予无机氧化物颗粒更为特殊的光学、力学性质。

第一节
木质素/ZnO纳米复合材料

ZnO 作为一种半导体材料被广泛应用于太阳能电池、发光材料、抗紫外老化剂等光电材料领域[6-8]。近年来，随着气候变化和环境污染的日益严重，臭氧层遭到破坏导致更多的紫外线到达地球表面，引起了一系列紫外辐射老化问题[9]。紫外吸收性能优异的纳米 ZnO 具有来源广、环境友好等特点，在抗紫外稳定剂领域的应用得到越来越多的研究和报道。然而，纯 ZnO 颗粒具有表面亲水性官能团含量高、极性大、极易团聚、与高分子相容性差等缺点，通过制备有机物/ZnO 复合颗粒可有效克服以上问题[10-12]。木质素具有无毒、可生物降解、廉价易得等特点，制备木质素/ZnO 复合纳米材料，并将其作为紫外线防护剂应用于防紫外老化领域具有重要意义。本节将介绍笔者团队可控制备一系列结构规整、分散良好、光学性能优异的木质素/ZnO 复合材料，并探究其在抗紫外老化等领域的高附加值应用。

一、水热法制备木质素/ZnO纳米颗粒及其应用

1. 木质素/ZnO 复合颗粒的制备及其微结构特性
将 Zn（NO_3）$_2$·$6H_2O$ 和（CH_2）$_6N_4H_4$ 溶解于去离子水中得到均匀混

合溶液，然后加入一定量的木质素季铵盐 LQAs-50 或者碱木质素（AL）（具体合成步骤参照第三章内容），加热到 120℃反应一段时间后，自然冷却并在室温下放置 24h，收集固体沉淀物，洗涤、干燥得到木质素 /ZnO 复合颗粒，制备流程如图 6-1 所示。根据加入木质素季铵盐的量（0.5g、1.0g、1.5g），所得复合颗粒样品分别记作 LQAs/ZnO-A、LQAs/ZnO-B、LQAs/ZnO-C，加入 0.5g 碱木质素制备的样品记为 AL/ZnO。另外，不添加 LQAs-50，采用水热法制备得到的 ZnO 颗粒记为 HT-ZnO。

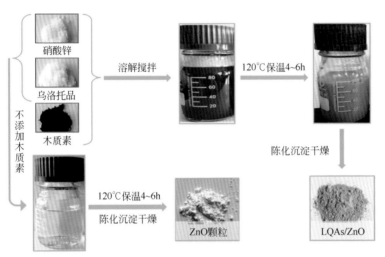

图6-1　LQAs/ZnO纳米复合颗粒的制备

首先分别测定了 LQAs/ZnO 复合颗粒、HT-ZnO 颗粒和 AL/ZnO 复合物的 XRD 谱图，结果如图 6-2 所示。所有样品的衍射谱图与标准 PDF 卡片（powder diffraction file，粉末衍射卡片）JCPDS No.89-0510 吻合，晶体结构属于六方纤锌矿结构，木质素季铵盐的加入没有改变 ZnO 的晶型结构。但是与 HT-ZnO 颗粒相比，复合颗粒的结晶度降低，说明 LQAs 对 ZnO 晶体的生长起到抑制作用。原因是在水热法制备复合颗粒过程中，反应溶液呈弱酸性，此时 LQAs 的表面显正电性，LQAs 分子中正电性季铵根官能团与 ZnO 颗粒的负极性表面通过静电作用相互吸引，ZnO 颗粒在 LQAs 三维分子结构内部生长，大量的生长因子 $Zn(OH)_4^{2-}$ 无法顺利到达颗粒表面，因此颗粒生长受到抑制。

为研究 LQAs 对复合颗粒的微观形貌的影响规律，对所得材料进行了 SEM、TEM 表征。SEM 结果如图 6-3 所示，所制备的 HT-ZnO 颗粒为花簇状，平均粒径大于 1μm。LQAs 的添加量对 LQAs/ZnO 复合颗粒的微观形貌有显著影响，随着 LQAs 添加量的增加，复合颗粒的粒径逐渐减小，分散程度也逐渐提高。说明

LQAs 不仅能够抑制粒径大小，还能起到分散复合颗粒的作用。TEM 表征结果如图 6-4 所示，LQAs/ZnO 复合颗粒为准球状结构，单个颗粒的粒径约为 120nm。ZnO 颗粒集中分布在图中颜色较深的区域，而 LQAs 集中在包裹 ZnO 颗粒颜色较浅的区域。这表明 LQAs/ZnO 复合颗粒是由 ZnO 颗粒与 LQAs 杂化形成的有机 / 无机复合物。

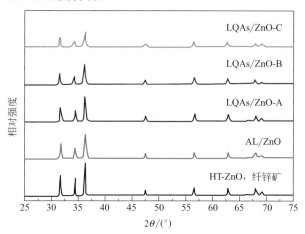

图6-2
所制备样品的XRD图谱

图6-3 所制备样品的SEM图：（a）HT-ZnO，（b）LQAs/ZnO-A，（c）LQAs/ZnO-B，（d）LQAs/ZnO-C

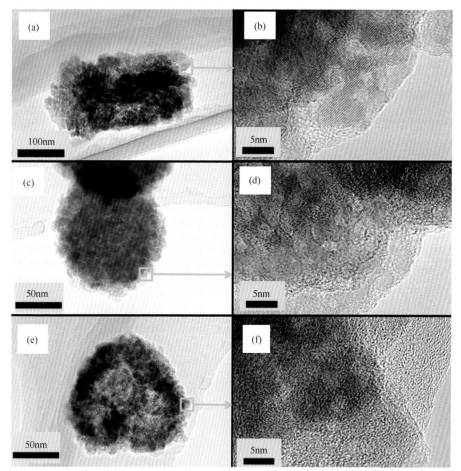

图6-4　所制备样品的TEM图：（a）、（b）LQAs/ZnO-A，（c）、（d）LQAs/ZnO-B，（e）、（f）LQAs/ZnO-C

　　为研究复合颗粒内部 LQAs 与 ZnO 的界面相互作用，并提供 LQAs 和 ZnO 颗粒形成有机杂化结构的相关证据，对复合颗粒进行 XPS 表征，结果如图 6-5 所示。与纯木质素相比，LQAs/ZnO-C 复合颗粒在结合能 287.5eV 处出现了新的信号峰，同时 286.2eV、288.5eV 处的 C—O 或 C＝O 基团信号峰强度降低。这是因为在水热反应过程中，LQAs 的酚羟基与 ZnO 颗粒表面的羟基发生脱水缩合形成 Zn—O—C 键。

　　为评价复合颗粒作为紫外光稳定剂的应用性能，首先对复合颗粒进行 UV-Vis 表征，结果如图 6-6 所示。一般紫外光吸收越强代表复合颗粒紫外防护性能越好。结果显示样品在 200～400nm 波长范围内出现明显的吸收带，这是由电子从价带跃迁到导带产生的[8]。研究表明，与 HT-ZnO 颗粒相比，LQAs/ZnO 复合颗粒在紫外、可见区域的光吸收性能均有所提高。同时发现，随着 LQAs 添加量的增加，LQAs/ZnO 复合颗粒在可见光区域的吸收强度有所增加，然而在紫外区域的吸收强度基本保持一致。

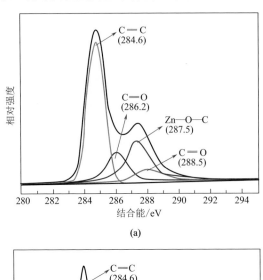

(a)

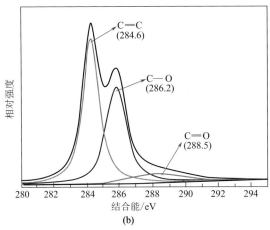

(b)

图6-5

C1s高分辨谱图：（a）LQAs/ZnO-C，（b）木质素

2. 木质素 /ZnO 复合颗粒掺杂改性聚氨酯薄膜

将制备好的样品超声分散在乙醇 / 水溶液中，然后加入 30g 水性聚氨酯（WPU）乳液在 12000r/min 转速下剪切 15min，分散均匀后使用 60 目的滤网除去大气泡，室温静置 24h 除去小气泡。脱除气泡后，取 15 ～ 18g 的混合分散液置于直径为 9cm 的一次性聚四氟乙烯表面皿中，在 50℃恒温烘箱中进行干燥成型，最后获得厚度约为 1mm 聚氨酯复合薄膜，其中纳米颗粒的添加量分别控制

为 2%、4%、6%、8%、10%、12 %（均为质量分数，以水性聚氨酯母液的固体总质量计算）。

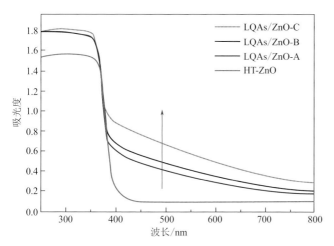

图6-6　所制备样品的紫外-可见漫反射谱图

为了评价复合颗粒在 WPU 分子的分散性，首先对复合薄膜断面 SEM 进行观察，如图 6-7 所示。结果表明，分散在 WPU 基质的 HT-ZnO 颗粒存在严重的团聚现象，而 LQAs/ZnO-C 复合颗粒均匀地分散在 WPU 基质中。表明复合颗粒在 WPU 基质中具有良好的分散性。

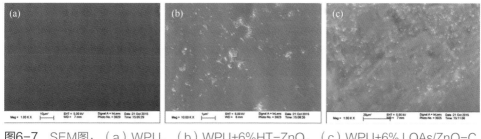

图6-7　SEM图：（a）WPU，（b）WPU+6%HT-ZnO，（c）WPU+6% LQAs/ZnO-C

紫外光透过率是 WPU 复合薄膜材料应用性能的重要指标之一，紫外光透过率越低，可见光透过性越好，说明复合薄膜的抗紫外性能越好。复合薄膜的紫外透过率测试结果如图 6-8 所示。结果表明，WPU 薄膜在紫外区域的透过率高，说明纯的 WPU 薄膜对紫外光屏蔽作用较弱。WPU 复合薄膜材料能够有效屏蔽

300～400nm 波长处的紫外光。但是，WPU+HT-ZnO 复合薄膜与 WPU+LQAs/ZnO 复合薄膜的紫外光屏蔽性能不同。WPU+LQAs/ZnO 复合薄膜紫外光屏蔽性能较优，其紫外光透过率随着复合颗粒尺寸的减小而降低。紫外屏蔽效果越好，越有利于复合薄膜的抗紫外光老化。这主要归因于未改性的 HT-ZnO 颗粒与 WPU 基质相容性差，团聚问题严重，不能起到有效的紫外防护作用。上述结果都表明 WPU+6% LQAs/Zn-C 复合薄膜同时具有高效的紫外光屏蔽性能和良好的可见光透过性。因此，后续的实验都选择 WPU+LQAs/Zn-C 复合薄膜作为研究对象。

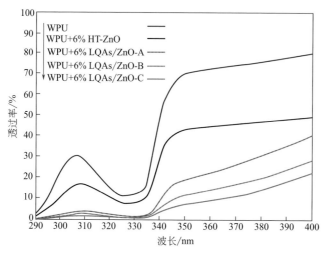

图6-8 所制备复合WPU薄膜的紫外光透过率曲线

在实际应用过程中，WPU 薄膜除了需要具有良好的紫外光屏蔽性能外，力学性能也是一个重要的应用性能指标。为了探究复合颗粒的最佳添加量，制备了不同复合颗粒添加量的 WPU+LQAs/ZnO-C 复合薄膜，根据 GB/T 1040.3—2006，测定薄膜材料的拉伸强度与断裂伸长率，并与 WPU+HT-ZnO 复合薄膜进行比较，结果如图 6-9 所示。结果表明，WPU 薄膜的断裂拉伸强度与断裂伸长率分别为（17.9±0.9）MPa 与（571±8）%；WPU+LQAs/ZnO 复合薄膜的力学性能随着复合颗粒添加量的增加有所提高，当复合颗粒添加量的质量分数为 6% 时，复合薄膜的断裂拉伸强度与断裂伸长率达到最大，分别为（30.8±0.8）MPa 与（622±8）%；继续增加复合颗粒的添加量，复合薄膜的力学性能骤然下降。然而，随着 ZnO 颗粒添加量的增加，WPU+HT-ZnO 复合薄膜的断裂拉伸强度有所增加，但断裂伸长率呈现下降趋势。

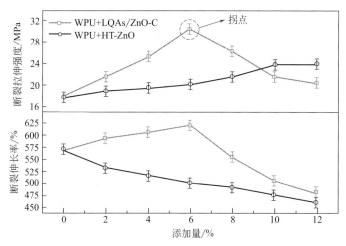

图6-9 复合颗粒添加量对WPU复合薄膜力学性能的影响

上述研究结果表明，LQAs/ZnO-C 复合颗粒具有优异紫外光屏蔽性能，制备的 WPU+6% LQAs/ZnO-C 复合薄膜具有优异的紫外光屏蔽性能和力学性能。对经过不同时间紫外光照射的样品薄膜进行力学性能测试，结果如图 6-10 所示。结果表明，WPU+6%HT/ZnO 复合薄膜经过紫外光照射后，力学性能急剧下降，在经过 48h 照射后就开始失去韧性，薄膜变软容易断裂，经过 144h 照射后，薄膜泛黄严重，表明具有光催化活性的 HT-ZnO 颗粒会导致 WPU 分子的快速降解。而 WPU+6% LQAs/ZnO 复合薄膜的力学性能降低比较缓慢，经过 144h 照射后，虽然强度有一定的下降，但是依然保持良好的柔韧性。经过 192h 的紫外光照射后，断裂拉伸强度保持在 25MPa 左右，而且断裂伸长率保持在 550% 以上。分析认为有两方面原因：其一，LQAs 与 ZnO 复合后，起到光稳定剂的作用，可有效屏蔽紫外光条件下 ZnO 的光催化降解活性；其二，LQAs 具有优异的紫外光吸收性能，与 ZnO 颗粒协同作用，赋予 WPU 薄膜材料优异的抗紫外光老化性能。

以上结果表明，采用水热法可制备均匀分散的木质素 /ZnO 纳米复合颗粒。复合颗粒中的 ZnO 均为纤锌矿晶型，复合颗粒内部界面有共价键连接，LQAs/ZnO 复合颗粒均具有优异的紫外光吸收性能。将 LQAs/ZnO 复合颗粒应用于水性聚氨酯（WPU）共混改性得到复合薄膜，具有优异的抗紫外光老化性能。

二、共沉淀法制备木质素/ZnO纳米颗粒及其应用

1. 木质素 /ZnO 复合颗粒的制备及其微结构特性

共沉淀法制备木质素 /ZnO 复合颗粒的流程如图 6-11 所示。将木质素季铵

盐 LQAs 的碱溶液与水合醋酸锌 Zn（AC）$_2$ 溶液混合搅拌，随后将混合溶液在 85℃保温 4h，冷却至室温，加酸调节 pH 至 7.8，经陈化、离心、洗涤干燥获得 LQAs/ZnO 复合纳米颗粒，复合颗粒标记为 LQAs/ZnO-X，其中 X 表示制备过程中加入的 NaOH 质量（单位为 g），相同过程制备的纯 ZnO 样品标记为 ZnO-X。

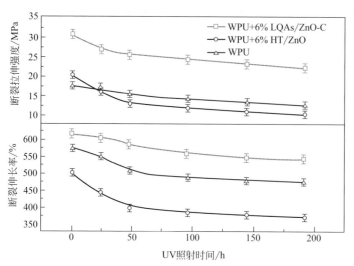

图6-10　样品薄膜的力学性能在紫外光老化过程中的变化曲线

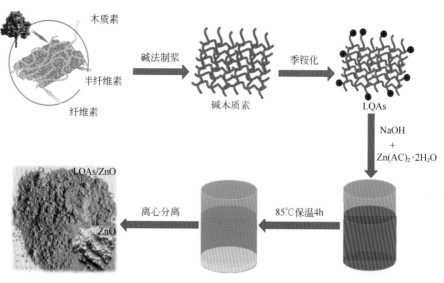

图6-11　木质素/ZnO复合颗粒的制备

图 6-12 为不同 NaOH 添加量下 ZnO 和 LQAs/ZnO 复合颗粒的 XRD 谱图。将样品颗粒的衍射图谱与标准的 ZnO 标准 PDF 卡片（JCPDS 数据卡片 36-1451）进行对比，可知复合颗粒中 ZnO 属于六方纤锌矿结构，表明 ZnO 晶体制备成功。此外，LQAs 没有出现明显的衍射峰，表明其为无定形结构。所有复合颗粒与纯 ZnO 颗粒显示相似的图谱，表明木质素的引入和 NaOH 用量的变化并不会改变 ZnO 的晶型结构。

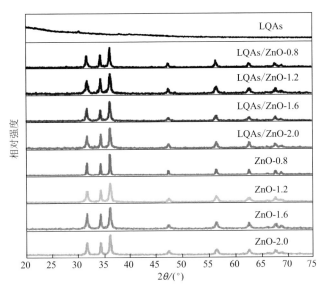

图6-12　所制备样品的XRD图谱

样品的微观形貌通过 SEM 进行表征。图 6-13 为不同 NaOH 用量制备的纯 ZnO 的 SEM 图。从图中可以看出，当 NaOH 用量为 0.8g 时，ZnO 呈现薄片状结构；当 NaOH 用量增加到 1.2g 时，ZnO 形貌没有发生明显的转变，但片层变厚；当 NaOH 用量增加到 1.6g 时，ZnO 的形貌开始从片状转变为颗粒状，且颗粒分布密集；当 NaOH 用量继续增加到 2.0g 时，ZnO 呈现细长的棒状结构。这表明 NaOH 的用量会影响 ZnO 的颗粒形貌。

图 6-14 为不同 NaOH 用量制备的 LQAs/ZnO 的 SEM 图。从图中可以看出，当 NaOH 用量为 0.8g 时，复合颗粒呈疏松的片状结构；当 NaOH 用量为 1.2g 时，复合颗粒呈颗粒状；当 NaOH 用量为 1.6g，复合颗粒呈密集的珊瑚状；当 NaOH 用量为 2.0g，复合颗粒呈现花状，且分散较好。复合颗粒形貌与纯 ZnO 形貌的区别在于，由于木质素的沉积包覆，复合颗粒表面变得粗糙且疏松多孔，这一特征有利于增加复合颗粒与高分子相互作用的位点数量，提高界面相容性。另外，NaOH 的用量会影响 LQAs/ZnO 复合颗粒的形貌与 ZnO 晶核的生长。

图6-13 纯ZnO的SEM图片：（a）ZnO-0.8，（b）ZnO-1.2，（c）ZnO-1.6，（d）ZnO-2.0

图6-14 LQAs/ZnO复合物的SEM图片：（a）LQAs/ZnO-0.8，（b）LQAs/ZnO-1.2，（c）LQAs/ZnO-1.6，（d）LQAs/ZnO-2.0（插图为相应高分辨率图片）

基于上述实验现象提出以下的复合物形成机理：一般认为 Zn^{2+} 与过量 OH^- 结合生成 $Zn(OH)_4^{2-}$ 生长单元，生长单元通过沉淀堆积的行为产生 ZnO 颗粒[13]。当 NaOH 用量较低时，LQAs 分子中正电性的季铵根（NR_4^+）基团会与带负电的 ZnO 晶核颗粒相互吸引，通过羧基、酚羟基与晶核表面羟基形成的氢键相互作用，包裹晶核颗粒，导致大量的生长单元 $Zn(OH)_4^{2-}$ 无法顺利到达晶核表面，因此晶核生长受到抑制，晶粒尺寸减小，结晶度有所下降，复合颗粒呈疏松片状结构。当 NaOH 用量较高时，LQAs 分子中的羧基、酚羟基充分电离，LQAs 分子水溶性增加，从 ZnO 晶核表面脱离游离于溶液中。由于氢键相互作用的减弱，生长单元可顺利到达 ZnO 晶核的表面进行沉积，颗粒尺寸与结晶程度均有所提高，形貌由此发生较大的改变。

UV-Vis 漫反射光谱表征是评价 LQAs/ZnO 复合颗粒作为紫外光稳定剂应用性能必不可少的手段，结果如图 6-15 所示。LQAs 在紫外光区域（200～400nm）和可见光区域（400～760nm）具有很强的光吸收能力，ZnO-2.0 在紫外光区域具有很强的吸收，而在可见光区域的吸收很弱，ZnO-2.0 的强紫外吸收特性来源于电子从价带到导带的跃迁[8]。与 LQAs 和 ZnO-2.0 相比，LQAs/ZnO 复合颗粒在紫外光区域（200～400nm）出现明显的吸收带，其中 LQAs/ZnO-2.0 吸收强度最强，这种现象表明复合颗粒具有紫外吸收协同增强效应。

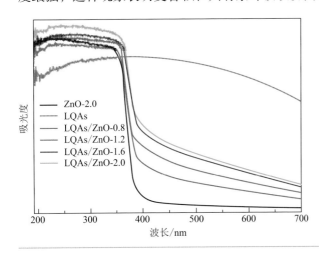

图6-15
样品的UV-Vis漫反射光谱

2. 改性水性聚氨酯复合薄膜的抗紫外老化性能研究

取适量水性聚氨酯（WPU）乳液，加入（以 WPU 母液中固体含量计算，添加量为 0.6%）复合颗粒，超声剪切分散后，再磁力搅拌分散均匀，然后将混合分散液置于一次性聚四氟乙烯表面皿中，50℃恒温烘箱中干燥48h，最后获得厚度约为 1mm WPU 复合薄膜。制备的薄膜标记为 WPU-ZnO-X 或 WPU-LQAs/

ZnO-X。采用紫外 - 可见漫反射光谱仪（UV-Vis）测试样品薄膜的紫外光透过率曲线，根据国际标准 UV standard 801 计算求得薄膜材料的紫外线防护因子（ultraviolet protection factor，UPF）。UPF 值的计算如式（6-1）所示：

$$UPF = \frac{\sum\limits_{\lambda=290}^{400} E(\lambda)\varepsilon(\lambda)\Delta\lambda}{\sum\limits_{\lambda=290}^{400} E(\lambda)T(\lambda)\varepsilon(\lambda)\Delta\lambda} \qquad (6\text{-}1)$$

式中，$T(\lambda)$ 为样品在波长 λ 时的光谱透过率；$E(\lambda)$ 为太阳光谱辐照度，W/（m^2·nm）；$\varepsilon(\lambda)$ 为相对的红斑效应；$\Delta\lambda$ 为波长间隔，nm。

为分析复合颗粒在 WPU 中的分散性，对薄膜的表面和断面进行 SEM 表征。由图 6-16 可观察到，LQAs/ZnO-2.0 复合颗粒可以均匀地分散在 WPU 薄膜中，而 ZnO-2.0 颗粒出现了比较明显的聚集，表明 LQAs/ZnO 复合颗粒与 WPU 薄膜具有良好的界面相容性。经测试，ZnO-2.0 颗粒的静态接触角为 12°，而 LQAs/ZnO-2.0 复合颗粒静态接触角增大到 47°，其疏水性明显增强，有利于形成分散均匀的复合薄膜。同时也表明 LQAs 对 ZnO 颗粒的包覆，可提高颗粒与 WPU 薄膜的界面相容性。

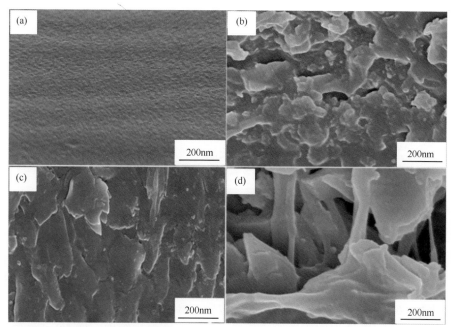

图6-16　薄膜的SEM图：（a）WPU，（b）WPU-ZnO-2.0，（c）、（d）WPU-LQAs/ZnO-2.0［其中（d）为断面图］

添加复合颗粒的水性聚氨酯薄膜紫外光屏蔽性能如图6-17所示。在300～350nm紫外吸收区域，WPU-LQAs/ZnO复合薄膜的紫外透过率与WPU薄膜相比明显降低，同时也低于WPU-ZnO复合薄膜，表明LQAs可增强WPU薄膜的紫外屏蔽性能。碱木质素分子结构中含有肉桂醇、肉桂醛和羟基等发色基团，具有天然的紫外吸收特性[14-19]，而LQAs有效地保留了碱木质素的天然特性，使WPU-LQAs/ZnO复合薄膜的紫外屏蔽性能得到了显著的改善。根据UPF公式计算，WPU-LQAs/ZnO复合薄膜的UPF值远远高于WPU-ZnO复合薄膜，其中WPU-LQAs/ZnO-2.0的UPF值达到38.55，紫外屏蔽性能最佳。

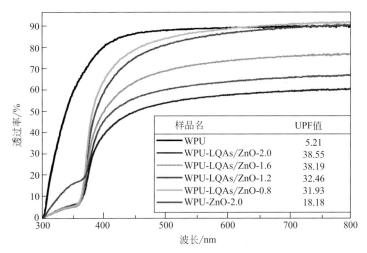

图6-17 薄膜材料的紫外光透过率曲线及其UPF值

为了进一步研究LQAs/ZnO复合颗粒对薄膜的抗老化特性，按照国际标准GB/T 1040.1—2006对薄膜在紫外光老化过程中的力学性能变化进行分析，结果如图6-18所示［紫外光波长为（340±10）nm，辐射强度≤50W·m^{-2}，箱内温度为50℃，相对湿度为45%］。由图可观察到WPU-LQAs/ZnO复合薄膜的抗紫外老化性能优于WPU薄膜和WPU-ZnO薄膜。经192h紫外光照射后，WPU-LQAs/ZnO-2.0复合薄膜断裂拉伸强度保持在25.0MPa以上，而且断裂伸长率保持360%以上；而WPU-ZnO-2.0复合薄膜的断裂拉伸强度由22.1MPa下降到13.6MPa，断裂伸长率由337%下降到268%，力学性能急剧下降。WPU-LQAs/ZnO复合薄膜具有优异的抗紫外老化性能，原因在于LQAs具有光稳定剂的作用，可有效屏蔽紫外光条件下ZnO的光催化降解活性。

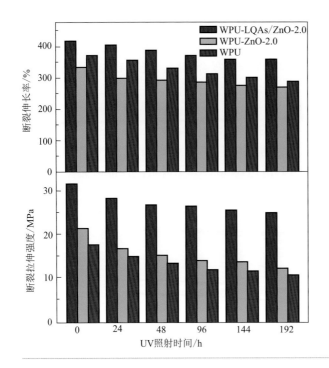

图6-18
薄膜在紫外老化过程中的力学性能

三、自组装法制备木质素/ZnO复合颗粒及其应用

1. 木质素/ZnO复合颗粒的制备及微结构特性

季铵化木质素磺酸钠（QLS）的制备过程参见本书第三章的相关内容，过程如图6-19（a）所示，水热自组装法制备木质素/ZnO复合颗粒过程如图6-19（b）所示。在搅拌条件下分别将六水合硝酸锌和六亚甲基四胺加入季铵化木质素磺酸钠的中性溶液中，在120℃下进行反应后收取沉淀，干燥，即可得到QLS/ZnO复合颗粒。在相同的工艺条件下制备纯ZnO颗粒作为对比。

图6-20是QLS、ZnO和QLS/ZnO复合颗粒的SEM图。结果表明，QLS/ZnO复合颗粒为表面粗糙的球形结构，明显不同于表面光滑的ZnO棒状颗粒和团聚严重的QLS无规聚集体，表明QLS/ZnO复合颗粒成功制备。且所制备的QLS/ZnO复合颗粒具有良好的分散性，可能原因为带正电季铵根的QLS与带负电的氧化锌前驱体氢氧化锌有相互作用力，在水热自组装时，氢氧化锌在QLS内部发生反应变成ZnO，改善QLS和ZnO自身的团聚。此外，所得QLS/ZnO复合颗粒粒径约为500nm，粒径相对纯QLS和ZnO大幅度减小，且粒径均一。

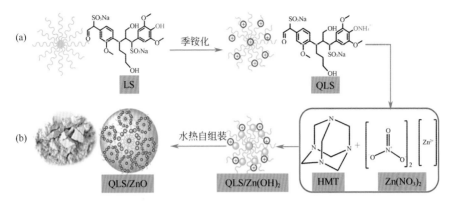

图6-19 （a）季铵化反应；（b）QLS/ZnO复合颗粒的制备

图6-20 样品SEM图：（a）QLS，（b）ZnO，（c）、（d）QLS/ZnO复合颗粒

图 6-21 是 QLS/ZnO 复合颗粒的 TEM 图和元素分布图。结果显示，QLS/ZnO 复合颗粒为实心的杂化结构，而不是核壳结构或其他结构。从高倍 TEM 可

以清楚看到 QLS/ZnO 复合颗粒中 ZnO 的晶格条纹和无规的木质素纹路。从元素映射图像可看出，QLS/ZnO 复合颗粒中 C、N、O、Zn 均匀分布。结合 SEM 图，说明所制备的 QLS/ZnO 复合颗粒分散均匀。

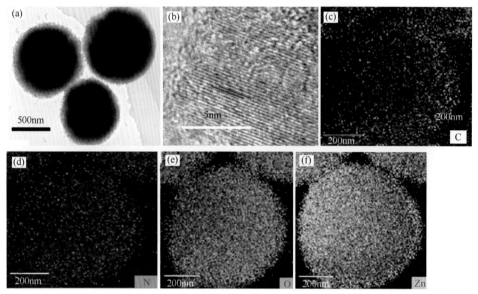

图6-21　样品TEM图（a）、（b）及元素分布图：C（c），N（d），O（e），Zn（f）

图 6-22（a）显示了 LS、QLS、ZnO 和 QLS/ZnO 复合颗粒的红外谱图，结果表明，与 LS 相比，QLS 的图谱中出现了季铵根的特征峰，说明 QLS 成功制备。QLS/ZnO 复合颗粒中出现 QLS 和 ZnO 的特征峰，其中 1635cm^{-1}、1517cm^{-1} 和 1459cm^{-1} 处特征峰归属于木质素的芳族环，1000 ～ 1200cm^{-1} 特征峰归因于季铵化木质素磺酸钠中芳香环的 C-C 键[19]。500cm^{-1} 附近的宽峰归属于 Zn-O-Zn 的拉伸和弯曲振动[18]，进一步表明 QLS 与 ZnO 复合成功。此外，图 6-22（b）显示，与 ZnO 相比，QLS/ZnO 在 3432cm^{-1} 处结晶水的羟基以及 ZnO 表面羟基的对称和非对称拉伸振动吸收峰增强，说明成功引入 QLS，Zn-O-Zn 的拉伸和弯曲振动吸收峰从 546cm^{-1} 蓝移至 435cm^{-1}，说明 QLS 与 ZnO 存在较强的相互作用力。

图 6-22（c）显示了 QLS、ZnO 和 QLS/ZnO 复合颗粒的 XRD 图谱，QLS 的图谱表明木质素为无定形结构，所显示衍射峰归因于残留的 Na 盐[20]。ZnO 的 XRD 图谱表明，所形成的 ZnO 为典型的六方纤锌矿型。衍射角 31.77°、34.42°、36.25°、47.54°、56.59°、62.86°、66.37° 和 67.94° 分别对应于六方纤锌矿型 ZnO 晶型的（100）、（002）、（101）、（102）、（110）、（103）、

（２００）和（１１２）晶面。QLS/ZnO 复合颗粒的 XRD 图谱表明，QLS/ZnO 复合颗粒晶型基本保持不变，但衍射峰强度降低，说明结晶度变低。图 6-22（d）显示了 QLS、ZnO 和 QLS/ZnO 复合颗粒的热重谱图，失重率可近似反映 QLS/ZnO 中 QLS 的含量。在 800℃范围内，ZnO 基本没有发生重量变化，QLS 失重约为 90%（质量分数），QLS/ZnO 复合颗粒失重约为 20%。由此可计算 QLS/ZnO 复合颗粒中木质素的负载质量分数约为 18%。

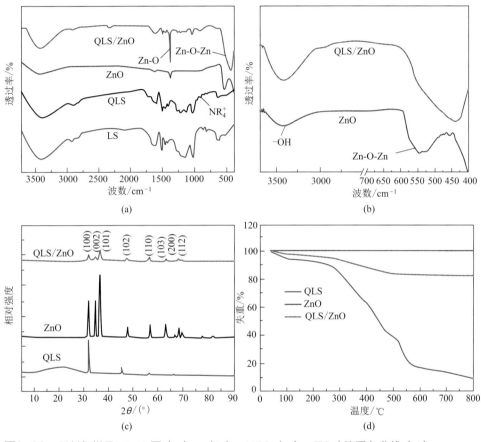

图6-22　所制备样品FT-IR图（a）、（b），XRD（c），TG（热重）曲线（d）

2. 木质素/ZnO 复合颗粒在抗菌领域的应用

以大肠杆菌和金黄色葡萄球菌作为抗生素进行研究。首先，配制 Luria-Bertani（LB）培养基液体，将细菌接种于上述 LB 培养基中在 37℃下培养 4～6h，采用光密度法测量菌液在 600nm 处的吸收值，待吸收值达到 0.5～0.7 后，将配制好的 QLS/ZnO 复合颗粒水悬浮液与菌液混合，QLS/ZnO 复合颗粒的终浓度为

0.2mg/mL，接触 3h 后，再次测量混合液在 600nm 处的吸收值。按上述步骤在不加 QLS/ZnO 复合颗粒下即可测量空白菌液吸收值进行对比。同样按照上述步骤将 QLS/ZnO 复合颗粒换成其他样品即可测量其他样品混合液吸收值。记空白菌液吸收值为 100%。样品细菌生存率与吸收值换算见式（6-2）：

$$样品细菌生存率/\% = \frac{样品混合液吸收值}{空白菌液吸收值} \times 100 \qquad （6-2）$$

在 345nm 单波长光照射下，按照上述步骤即可测量光照后样品细菌生存率。将上述样品混合液离心后，收集底部沉淀，将沉淀物用磷酸缓冲溶液（PBS）洗涤 3 次并用 4% 的戊二醛固定 24h，再用水洗涤 3 次后，依次用 50%、70%、90% 和 100% 的乙醇处理 5min，最后滴在云母片上，待其自然干燥后，即可进行 SEM 成像，表征细菌与复合颗粒接触前后状态。

为了探究 QLS/ZnO 复合颗粒的抗菌性能，表征了与 QLS/ZnO 复合颗粒接触后大肠杆菌和金黄色葡萄球菌的生存率，如图 6-23（i）、（j）所示。结果表明，接触 3h 后，所有样品的细菌生存率均有所降低，说明都有一定的抗菌作用。大肠杆菌和金黄色葡萄球菌接触 LS 后的细菌生存率分别为 95.4% 和 98.0%，相比之下，接触 QLS 后的细菌生存率有所降低，分别为 73.0% 和 68.7%。原因是木质素磺酸钠进行季铵化后，带正电的季铵根对带负电的细菌有一定的捕获作用[21]。接触 ZnO 后的大肠杆菌和金黄色葡萄球菌生存率分别为 71.6% 和 70.2%，接触 QLS/ZnO 后的细菌生存率分别为 50.4% 和 50.0%，然而接触物理混合的 QLS+ZnO 后的细菌生存率分别为 72.2% 和 69.3%。这说明 QLS/ZnO 复合颗粒的杀菌率明显更高，这源于制备的 QLS/ZnO 复合颗粒分散性良好，与细菌的接触效率高，且 QLS 与 ZnO 的有效复合使 QLS 与 ZnO 具有协同增效抗菌作用。

为揭示 QLS/ZnO 复合颗粒抗菌性能机理，采用 SEM 表征手段评价 QLS/ZnO 复合颗粒与大肠杆菌和金黄色葡萄球菌接触前后的形态，如图 6-23（a）~（h）所示。结果表明，接触前大肠杆菌呈长条状，粒径约为 2～5μm，与 QLS/ZnO 复合颗粒接触后，复合颗粒包围在大肠杆菌的周围或黏附在其表面，部分大肠杆菌表面凹陷，表面细胞膜遭到破坏使细胞内容物泄漏。高倍 SEM 图 6-23（f）更加清楚地看到细菌发生破裂。同样地，接触前金黄色葡萄球菌呈类球状，粒径约为 0.5～1μm［图 6-23（g）］，与 QLS/ZnO 复合颗粒接触后，复合颗粒黏附在细菌表面，细菌表面凹陷［图 6-23（h）］。这证明了 QLS/ZnO 复合颗粒与细菌直接接触可导致细菌的细胞膜发生破裂凹陷最终死亡，也印证了与 QLS/ZnO 复合颗粒接触后的细菌生存率明显降低。

此外，采用 435nm 单波长光照 3h 后，接触 QLS/ZnO 复合颗粒后的大肠杆菌和金黄色葡萄球菌生存率分别为 23.6% 和 37.0%，杀菌率进一步提高，推测为光照产生的活性氧杀菌的结果。采用 EPR 技术测量了 QLS/ZnO 复合颗粒水悬浮液中产生的活性氧数量。如图 6-24（a）所示，光照前 QLS/ZnO 复合颗粒水悬浮液并没有检测到活性氧的特征峰，光照后显示了明显的活性氧特征峰，其为羟基自由基典型的四重峰[22]。且从图 6-24（b）可看出，QLS/ZnO 复合颗粒在345nm 处具有很强的紫外吸收特性，在光照条件下，氧化锌吸收光产生电子和空穴对，氧化水从而产生羟基自由基。因此 QLS/ZnO 光照后所得的高杀菌率是产生的羟基自由基作用的结果。

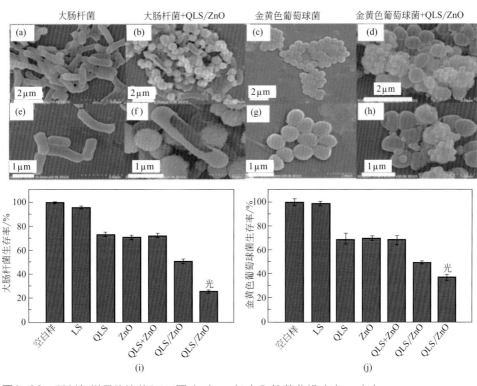

图6-23 所制备样品的抗菌SEM图（a）～（h）和抗菌曲线（i）、（j）

以上结果证明，通过水热合成法可以制备具有良好分散性的木质素/氧化锌（QLS/ZnO）复合颗粒，所制备的复合颗粒粒径均一，存在强化学键结合力。此外，QLS/ZnO 复合颗粒与细菌接触频率高，且可产生活性氧羟基自由基，具有优异的抗菌性能，为工业木质素在抗菌材料中的应用提供了一条新路径。

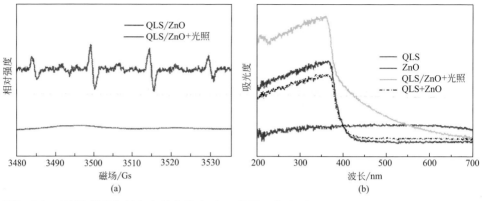

图6-24 所制备样品羟基自由基曲线（a）和紫外吸收（b）

1Gs=10^{-4}T

第二节
木质素/TiO$_2$纳米复合材料

TiO$_2$具有优异的紫外光吸收性能，其作为光稳定剂、紫外防护剂被广泛应用于高分子材料、化妆品等领域[23]。然而，由于TiO$_2$颗粒表面能高、极性大，与高分子基质的相容性差，在应用过程中极易团聚，直接影响其紫外防护性能的发挥[24]。因此，有必要对TiO$_2$颗粒进行表面改性处理。常见的改性方法是使用有机物进行包覆处理得到有机/无机复合颗粒。本节中，将介绍一种结构规整、分散良好、光学性能优异的木质素/TiO$_2$杂化纳米复合材料，并探究其作为紫外线防护剂应用的重要意义。

一、水热法制备木质素/TiO$_2$纳米颗粒及其应用

1. 木质素/TiO$_2$复合颗粒的制备及微结构特性

制备流程如图6-25所示，在搅拌条件下将钛酸丁酯前驱体滴加于季铵化碱木质素的酸析溶液中（pH=1～3），在100℃下反应6h，收取沉淀，干燥，即可得到QAL/TiO$_2$杂化颗粒。在相同工艺条件下也可获得不含木质素的纯TiO$_2$颗粒。

图6-26（a）、（b）显示了在pH=1时所制备的QAL/TiO$_2$复合颗粒的SEM图。

QAL/TiO$_2$ 复合颗粒为表面粗糙的球形，表明木质素 /TiO$_2$ 杂化复合颗粒成功制备。所得 QAL/TiO$_2$ 复合颗粒具有良好的分散性，归因于 TiO$_2$ 在 QAL 内部网络结构原位生长，抑制了 QAL 和 TiO$_2$ 自身的团聚，实现 QAL 与 TiO$_2$ 的均匀分散。图 6-26（c）、（d）显示了制备条件为 pH=1 时 QAL/TiO$_2$ 的 TEM 图。高倍 TEM 清楚显示了 QAL/TiO$_2$ 复合颗粒中 TiO$_2$ 的晶格条纹和无规的木质素纹路，其中宽度为 0.303nm 的晶格间距对应于金红石型 TiO$_2$ 的 220 晶面。图 6-26（e）～（h）为 QAL/TiO$_2$ 复合颗粒的元素图像。结果显示 QAL/TiO$_2$ 复合颗粒中 C、N、O、Ti 均匀分布，在纳米级别均匀杂化。

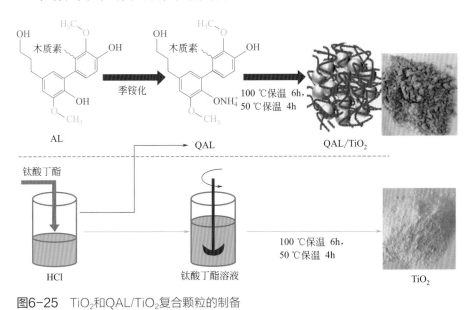

图6-25 TiO$_2$和QAL/TiO$_2$复合颗粒的制备

　　图 6-27 显示了 TiO$_2$、QAL/TiO$_2$ 复合颗粒的 XRD 图谱。TiO$_2$ 的 XRD 图谱显示所形成的 TiO$_2$ 为典型的锐钛矿型。衍射角为 25.58°、38.14°、48.16°、54.81° 和 63.39° 分别对应于锐钛矿型 TiO$_2$ 的（101）、（112）、（200）、（211）和（204）晶面。而 QAL/TiO$_2$ 复合颗粒的 XRD 图谱表明，所形成的 TiO$_2$ 为混晶结构，且衍射峰强度明显提高，说明结晶度更好。衍射角为 25.58° 对应锐钛矿型 TiO$_2$ 的 101 晶面，同时衍射角为 27.12°、35.97°、40.96°、54.04°、56.34° 和 62.88° 分别对应于金红石型 TiO$_2$ 的（110）、（101）、（111）、（211）、（220）和（002）晶面，其中（220）晶面与上述 QAL/TiO$_2$ 复合颗粒高倍 TEM 图像中的晶格条纹相对应。此外，衍射角为 31.47° 和 45.31° 分别对应于板钛矿型 TiO$_2$ 的（111）和（112）晶面。上述结果表明在前驱体溶液中加入 QAL 改变了 TiO$_2$ 的晶型结构，且结晶度较好。QAL 的引入使得 TiO$_2$ 在木质素的三维网络

结构中分散均匀，同时加热时外部能量可稳定传输到达 QAL/TiO$_2$ 复合颗粒内部，导致 QAL/TiO$_2$ 复合颗粒内外受热均匀，有利于 TiO$_2$ 的结晶和生长。

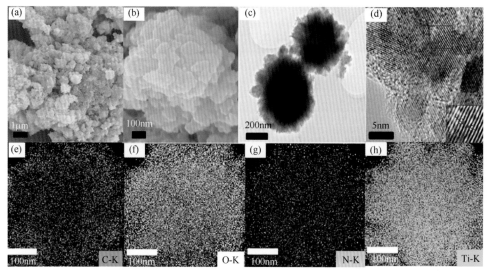

图6-26　QAL/TiO$_2$复合颗粒的SEM、TEM和元素图

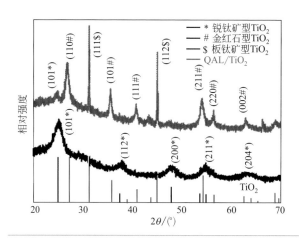

图6-27
TiO$_2$和QAL/TiO$_2$复合颗粒的XRD图

图 6-28（a）显示了 TiO$_2$、QAL 和 QAL/TiO$_2$ 的 XPS 全谱图，QAL/TiO$_2$ 复合颗粒中既有 QAL 的 C1s、O1s 峰，又有 TiO$_2$ 的 Ti 2p 峰，表明成功制备了 QAL/TiO$_2$ 复合颗粒。图 6-28（b）为 QAL/TiO$_2$ 复合颗粒的 C1s 谱图，C1s 峰可分解为四个主要的子峰，处于 284.6eV、285.23eV、285.79eV、286.35eV 处的峰分别归属于 C—C 键、C═C 键、C═O 键、C—OH 键[25]。图 6-28（c）为 QAL/TiO$_2$ 复合颗粒的 O1s 谱图，在 529.89eV、530.95eV、532.02eV、533.70eV

处的峰分别对应 Ti-O-Ti 键、C-O-Ti 键、C—O 键、C＝O 键[26]。C-O-Ti 键的存在表明 QAL 与 TiO₂ 之间存在较强的化学键作用，这归因于 QAL 的羧基和羟基与 TiO₂ 前驱体氢氧化钛中的羟基相互作用，分别通过类酯化反应和氢键作用形成 C-O-Ti 化学键。图 6-28（d）为 QAL/TiO₂ 复合颗粒的 Ti 2p 谱图。QAL/TiO₂ 复合颗粒中的 Ti 2p 图谱被分为两个自旋轨道分裂双峰，分别为 458.69eV 处的 Ti 2p 3/2 和 464.39eV 处的 2p 1/2 峰。结合 SEM 和 TEM 结果，表明成功制备了具有强化学键 C-O-Ti 连接且在纳米尺度相互分散良好的 QAL/TiO₂ 复合杂化颗粒。

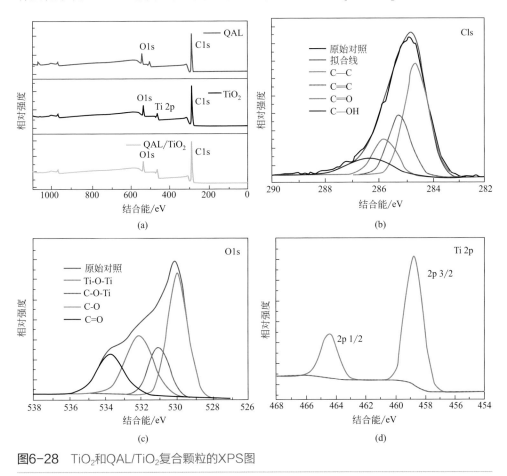

图6-28 TiO₂和QAL/TiO₂复合颗粒的XPS图

图 6-29 显示了 TiO₂、QAL、QAL/TiO₂ 复合颗粒的 UV-Vis 吸收光谱。结果表明，TiO₂ 具有较强的紫外吸收能力。QAL 也具有强的紫外吸收能力，主要来源为 QAL 的芳环共轭酚基团[27]。QAL/TiO₂ 杂化复合材料的紫外吸收强度比两者物理混合形成的 QAL+TiO₂ 颗粒大约提高了 14.2%，这表明 QAL/TiO₂ 杂化复

合颗粒相比于物理共混的 QAL+TiO$_2$ 复合物具有协同增强紫外吸收能力。原因为所制备的 QAL/TiO$_2$ 杂化颗粒存在强作用力，且在纳米级别相互分散，同时 QAL 可以吸收光电子，促进了 TiO$_2$ 光生电子空穴对的分离，在紫外光照射下，TiO$_2$ 的光生电子转移到 QAL 上[28]，使得 QAL/TiO$_2$ 杂化颗粒具有协同增强紫外光吸收能力。此外，在 400nm 处，QAL+TiO$_2$ 颗粒的 UV-Vis 曲线斜率比 QAL/TiO$_2$ 复合颗粒的小，说明 QAL 对 TiO$_2$ 存在原子尺度上的掺杂作用，即两者之间存在化学作用力。在可见光区域 400～700nm 处，QAL/TiO$_2$ 复合颗粒比 QAL+TiO$_2$ 颗粒具有更低的吸光度，表明 QAL/TiO$_2$ 复合颗粒具有良好的可见光透明度。

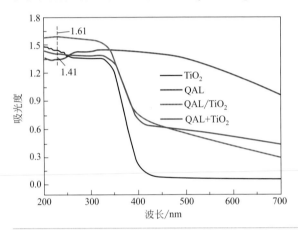

图6-29
TiO$_2$、QAL和QAL/TiO$_2$复合颗粒的UV-Vis图

2. 木质素 /TiO$_2$ 复合颗粒在水性聚氨酯薄膜改性中的应用

取水性聚氨酯（WPU）乳液，加入 0～1.8% QAL/TiO$_2$ 复合颗粒（质量分数，以 WPU 母液中固体含量计算），磁力搅拌分散均匀后，将混合分散液置于一次性聚四氟乙烯培养皿中，除去气泡，恒温烘箱中干燥，得到厚度约为 1mm 的 WPU 复合薄膜。TiO$_2$/WPU 复合薄膜也可由上述方法获得。采用 UV-Vis 反射光谱仪测试样品粉末的紫外 - 可见吸收光谱图；采用电子万能试验机以 500mm/min 的速率在常温下测量哑铃型膜样品（115mm×6mm）的拉伸强度和断裂伸长率。

复合薄膜的紫外光透过率如图 6-30 所示。与纯 WPU 薄膜相比，所有样品的紫外光透过率降低。且随着 QAL/TiO$_2$ 复合颗粒掺杂量的提高，复合薄膜的透过率逐渐降低。特别是当掺杂量为 0.9% 时，复合薄膜在 UV 区的透过率非常低，证明 WPU+QAL/TiO$_2$ 复合薄膜都具有优异的紫外光屏蔽性。此外，与 WPU+0.9%QAL 复合薄膜相比，WPU+0.9%QAL/TiO$_2$ 复合薄膜的紫外光透过率明显降低。当 QAL/TiO$_2$ 杂化颗粒添加量为 0.9% 时，复合薄膜不仅具有较好的紫外屏蔽效果，其可见光透过度也较好。

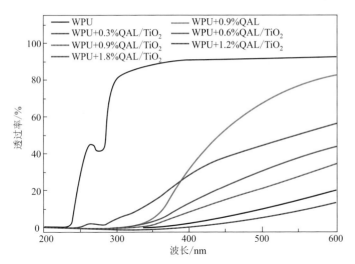

图6-30 TiO$_2$和QAL/TiO$_2$复合颗粒掺杂WPU薄膜的紫外吸收图

WPU 复合膜的断裂拉伸强度和断裂伸长率结果见图 6-31。与纯 WPU 薄膜相比，WPU+TiO$_2$ 复合薄膜的断裂拉伸强度大幅度降低，可能原因为 TiO$_2$ 与 WPU 相容性较差、聚集严重、分散不均，导致 WPU+TiO$_2$ 复合薄膜的断裂拉伸强度降低。此外，QAL/TiO$_2$ 掺杂所得复合膜的断裂拉伸强度随着掺杂量的增加先增大后减小。WPU+0.9%QAL/TiO$_2$ 复合薄膜的断裂拉伸强度和断裂伸长率达到最大值。与纯 WPU 薄膜相比，分别从 41MPa 和 690% 提升到 45MPa 和 870%。原因为 QAL/TiO$_2$ 复合颗粒与 WPU 的界面相容性相比，TiO$_2$ 得到了改善，在 WPU 基质中的分散性也有改善，从而促使 WPU+0.9%QAL/TiO$_2$ 复合薄膜的断裂拉伸强度和断裂伸长显著提高。但是，如果 QAL/TiO$_2$ 的掺杂量过大，会导致其在 WPU 基材中难以均匀分散，从而导致力学性能下降。综上所述，掺杂适量的 QAL/TiO$_2$ 复合颗粒可提高聚氨酯薄膜的力学性能。

为了进一步揭示 WPU+0.9%QAL/TiO$_2$ 复合薄膜力学性能提高的机理，采用 SEM 表征 TiO$_2$ 颗粒和 QAL/TiO$_2$ 复合颗粒与水性聚氨酯的相容性。纯 WPU 薄膜、WPU+TiO$_2$ 复合薄膜、WPU+QAL/TiO$_2$ 复合薄膜的表面和断面 SEM 图如图 6-32 所示。结果表明，纯 WPU 薄膜的表面及内部光滑。当引入 TiO$_2$ 颗粒后，WPU+TiO$_2$ 复合薄膜表面变粗糙，且 TiO$_2$ 颗粒与 WPU 出现明显的界面剥离，即相容性较差。当引入 QAL/TiO$_2$ 复合颗粒后，WPU+QAL/TiO$_2$ 复合薄膜截面变粗糙，但无明显的相界面剥离，表明 QAL/TiO$_2$ 复合颗粒与 WPU 具有良好的界面相容性。其原因为 QAL 与 TiO$_2$ 均匀杂化分散，减少了 TiO$_2$ 的团聚，显著提高与 WPU 的界面相容作用，此结果与上述 WPU+0.9%QAL/TiO$_2$ 复合薄膜力学性能的提高相吻合。

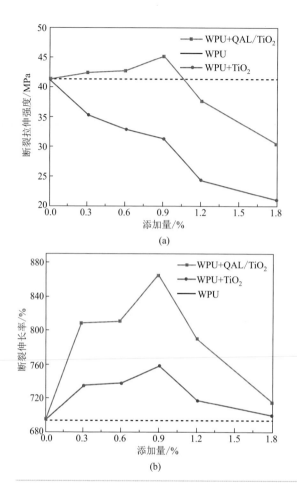

图6-31

TiO$_2$和QAL/TiO$_2$复合颗粒掺杂WPU薄膜的力学性能

进一步对 WPU+0.9%QAL/TiO$_2$ 复合薄膜的抗紫外光老化性能进行测试，结果如图 6-33 所示。与纯 WPU 薄膜相比，WPU+QAL/TiO$_2$ 复合薄膜经过 96h 强紫外线照射后，拉伸强度和断裂伸长率几乎保持不变。这主要归因于 QAL/TiO$_2$ 复合材料在 WPU 中的均匀分散及其优异的 UV 吸收性能。而纯 WPU 和 WPU+TiO$_2$ 的力学性能经 96h 的强 UV 照射后显著减弱，特别是 WPU+TiO$_2$ 复合薄膜的力学性能比纯 WPU 的性能衰减更快，这是因为纯 TiO$_2$ 在 UV 照射下产生的光生电子 - 空穴促进了 WPU 的老化。而 QAL/TiO$_2$ 复合颗粒中的木质素组分可以有效屏蔽纯 TiO$_2$ 的光催化活性，从而具有极稳定的抗 UV 效果。这项工作所制备的木质素 /TiO$_2$ 杂化复合材料有望作为优异的抗紫外稳定剂应用于高分子材料中，对工业木质素的循环回收高值化利用具有重要参考意义。

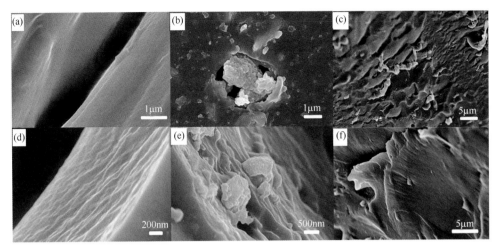

图6-32 薄膜SEM图：（a）、（d）纯WPU，（b）、（e）TiO₂掺杂的WPU，（c）、（f）QAL/TiO₂复合颗粒掺杂的WPU

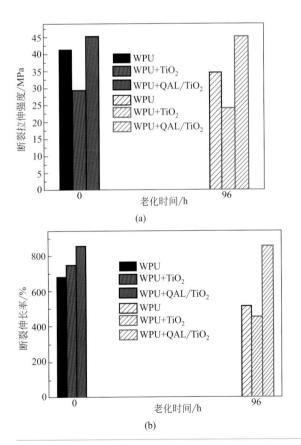

图6-33
TiO₂和QAL/TiO₂复合颗粒掺杂
WPU薄膜的抗UV老化图

二、溶胶凝胶共沉淀法制备木质素/TiO₂复合颗粒及其应用

1. 木质素 /TiO₂ 复合颗粒的制备及其微结构特性

钛酸丁酯在室温条件下遇水容易发生水解，故先在乙醇体系中对其进行预分散，然后加入木质素季铵盐的水溶液，并使用酸化剂（20% 质量分数的硫酸）调节溶液的 pH 值，在常温条件下搅拌反应，当反应液从溶胶状态转变为凝胶状态后，进行 2 ~ 4h 的 120℃高温处理，再经过红外干燥研磨后制备得到复合纳米颗粒，制备工艺如图 6-34 所示。采用上述工艺条件制备得到四种不同季铵化程度的木质素 /TiO₂ 复合纳米颗粒，分别记作 LQAs-50/TiO₂、LQAs-60/TiO₂、LQAs-70/TiO₂、LQAs-80/TiO₂。

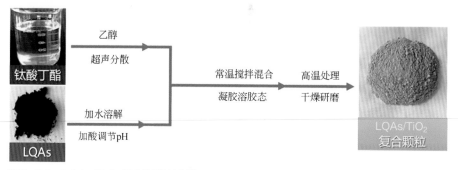

图6-34 LQAs/TiO₂复合颗粒的制备

晶体的结构特征是复合颗粒应用性能的一个重要指标。不同复合颗粒样品的 XRD 谱图如图 6-35 所示。LQAs/TiO₂ 复合颗粒的衍射谱图与标准衍射卡片 PDF 21-1272 十分相似，在 $2\theta=25.5°$ 处均出现一个宽且弱的（101）衍射峰，说明 LQAs/TiO₂ 复合颗粒的晶型均为锐钛矿型；而购买于 Sigma 公司的纳米 TiO₂ 粉末的衍射谱图与标准衍射卡片 PDF 73-1765 十分相似，在 $2\theta=27.5°$ 处有一个尖锐的（110）衍射峰，同时没有发现锐钛矿晶型的（101）晶面特征峰，说明其具有典型的金红石型晶体结构。

为研究 LQAs 的添加对复合颗粒的微观形貌影响，对不同样品进行了 SEM、TEM 表征。由图 6-36 的 SEM 图可知，TiO₂ 因颗粒尺寸小、极性大、表面能高，颗粒出现明显的团聚现象。LQAs/TiO₂ 复合纳米颗粒由大量类球状粒子组成，粒径分布范围较宽，为 180 ~ 200nm。由图 6-37 的 TEM 结果可知，LQAs/TiO₂ 复合颗粒是由 LQAs 包覆 TiO₂ 微晶形成的球形结构，随着季铵根含量的增加，球形结构中的阴影部分面积有所增加。分析认为，负载不同种类 LQAs 的复合纳米颗粒粒径大小基本保持不变，但随着季铵根含量的增加，复合颗粒中出现的

5～10nm 的 TiO$_2$ 小晶粒逐渐增多，小晶粒与 LQAs 分子相互缠绕构成尺寸较大的团聚体，该结果与图 XRD（101）谱线特征峰往大角度方向偏移的现象相吻合。

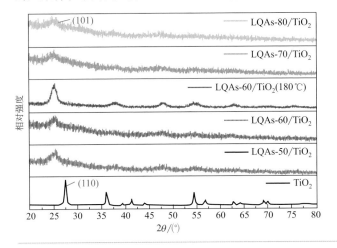

图6-35
所制备样品的XRD图谱

图6-36　SEM图：（a）TiO$_2$，（b）LQAs-50/TiO$_2$，（c）QA-60-TiO$_2$，（d）LQA-70-TiO$_2$，（e）LQAs-80/TiO$_2$

为研究 LQAs 与 TiO$_2$ 颗粒的相互作用，对复合颗粒进行 XPS 分析，Ti2p 高分辨谱图如图 6-38 所示。研究表明，TiO$_2$ 的主峰由 459.3 eV 处和 465.8eV 处两个峰组成，其中 459.3eV 对应于 Ti2p3/2 峰，465.8 eV 对应于 Ti2p1/2 峰，这些都是晶格结构中 Ti^{4+} 的特征峰。此外，谱图中并未在 456.5 eV 处出现 Ti^{3+} 的特征峰，说明该样品中的钛原子都以四价形式（Ti^{4+}）存在[25]。而 LQAs/TiO$_2$ 复合纳米颗粒的特征峰 Ti2p3/2、Ti2p1/2 分别为 458.6eV、464.4eV，与纳米 TiO$_2$ 相比，往低结合能方向移动。分析认为，复合颗粒中形成了键能更低的 Ti-O-C 键，导致结合能往低场方向移动。

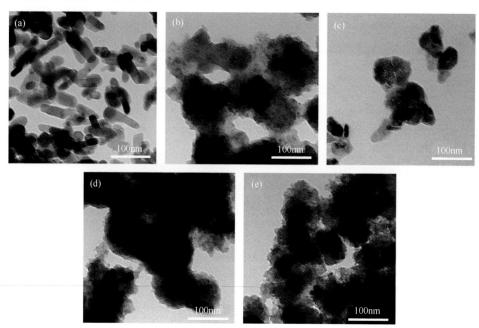

图6-37　TEM图：（a）TiO$_2$，（b）LQAs-50/TiO$_2$，（c）LQA-60-TiO$_2$，（d）LQA-70-TiO$_2$，（e）LQAs-80/TiO$_2$

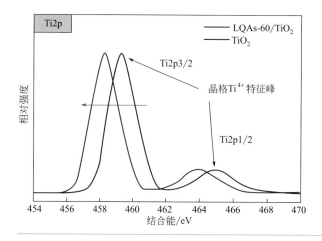

图6-38
纯TiO$_2$和复合颗粒的Ti2p谱图

　　为评价复合颗粒作为紫外光稳定剂的应用性能，对复合颗粒的 UV-Vis 吸收光谱图进行表征，如图 6-39 所示。同时为了分析复合颗粒的光催化活性，对样品颗粒的（$\alpha h\nu$）^{2}-$h\nu$关系曲线进行表征。采用 Kubelka-Munk 算法得到样品颗粒的禁带宽度值 E_g，如图 6-39 中的插图所示。一般认为，紫外光吸收越强，复合颗粒紫外防护性能越好。E_g 值越小，表示光响应性越好，紫外光吸收越强，光催化性能越好。

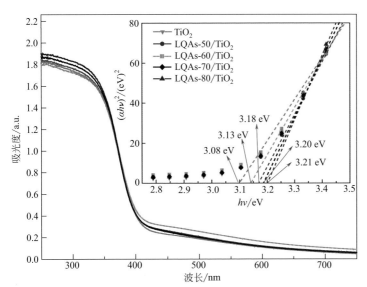

图6-39 紫外-可见光吸收谱图

$h\nu$—光子能量；α—吸收系数

研究表明，与 TiO$_2$ 颗粒相比，不同复合颗粒的紫外光吸收峰波长几乎一致，没有发生明显的蓝移或者红移，说明复合颗粒中的微晶尺寸没有发生明显改变，这与 XRD 结果一致。此外，TiO$_2$ 颗粒、LQAs-50/TiO$_2$、LQAs-60/TiO$_2$、LQAs-70/TiO$_2$ 和 LQAs-80/TiO$_2$ 复合颗粒的禁带宽度 E_g 分别 3.08、3.13、3.18、3.20、3.21eV，其中，LQAs/TiO$_2$ 复合颗粒的 E_g 大于 TiO$_2$ 的 E_g，表明 LQAs 的包覆能够显著增加复合颗粒的禁带宽度，降低复合颗粒中 TiO$_2$ 的光催化活性，从而提高复合颗粒的紫外光稳定性。

综合分析认为：一方面，LQAs 的包覆没有影响 TiO$_2$ 微晶颗粒的尺寸，合适的大小有利于保持其优异的紫外光吸收性能；另一方面，LQAs 的包覆可以有效提高颗粒的禁带宽度，降低光催化活性，最终提高复合颗粒的紫外光稳定性。

2. 木质素/TiO$_2$ 复合颗粒对 WPU 薄膜性能的影响

将制备好的复合纳米颗粒超声分散在乙醇相中，然后加入水性聚氨酯（WPU）乳液，超声剪切分散均匀后，脱除气泡，将混合分散液置于一次性聚四氟乙烯表面皿中，在 50℃恒温烘箱中干燥成膜，最后获得厚度约为 1mm 聚氨酯复合薄膜，其中纳米颗粒的添加量为固体总质量的 6%。

为了评价复合颗粒与 WPU 的相容性，对复合薄膜断面进行 SEM 表征，结果如图 6-40（c）～（f）所示。选择将 6% TiO$_2$ 颗粒、4.2% TiO$_2$ 颗粒和 1.8% LQAs-60 固体与 WPU 共混得到的复合薄膜作对比样，如图 6-40（a）、（b）所示。结果表明，WPU+6%TiO$_2$ 复合薄膜的断面中可以观察到颗粒团聚体，同时 WPU+4.2% TiO$_2$+1.8% LQAs-60 复合薄膜中也同样观察到了颗粒的团聚体。分析认为，TiO$_2$、LQAs 都趋向于自身聚集。此外，LQAs-50/TiO$_2$、LQAs-60/TiO$_2$ 复合颗粒在 WPU 中均匀分散，然而在含有 LQAs-70/TiO$_2$、LQAs-80/TiO$_2$ 的复合薄膜中观察到颗粒团聚现象，说明复合颗粒的尺寸在一定程度上影响了其在 WPU 基体中的相容性与分散性，颗粒的尺寸越小，与 WPU 基体的相容性越高，这与复合颗粒粒径测试结果相符合。

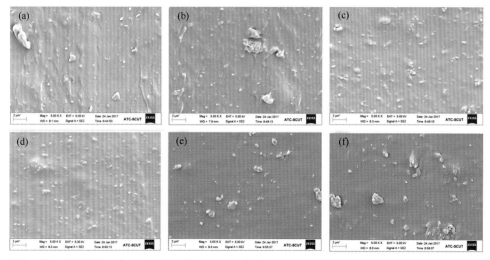

图6-40　SEM图：（a）WPU+6%TiO$_2$，（b）WPU+4.2% TiO$_2$+1.8% LQAs-60，（c）WPU+LQAs-50/TiO$_2$，（d）WPU+LQAs-60/TiO$_2$，（e）WPU+LQAs-70/TiO$_2$和（f）WPU+LQAs-80/TiO$_2$

紫外光和可见光透过率是 WPU 复合薄膜应用性能的两个主要指标，紫外光屏蔽率越高，可见光透光性越好，透明状复合薄膜的应用性能越好。上述复合薄膜的紫外 - 可见透过曲线如图 6-41 所示。复合薄膜在紫外区的透过率均低于 1%，得益于 LQAs 与 TiO$_2$ 颗粒优异的紫外光吸收能力。在可见光区域，WPU+6% LQAs-60/TiO$_2$ 复合薄膜的透光率最好，波长为 600nm 的可见光透过率基本达到 40%，而 WPU+6% TiO$_2$ 复合薄膜的可见光透过率最差，波长为 600nm 的可见光透过率低于 2%，这种现象是由于 TiO$_2$ 颗粒与 WPU 基质相容性差导致严重团聚而产生的。此外，虽然 WPU+4.2% TiO$_2$+1.8% LQAs-60 能够保持较高的可见光透过率，但是该复合薄膜颜色为深褐色，说明制备 WPU 复合薄膜中，简单混合 TiO₂ 和 LQAs 不能有效解决木质素团聚导致颜色深的问题。

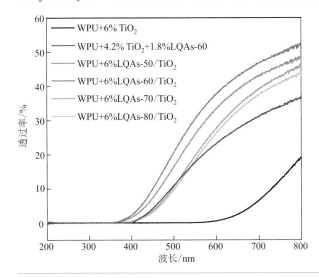

图6-41
WPU薄膜的紫外−可见透过曲线

在实际应用过程中，WPU 薄膜除了需要具有良好的紫外光屏蔽性能外，力学性能也是一个重要的应用性能指标。根据 GB/T 1040.3—2006 测定薄膜材料的拉伸强度与断裂伸长率，结果如表 6-1 所示。

表6-1 力学性能数据

薄膜样品	拉伸强度/MPa	断裂伸长率/%
WPU	22.4 ± 1.0	510 ± 25
WPU+6 % TiO₂	25.6 ± 0.7	440 ± 27
WPU+4.2%TiO₂+1.8% LQAs-60	17.4 ± 0.8	362 ± 25
WPU+6% LQAs-50/TiO₂	13.6 ± 0.2	961 ± 24
WPU+6 % LQAs-60/TiO₂	14.1 ± 0.6	1066 ± 25
WPU+6 % LQAs-70/TiO₂	13.4 ± 0.4	833 ± 25
WPU+6 % LQAs-80/TiO₂	13.1 ± 0.2	824 ± 25
WPU+6 % LQAs-60/TiO₂（180℃）	18.6 ± 0.4	889 ± 25

一方面，与 WPU 相比，WPU+6% TiO₂ 复合薄膜的拉伸强度有所增加，而断裂伸长率大幅度下降。原因是，未改性的 TiO₂ 与 WPU 基质相容性较差，在材料中存在严重的聚集行为，虽然刚性的 TiO₂ 能提高 WPU 薄膜材料的硬度，但是聚集体的存在导致材料应力集中严重，最终导致力学性能下降。另一方面，与

WPU 相比，WPU+4.2% TiO$_2$+1.8% LQAs 复合薄膜的拉伸强度和断裂伸长率均有所降低。原因在于向 WPU 基质中引入了不相容的两相，破坏了材料的均匀性，导致应力在相界面上过度集中，材料变脆。此外，与 WPU 相比，WPU+6% LQAs-60/TiO$_2$ 复合薄膜的拉伸强度虽有下降，但是断裂伸长率有所提高。分析认为，虽然 LQAs 的加入能够提高 WPU 的柔性，但是复合颗粒的结晶度不高，刚性较小，不能起到很好的补强作用。

上述研究结果表明，LQAs/TiO$_2$ 复合颗粒具有优异紫外光屏蔽性能，制备得到的 WPU+6% LQAs/TiO$_2$ 复合薄膜具有优异的紫外光屏蔽性能和较好的力学性能，进一步对 WPU+6% LQAs/TiO$_2$ 复合薄膜的抗紫外光老化效果进行测试，结果如图 6-42 所示。

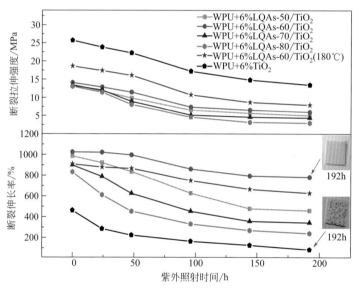

图6-42　样品薄膜力学性能在紫外光老化过程中的变化曲线

结果表明，与纯 WPU 薄膜相比，WPU+6% TiO$_2$ 复合薄膜经过紫外线照射后，力学性能急剧下降，在经过 24h 照射后就开始失去韧性，薄膜变软容易断裂；经过 192h 照射后，薄膜颜色泛黄，材料表面变得凹凸不平。分析认为，未改性的 TiO$_2$ 具有较高的光催化活性，导致 WPU 基材被快速降解。而 WPU+LQAs/TiO$_2$ 复合薄膜的力学性能降低比较缓慢，经过 192h 照射后，虽然薄膜颜色加深，但是表面依然保持光滑。此外，WPU+6% LQAs-60/TiO$_2$ 的紫外防护能力最强，经过 192h 的紫外线照射后，断裂拉伸强度保持在 8MPa 以上，而且断裂伸长率保持在 800% 以上。分析认为，LQAs-60/TiO$_2$ 复合颗粒尺寸小，结晶度低，刚性小，与 WPU 基质相容性好，同时具有优异的紫外光吸收性能，赋予了复合薄膜优异的抗紫外线老化性能。

通过简单的溶胶凝胶法成功制备了 LQA/TiO$_2$ 复合颗粒，复合颗粒中的 TiO$_2$ 均为锐钛矿晶型，复合颗粒是由 LQAs 与 TiO$_2$ 主要通过 Ti-O-C 共价键形成的杂化结构，复合颗粒的平均粒径分别为 184.5 ～ 198.6nm。复合颗粒均具有良好的紫外光吸收性能和光响应性。将复合颗粒与水性聚氨酯（WPU）共混获得 WPU 复合薄膜，具有优异的紫外线防护性能，说明所制备的 LQA/TiO$_2$ 复合颗粒是一种极具应用前景的高分子材料功能助剂。

三、自组装包覆法制备木质素/TiO$_2$核壳结构材料及其应用

1. 木质素 @TiO$_2$ 复合微球（LCS@TiO$_2$）的制备及其微结构特性

配制季铵化木质素 -50（AML-50）和十二烷基苯磺酸钠（SDBS）溶液，分别调节 pH 至 3，将两者混合后再沉降 1h，沉淀离心、洗涤、干燥后得到 SDBS/AML-50 复合物。称取适量 SDBS/AML-50 复合物溶于乙醇中，加入一定量的 TiO$_2$，超声分散后，滴加水到混合物溶液中，即可得到木质素包覆 TiO$_2$ 的复合微球。旋蒸回收乙醇，通过离心、洗涤和冷冻干燥得到 LCS@TiO$_2$ 粉末。其中 TiO$_2$ 的添加量为 1.5 g、0.6 g、0.3 g 和 0.1 g 时分别得到复合颗粒 LCS@TiO$_2$-1、LCS@TiO$_2$-2、LCS@TiO$_2$-3 和 LCS@TiO$_2$-4。

将 AML-50 与 SDBS 复合形成疏水性的 SDBS/AML-50 复合物，分别添加不同量的 TiO$_2$ 粉末到 SDBS/AML-50 复合物的乙醇溶液中，超声分散后，在搅拌下滴加水，形成的复合微球 TEM 图和外观形貌如图 6-43 所示。从图 6-43（a）中可以看出纯 TiO$_2$ 呈棒状且团聚严重，从 6-43（b）中可以看出 AML-50 是以无规聚集体的形状存在，但是 SDBS/AML-50 在乙醇 / 水混合溶剂中可自组装形成规整的胶体球。图 6-43(c)为 SDBS/AML-50 复合物与 TiO$_2$ 的质量比为 1∶5 时（即 LCS@TiO$_2$-1）形成的复合物的 TEM 图，SDBS/AML-50 复合物仅在 TiO$_2$ 表面形成了一层包覆层，并未形成规整的复合物微球，TiO$_2$ 仍以聚集体的形式存在。随着 SDBS/AML-50 复合物与 TiO$_2$ 的质量比增大，SDBS/AML-50 复合物能够形成规整的胶体球并且将 TiO$_2$ 包裹在内，如图 6-43（d）～（f），形成的 LCS@TiO$_2$ 复合微球的粒径为 100 ～ 300nm，内部有多个分散状态的纳米 TiO$_2$ 颗粒。

TiO$_2$、AML-50 和 LCS@TiO$_2$ 复合微球的外观图如图 6-43 插图所示。TiO$_2$(称为钛白) 是一种纯白色无机化合物粉末，其作为颜料广泛用在个人护理产品中。AML-50 呈深棕色，较深的颜色严重限制了其在防晒用品中的应用，而 LCS@TiO$_2$ 复合微球的颜色为浅黄色，有效地解决了木质素颜色较深的问题。

XPS 分析主要用于样品表面元素含量的测定，TiO$_2$、LCS 和 LCS@TiO$_2$ 复

合微球的表面元素组成列于表 6-2 中。与 TiO$_2$ 相比，LCS@TiO$_2$ 复合微球表面的 Ti 元素和 O 元素含量都明显减少，表明 TiO$_2$ 被包封在 LCS 中。从 LCS 和 LCS@TiO$_2$ 的数据可以看出，LCS@TiO$_2$ 表面的碳元素含量明显高于 LCS，TiO$_2$ 中不含碳元素，但是 LCS 包覆 TiO$_2$ 后表面碳含量增多，说明复合微球比 LCS 表面具有更多的疏水链段。另外，LCS@TiO$_2$ 复合微球表面的氧元素含量远低于 LCS，这是由于 TiO$_2$ 与木质素中的含氧官能团通过氢键作用结合，与 TiO$_2$ 一起被包覆在胶体球的内部。

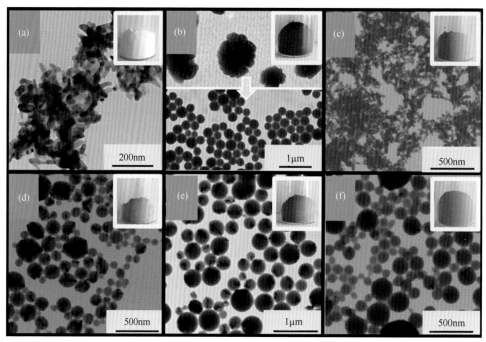

图6-43　（a）TiO$_2$，（b）AML-50及其形成的胶体球，（c）LCS@TiO$_2$-1，（d）LCS@TiO$_2$-2，（e）LCS@TiO$_2$-3和（f）LCS@TiO$_2$-4的TEM图及外观图

表6-2　TiO$_2$、LCS 和 LCS@TiO$_2$ 表面元素组成

样品	C/%	O/%	Ti/%	N/%	S/%
TiO$_2$	11.90	59.41	28.69	—	—
LCS	58.51	35.84	—	2.45	3.20
LCS@TiO$_2$-2	69.93	22.49	2.45	2.86	2.28

对 TiO$_2$、LCS 和 LCS@TiO$_2$-2 的 XPS 能谱中 O1s 峰进行分峰拟合，得到其高分辨能谱，如图 6-44 所示。结果表明，TiO$_2$ 中 O1s 分解成两个部分，分别对

应 531.12eV 的 OH 和 529.57eV 的 O^{2-}。LCS 中的 O1s 分解成三个部分,分别对应 532.82eV 的 C—O 键,532.14eV 的 C＝O 键和 531.02eV 的 O—H 键。LCS@TiO$_2$-2 中 O1s 的峰分解成 C—O 键,C＝O 键,OH 键和 O^{2-} 键,分别对应 532.92eV,532.35eV,531.03eV 和 529.44eV,峰位置发生了变化,进一步证实了 LCS 与 TiO$_2$ 之间存在氢键作用。

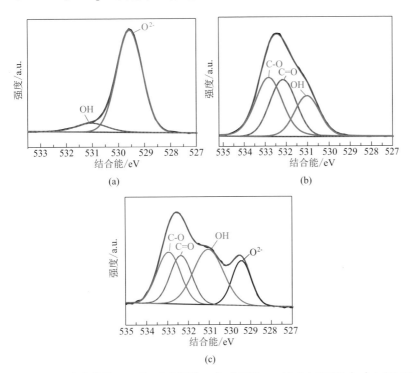

图6-44　高分辨的O1s的XPS能谱:(a)TiO$_2$,(b)LCS和(c)LCS@TiO$_2$-2

利用 XRD 对实验中选用的 TiO$_2$ 和制备的 LCS@TiO$_2$ 复合微球进行表征,结果如图 6-45 所示。TiO$_2$ 和 LCS@TiO$_2$ 在 27.4°,36.1° 和 54.3° 均出现了明显的衍射峰,分别对应金红石相的(110),(101)和(211)衍射平面的峰,并将其与标准衍射数据(JCPDS 卡号 65-1119)进行比较,结果表明 TiO$_2$ 纳米颗粒为金红石结构。在 LCS@TiO$_2$ 中可以观察到这些峰的存在并且峰位置没有变化,表明 TiO$_2$ 仅被包覆在木质素基胶体球中,晶体结构没有改变。

2. LCS@TiO$_2$ 复合微球基防晒霜的制备及防晒性能

称取适量的 TiO$_2$ 粉末或者 LCS@TiO$_2$ 粉末,与一定量的妮维雅高效保湿护手霜(cream)在 25℃下避光搅拌 24h,得到掺有 TiO$_2$ 或 LCS@TiO$_2$ 的霜体。将 12.5cm^2 的 3M 医用胶带粘贴在干净的 2mm 厚石英玻片上,利用注射器移取一定量的样品至贴有胶带的石英玻片上，并用套有指套的手指将其涂抹均匀，保证样品的分布为 2mg/cm²。将涂好的样品在室温下避光干燥 20min，利用紫外积分球检测器测定样品的透过率。每个样品测定五个点，扫描波长从 UVB（290～320nm）到 UVA（320～400nm），取点间隔为 1nm。通过方程式（6-3）计算 SPF 值：

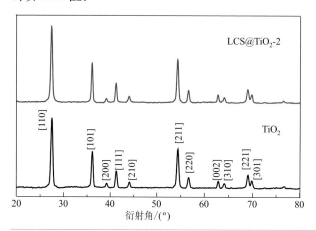

图6-45
TiO₂和LCS@TiO₂的XRD图谱

$$SPF = \sum\nolimits_{290}^{400} E_\lambda S_\lambda \Big/ \sum\nolimits_{290}^{400} E_\lambda S_\lambda T_\lambda \tag{6-3}$$

式中，E_λ 为 CIE 红斑光谱有效性；S_λ 为太阳光谱辐照度；T_λ 为样品的光谱透射率。

　　分别将 TiO₂、AML-50 和 LCS@TiO₂ 与空白霜体进行共混，制备木质素基防晒霜。AML-50 是一种两性表面活性剂，过量添加会导致乳液破乳，因此统一选用质量分数 5% 掺量的 TiO₂、AML-50 和 LCS@TiO₂ 复合微球与空白霜体共混，混合后的外观图如图 6-46 所示。结果表明，添加 5% TiO₂ 的霜体呈现乳白色，相同掺量的 AML-50 与霜体共混后为深棕色，LCS@TiO₂ 共混的霜体颜色呈浅褐色，明显浅于 AML-50 的共混物，有效地解决了木质素颜色较深的问题。

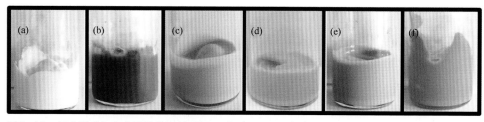

图6-46　复合微球与空白霜体共混效果图：（a）TiO₂，（b）AML-50，（c）LCS@TiO₂-1，（d）LCS@TiO₂-2，（e）LCS@TiO₂-3和（f）LCS@TiO₂-4

在允许掺量的范围内将 TiO$_2$ 和 LCS@TiO$_2$ 与空白霜体共混，测定了不同掺量防晒霜的 SPF 值，结果如图 6-47 所示。结果表明，随着 TiO$_2$ 掺量的增大，防晒霜的 SPF 值先增大后减小，在掺量为 15%（质量分数）时达到最大值 21.65。而添加 LCS@TiO$_2$ 复合微球的防晒剂 SPF 值随着添加量的增加而增大，在相同掺量下，含有 LCS@TiO$_2$ 防晒剂的 SPF 值均高于含 TiO$_2$ 的防晒剂。这是由于 TiO$_2$ 纳米颗粒的极性较强，在霜体中的分散性较差，团聚严重，导致 SPF 值较低，单独添加 TiO$_2$ 很难获得高 SPF 防晒霜。LCS@TiO$_2$-2 相比其他样品具有更优异的紫外屏蔽效果，在该配比下 LCS 刚好能够在 TiO$_2$ 表面形成胶体球，使 TiO$_2$ 聚集体分散并且使其包覆在胶体球的内部，促使木质素和 TiO$_2$ 的紫外屏蔽效果能够充分地发挥出来。此外，由于 TiO$_2$ 的紫外防护能力优于木质素，LCS@TiO$_2$-2 中 TiO$_2$ 的含量较多，对紫外线的屏蔽能力较强。因此，利用 LCS@TiO$_2$-2 制备的防晒剂 SPF 值最高。添加 15% 和 20%（质量分数）LCS@TiO$_2$-2 防晒霜的 SPF 值分别达到 33.60 和 62.14，能够满足人们日常的防晒需求。

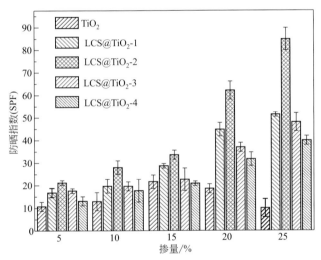

图6-47　不同TiO$_2$和LCS@TiO$_2$掺量防晒霜的SPF值

为了进一步分析木质素与 TiO$_2$ 协同屏蔽紫外线的机理，测定了不同 AML-50、TiO$_2$ 和 LCS@TiO$_2$-2 添加量下霜体及市售 SPF50 防晒霜的紫外透过率曲线，如图 6-48 所示。结果表明，未添加防晒成分的护手霜在 290～310nm 处有轻微的紫外吸收，但是对应的 SPF 值只有 1.05，可以忽略不计。添加 AML-50，TiO$_2$ 和 LCS@TiO$_2$-2 后，霜体的紫外透过率均有不同程度的下降。5% AML-50 和 5% TiO$_2$ 添加量下防晒霜的 SPF 分别为 5.44 和 10.68，添加 5% LCS@TiO$_2$-2 的防晒霜 SPF 达到 21。在相同掺量下，含有 TiO$_2$ 的霜体能有效地屏蔽 UVB 区紫外线的透过，而含 AML-50 的霜体在 UVA 区具有优异的屏蔽效果，将两者自组装形成复合微球，可以发挥两者的优势。因此，LCS@TiO₂ 复合微球具有更好的紫外屏蔽效果。添加 20% LCS@TiO₂-2 的防晒霜与市售 SPF50 防晒霜相比，LCS@TiO₂-2 霜体在 UVB 区的紫外透过率与市售 SPF50 防晒霜相当，在 340～380nm 范围内透过率略高，但是在 320～340nm 和 380～400nm 范围内紫外透过率明显低于市售 SPF50 防晒霜，防晒效果优于市售防晒产品。

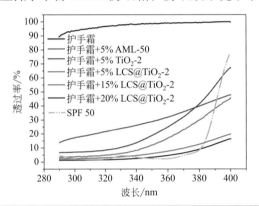

图6-48
不同AML-50，TiO₂和LCS@TiO₂-2
添加量下霜体及市售SPF50防晒霜的
紫外透过率

利用 SDBS/AML-50 复合物与 TiO₂ 在乙醇／水中进行自组装，成功制备了结构规整的 LCS@TiO₂ 复合微球。通过改变 SDBS/AML-50 复合物与 TiO₂ 的质量比，可制备出不同木质素负载量的复合微球。与 TiO₂ 纳米颗粒相比，LCS@TiO₂ 复合微球的疏水性增大，将其用于防晒霜的配制中，与霜体的相容性提高，其紫外防护性能优于木质素和 TiO₂，是一种性能优异的紫外防护剂。

第三节
木质素/SiO₂ 纳米复合材料

纳米或者亚微米级 SiO₂ 是无定形白色粉末，具有呈絮状和网状的准颗粒结构，是极其重要的无机化工材料之一[29]。纳米 SiO₂ 具有小尺寸效应、表面界面效应、量子尺寸效应和宏观量子隧道效应，被广泛用于电子封装材料、橡胶、塑料、涂料、黏结剂、催化剂和催化剂载体等，特别是在高分子材料功能助剂和储能器件领域有特殊应用。而高分子/SiO₂ 纳米复合材料的性能高度依赖于 SiO₂ 颗粒的粒径、在高分子基体中的分散性以及与高分子基体之间的界面相互作用。通过负载木质素，制备木质素/SiO₂复合材料可以有效改善其在高分子基材中的分散性和界面相容性，从而显著提高其力学性能，为工业木质素的高值化利用开辟新的途径。本小节将介绍笔者课题组近年来所开发的三种典型的木质素/SiO₂复合材料制备方法及其应用。

一、亲水性木质素/SiO₂复合微球的制备及其应用

1. 季铵化木质素/SiO₂复合微球的制备及其微结构特性

本节采用原位一锅沉淀法制备 QAL/SiO₂，其工艺流程图如图6-49所示。称取适量 $Na_2SiO_3 \cdot 5H_2O$ 溶解于乙醇水溶液（$V_{乙醇}:V_{水}=1:6$）中，然后加入 QAL 并搅拌均匀；随后逐滴加入 NH_4Cl 溶液，调节 pH 值至 10.5 并继续搅拌反应 3h；然后加酸调节 pH 值至 7，继续搅拌反应 30min 后于 40℃ 下陈化 1h；最后离心分离、洗涤、干燥即可得到粉体 QAL/SiO₂。通过设定 QAL 和 Na_2SiO_3（生成 SiO₂ 的质量计）的投料质量比为 0.5:1、1:1、1.5:1、2:1、3:1 分别制备出 QAL/SiO₂-1、QAL/SiO₂-2、QAL/SiO₂-3、QAL/SiO₂-4、QAL/SiO₂-5 五种样品。

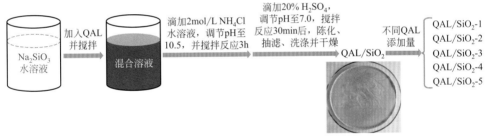

图6-49 原位一锅沉淀法制备QAL/SiO₂的工艺流程图

AL/SiO₂、QAL₃₀/SiO₂ 和 QAL₅₀/SiO₂ 三种复合物的粒径分布和 SEM 图如图 6-50 所示。AL/SiO₂ 的制备过程同 QAL/SiO₂，只是将所加入的 QAL 替换为 AL。制备 AL/SiO₂、QAL₃₀/SiO₂ 和 QAL₅₀/SiO₂ 三种复合物的木质素样品（AL、QAL₃₀ 和 QAL₅₀）和 Na_2SiO_3（以生成 SiO₂ 的质量计）的投料质量比均为 1:1。三种复合物的 SEM 图中均包括低倍数图片（上排）和相应高倍数图片（下排）。

由 SEM 图可以看出，AL/SiO₂ 中颗粒的团聚最严重且还含有大片无规则的、负载在 SiO₂ 团聚体上的 AL 沉淀物；QAL₃₀/SiO₂ 中颗粒的团聚情况有所改善且颗粒基本呈球形，但是其中还含有少量无规则的颗粒，是由少量 QAL₃₀ 自聚集沉淀所致；QAL₅₀/SiO₂ 中颗粒的分散性最优且颗粒呈均匀的球形。结果说明，AL 与 SiO₂ 颗粒之间的相互作用较弱，单纯依靠微弱的氢键相互作用无法通过沉淀法制

备出均匀复合的木质素/SiO$_2$复合微球；当 AL 分子中接入了足够的季铵根阳离子以形成 QAL，才能够利用 QAL 与 SiO$_2$颗粒之间的强静电相互作用通过沉淀法制备出均匀复合的木质素/SiO$_2$复合微球。此外，QAL$_{50}$/SiO$_2$的粒径分布最为均一，后续研究工作中所需要的木质素/SiO$_2$复合微球均由 QAL$_{50}$ 和 Na$_2$SiO$_3$ 在水溶液中通过沉淀法制备。

（a）AL/SiO$_2$　　　　（b）QAL$_{30}$/SiO$_2$　　　　（c）QAL$_{50}$/SiO$_2$

图6-50　AL/SiO$_2$、QAL$_{30}$/SiO$_2$和QAL$_{50}$/SiO$_2$的粒径分布图和SEM图

　　木质素/SiO$_2$复合微球相应的 SEM 表征和粒径分布测试结果如图 6-51（a）～（f）所示。可以看出，所有的 QAL/SiO$_2$ 样品中颗粒均呈均匀的球形。且如图 6-51（f）所示，QAL/SiO$_2$-1 ～ QAL/SiO$_2$-5 的粒径分布范围分别为 393 ～ 403nm、384 ～ 393nm、342 ～ 350nm、426 ～ 433nm 以及 285 ～ 384nm 和 848 ～ 1140nm。此外，从这些 SEM 图中还可以看出，所有的 QAL/SiO$_2$ 样品均是由粒径在 300 ～ 500nm 的初级颗粒组成。由图 6-51 的 SEM 图片可以看出，QAL/SiO$_2$-1 中存在很多粒径小于 150nm 的小颗粒，其数量明显多于另外四种样品。但是在 QAL/SiO$_2$-1 的粒径分布图中并未检测到这些小颗粒的存在，这主要是因为小颗粒形成了超声破碎都无法分散开的团聚体。然而，当 QAL 和 Na$_2$SiO$_3$（以生成 SiO$_2$ 的质量计）的投料质量比达到或者超过 3:1 时，所制备的 QAL/SiO$_2$ 复合颗粒团聚会加重，这点从 QAL/SiO$_2$-5 的粒径分布中出现了 848 ～ 1140nm 大颗粒可以证实。因此，为了制备均匀且分散较好的 QAL/SiO$_2$，QAL 和 Na$_2$SiO$_3$ 的投料比控制在 1:1 ～ 2:1 范围内。

　　热重分析（TGA）可用于粗略计算 QAL/SiO$_2$ 中 QAL 的含量，结果如图 6-52 所示。根据 QAL 在 TG 测试过程中灰分剩余率约为 13%，可以大约计算出 QAL/SiO$_2$-1 ～ QAL/SiO$_2$-5 中 QAL 的负载质量分数分别为 21.3%、30.1%、40.5%、

41.2% 和 46.2%。对比 QAL 和 Na_2SiO_3（以生成 SiO_2 的质量计）的初始投料比 0.5、1.0、1.5、2.0 和 3.0 可以发现，QAL 并不能全部负载到 SiO_2 中。这是因为 AL 本身是一个具有不同分子量分布且官能团具有差异性的混合物，因而经季铵化接枝改性所得到的 QAL 便是由不同季铵根阳离子基团接枝量的 AL 分子组成的混合物，其中部分 QAL 分子变成强亲水性分子而使得这部分 QAL 在加酸过程中不会沉淀出来，从而导致最终制得的 QAL/SiO_2 中 QAL 和 SiO_2 的质量比低于初始投料比。特别是当 QAL 和 Na_2SiO_3 的初始投料比达到 1.5 之后，大幅增加投料比并不能够大幅增加 QAL/SiO_2 中 QAL 的含量，这说明在获得均匀 QAL/SiO_2 的前提下，其 QAL 的最大负载量约为 40.5%。

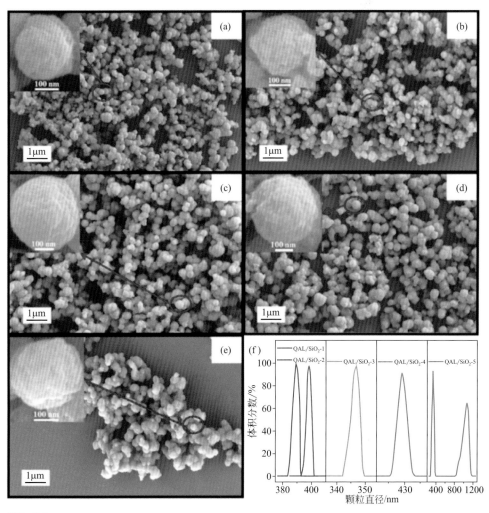

图6-51

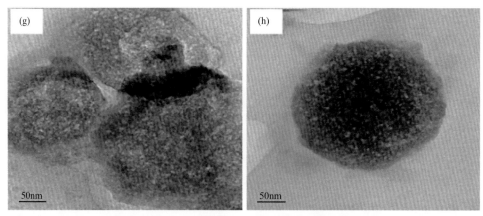

图6-51 QAL/SiO₂样品SEM图：（a）QAL/SiO₂-1,（b）QAL/SiO₂-2,（c）QAL/SiO₂-3,
（d）QAL/SiO₂-4和（e）QAL/SiO₂-5，（f）QAL/SiO₂的粒径分布,（g）QAL/SiO₂-3和
（h）QAL/SiO₂-4的横截面TEM图

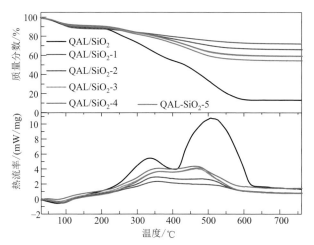

图6-52 QAL和不同QAL含量的QAL/SiO₂样品的TGA和DSC曲线

不同 QAL 含量的 QAL/SiO₂ 的红外谱图特征具有相似性，因此选取 QAL/SiO₂-2 和 QAL/SiO₂-3 作为代表进行 XRD 和 XPS 分析，结果如图 6-53（a）所示。QAL/SiO₂-2、QAL/SiO₂-3 和 QAL/SiO₂-4 的 XRD 谱图基本一样，只有 $2\theta=23°$ 处的宽吸收带，说明 QAL/SiO₂ 样品均是无定形材料，这与 QAL/SiO₂ 的 TEM 图中只存在无定形结构一致。如图 6-53（b）所示，QAL/SiO₂-2、QAL/SiO₂-3 和 QAL/SiO₂-4 的 XPS 谱图差别也不是很大，均呈现结合能在 103eV 处的 Si2p 特征峰、154eV 处的 Si2s 特征峰、285eV 处的 C1s 特征峰、532eV 处的 O1s 特征峰以

及 402 eV 处的 N1s 特征峰[30, 31]。

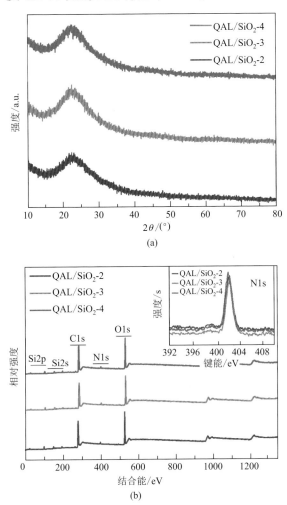

图6-53
QAL/SiO₂代表样品的XRD图
（a）和XPS图（b）

2. QAL/SiO₂ 在水性聚氨酯（WPU）中的应用

取水性聚氨酯（WPU）乳液，加入 0% ～ 1.0% QAL/SiO₂ 复合颗粒（以 WPU 母液中固体含量计算），搅拌分散均匀后，将混合分散液置于一次性聚四氟乙烯培养皿中，除去气泡，置于 50℃恒温烘箱中干燥，得到厚度约为 1mm 的 WPU 复合薄膜。SiO₂/WPU 复合薄膜也可由上述方法获得。采用 UV-Vis 反射光谱仪测试样品粉末的紫外 - 可见吸收光谱图；采用电子万能试验机以 500mm/min 的速率在常温下测量膜的拉伸强度和断裂伸长率。

图 6-54 展示了不同 WPU 膜的外观和相应的 SEM 图。纯 WPU 膜自身呈淡

淡的黄绿色，而掺有 0.6%（质量分数）QAL/SiO₂ 样品的 WPU 共混膜均呈黄色，且仍像纯 WPU 膜那样均匀且透明。图 6-54（b）～（f）的黄色依次加深，这是因为所用的 QAL/SiO₂ 样品分别为 QAL/SiO₂-1、QAL/SiO₂-2、QAL/SiO₂-3、QAL/SiO₂-4 和 QAL/SiO₂-5，其中的 QAL 含量逐渐从 32.9% 增加至 54.1%，使得黄色逐渐加深。从不同膜的断面 SEM 图中可以看出，所有的 QAL/SiO₂ 样品均可以单分散颗粒的状态存在于 WPU 中，且单分散颗粒与 WPU 结合紧密，没有界面分离的现象，说明 QAL/SiO₂ 与水性 WPU 具有良好的相容性。宏观视角和微观视角的结果均说明通过简单的物理搅拌混合能够使 QAL/SiO₂ 与水性 WPU 形成均匀的共混体。

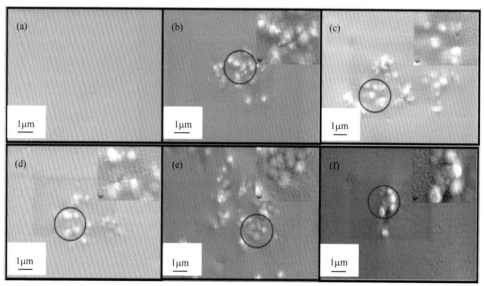

图6-54　不同WPU膜的外观和膜断面的SEM图：（a）纯WPU，（b）～（f）分别含有 0.6%不同QAL/SiO₂样品的WPU基共混膜（SEM插图中的短棒标尺均代表100nm）

纯 WPU 膜以及 QAL/SiO₂-PU 共混膜在紫外/可见光区域的光学透射光谱如图 6-55（a）所示。可以明显看出，QAL/SiO₂ 复合颗粒能够显著降低 WPU 膜在 300 ～ 400nm 范围内的紫外光透过率和在 400 ～ 550nm 范围内的可见光透过率。图 6-55（b）给出了这几种膜在 400nm（可见光）和 315nm（紫外光）处的光透过率值。结果显示，随着样品中 QAL 的质量分数从 0% 增加至 54.1%，WPU 膜在 315nm 处的紫外光透过率从 13.4% 减小至 0.3%，在 400nm 处的可见光透过率从 74.8% 减小至 26.7%。所有含有 QAL/SiO₂ 样品的 WPU 基共混膜在 240 ～ 300nm 范围内的紫外光透过率均基本为零。选择 QAL/SiO₂-3 来进一步研究掺量对 WPU 基共混膜紫外光吸收能力的影响。

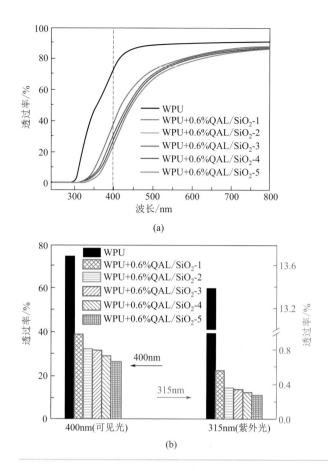

(a)

(b)

图6-55

不同QAL/SiO₂样品对WPU
基共混膜光谱学性能的影响：
（a）透射光谱图；（b）315nm
和400nm波长的光透过率

WPU 膜以及分别含有 1% 纳米 SiO₂ 和不同 QAL/SiO₂-3 含量的复合膜紫外透射光谱如图 6-56（a）所示。相应的 400nm（可见光）和 315nm（紫外光）处光透过率值如图 6-56（b）所示。含有市售纳米 SiO₂ 的 WPU 基共混膜作为除纯 WPU 外的另一个参比样。结果表明，纯 WPU 材料对 280nm 波长以下的紫外光具有绝对的吸收能力；对 280～315nm 波长范围内的紫外光具有较好的吸收能力；对 315～400nm 波长范围内的紫外光吸收能力较差。然而实际应用中 315～400nm 波长范围内的紫外光对材料的破坏性最大。随着 QAL/SiO₂-3 掺量从 0% 增加至 1.0%，WPU 膜在 315nm 处的紫外透过率从 13.4% 减小至 0.1%，在 400nm 处的紫外透过率从 74.8% 减小至 9.7%。但是当添加 1% 纳米 SiO₂，WPU 膜的紫外透过率变化很小，在 315nm 处的紫外透过率从 13.4% 小幅减小至 11.7%，在 400nm 处的紫外透过率从 74.8% 小幅减小至 68.7%。含有 1% 纳米 SiO₂ 的 WPU 基共混膜紫外吸收能力远不如含有 1% QAL/SiO₂-3 的 WPU 基共混膜，甚至比只含有 0.2% QAL/SiO₂-3 的 WPU 基共混膜还差。

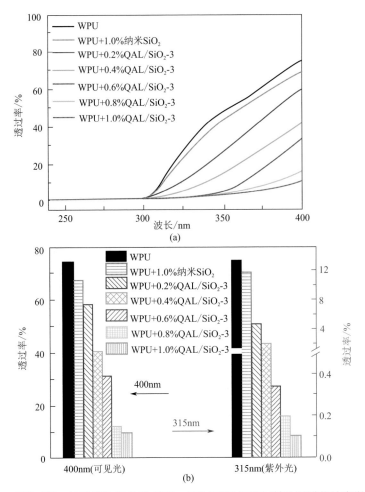

图6-56 纳米SiO₂和QAL/SiO₂-3的掺量对WPU基共混膜紫外光学性能的影响

图 6-57 是纯 WPU 膜以及分别含有 0.6% 纳米 SiO₂ 和 0.6% QAL/SiO₂-3 的 WPU 基共混膜的力学性能图。含有 0.6% QAL/SiO₂-3 的 WPU 基共混膜的断裂拉伸强度为 1.10MPa，高于纯 WPU 膜的 0.87MPa 和含有 0.6% 纳米 SiO₂ 的 WPU 基共混膜的 1.06MPa；其断裂伸长率（934%）也高于纯 WPU 膜的 662% 和含有 0.6% 纳米 SiO₂ 的 WPU 基共混膜的 820%。综上，紫外屏蔽能力的测试以及力学性能的测试表明，木质素 /SiO₂ 复合微球具有用作抗紫外助剂的潜在价值。

二、疏水性木质素/SiO₂复合微球的制备及其应用

1. 疏水性木质素 /SiO₂ 复合微球的制备及微结构特性

制备过程同上述章节中所描述的 QAL/SiO₂ 的制备过程，只是将 QAL 替换

为 QALC$_6$ 或 QALC$_{12}$（分别接枝 6 个 C 和 12 个 C 的烷基链）。其中 QALC$_6$ 与 Na$_2$SiO$_3$ 的投料质量比（以生成的 SiO$_2$ 的质量计）为 1.5：1 时所制备的复合物命名为 QALC$_6$/SiO$_2$，QALC$_{12}$ 与 Na$_2$SiO$_3$ 的投料质量比（以生成的 SiO$_2$ 的质量计）为 1.5：1、1：1 和 2.5：1 时所制备的复合物分别命名为 QALC$_{12}$/SiO$_2$-1、QALC$_{12}$/SiO$_2$-2 和 QALC$_{12}$/SiO$_2$-3。

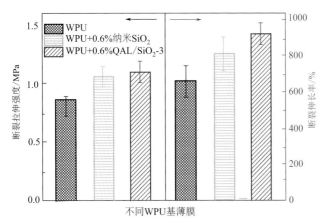

图6-57　纳米SiO$_2$和QAL/SiO$_2$-3对WPU的断裂拉伸强度和断裂伸长率的影响

　　QAL/SiO$_2$、QALC$_6$/SiO$_2$ 和 QALC$_{12}$/SiO$_2$-1 的形貌如图 6-58 所示。以 QAL 为原料所制备的 QAL/SiO$_2$ 中的颗粒是以 SiO$_2$ 为核、表层负载 QAL、粒径 300～500nm 的整体球形结构形态存在。QALC$_6$/SiO$_2$ 由无规则的颗粒组成，且这些无规则颗粒均是由纳米尺寸的小颗粒抱团所形成尺寸不均一的类球形大颗粒。QALC$_{12}$/SiO$_2$-1 由粒径不均一的球形颗粒组成，且这些颗粒也均由纳米尺寸的小颗粒抱团重组所形成；特别地，很多球形颗粒上面出现了明显的空洞。很明显，进一步在 QAL 中引入烷基链改变了所制备木质素 /SiO$_2$ 复合微球的形貌。这可能是因为当 SiO$_2$ 初级晶核与 QALC$_x$（X=6 或 12）中的季铵根阳离子基团相结合后，QALC$_x$（X=6 或 12）中的烷基链通过其疏水性阻止了 SiO$_2$ 初级晶核生长成为更大尺寸的 SiO$_2$ 颗粒，进而利用 QALC$_x$（X=6 或 12）的三维网状结构将这些生长到一定程度的 SiO$_2$ 晶核颗粒重组为不同尺寸的亚微米级复合微球。图 6-58 中的 B2 和 C2 表明，长烷基链更有利于将 SiO$_2$ 晶核颗粒重组成球形颗粒。

　　通过测定去离子水在 QAL/SiO$_2$、QALC$_6$/SiO$_2$ 和 QALC$_{12}$/SiO$_2$-1 上的静态接触角来评估三者的亲、疏水性，结果如图 6-59 所示。去离子水在 QAL/SiO$_2$、QALC$_6$/SiO$_2$ 和 QALC$_{12}$/SiO$_2$-1 上的静态接触角分别为 60°、76° 和 123°。很明显，烷基链的接入会增强木质素 /SiO$_2$ 复合微球的表面疏水性，特别是 C$_{12}$ 烷基链的接入大大增加了复合物的疏水性。QALC$_{12}$/SiO$_2$-1 的强疏水性也表明其表面存在

大量的 C_{12} 烷基链，这非常有利于增强其与聚乙烯（HDPE）的相容性[32]。此外，$QALC_{12}/SiO_2$-1 颗粒上的大量空洞［图 6-58（c）］，有望增加熔融混炼过程中其与高密度聚乙烯（HDPE）的接触面积，使得二者更充分地结合。因此，重点研究 $QALC_{12}/SiO_2$ 颗粒的形成机理及其在 HDPE 中的应用性能。

图6-58　（a）（A1，A2）QAL/SiO_2，（b）（B1，B2）$QALC_6/SiO_2$和（c）（C1，C2）$QALC_{12}/SiO_2$-1的SEM图

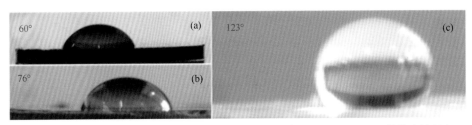

图6-59　（a）QAL/SiO_2、（b）$QALC_6/SiO_2$和（c）$QALC_{12}/SiO_2$-1的静态接触角

如图 6-60(a)所示，$QALC_{12}/SiO_2$-1、$QALC_{12}/SiO_2$-2 和 $QALC_{12}/SiO_2$-3 的 FT-IR 谱图差别不大，均包含 SiO_2 和 $QALC_{12}$ 的特征峰，其中 3433cm^{-1}、1092cm^{-1} 和 798cm^{-1}、966cm^{-1} 和 467cm^{-1} 处的吸收带分别归属于不对称羟基 O-H 的不对称伸缩振动、Si-O-Si 对称和不对称伸缩振动、Si-OH 弯曲振动和 Si-O 弯曲振动；2931cm^{-1} 和 1479cm^{-1} 处分别归属于 $QALC_{12}$ 中甲基和亚甲基的 C-H 伸缩振动和季铵根阳离子基团的特征宽吸收带。其中甲基和亚甲基的 C-H 伸缩振动在 QAL/SiO_2 中并未出现，说明此处是由 $QALC_{12}$ 中的 C_{12} 烷基链带入。此外，

图 6-60（b）的 XRD 结果表明 QALC$_{12}$/SiO$_2$-1、QALC$_{12}$/SiO$_2$-2 和 QALC$_{12}$/SiO$_2$-3 均是无定形材料。

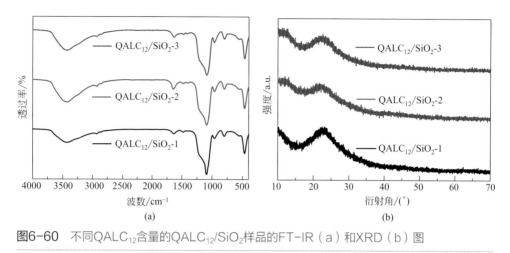

图6-60　不同QALC$_{12}$含量的QALC$_{12}$/SiO$_2$样品的FT-IR（a）和XRD（b）图

2. QALC$_{12}$/SiO$_2$ 在高密度聚乙烯中的应用

将一定量木质素/SiO$_2$复合颗粒与 HDPE 熔融共混，热压成型。含有 5%（质量分数）的 QAL/SiO$_2$-3、QALC$_6$/SiO$_2$-2、QALC$_{12}$/SiO$_2$-1 和含有 10%（质量分数）的 QALC$_{12}$/SiO$_2$-1、QALC$_{12}$/SiO$_2$-2 和 QALC$_{12}$/SiO$_2$-3 复合材料分别命名为 HDPE-a、HDPE-b、HDPE-c、HDPE-d、HDPE-e 和 HDPE-f，未加填料的纯 HDPE 命名为 HDPE-0。

表 6-3 中列出了 HDPE-0 和添加了木质素/SiO$_2$复合颗粒的复合材料力学性能。HDPE-0 的拉伸强度和断裂伸长率分别为（22.2 ± 0.6）MPa 和 959% ± 40%。当添加 5% QAL/SiO$_2$ 后，所得 HDPE-a 的拉伸强度和断裂伸长率分别为（20.8 ± 0.3）MPa 和 336% ± 156%。HDPE-a 拉伸强度有所降低，且断裂伸长率急剧降低，说明 QAL/SiO$_2$ 与 HDPE 的相容性极差。当添加 5% QALC$_6$/SiO$_2$ 后，所得 HDPE-b 的拉伸强度和断裂伸长率分别为（22.1 ± 1.1）MPa 和 984% ± 79%。HDPE-b 的性能与 HDPE-0 相当，但远优于 HDPE-a，说明 QALC$_6$/SiO$_2$ 中的 C$_6$ 烷基链增强了它与 HDPE 的相容性，但增强作用还不足以明显提升 HDPE 的力学性能。当添加 5% QALC$_{12}$/SiO$_2$-1 后，所得 HDPE-c 的拉伸强度和断裂伸长率分别为（22.8 ± 0.5）MPa 和 1105% ± 51%。与 HDPE-0 的性能相比，HDPE-c 的拉伸强度增加了约 0.67MPa 且断裂伸长率增加了约 146%，说明 QALC$_{12}$/SiO$_2$ 中的 C$_{12}$ 烷基链可以显著提高其与 HDPE 的相容性，从而提升复合材料的拉伸强度和断裂伸长率。

表6-3　不同木质素/SiO₂复合微球对HDPE力学性能的影响

表6-3　不同木质素/SiO_2复合微球对HDPE力学性能的影响

样品	填料名称	填料掺量/g	拉伸强度 /MPa	断裂伸长率 /%
HDPE-0	—	—	22.2 ± 0.6	959 ± 40
HDPE-a	QAL/SiO_2	5	20.8 ± 0.3	336 ± 156
HDPE-b	$QALC_6$/SiO_2	5	22.1 ± 1.1	984 ± 79
HDPE-c	$QALC_{12}$/SiO_2-1	5	22.8 ± 0.5	1105 ± 51

不同 HDPE 复合材料的断面 SEM 表征结果如图 6-61 所示。由图 6-61（a）可以看出，HDPE-a 中的 QAL/SiO_2 颗粒与 HDPE 之间存在明显的界面分离，导致 HDPE-a 比 HDPE-0 的拉伸强度低且断裂伸长率大幅降低（表 6-3）。由图 6-61（b）可以看出，HDPE-b 中的 $QALC_6$/SiO_2 颗粒与 HDPE 之间的结合情况明显优于 HDPE-a，但仍有部分颗粒与 HDPE 之间存在界面分离，因此 $QALC_6$/SiO_2 的加入并未明显提升 HDPE 的力学性能。由图 6-61（c）可以看出，HDPE-c 中的 $QALC_{12}$/SiO_2-1 颗粒与 HDPE 之间已经基本达到紧密结合状态，因而同时提升了 HDPE 的拉伸强度和断裂伸长率。结合表 6-3 和图 6-61 的分析结果，可以断定 $QALC_{12}$ 更适用于制备具有同时提升 HDPE 的拉伸强度和断裂伸长率的木质素/SiO_2复合微球——$QALC_{12}$/SiO_2。

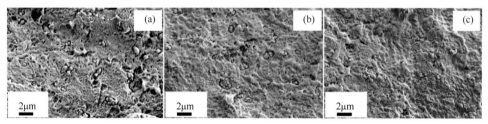

图6-61　不同HDPE复合材料的SEM图：（a）HDPE-a，（b）HDPE-b，（c）HDPE-c

表 6-4 中列出了 HDPE-0 和添加了 10% 不同 $QALC_{12}$/SiO_2 样品的复合 HDPE 力学性能。当添加 10% $QALC_{12}$/SiO_2-1 后，HDPE-d 的拉伸强度和断裂伸长率分别为（23.8 ± 0.6）MPa 和 860% ± 69%。与 HDPE-0 相比，HDPE-d 的拉伸强度大约增加 1.6MPa，但是断裂伸长率（%）却大约下降了 99。因为 $QALC_{12}$/SiO_2-1 是刚性颗粒且与 HDPE 相容性良好，其掺量的增加必然会使得拉伸强度增加；掺量增加所造成的断裂伸长率的损失主要是因为本试验采用开放式炼胶机在空气中混炼 HDPE，混炼时间为 12min（超过 12min 后，原本白色的 HDPE 明显泛黄，开始变质），而这种混炼方式不足以在 12min 内将 10% $QALC_{12}$/SiO_2-1 均匀混入 HDPE 中，因而导致断裂伸长率有所下降。当添加 10% $QALC_{12}$/SiO_2-2 后，

HDPE-e 的性能明显比 HDPE-d 的差，说明减少 QALC$_{12}$ 的负载量更加不利于其和 HDPE 均匀混合。当添加 10% QALC$_{12}$/SiO$_2$-3 后，HDPE-f 的拉伸强度和断裂伸长率分别为（24.5±0.5）MPa 和 1096%±61%，比 HDPE-0 的分别增加了大约 2.4MPa 和 137%，说明在高掺量下需要增加 QALC$_{12}$/SiO$_2$ 中 QALC$_{12}$ 的负载量以提升其疏水性，进而促使 QALC$_{12}$/SiO$_2$ 与 HDPE 均匀混合。结果表明，QALC$_{12}$ 负载量较高的 QALC$_{12}$/SiO$_2$ 能够用作 HDPE 的填料，用以制备高强度、高韧性的 HDPE 复合材料。

表6-4　高掺量下不同 QALC$_{12}$ 负载量的 QALC$_{12}$/SiO$_2$ 对 HDPE 力学性能的影响

样品	填料名称	QALC$_{12}$负载量/%	填料掺量/g	拉伸强度/MPa	断裂伸长率/%
HDPE-0	—	—	—	22.2±0.6	959±40
HDPE-d	QALC$_{12}$/SiO$_2$-1	23.1	10	23.8±0.6	860±69
HDPE-e	QALC$_{12}$/SiO$_2$-2	17.4	10	23.4±0.4	584±91
HDPE-f	QALC$_{12}$/SiO$_2$-3	25.4	10	24.5±0.5	1096±61

三、介孔木质素/SiO$_2$复合纳米颗粒的制备及其应用

1. 介孔木质素 /SiO$_2$ 复合微球（LSC）的制备及其微结构特性

LSC 的制备方法参见上述章节，其中，Na$_2$SiO$_3$ 溶液的浓度降低，QAL 和 Na$_2$SiO$_3$（以生成 SiO$_2$ 的质量计）的初始投料质量比设定为 0.5:1、1:1 和 1.5:1，所制备的复合微球分别命名为 LSC-1、LSC-2 和 LSC-3。

如图 6-62 所示，从 SEM 图可看出，SiO$_2$、LSC-1 和 LSC-2 均是均匀的球形颗粒，粒径为 200～500nm，而 LSC-3 的颗粒间团聚严重，使其形貌不均匀。由 TEM 图可以看出，SiO$_2$、LSC-1 和 LSC-2 均无特定的晶型结构，均是无定形材料。与 LSC-2 相比，SiO$_2$ 和 LSC-1 的 SEM 图中的单个颗粒均有明显的透光性，说明 SiO$_2$ 和 LSC-1 的颗粒可能含有丰富的孔结构。与 SiO$_2$ 相比，LSC-1 和 LSC-2 的 TEM 图中单个颗粒的表面可以明显看到有 QAL 的覆盖（TEM 图中圈部分）。

图 6-63（a）中的 XRD 结果表明，SiO$_2$ 和 LSC 样品均为无定形材料，这与 TEM 的结果相一致。进一步通过 N$_2$ 吸附 - 脱附等温线和孔径分布曲线，研究 LSC-1 和 SiO$_2$ 的孔结构差异性，如图 6-63（b）所示。在低相对压力区（p/p_0 < 0.4），每种材料对 N$_2$ 的吸附量都近似达到了总吸附量的一半，说明这些材料具有多孔结构特征[33]。所有样品的吸附 - 脱附等温线中均出现了滞后环，属于Ⅳ型吸附 - 脱附等温线[34]，说明纯 SiO$_2$ 和 LSC 样品中均存在介孔。但是这

些滞后环的形状差异较大，说明每种样品中的介孔结构存在差异性。其中 LSC-1 的吸附 - 脱附等温线中滞后环明显比其他三个样品大，这说明 LSC-1 比其他三个样品具有更丰富的介孔。

图6-62　SiO₂和LSC样品的SEM图（a）和TEM图（b）

　　SiO₂ 和 LSC 样品的孔径分布曲线如图 6-63（c）所示。由孔径分布的趋势可以看出，SiO₂、LSC-2 和 LSC-3 中均存在一些由于仪器精度而无法被检测到的微孔（＜2nm），但是 LSC-1 的孔径分布趋势却看不出有微孔的存在。而且，根据孔体积分布数据中不同孔径大小的孔所贡献的孔体积，计算得出 SiO₂、LSC-1、LSC-2 和 LSC-3 中的介孔含量分别约为 91.9%、94.5%、65.7% 和 65.9%。这说明，LSC-1 可视为均匀的介孔材料。这是因为带负电的初生 SiO₂ 晶核很容易与 QAL 中带正电的季铵根阳离子基团之间产生强烈的静电相互作用，使得 SiO₂ 晶核结合到 QAL 的三维网状结构中，从而阻止这些初生 SiO₂ 晶核自身团聚生长成无孔或者微孔的 SiO₂。如果 QAL 和 Na₂SiO₃ 的初始投料比增加至 1:1 或者 1.5:1，

QAL 会由于自身的溶液浓度增加而自聚集加重，导致 QAL 丧失控制介孔结构形成的能力。

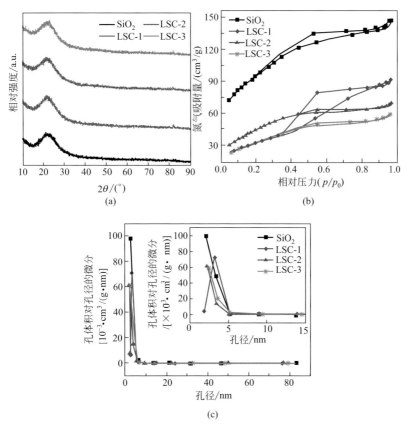

图6-63　SiO₂和LSC的XRD图（a）、N₂吸附–脱附等温线（b）和孔径分布曲线（c）

2. LSC 正极添加剂对电池性能的影响

高浮充容量是水系锌离子电池的主要缺点之一。尽管设计高度稳定的水系电池相当具有挑战性，但仍十分必要探索一些可以最大限度降低浮充容量的方法。基于不含或者含有添加剂的正极片的电池，在 0.2 C 倍率下的放电比容量和浮充容量列于表 6-5 中。与参比正极相比，当向正极中添加 2% 质量分数的 SiO₂ 后，电池的浮充容量从 14.3mAh/g 降至 9.4mAh/g，原因是 SiO₂ 中的这些介孔可以吸附 Mn^{3+} 发生歧化反应生成 Mn^{2+}，使 Mn^{2+} 在正极中富集，抑制歧化反应的深度进行，从而提升电池的浮充性能。此外，电池的放电比容量从 119.1mAh/g 降至 113.8mAh/g，这主要是因为 SiO₂ 的加入降低了正极的导电性。

将 LSC 用于正极添加剂，考察其对电池浮充性能的影响，实验结果如表 6-5

所示。当向正极中添加 2% LSC-1 后，所制备的电极浮充容量最低，且与参比电极相比，浮充容量从 14.3mAh/g 降至 6.1mAh/g，降幅高达 57.3%。随着 LSC 中 QAL 含量的增加，浮充容量逐渐增加。说明纯介孔结构的 LSC-1 比同时含有微孔和少量介孔结构的 SiO$_2$、LSC-2 和 LSC-3 拥有更强的提升电池浮充性能的能力。因此，LSC-1 更有能力吸附 Mn^{2+}，因为 LSC-1 比 SiO$_2$、LSC-2 和 LSC-3 拥有更多、更大尺寸的介孔。并且，含有 LSC-3 的正极的浮充性很差，这可能是由 LSC 中 QAL 的含量偏高且 LSC 的形貌不均一所致，因为 QAL 本身会造成电池的浮充性能变差。此外，LSC-1 虽然可以显著提高正极的浮充性能，但是它会造成正极导电性降低，从而降低电池的放电比容量。

表6-5　使用LSC基正极的电池的浮充性能

样品名	剂量 ($m_{样品}/m_{LMO}$ 质量分数）/%	0.2 C的放电容量/（mAh/g）	0.2 C的浮充容量/（mAh/g）
对比样	—	119.1 ± 1.0	14.3 ± 1.6
SiO$_2$	2	113.8 ± 1.4	9.4 ± 1.4
QAL	2	118.5 ± 3.2	19.3 ± 2.2
LSC-1	2	110.1 ± 1.2	6.1 ± 0.6
LSC-2	2	119.8 ± 2.9	10.1 ± 1.3
LSC-3	2	109.9 ± 3.7	18.0 ± 0.9

　　为了弥补 LSC-1 所造成的导电性的损失，将石墨烯（GR）这种具有非凡电子传输特性的材料引入到正极中，结果见表 6-6。当向正极中添加 2% 质量分数的 GR，电池的放电比容量从 119.1mAh/g 增至 122.1mAh/g，浮充容量从 14.3mAh/g 降至 9.9mAh/g。将 LSC-1 和 GR 同时添加到正极中，与只含有 2% LSC-1 的正极相比，当以 LSC-1 和 GR 的质量比为 1∶1 且二者（LSC-1@GR）的总掺量为 2% 时，电池的放电比容量从 110.1mAh/g 增至 115.5mAh/g，浮充容量从 6.1mAh/g 增至 7.9mAh/g。这一放电比容量仍旧低于参比正极的 119.1mAh/g，表明在这种情况下 GR 不能完全弥补 LSC-1 所造成的导电性损失。当 LSC-1@GR（1∶1）的添加量增加至 3% 时，电池的放电比容量从 110.1mAh/g 增至 122.1mAh/g，浮充容量从 6.1mAh/g 小幅增至 7.2mAh/g。与参比正极相比，含有 3% LSC-1@GR（1∶1）的正极具有更高的放电比容量和更低的浮充容量，特别是浮充容量降低了约 50%，与含有 3% LSC-1@GR（1∶1）的正极相比，如果继续增加 LSC-1@GR（1∶1）的掺量至 4%，放电比容量会进一步增加至 124.7mAh/g，但是浮充容量会大幅增加至 12.4mAh/g。结果表明当 LSC-1 和 GR 的配比合适时，才能更好地发挥协同作用，从而增加放电比容量并大幅降低浮充容量。很明显，使用含有 3% LSC-1@GR（1∶1）的正极电池浮充性能最好。

表6-6 分别使用LSC基正极、GR基正极和LSC@GR基正极的电池的浮充性能

样品名	剂量($m_{样品}/m_{LMO}$质量分数/%)	0.2 C的放电容量/（mAh/g）	0.2 C的浮充容量/（mAh/g）
对比样	—	119.1 ± 1.0	14.3 ± 1.6
LSC-1	2	110.1 ± 1.2	6.1 ± 0.6
GR	2	122.1 ± 1.5	9.9 ± 1.5
LSC-1@GR（1:1）	2	115.5 ± 1.9	7.9 ± 2.5
LSC-1@GR（1:1）	3	122.1 ± 0.5	7.2 ± 0.2
LSC-1@GR（1:1）	4	124.7 ± 0.6	12.4 ± 1.2
LSC-1@GR（1.5:1）	4	125.6 ± 1.5	10.8 ± 1.8
LSC-1@GR（2:1）	4	116.6 ± 3.4	7.4 ± 2.3

分别使用参比正极和含有不同添加剂的正极电池的倍率性能如图6-64所示。当向正极中添加2%质量分数的LSC-1，相应电池的放电比容量在各个倍率下均大大减小，说明单独使用LSC-1作为正极添加剂会显著降低电池的倍率性能。当向正极中添加2%GR后，相应电池的放电比容量在0.5C、1C和2C倍率下得以保持，在0.2C倍率下小幅增加，在4C倍率下大幅增加，说明GR可以提升电池的倍率性能。当向正极中添加3% LSC-1@GR（1:1），相应电池的倍率性能与向正极中添加2% GR后所得电池的相近，只是在4C倍率下的放电比容量增幅有所减小。当改变LSC-1@GR的掺量以及LSC-1与GR的比率，倍率性能变化不大。结合浮充性能的分析结果可知，含有3% LSC-1@GR（1:1）正极的电池不仅具有最好的浮充性能，还具有较好的倍率性能。

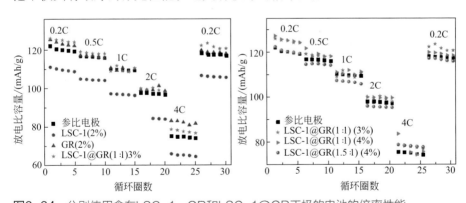

图6-64 分别使用含有LSC-1、GR和LSC-1@GR正极的电池的倍率性能

CC-CV充电和CC放电模式下电池在1C倍率的循环300圈的性能如图6-65所示。所有电池在循环过程中均出现容量衰减的问题，这是由循环过程中的副

反应（如水的分解、产氢、锌负极被腐蚀等）所致[35-37]。使用含有 2% 质量分数的 LSC-1 正极的电池，其首圈放电比容量为 104.5mAh/g，远低于参比电池的 114.7mAh/g。使用含有 2% GR 正极的电池，其首圈的放电比容量为 120.8mAh/g，高于参比电池的 114.7mAh/g。使用含有 3% LSC-1@GR（1∶1）正极的电池，其首圈的放电比容量为 122.3mAh/g，也高于参比电池的 114.7mAh/g。这说明 LSC-1@GR 混合型添加剂能够发挥 GR 的增加放电比容量的优势，因为在掺量为 3%、LSC-1 和 GR 的质量比为 1∶1 的条件下，GR 完全能够弥补 LSC-1 所造成的导电性损失。循环 300 圈之后，使用含有 3% LSC-1@GR（1∶1）正极的电池，其放电比容量为 94.3mAh/g，高于参比电池的 91.3mAh/g。对于使用含有 2% GR 正极的电池，其最大问题是 300 圈后的容量保持率远低于参比电池。也就是说，GR 的加入会使得电池的容量衰减更快。但是这一问题可以被 LSC-1 修复。使用含有 3% LSC-1@GR（1∶1）正极的电池，其循环 300 圈后的容量保持率约为 77.0%，略低于参比电池的 79.6%。但却远高于使用含有 2% GR 正极的电池的 70.8%。循环性能测试的结果说明，使用含有 3% LSC-1@GR（1∶1）正极的电池，其循环 300 圈后仍具有高于参比电池的放电比容量。

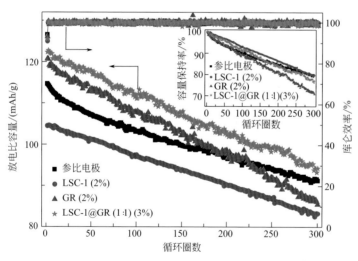

图6-65 CC-CV充电和CC放电模式下电池在1C倍率的循环性能

图 6-66（a）显示，使用含有 2% LSC-1 正极的电池，其静置 24h 后的开路电位约为 1966.4mV，低于参比电池的 1979.8 mV。LSC-1 的这一缺点可以基本被 GR 所修复。使用含有 3% LSC-1@GR（1∶1）正极的电池，其静置 24h 后的开路电位约为 1977.1mV，非常接近于参比电池的 1979.8mV。分别使用参比正极以及含有 3% LSC-1@GR 正极电池的循环伏安测试结果如图 6-66（b）所示。所

有在 1C 倍率下的电流都归一化于正极活性材料的负载量。循环伏安的结果显示，曲线中呈现出两对氧化 / 还原峰，分别对应于 LiMn$_2$O$_4$ 的晶格 Li$^+$ 的两步嵌入和两步脱出过程。比较二者的循环伏安曲线，使用含有 3% LSC-1@GR 正极的电池的响应电流略强于使用参比正极的电池，表明二者的内部电阻和电化学反应的动力学差异较小。主要是因为复配型添加剂中的 GR 增加了锂离子迁移率[38]。但是，参比正极和有 3% LSC-1@GR 的正极相对于 Zn^{2+}/Zn 的电压基本一样，基本没有极化现象（氧化峰右移且还原峰左移）的出现，这表明两种正极对 Li$^+$ 的嵌入和脱出具有相似的电化学响应。因此，3% LSC-1@GR（1:1）只是轻微增加了 Li$^+$ 在正极中嵌入和脱出的速度，并未改变 Li$^+$ 嵌入和脱出的方式。

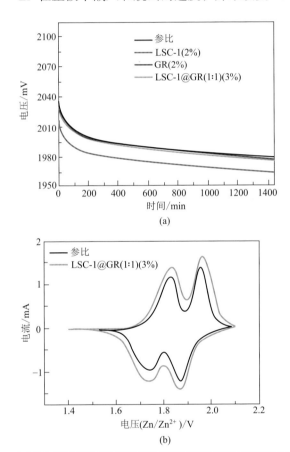

图6-66
（a）参比正极以及分别含有 LSC-1、GR和LSC-1@GR 正极的电池的开路电压随时间变化曲线；
（b）参比正极以及含有 3%LSC-1@GR正极的电池循环伏安曲线

在三电极体系和全电池中测试各个正极的电化学阻抗谱（EIS），如图 6-67 所示。阻抗谱图中高频区的圆弧表示的是电荷转移电阻，图 6-67（a）中无明显的圆弧而图 6-67（b）却可发现高频区的圆弧存在。这说明在全电池中，电荷转移阻抗主要来自电解液和 Zn 负极界面[39]。

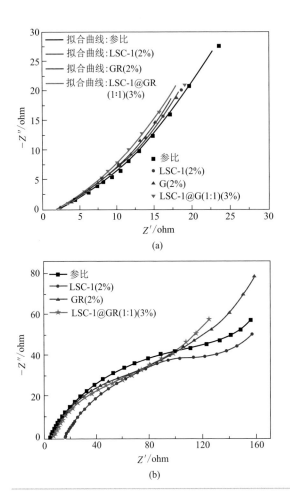

图6-67
使用参比正极以及分别含有
LSC-1、GR和LSC-1@GR
正极的三电极体系（a）和全电
池（b）的电化学阻抗谱
Z'，Z''—阻抗

　　Li^+ 的迁移率（D_{Li}）可从三电极体系的 EIS 数据计算得出，相应的拟合结果
列于表 6-7 中。因为 LSC-1 是绝缘的，所以含有 2% LSC-1 正极的欧姆阻抗和电
荷转移阻抗均比参比正极的稍高。而且，D_{Li} 也大约降低了 21%。慢速的锂离子
迁移导致使用含有 2% LSC-1 正极的电池在各个倍率下的放电比容量均大大降低。
当添加 2% GR，D_{Li} 大约比参比正极增加了 75%，且电荷转移电阻差不多减小了
一半。这就是使用含有 2% GR 正极的电池放电比容量较高的原因。在综合考虑
放电比容量和浮充容量的情况下，挑选出最优复配型添加剂为 3% LSC-1@GR
（1:1），该含有添加剂的正极 D_{Li} 略大于参比正极，且欧姆阻抗和电荷转移电阻
均略小于参比电极。

表6-7　对EIS进行拟合得到的参数

阴极	欧姆电阻（R_s）/Ω	电荷转移电阻（R_t）/Ω	Li⁺扩散率（D_{Li}）/（cm²/s）
参比	2.158	43.25	4.753×10^{-11}
LSC-1（2%）	2.248	43.64	3.731×10^{-11}
GR（2%）	2.111	23.13	8.318×10^{-11}
LSC-1@GR（3%）	2.142	38.49	4.868×10^{-11}

本节通过设定季铵化碱木质素与 Na_2SiO_3（以生成 SiO_2 的质量计）的初始投料质量比为 0.5∶1，制备了平均孔径 3.45nm 的介孔木质素/SiO_2 复合微球（LSC）。其作为水系 $Zn/LiMn_2O_4$ 电池正极用的添加剂，可显著降低电池的浮充容量，推测其作用机理为 LSC 利用自身的介孔结构吸附 Mn^{2+}（由 $LiMn_2O_4$ 中 Mn^{3+} 发生歧化反应产生），使得 Mn^{2+} 在正极中富集，从而抑制歧化反应的深度进行，达到降低电池浮充容量的目的。

参考文献

[1] 钟锐生. 木质素无机微纳米复合颗粒的制备及在水性聚氨酯中的应用 [D]. 广州：华南理工大学，2017.

[2] 熊文龙. 木质素/SiO_2 复合物的构建及在高分子材料和水系 $Zn/LiMn_2O_4$ 电池中的应用 [D]. 广州：华南理工大学，2018.

[3] 李圆圆. 两性木质素的自组装特性及其作为功能性材料的性能研究 [D]. 广州：华南理工大学，2018.

[4] 郭闻源. 木质素两亲聚合物的吸附特性及二氧化硅/木质素复合纳米颗粒的制备 [D]. 广州：华南理工大学，2014.

[5] 邱学青，杨东杰，欧阳新平. 木素磺酸盐在固体颗粒表面的吸附性能 [J]. 化工学报，2003(08): 1155-1159.

[6] 王欢. 木质素碳/ZnO 复合材料的制备及在光催化和超级电容器中的应用 [D]. 广州：华南理工大学，2018.

[7] Abdolmaleki A, Mallakpour S, Borandeh S. Effect of silane-modified ZnO on morphology and properties of bionanocomposites based on poly(ester-amide) containing tyrosine linkages [J]. Polymer Bulletin, 2012, 69(1): 15-28.

[8] Wang H, Yi G, Zu, X, et al, Photoelectric characteristics of the p-n junction netween ZnO nanorods and polyaniline nanowires and their application as a UV photodetector. Materials Letters, 2016, 162: 83-86.

[9] Jin S, Jin J, Huang W, et al. Photocatalytic antibacterial application of zinc oxide nanoparticles and self-assembled networks under dual UV irradiation for enhanced disinfection [J]. International Journal of Nanomedicine, 2019, 14: 1737-1751.

[10] Shahabadi S I S, Kong J H, Lu X. Aqueous-only, green route to self-healable, UV-resistant, and electrically conductive polyurethane/graphene/lignin nanocomposite coatings [J]. ACS Sustainable Chemistry and Engineering, 2017, 5: 3148-3157.

[11] Mallakpour S, Madani M. The effect of the coupling agents KH550 and KH570 on the nanostructure and interfacial interaction of zinc oxide/chiral poly(amide-imide) nanocomposites containing l-leucine amino acid moieties [J].

Journal of Materials Science, 2014, 49(14): 5112-5118.

[12] Tuomela M, Vikman M, Hatakka A, et al Biodegradation of lignin in a compost environment: A review [J]. Bioresource Technology, 2000, 72(2): 169-183.

[13] 王晓红. 木质素在纳米 ZnO 光催化剂制备及染料废水处理中的应用研究 [D]. 镇江：江苏大学, 2014.

[14] Qian Y, Qiu X, Zhu S. Lignin: A nature-inspired sun blocker for broad-spectrum sunscreens [J]. Green Chemistry, 2015, 17 (1): 320-324.

[15] Qian Y, Qiu X, Zhu S. Sunscreen performance of lignin from different technical resources and their general synergistic effect with synthetic sunscreens [J]. ACS Sustainable Chemistry & Engineering, 2016, 4 (7): 4029-4035.

[16] Xiong W, Yang D, Zhong R, et al. Preparation of lignin-based silica composite submicron particles from alkali lignin and sodium silicate in aqueous solution using a direct precipitation method [J]. Industrial Crops and Products, 2015, 74: 285-292.

[17] Wang H, Lin W, Qiu X, et al. In situ synthesis of flowerlike lignin/ZnO composite with excellent UV-absorption properties and its application in polyurethane [J]. ACS Sustainable Chemistry & Engineering, 2018, 6(3): 3697-3705.

[18] Wang H, Qiu X, Liu W, et al. A novel lignin/ZnO hybrid nanocomposite with excellent UV-absorption ability and its application in transparent polyurethane Coating[J]. Industrial & Engineering Chemistry Research, 2017, 56(39): 11133-11141.

[19] Xiong W, Qiu X, Yang D, et al. A simple one-pot method to prepare UV-absorbent lignin/silica hybrids based on alkali lignin from pulping black liquor and sodium metasilicate [J]. Chemical Engineering Journal, 2017, 326: 803-810.

[20] Zhang X, Liu W, Yang D, et al. Biomimetic supertough and strong biodegradable polymeric materials with improved thermal properties and excellent UV-blocking performance [J]. Advanced Functional Materials, 2019, 29(4): 1806912.

[21] Li Y, Qiu X, Qian Y, et al. pH-responsive lignin-based complex micelles: Preparation, characterization and application in oral drug delivery [J]. Chemical Engineering Journal, 2017, 327: 1176-1183.

[22] Lipovsky A, Tzitrinovich Z, Friedmann H, et al. EPR study of visible light-induced ROS generation by nanoparticles of ZnO [J]. The Journal of Physical Chemistry C, 2009, 113(36): 15997-16001.

[23] Maurya A, Chauhan P. Synthesis and characterization of sol-gel derived PVA-titanium dioxide (TiO$_2$) nanocomposite [J]. Polymer Bulletin, 2012, 68(4): 961-972.

[24] Xiao X, Liu X, Chen F, et al. Highly anti-UV properties of silk fiber with uniform and conformal nanoscale TiO$_2$ coatings via atomic layer deposition [J]. ACS Applied Materials and Interfaces, 2015, 7(38): 21327-21333.

[25] Yang D, Wang S, Zhong R, et al. Preparation of lignin/TiO$_2$ nanocomposites and their application in aqueous polyurethane coatings [J]. Frontiers of Chemical Science and Engineering, 2019, 13(1): 1-8.

[26] 余爵，王显华，余佩敏，等. 木质素 /TiO$_2$ 复合纳米颗粒的制备及其防晒应用 [J]. 精细化工，2019, 36(10): 2089-2095.

[27] Barsberg S, Elder T, Felby C. Lignin/quinone interactions: Implications for optical properties of lignin [J]. Chemistry of Materials, 2003, 15(3): 649-655.

[28] Wang H, Wang Y, Fu F, et al. Controlled preparation of lignin/titanium dioxide hybrid composite particleswith excellent UV aging resistance and its high value application [J]. International Journal of Biological Macromolecules, 2020, 150: 371-379.

[29] 钟锐生，杨东杰，熊文龙，等. 木质素基二氧化硅复合纳米颗粒的制备及在高密度聚乙烯中的应用 [J]. 化工学报，2015, 66(8): 3255-3261.

[30] Klapiszewski Ł, Królak M, Jesionowski T, et al. Silica synthesis by the sol-gel method and its use in the

preparation of multifunctional biocomposites [J]. Central European Journal of Chemistry, 2014, 12(2): 173-184.

[31] Rosu D, Rosu L, Cascaval C N, et al. IR-change and yellowing of polyurethane as a result of UV irradiation [J]. Polymer Degradation and Stability, 2009, 94(4): 591-596.

[32] Xiong W, Qiu X, Zhong R, et al. Characterization of the adsorption properties of a phosphorylated kraft lignin-based polymer at the solid/liquid interface by the QCM-D approach [J].Holzforschung, 2016, 70: 937-945.

[33] Lu C, Hoang T K A, Doan T N L, et al. Rechargeable hybrid aqueous batteries using silica nanoparticle doped aqueous electrolytes [J]. Applied Energy, 2016, 170: 58-64.

[34] Brunauer S, Emmett P H, Teller E, et al. Adsorption of gases in multimolecular layers [J]. Journal of the American Chemical Society, 1938, 60(2): 309-319.

[35] Xu G, Liu Z, Zhang C, et al. Strategies for improving the cyclability and thermo-stability of LiMn$_2$O$_4$-based batteries at elevated temperatures [J]. Journal of Materials Chemistry A, 2015, 3(8): 4092-4123.

[36] Konarov A, Gosselink D, Zhang Y, et al. Self-discharge of rechargeable hybrid aqueous battery [J]. ECS Electrochemistry Letters, 2015, 4(12): A151-A154.

[37] Hoang T K A, Sun K E K, Chen P, et al. Corrosion chemistry and protection of zinc & zinc alloys by polymer-containing materials for potential use in rechargeable aqueous batteries [J]. RSC Advances, 2015, 5(52): 41677-41691.

[38] Xiong W, Yang D, Hoang T, et al. Controlling the sustainability and shape change of the zinc anode in rechargeable aqueous Zn/LiMn$_2$O$_4$ battery [J]. Energy Storage Materials, 2018, 15: 131-138.

[39] Xiong W, Yang D, Zhi J, et al. Improved performance of the rechargeable hybrid aqueous battery at near full state-of-charge [J]. Electrochimica Acta, 2018, 271: 481-489.

第七章
木质素改性聚氨酯复合材料

聚氨酯被广泛应用于包装、建筑、汽车制造、电子器件、生物医学等各个领域，占据了全球高分子材料6%的市场。然而聚氨酯原料严重依赖于化石资源，并且不易降解，对环境造成一定的污染。因此，开发生物质基聚氨酯材料，促进聚氨酯工业的绿色可持续发展已成为研发的热点。

木质素来源广、成本低，分子结构含较为丰富的酚羟基、醇羟基等官能团，天然无毒抗紫外。若能使用廉价易得的木质素部分替代石化多元醇组分，制备木质素改性的聚氨酯材料，不仅能降低聚氨酯生产成本，还能提升材料的综合性能。

目前已有大量木质素改性聚氨酯研究，结果表明：木质素的引入可以一定程度上提高聚氨酯材料的交联密度、力学性能、生物降解性、抗紫外、抗老化和热稳定性能。然而，与普通石化多元醇相比，木质素分子结构复杂、空间位阻大，官能团的反应活性较低，并且木质素在聚氨酯基体中存在不易分散、相容性差的难题，因此木质素在聚氨酯中的应用研究仍然存在许多挑战。国内外大部分研究主要集中在木质素改性聚氨酯硬质泡沫领域[1-4]，本章将着重介绍笔者团队在过去五年内开辟的木质素在聚氨酯软质弹性泡沫、聚氨酯弹性体、聚氨酯胶黏剂等领域的新应用研究成果。

第一节
木质素改性聚氨酯弹性泡沫

与硬质聚氨酯泡沫相比，软质聚氨酯泡沫的用量更大。由于木质素中的刚性芳香环结构具有一定的增强效果，文献中报道的木质素改性聚氨酯泡沫大多数都是硬质泡沫，有关木质素改性软质聚氨酯泡沫的报道却很少。虽然有人使用液化木质素和丙氧化木质素合成软质聚氨酯泡沫[5]，但是液化木质素的黏度大，羟基值高，不适合直接用于软质聚氨酯泡沫的合成。尽管环氧丙烷改性可以在丙氧化木质素中引入柔性支链，但支链长短不一，导致最后的聚氨酯产品性能难以调控。此外，直接将木质素引入聚氨酯泡沫时，黏度大且木质素自身会严重聚集，导致泡沫出现明显的相分离，发泡及综合性能显著下降。为了提高木质素的反应活性以及与聚氨酯基质的相容性，通常需要对木质素进行化学改性。

因此，为了合成高回弹软质木质素改性聚氨酯泡沫，本节利用长链聚乙二醇（PEG）对碱木质素进行接枝改性，将木质素上的酚羟基转化为醇羟基，提高木质素与异氰酸酯的反应活性。然后使用改性木质素部分替代石化多元醇合成聚氨酯弹性泡沫，系统分析了改性木质素对聚氨酯泡沫结构、力学性能和热稳定性的影响[6, 7]。

一、木质素接枝聚乙二醇的合成及表征

由于木质素结构复杂，羟基通常隐藏在分子内部，在聚氨酯发泡反应体系中很难反应完全。同时脂肪族羟基与异氰酸酯的反应活性比酚羟基高。因此，笔者以碱木质素为原料，用大分子量的聚乙二醇来改性碱木质素，将碱木质素中的酚羟基转化为醇羟基以提高反应活性，图7-1是木质素接枝改性的机理图。

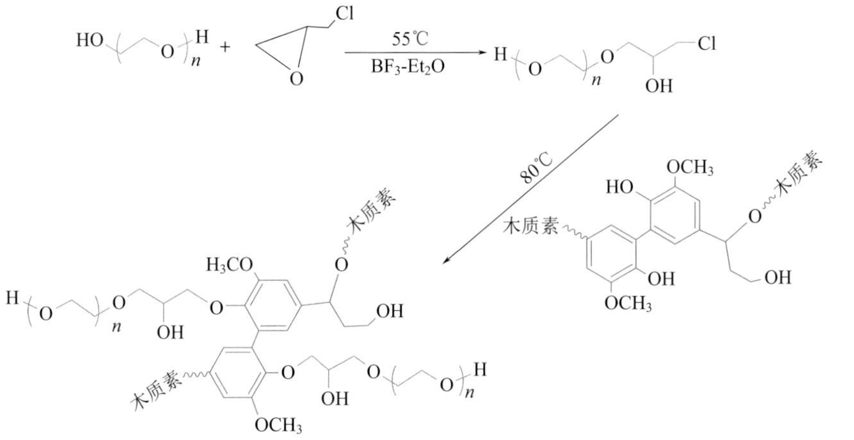

图7-1 PEG2000改性碱木质素的机理图

以 BF₃-Et₂O 为催化剂，先向 PEG2000 中滴加环氧氯丙烷，再滴加碱木质素（AL）的碱溶液，继续反应一段时间后，待溶液冷却至室温加酸调至中性，离心去除未反应的碱木质素，收集上清液，加入无水乙醇萃取，再离心分离不溶于乙醇的物质，保留上清液。最后旋蒸浓缩上清液并真空干燥，得到提纯的木质素接枝聚乙二醇 AL-PEG2000。

通过红外光谱和 ¹H-NMR 谱表征可证明，改性后木质素中的酚羟基成功被 PEG2000 醚化（相关表征数据请见参考文献［7］）。通过定量 ³¹PNMR 谱测定了 AL-PEG2000 中的总羟基含量，结果如图 7-2 和表 7-1 所示。由于聚氧乙烯醚长链的引入，AL-PEG2000 中醇羟基的含量从 AL 中的 1.10mmol/g 增加至 1.31mmol/g，而同时酚羟基含量从 AL 中的 2.24mmol/g 减少至 0.48mmol/g，说明 PEG2000 的接枝反应主要发生在木质素的酚羟基位置上。

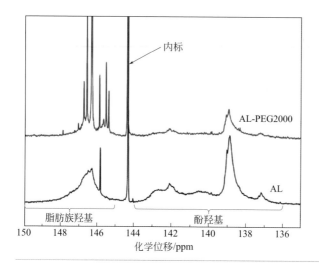

图7-2
碱木质素和聚乙二醇接枝碱木质素的^{31}PNMR谱图

表7-1　由^{31}PNMR测定的木质素中羟基含量

化学位移 δ	归属	含量 /(mmol/g)	
		AL	AL-PEG2000
150.0～145.5	脂肪族羟基	1.10	1.31
144.7～136.6	总酚羟基	2.24	0.48
144.7～140.0	C5取代、紫丁香结构和缩合结构上的酚羟基	0.70	0.13
140.0～139.0	愈创木结构上的酚羟基	0.38	0.06
139.0～138.2	邻苯二酚结构上的酚羟基	0.99	0.28
138.2～137.3	对羟苯基结构上的酚羟基	0.17	0.01

二、木质素基聚氨酯弹性泡沫的制备

1. 木质素基聚氨酯泡沫的合成

将 AL-PEG2000 和 PEG2000 以一定比例（表 7-2）加入塑料烧杯中并加热至 70℃，然后依次加入各种发泡助剂和水，快速搅拌使其完全混合，注入六亚甲基二异氰酸酯（HDI）并高速剧烈搅拌 10～15s。随后，让烧杯中的混合物在

70 ℃下自由膨胀上升，当泡沫体停止上升时，将泡沫体在室温下放置 24h 使其固化完全。配方如表 7-2 所示。同时制备不添加碱木质素的样品 LPU0 和直接添加未改性碱木质素的样品 LPU4 用于比较。

表7-2　合成聚氨酯泡沫的配方

项目	LPU0	LPU1	LPU2	LPU3	LPU4
PEG2000 /g	8.00	6.40	5.33	4.00	6.40
AL-PEG2000 /g	0	1.60	2.67	4.00	0
AL/g	0	0	0	0	1.60
H_2O /g	0.08	0.08	0.08	0.08	0.08
DBTDL /g	0.10	0.10	0.10	0.10	0.10
A33 /g	0.06	0.14	0.14	0.14	0.14
L618 /g	0.08	0.08	0.08	0.08	0.08
HDI /g	1.56	1.66	1.66	1.66	1.66
异氰酸酯指数	1.10	1.08	1.04	0.98	0.95

注：DBTDL 为二月桂酸二丁基锡。

木质素基聚氨酯泡沫的合成机理如图 7-3 所示。通过在木质素分子上引入聚乙二醇，增强了木质素在参与聚氨酯发泡时的反应活性。与此同时，聚乙二醇柔性长链还可以改善木质素和聚氨酯基质之间的相容性，并为木质素基聚氨酯泡沫提供一定的柔顺性。

2. 木质素基聚氨酯泡沫的 FT-IR 分析

木质素基聚氨酯泡沫各样品 FT-IR 谱图基本相同（图 7-4）。$1100cm^{-1}$ 处是聚醚型聚氨酯中 C—O—C 的伸缩振动。随着改性木质素含量的增加，亚甲基中 C—H 结构在 $2925cm^{-1}$ 处的吸收峰强度显著减弱，这是因为 AL-PEG2000 与 PEG2000 相比，—CH_2 结构单元的含量更低。$2280cm^{-1}$ 处是未反应的—NCO 的吸收峰，由于 AL-PEG2000 和 PEG2000 中的羟基总量分别约为 1.79mmol/g 和 1.0mmol/g，保持 HDI 的添加量恒定，AL-PEG2000 的取代量增加使得体系的异氰酸酯指数降低，$2280cm^{-1}$ 处未反应的异氰酸酯基团的吸收峰强度逐渐降低并消失。引入改性木质素后，自由脲基在 $1730cm^{-1}$ 处的伸缩振动红移至 $1701cm^{-1}$。$1640cm^{-1}$ 附近的吸收峰是双齿脲基的伸缩振动引起的，脲基间通过氢键作用形成有序硬段微区。在 LPU1 和 LPU2 中，双齿脲基的吸收峰强度与 LPU0 相近，表明加入少量改性木质素时，对有序脲基硬段微区的形成影响较小。然而，当使用改性木质素替代 50% 的多元醇（LPU3）时，木质素的空间位阻效应可能会限制硬段的聚集，阻碍聚氨酯主链上的脲基通过氢键作用形成有序硬段微区。因此，LPU3 中双齿脲基的吸收峰强度显著减弱，这意味着木质素含量过多时，聚氨酯泡沫通过有序脲基硬段微区形成的物理交联程度降低。此外，木质素对聚氨酯中形成有序硬段微区的阻碍作用也将影响聚氨酯基质的结晶能力。

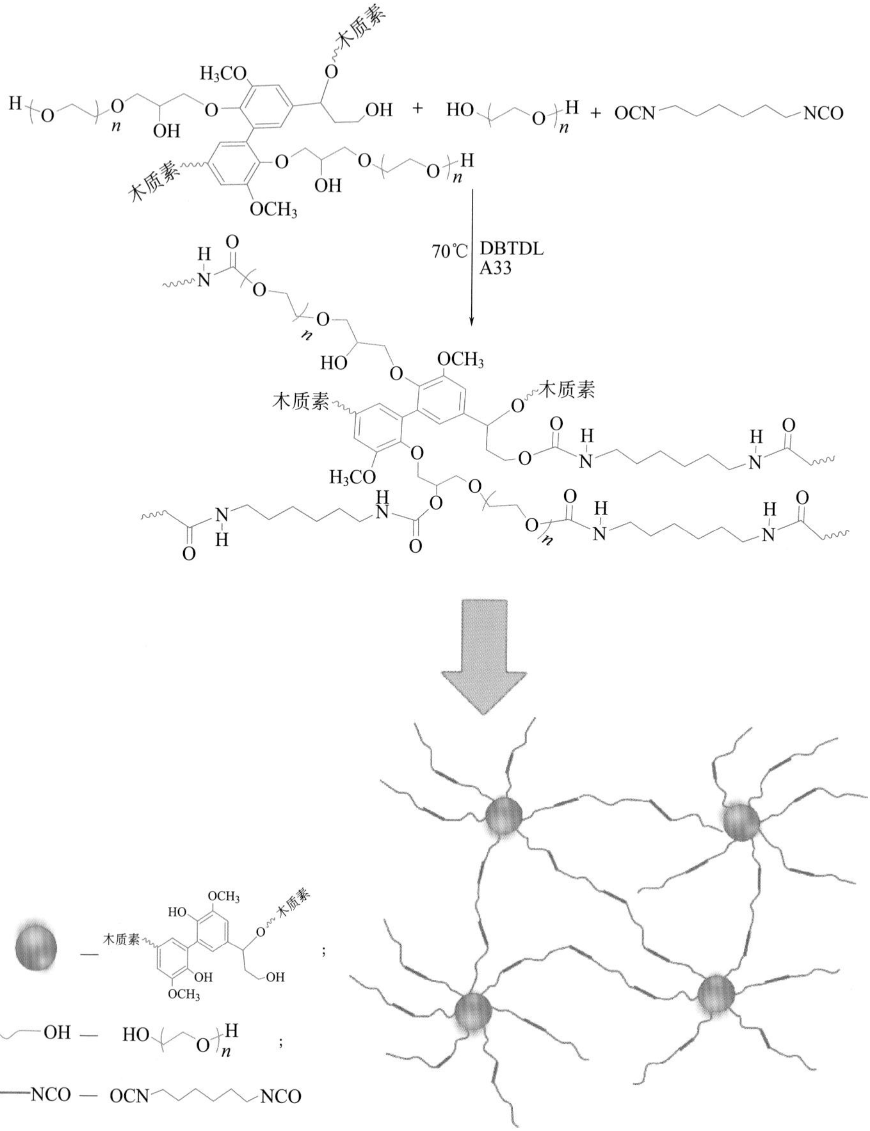

图7-3　木质素基聚氨酯泡沫的合成机理及其结构示意图

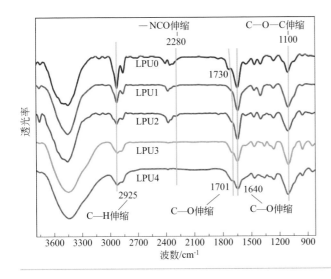

图7-4

木质素基聚氨酯泡沫的FT-IR谱图

三、木质素基聚氨酯泡沫的性能

1. 木质素基聚氨酯泡沫的力学性能

木质素基聚氨酯泡沫的压缩应力-应变曲线如图7-5（a）所示，其力学性能总结在表7-3中。聚氨酯泡沫的压缩模量和计算流体力学（CFD）值随着改性木质素的添加量增加而显著增大（LPU1～LPU3）。因为在HDI添加量恒定的情况下，AL-PEG2000的替代量增加导致发泡体系的异氰酸酯指数降低，从而产生了更多氨基甲酸酯结构，并因此增强了木质素基聚氨酯泡沫。此外，木质素本身含有大量芳香环结构，在聚氨酯泡沫中充当硬段也起到了增强作用。同时，填料与基质之间的相互作用也会影响聚氨酯泡沫的力学性能。随着AL-PEG2000的替代量增加，聚氨酯泡沫中的极性官能团，如羟基和羧基的含量增加，可以增强木质素与聚氨酯基质之间的相互作用。相比之下，由于未改性的木质素反应活性较低，LPU4的交联密度远低于其他含改性木质素的聚氨酯泡沫，这使得LPU4的压缩模量和CFD值与其他含改性木质素的聚氨酯泡沫相比要小得多。

聚氨酯泡沫的压缩滞后曲线可以用来评价其弹性。如图7-5（b）和表7-3所示，所有含木质素的聚氨酯泡沫都表现出优异的弹性，弹性回复率超过93%，优于空白样LPU0。随着AL-PEG2000的取代量增加，木质素基聚氨酯泡沫的交联密度和硬链段含量增大，这使得聚氨酯泡沫在压缩回弹过程中产生更大的滞后损失，也即吸收更多能量，有利于木质素基聚氨酯泡沫在缓冲材料领域的应用。

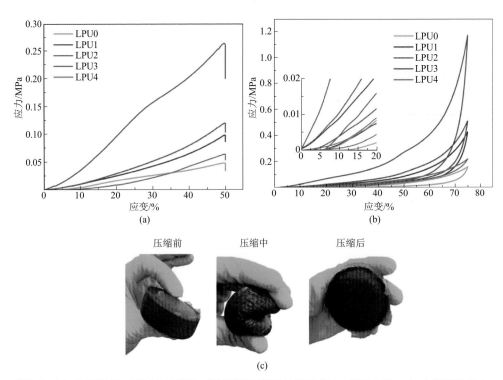

图7-5 （a）不同AL-PEG2000添加量的聚氨酯泡沫的压缩应力-应变曲线；（b）不同改性木质素添加量的聚氨酯泡沫的压缩滞后曲线；（c）样品LPU2压缩前后的示意图

表7-3 木质素基聚氨酯泡沫的力学性能

样品	表观密度/（kg/m³）	压缩模量/kPa	CFD值/kPa	滞后损失/%	弹性恢复/%
LPU0	206.7	21.2	35.2	53.0	86.3
LPU1	119.9	88.3	87.8	49.1	93.4
LPU2	129.7	90.7	104.6	47.5	96.0
LPU3	200.9	273.0	201.0	61.5	93.0
LPU4	343.9	16.1	54.6	26.3	93.8

　　对样品 LPU2 进行循环压缩测试以进一步表征其弹性性能。图 7-6（a）是样品在保持压缩应变为 75% 时，进行 10 次连续循环压缩后得到的应力-应变曲线。在 10 次连续循环压缩后，泡沫的滞后损失基本保持不变，表现出良好的抗疲劳性能。泡沫的残余应变从第一次压缩后的 1.6% 逐渐增加到第十次压缩后的 11.7%。也即是在经过十次连续循环后，木质素基聚氨酯泡沫的弹性恢复从 98% 降低至 84%，这表明泡沫内部的微观结构在一定程度上被破坏。然而，当泡沫在

每轮压缩循环后松弛一段时间时，可以观察到泡沫的残余应变没有明显增加，弹性恢复也始终保持在92%以上，如图7-6（b）所示。另外，将十次循环压缩后的泡沫在30℃下退火30min后，泡沫的残余应变基本恢复到初始状态。30℃下的退火过程有助于残余应变的恢复，主要是由于木质素基聚氨酯泡沫中氢键的自愈合作用。

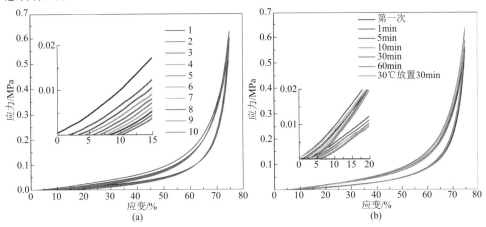

图7-6　LPU2的循环压缩曲线：（a）保持样品的压缩应变为75%，连续循环压缩10次；（b）保持样品的压缩应变为75%，每次循环压缩后分别松弛1min，5min，10min，30min和60min，接着将样品在30℃下放置30min后再进行一次循环压缩

2. 木质素基聚氨酯泡沫的微观形貌

木质素基聚氨酯泡沫的形貌如图7-7所示。所有添加了改性木质素的泡沫中均未观察到团聚的木质素粒子，表明改性木质素和聚氨酯基质之间具有良好的界面相容性。然而，在直接添加木质素合成的泡沫LPU4中出现明显的木质素团聚体［图7-7（e1）］，这表明未改性的木质素在聚氨酯基质中分散性较差。随着AL-PEG2000的添加量增大，泡沫的平均孔径逐渐减小，孔径分布更均匀，泡沫的表观密度增大（表7-3，LPU1～LPU3）。LPU3的表观密度与LPU0很接近（表7-3），但LPU3的压缩强度却比LPU0大得多。LPU4的表观密度远大于LPU0～LPU3，也就是说，LPU4的孔隙率远小于LPU0～LPU3的孔隙率，这表明未改性的木质素会抑制聚氨酯发泡过程，而改性木质素对此过程具有促进作用。同时，随着AL-PEG2000的添加量增大，泡沫体中出现更多闭孔结构且孔壁变厚。这是由于加入改性木质素后，多元醇体系的黏度和官能度增加所致。更高黏度和官能度的多元醇组分会使得发泡过程中快速形成较厚的孔壁，从而抑制了CO_2气体的逸出，形成更多的闭孔结构。通常，具有闭孔结构的聚氨酯泡沫往往表现出刚性和脆性。但是，本研究中所合成的具有闭孔结构的木质素基聚氨酯泡

沫表现出优异的回弹性能，这表明所合成的木质素基聚氨酯泡沫的力学性能主要取决于聚氨酯链段的微观结构而不是泡沫的孔结构，这有利于其在缓冲和隔热材料领域的应用。

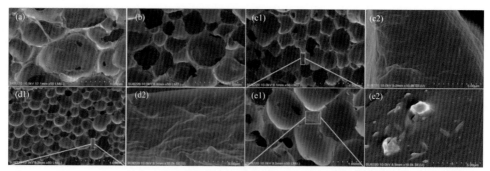

图7-7　不同AL-PEG2000添加量的聚氨酯泡沫的50倍放大SEM图：（a）LPU0；（b）LPU1；（c）LPU2；（d）LPU3；（e）LPU4；（c2）、（d2）和（e2）分别是LPU2、LPU3和LPU4的10^4倍放大图

3. 木质素基聚氨酯泡沫的热性能

聚氨酯泡沫的 DSC 结果如图 7-8 所示。木质素具有复杂的三维网状结构并且含有大量的芳香环结构，使得木质素基聚氨酯泡沫中软段的流动性和结晶能力受到 AL-PEG2000 显著影响。木质素不仅可以与聚氨酯硬段内的 C＝O 基团或 N—H 基团形成氢键作用，还可以与聚醚软段中的 C—O—C 结构形成氢键作用，影响软段的运动。随着 AL-PEG2000 的替代量增加，空间位阻增大，硬段含量增加，软段的流动性进一步受到限制，结晶能力下降，导致软段的结晶温度 T_c 和熔点 T_m 降低并具有更小的熔融焓 ΔH_m，如表 7-4 中所列。

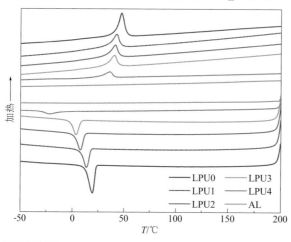

图7-8

不同AL-PEG2000添加量的聚氨酯泡沫DSC加热和冷却曲线

表7-4　由DSC和TGA测定的聚氨酯泡沫的热性能参数

样品	$T_{5\%}$ / ℃	T_{max} / ℃	T_c / ℃	T_m / ℃	ΔH_m / (J/g)
LPU0	305	406	19.5	47	105.6
LPU1	301	410	13.8	42	78.7
LPU2	296	411	7.8	41	75.7
LPU3	287	413	3.4	40	59.4
LPU4	278	414	−21.7	36	45.9
AL	246	345	—	—	—

木质素基聚氨酯泡沫的热稳定性如图 7-9 和表 7-4 所示。碱木质素的初始降解温度约为 246℃，主要是由于醚键裂解和羟基脱水。而对于所有的聚氨酯泡沫，失重过程可以分为两个阶段。第一阶段失重发生在 200 ～ 350℃之间，与聚氨酯中醚键的断裂以及木质素的降解有关。第二阶段失重从 350℃到 450℃，对应于聚氨酯中聚醚链段的分解。AL-PEG2000 的添加量越高，聚氨酯泡沫在第一阶段的失重越多，即木质素的降解导致了木质素基聚氨酯泡沫的初始降解温度 $T_{5\%}$ 降低。即使如此，AL-PEG2000 的加入也改善了聚氨酯泡沫在高温下的热稳定性。如表 7-4 所示，随着 AL-PEG2000 添加量的增加，最大分解速率温度 T_{max} 升高，这主要得益于木质素分子中所含的芳香环结构。

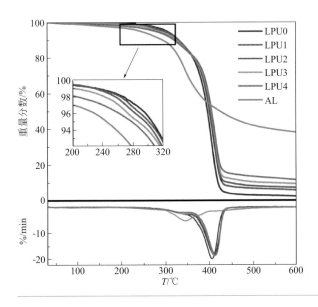

图7-9
不同AL-PEG2000添加量的聚氨酯泡沫的TGA和DTG图

第二节
木质素改性聚氨酯弹性体

高分子材料通常被划分为热塑性和热固性材料。热塑性材料可溶、可熔，可以回收利用。但正因如此，热塑性材料也存在着不耐溶剂、不耐高温的缺点。热固性材料耐溶剂、耐高温，但是加工周期较长，成型后难以进行二次加工或回收利用。热塑性材料和热固性材料本来是相互独立的体系，但随着动态交联网络这一概念的出现，二者之间的界限也变得模糊起来。

在交联聚合物中引入动态共价键，可以形成可逆且持续存在的共价交联网络。在一定条件下，交联结构进行逆反应或交换反应，短暂打破化学交联，使共价交联网络重构，从而赋予热固性聚合物呈现出热塑性材料的特性，如高温重塑性、可重加工性、自修复性等。动态共价键主要包括狄尔斯-阿尔德反应（DA反应）[8]、酯交换反应[9]、烯烃复分解反应[10]、二硫键交换反应[11]、转氨甲酰化反应[12]、受阻脲键反应[13]等。

热塑性聚氨酯弹性体（TPU），力学性能优异，可以通过传统的塑料加工方法进行加工，在聚氨酯弹性体中的占比也越来越高。然而，TPU基本上是线性结构，耐候性较差，不耐溶剂。如果能在热固性聚氨酯弹性体中引入动态共价键，使其在较高温度下发生可逆动态键交换反应，这样的聚氨酯弹性体就兼具热固性聚氨酯和热塑性聚氨酯的优点。

在木质素改性聚氨酯弹性体的合成中，由于多羟基的木质素在作为多元醇组分的同时也扮演了交联剂的角色，合成的聚氨酯弹性体均为热固性弹性体。有研究表明[14]，酚羟基型聚氨酯弹性体有一定的高温自愈合能力，并且由于酚羟基型氨基甲酸酯不稳定，更容易发生酯交换反应。木质素中的羟基大部分都是酚羟基，如果能充分利用酚羟基型氨基甲酸酯的这一特性，则不需要再引入功能性基团就可以获得重加工性能，反应过程减少，成本也更低。因此，利用木质素中的酚羟基合成聚氨酯，有可能得到一种可逆交联型的聚氨酯弹性体。

本节采用碱催化部分解聚的酶解木质素部分替代石化多元醇合成聚氨酯弹性体，并且系统研究了酶解木质素对聚氨酯弹性体结构、力学性能和热稳定性的影响以及木质素基聚氨酯弹性体的重复加工性能和形状记忆特性[6, 15]。

一、木质素的低分子量改性

木质素复杂的三维网状结构使分子内的羟基难以完全参与聚氨酯反应，并且反应后的木质素衍生物与聚氨酯基质的相容性也较差，导致复合材料的力学性能较低。鉴于木质素的特征结构，如含有大量醚键、碳碳键等，在一定条件下使木质素发生解聚反应，得到小分子量的木质素，既可以提升木质素与聚氨酯基质的相容性，也可以增强木质素的反应活性。

取适量酶解木质素加入蒸煮器中，在 150 ～ 160℃下碱煮反应 10h，反应结束后，冷却过滤，酸析、过滤收集沉淀出的低分子量木质素。然后用大量去离子水洗涤，最后将所得酶解木质素真空干燥，研磨后得到部分解聚的酶解木质素固体粉末。

通过 GPC 表征酶解木质素在解聚前后分子量的变化，如图 7-10 和表 7-5 所示。与未解聚的酶解木质素（EL）相比，部分解聚的酶解木质素（DEL）分子量明显减小，重均分子量从 4500Da 降至 1800 Da，分子量分布也更均一。在高温、高压、碱性条件下，OH⁻ 使木质素大分子中的醚键以及碳碳键等断裂，木质素解聚为小分子，这一过程与烧碱法制浆工艺类似。酶解木质素相对分子质量降低并均一化可以提高其反应活性，改善其与聚氨酯的相容性。

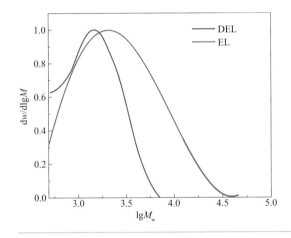

图7-10
酶解木质素解聚前后的相对分子质量分布曲线

表7-5 酶解木质素解聚前后的相对分子质量数据

样品	M_n/Da	M_w/Da	M_w/M_n
EL	2100	4500	2.1
DEL	1200	1800	1.5

红外谱图可证明解聚前后木质素的结构基本相同，表明在较温和条件下解聚

未破坏木质素的基本结构。[31]PNMP 谱分析可证明酶解木质素解聚后醇羟基含量略有下降，而酚羟基含量从 3.92mmol/g 显著增加到 4.36mmol/g[15]，这有助于后续在聚氨酯合成中形成酚羟基型氨酯键。

二、木质素基聚氨酯弹性体的合成及表征

1. 木质素基聚氨酯弹性体的合成

部分解聚酶解木质素（DEL）保留了木质素中的芳香环骨架，有利于木质素发挥增强作用。以部分解聚的酶解木质素为原料，替代聚四氢呋喃醚（PTMEG2000）合成木质素基聚氨酯弹性体，如图 7-11 所示。先将 PTMEG2000 真空除水，然后降温至反应温度，加入适量二甲基乙酰胺（DMAC），混合均匀，再依次加入催化剂二月桂酸二丁基锡（DBTDL）和六亚甲基二异氰酸酯（HDI），预聚 2h，加入 DEL 的 DMAC 溶液，继续反应 4h。反应结束后，将产物倒入聚四氟乙烯模具中，在室温下静置过夜，然后加热固化，脱除溶剂，最后真空干燥。取干燥好的样品放入（$50 \times 50 \times 0.6$）mm^3 的模具中热压成型，得到木质素基聚氨酯弹性体。实验中，固定异氰酸酯指数为 1.2，即 HDI 中的—NCO 基团与 PTMEG2000 和 DEL 中—OH 基团的摩尔比为 1.2。使用酶解木质素分别取代 5%、10%、15%、20%、40% 和 60% 质量分数的 PTMEG2000 合成不同木质素含量的聚氨酯弹性体。

2. 木质素基聚氨酯弹性体的表征

不同 DEL 取代量的木质素基聚氨酯弹性体 FT-IR 谱图基本相同，如图 7-12 所示。$1720cm^{-1}$ 和 $1701cm^{-1}$ 附近是氨酯基团中 C＝O 的吸收峰，分别对应无序氢键作用和有序氢键作用下的 C＝O 吸收峰。而 $1681cm^{-1}$ 和 $1620cm^{-1}$ 处是自由脲酯基团中 C＝O 的吸收峰，分别对应无序氢键作用和有序氢键作用下的吸收峰[16]。可以看到，空白样中存在明显的脲酯基团 C＝O 吸收峰，表明空白样含有大量脲酯。这可能是因为在高异氰酸酯指数的反应条件下，过量的异氰酸酯会与氨基甲酸酯继续反应，生成脲酯结构。用 DEL 部分取代多元醇后，脲酯基团的吸收峰强度明显下降，即脲酯基团的含量减少。同时 $1720cm^{-1}$ 和 $1701cm^{-1}$ 处氨酯基团中 C＝O 的吸收峰变强，即氨酯基团的含量增加。并且随着木质素添加量的增加，$1720cm^{-1}$ 处吸收峰强度先减弱后增强，$1701cm^{-1}$ 处吸收峰强度先增强后减弱，表明加入少量木质素可以促进氨酯基团的有序排列，形成更多的有序氢键结构。木质素与聚氨酯间也可以形成氢键作用，如机理图 7-11 所示，有利于硬段的有序聚集。但加入过多的木质素，木质素的空间位阻效应可能会阻碍链段形成有序结构。$1620cm^{-1}$ 附近脲基团中 C＝O 的吸收峰随木质素添

加量的增加，向低波数方向移动，意味着弹性体中的脲酯基团形成了更多氢键作用。

　　交联型聚合物的溶胀比可以用来衡量聚氨酯弹性体的交联密度，凝胶率可以用来评价交联网络的完整性。对于化学组成相似的聚氨酯体系，溶胀比越大，交联程度越小。木质素改性聚氨酯弹性体的溶胀测试数据如表7-6所示。可以看到，空白样品虽然是用线性扩链剂合成的，但其溶胀比很低，表明其形成了交联结构。这是因为合成聚氨酯时，采用了较高的异氰酸酯指数，过量的异氰酸酯与氨基甲酸酯进一步反应，形成交联。但是空白样的凝胶率不高，表明其交联结构不完整，在良溶剂中会被破坏。

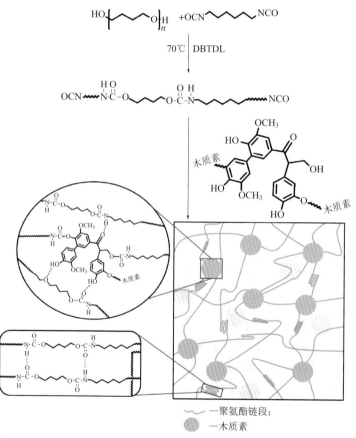

图7-11　木质素基聚氨酯弹性体的合成

表7-6　不同木质素添加量的聚氨酯弹性体凝胶率和溶胀比

样品	凝胶率/%	溶胀比Q
空白	58.0	1.7
5%DEL	62.7	11.2
10%DEL	92.0	3.8
10%EL	92.7	4.2
20%DEL	94.1	3.2
40%DEL	83.7	2.5
60%DEL	70.3	1.9

用 DEL 取代 5% ～ 60%（质量分数）的 PTMEG2000 后，随着木质素取代量的增加，弹性体的溶胀比减小，表明交联程度增大。这与木质素的多羟基结构有关，木质素在聚氨酯中可以发挥交联作用，如图 7-12 所示。而当以 10% 的 DEL 和 EL 取代时，DEL 合成的弹性体溶胀比更小，交联程度更高。因为 DEL 的分子量更小，羟基含量更高，这有利于它与异氰酸酯的反应，从而提高交联密度。然而，随着木质素的取代量增加，木质素基聚氨酯弹性体的凝胶率先增大后减小。这可能是由于加入少量木质素后，与异氰酸酯反应交联，但聚氨酯的交联程度不高，存在一定量的线性结构，交联网络也不完整，因而溶胀比较大，凝胶率较低。随着木质素的添加量增加，聚氨酯体系进一步交联，同时形成完整交联网络，溶胀比迅速下降，凝胶率超过 90%。但是木质素的添加量过多时（40%

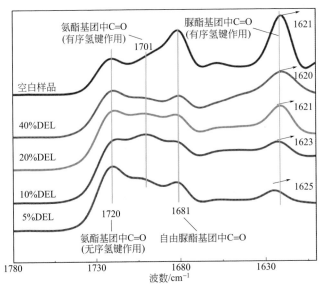

图7-12　不同DEL取代量的弹性体的FT-IR谱图

和 60% 取代量），由于木质素的空间位阻作用，部分木质素不能完全反应，在溶胀过程中溶解出来，导致凝胶率减小。

三、木质素基聚氨酯弹性体的力学性能

1. 木质素分子量对聚氨酯弹性体力学性能的影响

木质素基聚氨酯弹性体应力 - 应变曲线如图 7-13 所示，数据列在表 7-8 中。使用 DEL 制备的弹性体综合力学性能均优于由 EL 制备的弹性体，特别是强度和韧性提升了 1 倍以上。一方面是因为 DEL 单位质量的羟基含量更高，可以增加聚氨酯的化学交联，同时，木质素中未反应的羟基以及羰基和醚键可以与聚氨酯主链形成氢键作用，达到增强效果。另一方面 DEL 的分子量更小，与聚氨酯基质的相容性更好，可以在聚氨酯中均匀分散，这也有助于木质素与聚氨酯间形成更多氢键作用。

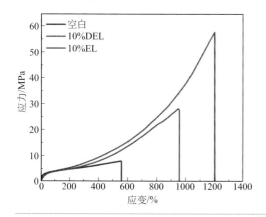

图7-13
EL和DEL型木质素基聚氨酯弹性体的应力-应变曲线

2. 木质素添加量对聚氨酯弹性体力学性能的影响

不同 DEL 取代量的聚氨酯弹性体应力 - 应变曲线如图 7-14 所示，数据总结在表 7-7 中。用 DEL 分别取代 5% 和 10%（质量分数）PTMEG2000 制备的木质素基聚氨酯弹性体具有优异的力学性能，如 5% DEL 的拉伸强度达到 60.7MPa，断裂吸收能为 263.6MJ/m³。随着 DEL 的取代量增大（10% ～ 40%），弹性体的力学性能逐渐降低，但仍保持在较高水平。DEL 的取代量增加，弹性体的交联密度变大，杨氏模量增大。然而，当用 DEL 取代 5% ～ 20% PTMEG2000 时，弹性体的弹性模量均比空白样小。这可能是由于空白样中聚氨酯链段排列规整，可以形成较完整的结晶区域，因此模量较高。当引入木质素后，破坏了聚氨酯链段的规整性，结晶度降低，模量反而下降。当 DEL 的取代量进一步提高时，较

高的交联密度使模量显著增大。对于 5%DEL、10%DEL 和 20%DEL 样品，应力 -应变曲线呈现陡峭上扬趋势，这是由应变诱导聚氨酯软段结晶造成。样品在拉伸过程中，达到较大应变时产生应力发白现象也证明了这一点。然而，当 DEL 的取代量达到 60% 时，由于木质素团聚严重导致性能较差。木质素基聚氨酯弹性体的弹性恢复随木质素的添加量增加而减小，这主要是由于拉伸过程中氢键断裂重构，限制了弹性网络的收缩，同时过多的木质素阻碍了分子链段的运动。

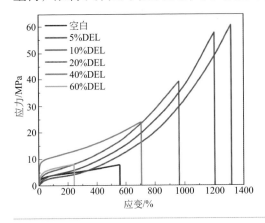

图7-14
不同DEL取代量的聚氨酯弹性体的应力-应变曲线

表7-7　木质素基聚氨酯弹性体的力学性能数据

样品	拉伸强度/MPa	断裂伸长率/%	杨氏模量/MPa	断裂吸收能/（MJ/m³）	弹性恢复/%
空白	8.0	559	26.9	30.6	83%
5%DEL	60.7	1310	7.5	263.6	96%
10%DEL	57.8	1200	9.6	244.5	95%
10%EL	28.3	955	9.3	115.2	94%
20%DEL	39.3	961	23.8	162.2	90%
40%DEL	24.1	707	110.0	110.7	85%
60%DEL	8.2	244	31.0	15.9	84%

3. 木质素基聚氨酯弹性体的拉伸滞后性能

用 DEL 取代部分 PTMEG2000 后，聚氨酯弹性体的韧性显著提升。不同 DEL 取代量的聚氨酯弹性体在 600% 应变下的拉伸滞后曲线如图 7-15 所示，由于空白样的断裂伸长率仅为 559%，空白样的伸长率固定为 550%。从滞后曲线中可以看到，第一次拉伸循环后样品有明显的能量耗散，并且有较大的残余应变，如 5% DEL 的残余应变为 225%。同时，随着 DEL 的取代量增加，弹性体的残余应变增大。而样品经过后续循环拉伸后，滞后损失和残余应变基本保持不变，可能是由于拉伸过程中物理交联网络断裂重构，产生塑性变形；木质素与聚氨酯基质间的界面摩擦作用也会耗散能量并且阻碍分子链段的弹性恢复。然而，将样品在 40℃加热 1min 后，残余应变明显减小。这主要得益于聚氨酯中大量氢键的自愈合性能。加热过程中，大部分暂时重构的氢键断裂，弹性物理交联网络收缩到其高熵状态；冷却后，氢键基本恢复至初始状态，从而使应力 - 应变曲线和滞后行为恢复到首次拉伸循环的结果，如图 7-15（b）所示。然而，空白样加热后仅恢复了部分残余应变，这可能是由于拉伸过程中大量化学交联点被破坏，在加热时不可恢复。同样地，当木质素的取代量增加后，弹性体的恢复能力变差。一方面是由于过量的木质素与聚氨酯基质间的界面作用会耗散大量能量并且阻碍分子链段的弹性恢复，另一方面是木质素在弹性体中的位阻作用增大，阻碍了分子链段的运动。

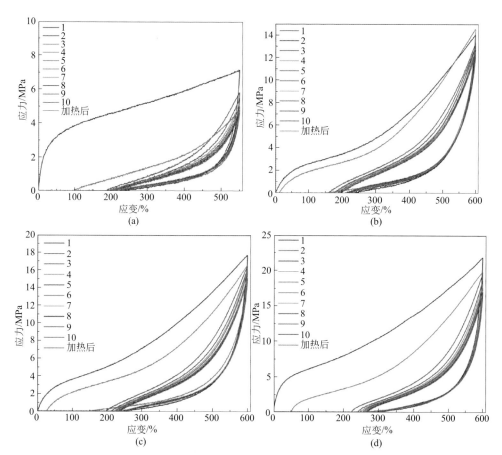

图7-15 不同DEL取代量的聚氨酯弹性体在600%应变下的拉伸滞后曲线：（a）空白样；（b）5%DEL；（c）10%DEL；（d）20%DEL

为了定量分析木质素对聚氨酯弹性体滞后性能的影响，计算了弹性体的滞后损失数据，如图7-16所示。耗散能可以用来定量分析样品拉伸时的塑性变形，如果滞后损失为0，即表明使样品变形所做的功，在样品松弛后全部恢复（理想弹性体）。若滞后损失与使样品变形所做的功相等，即意味着样品发生完全不可逆变化，能量以热量的形式耗散，松弛后没有弹性恢复。随着木质素的取代量增加，与聚氨酯基质间可以形成更多氢键作用，意味着有更多的氢键在拉伸过程中断裂重构，耗散能量，因而 W_1 显著增大。W_1/W_0 和 ΔW 随木质素的取代量增加而增大，W_2/W_1 随木质素的取代量增加而减小，这也表明氢键作用的增加可以耗散更多能量。利用 W_h/W_1 可以定性评价样品在加热后氢键作用的恢复程度，木质素的取代量增加，W_h/W_1 减小，即弹性恢复能力减弱，这可能是由于更多的化学交联被破坏，不能通过加热恢复。

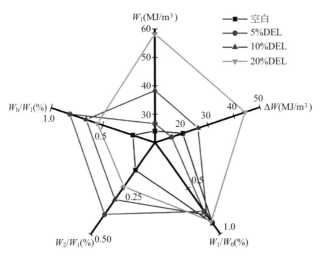

图7-16　不同DEL取代量的木质素基聚氨酯弹性体的滞后损失
W_1—样品首次拉伸循环的滞后损失；W_1/W_0—样品首次拉伸循环的滞后损失比；
$\Delta W=W_2-W_1$、W_2/W_1—样品第二次拉伸循环与首次拉伸循环的滞后损失的差值及比值；
W_h/W_1—样品加热恢复后的拉伸循环的滞后损失与第一次拉伸循环的滞后损失的比值

为了进一步研究木质素基聚氨酯弹性体在拉伸过程中的能量耗散机理，分析了木质素基聚氨酯弹性体在不同应变下的拉伸滞后损失，应力 - 应变曲线如图7-17所示。可以看到，每次滞后循环后，曲线下的面积增大，表明弹性体在拉伸过程中持续耗散能量。相同应变下，DEL 的取代量越高，滞后损失越大，即木质素的加入有助于提高能量耗散，因为木质素分子与聚氨酯间形成的氢键作用在拉伸过程中可以动态断裂重构，耗散更多的能量。随着应变增加，滞后损失先是缓慢增加，在应变达到 600% 之后迅速增大，但是与此同时，滞后损失比并未明显增加［图 7-17（d）］。这可能是由于在持续循环拉伸过程中，随着应变增加，分子链的缠结被破坏，分子间的氢键断裂重构，链段发生取向，弹性变差，在这些因素的作用下，拉伸时产生的大部分内能并未被储存起来，而是被耗散，因此滞后损失比增大。但是由于化学交联点的存在，仍有一定比例的内能被储存并用于弹性恢复，最后滞后损失比趋于稳定。

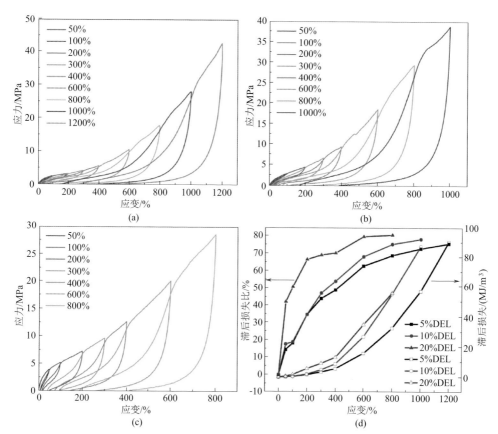

图7-17　不同DEL取代量的聚氨酯弹性体的变伸滞后曲线：（a）5%DEL；（b）10%DEL；（c）20%DEL；（d）通过变伸滞后曲线计算出的不同应变下的滞后损失和滞后损失比

四、木质素基聚氨酯弹性体的增强机理

通过 XRD 研究了木质素对聚氨酯弹性体结晶性能的影响，如图 7-18 所示。空白样在未拉伸条件下即出现 22.8° 微弱的结晶峰，这是由软段 PTMEG2000 结晶造成的。而用 DEL 取代 PTMEG2000 后的样品都表现出较宽的无定形峰，表

明加入木质素后，聚氨酯弹性体内的有序结构减少，木质素影响了软段的结晶能力。当弹性体的应变达到500%后，可以看到空白样在2θ为20.5°处出现一个尖锐的衍射峰，同时22.8°处的衍射峰强度增加。对于加入木质素的样品，这一变化更明显，在相同位置出现了衍射峰，强度比空白样大得多，并且结晶峰的衍射强度随着应变增加而增大。另外，20%DEL在500%应变时的衍射峰强度达到了5%DEL和10%DEL在1000%应变时的水平，即木质素有利于聚氨酯链段在拉伸时取向结晶。通过前文FT-IR分析发现，木质素可以与聚氨酯间形成较多氢键作用。未拉伸时，由于木质素破坏了聚氨酯的有序结构，所以结晶能力变弱，这也是木质素基聚氨酯弹性体的弹性模量低于空白样的原因。而在拉伸过程中，较强的氢键作用促使链段取向发生应变诱导结晶，起到自增强效果。

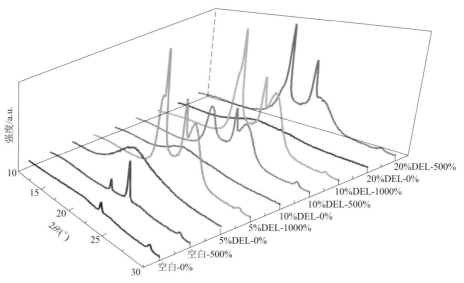

图7-18　不同DEL取代量以及不同应变下的木质素基聚氨酯弹性体的XRD图

　　为了进一步研究木质素基聚氨酯弹性体的变形机理，分析了弹性体在不同应变时的小角散射SAXS数据。弹性体的二维SAXS散射图如图7-19所示。未拉伸时，DEL取代后的弹性体二维散射图与空白样基本相同，出现明显的二维散射环，表明弹性体内存在微相分离结构。但随着DEL的取代量增加（图7-19），散射环变大，表明弹性体中形成了更多的纳米微相结构。弹性体的伸长率增加后，散射信号从未拉伸时的均匀分散逐渐向赤道线方向取向，散射环逐渐变成菱形，意味着弹性体内的晶粒沿着拉伸方向取向。

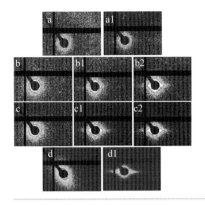

图7-19

木质素基聚氨酯弹性体的二维
SAXS散射图：a、b、c和d分别
是空白样、5%DEL、10%DEL和
20%DEL在0%应变的散射图；
a1、b1、c1和d1分别是对应的
样品在500%应变的散射图；b2
和c2是对应的样品在1000%应变
的散射图

    SAXS 可以用来研究微区间的结构。散射信号的强度与相分离的程度有关，利用 SAXS 中峰位的参数 q_{max} 可以计算相邻微区之间的平均间距，即长周期 L（$L = 2\pi/q_{max}$）。在图 7-20 中，所有样品均在 $0.5nm^{-1}$ 处出现一个峰值 q_{max}，表明弹性体内存在周期性微区和微相分离。用 DEL 部分取代聚醚多元醇后，q_{max} 未见明显变化，即相邻微区之间的平均间距 L 相近，L 值约为 12.6nm。而散射信号的强度随 DEL 取代量的增加而明显增加，这表明加入木质素后，微相分离更明显。这是由于木质素中的极性基团与聚氨酯链段形成氢键作用，促使弹性体内出现更多的微相分离结构，如二维 SAXS 散射图 7-20 所示。

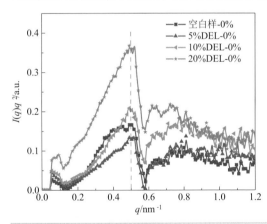

图7-20
不同DEL取代量的木质素基聚氨
酯弹性体SAXS散射信号曲线

    将 Lorenz 校正后的 SAXS 信号曲线通过傅里叶逆变换得到不同应变下的 SAXS 一维相关函数曲线，如图 7-21 所示。由一维相关函数曲线计算出的结构参数列在表 7-8 中，包括长周期 L、晶区厚度 l_c、无定形区厚度 l_a 和线性结晶度 Φ_l。通过这些参数可以间接分析弹性体在拉伸过程的结构演化规律。可以看到，不同 DEL 取代量的弹性体以及不同伸长率下的弹性体长周期基本相同，但随着

DEL 的取代量增加，线性结晶度逐渐减小，由空白样的 32% 下降至 20%DEL 的 23%，即加入木质素后影响了聚氨酯的结晶。对于未添加木质素的空白样，l_c 随应变增加而减小，同时 l_a 随应变增加而增大，这是由于纯聚氨酯弹性体中的晶粒在拉伸过程中发生破碎，而无定形链段被拉长。对于添加了木质素的聚氨酯弹性体，在未拉伸状态下，l_c 和 Φ_l 值相比纯聚氨酯较小，而 l_a 值则相对略高，推测是因为木质素的空间位阻作用，以及与聚氨酯的氢键作用影响了链段的有序聚集。此外，添加了木质素的聚氨酯弹性体，其 l_c 和 Φ_l 随应变增加而明显增大，同时 l_a 随应变增加而基本呈减小，表明拉伸过程中无定形区发生取向，形成更多有序晶区。这是由于弹性体在拉伸过程中，木质素与聚氨酯基体间的氢键不断断裂重构，有效约束无定形链段在一定范围内取向，形成更多有序微区，从而使结晶度增加，这与前面的 XRD 分析结果一致。

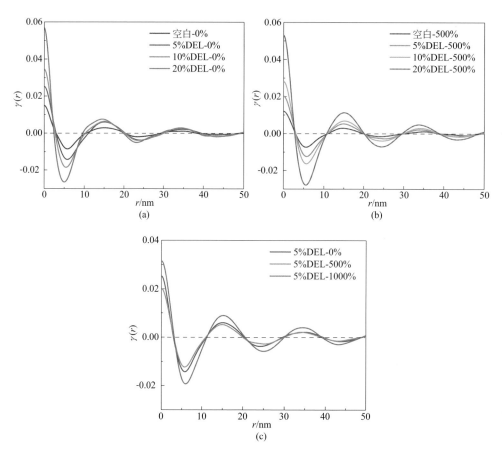

图7-21　不同DEL取代量的聚氨酯弹性体的SAXS一维相关函数曲线：（a）0%应变；（b）500%应变；（c）5% DEL在0%、500%和1000%应变处的一维相关函数曲线

表7-8　由一维相关函数曲线计算出的不同应变处木质素基聚氨酯弹性体的结构参数

样品	应变/%	L/nm	l_c/nm	l_a/nm	Φ_f
空白	0	15.0	4.8	10.2	0.32
	500	15.0	4.5	10.5	0.30
5%DEL	0	15.0	4.4	10.6	0.29
	500	15.0	4.6	10.4	0.31
	1000	15.2	4.7	10.5	0.31
10%DEL	0	15.0	4.0	11.0	0.27
	500	15.0	4.3	10.7	0.29
	1000	15.0	4.8	10.2	0.32
20%DEL	0	15.0	3.5	11.5	0.23
	500	15.0	4.0	11.0	0.27

通过以上分析，可以将木质素对聚氨酯弹性体的增强增韧机理归结为以下几点：如图 7-22 所示，首先木质素的多羟基结构与异氰酸酯反应后在聚氨酯弹性体中形成化学交联网络，同时木质素增加了弹性体中的微相分离，并且木质素与聚氨酯间形成较多氢键作用，充当物理交联点，双重交联网络提升了弹性体的强度。其次，在拉伸过程中，木质素与聚氨酯间较强的氢键作用促使链段取向发生应变诱导结晶，起到自增强效果，氢键连续断裂重构，持续耗散能量，使弹性体的韧性增加。

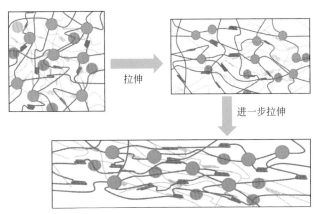

拉伸

进一步拉伸

图7-22　木质素对聚氨酯弹性体增韧的机理

五、木质素基聚氨酯弹性体的热性能及重加工性能

1. 木质素基聚氨酯弹性体的热稳定性

聚氨酯弹性体的 DSC 加热和冷却曲线如图 7-23 所示。可以看到，样品的 DSC 曲线基本相同，加热曲线中，0 ～ 40℃间是软段聚醚的熔融峰；在冷却曲线中，-50 ～ 0℃间是软段的结晶峰。由于木质素具有复杂的三维网状结构并且含有大量的芳香环结构，因此木质素基聚氨酯弹性体中软段的流动性和结晶能力受到木质素的显著影响。加入木质素后，木质素不仅可以与聚氨酯硬段内的 C＝O 基团或 N—H 基团形成氢键作用，还可以与聚醚软段中的 C—O—C 结构形成氢键作用，影响软段的运动。另外，随着 DEL 取代量的增加，硬段含量增加，木质素的空间位阻作用增大，进一步阻碍了软段的运动，使软段的结晶能力下降。从表 7-10 中发现，聚氨酯的结晶温度 T_c 和熔点 T_m，结晶焓 ΔH_c 和熔融焓 ΔH_m 均随 DEL 用量的增加而下降，即表明结晶度降低。这正是因为木质素与软段间的氢键作用，使得较多的硬段溶于软段之中，软段的结晶能力下降，并且只能在更低温度下结晶。此时，分子链的运动能力较差，形成的结晶不完善，结晶程度差别也较大，在较低温度下就可以被破坏，即熔点较低，而熔限也变宽。这一结果，与 XRD 和通过 SAXS 一维相关函数曲线提取数据计算得到的结晶度相吻合。

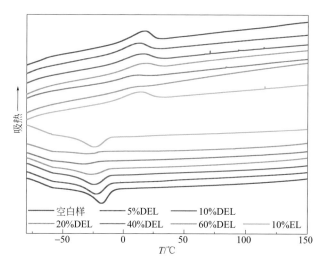

图7-23 不同木质素取代量的聚氨酯弹性体的DSC曲线

表7-9 由DSC和TGA测定的木质素基聚氨酯弹性体的热力学性能参数

样品	$T_{5\%}/℃$	$T_{max}/℃$	$T_c/℃$	$\Delta H_c/(J/g)$	$T_m/℃$	$\Delta H_m/(J/g)$
空白	260.3	416.8	-18.6	34.7	15.9	34.4
5%DEL	311.8	414.4	-23.0	29.8	13.2	28.8
10%DEL	303.7	414.5	-25.1	27.7	12.7	26.6
20%DEL	300.9	415.8	-27.6	19.4	12.3	18.6
40%DEL	284.2	417.3	-33.7	9.6	8.4	11.7
60%DEL	202.5	419.6	-32.1	5.6	6.7	6.4
10%EL	310.6	414.4	-25.1	27.7	12.2	24.9

木质素基聚氨酯弹性体的 TGA 和 DTG 曲线如图 7-24 所示,初始降解温度 $T_{5\%}$ 和最大降解速率温度 T_{max} 如表 7-9 中所列。从图中可以看出,所有聚氨酯弹性体样品的热失重过程大致可以分为两个阶段。第一阶段失重发生在 200～350℃之间,与聚氨酯中氨酯键的断裂以及木质素的降解有关。第二阶段失重在 350～450℃,对应于聚氨酯中聚醚链段的分解。随着 DEL 的取代量增加,弹性体的初始降解温度 $T_{5\%}$ 降低,即弹性体在第一阶段的失重增多,而在 DTG 曲线中,340℃左右的失重速率越来越大,这主要是由木质素的降解造成的。另外,10%EL 的初始降解温度比 10%DEL 还略高一些,这可能是因为小分子量的木质素更容易分解。尽管随着木质素取代量增加,聚氨酯弹性体的初始分解温度降低,但弹性体在高温下的热稳定性增加。如表 7-9 所示,随着 DEL 的添加量增加,弹性体的最大降解速率温度 T_{max} 略有升高,同时,从图 7-24 中也可以看到,最终的残碳率随木质素含量逐渐增加,这是因为木质素分子中大量芳香环结构增强了弹性体的高温热稳定性。

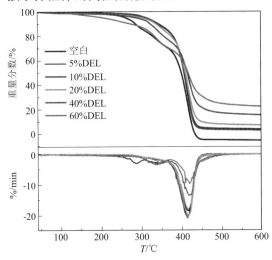

图7-24
不同木质素取代量的聚氨酯弹性体的TGA和DTG曲线

2. 木质素基聚氨酯弹性体的应力松弛和重加工性能

氨酯键具有一定的动态性能，在较高温度（＞130℃）和催化剂作用下，氨基甲酸酯可以发生酯交换反应，导致交联网络重排，实现良好的热塑性。甚至在一定条件下，没有催化剂也可以实现氨酯键的酯交换。为了验证所合成的木质素基聚氨酯弹性体可以发生转氨甲酰化反应，通过在旋转流变仪上测量弹性体的剪切模量随时间的变化，分析弹性体的应力松弛行为。松弛时间（τ^*）定义为样品的模量下降为初始模量的$1/e$时所用的时间。图7-25（a）是不同DEL取代量的聚氨酯弹性体在160℃下的应力松弛曲线，所有样品在160℃下均出现明显的应力松弛行为。随着DEL的取代量增加，弹性体的物理及化学交联密度增大，松弛速率下降，松弛时间逐渐增加。因此，处于这一状态的弹性体需要更长时间才能完全松弛[17]。图7-25（b）是20% DEL在不同温度下的应力松弛曲线，温度升高，样品的松弛速率加快，即松弛时间减小。在较低温度，如100℃下，样品松弛很慢，表明氨酯键需要一定的温度才能快速发生酯交换反应。

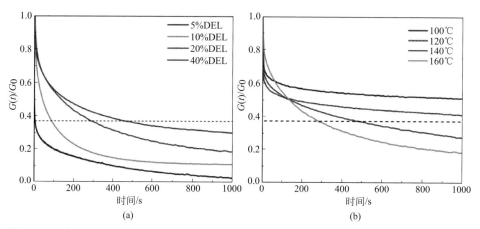

图7-25 （a）不同DEL取代量的聚氨酯弹性体在160℃下的应力松弛曲线；（b）添加了20%DEL的聚氨酯弹性体在不同温度下的应力松弛曲线

由氨酯键间的酯交换反应引起的应力松弛行为可以赋予材料重加工以及形状记忆能力。通过应力松弛实验，发现添加了20%DEL的聚氨酯弹性体在160℃时的应力松弛时间仅为283.1s，这为所制备的木质素基聚氨酯弹性体提供了重复加工的可能性。因此，将成型后的样品剪碎，再次放入模具中热压，木质素基聚氨酯弹性体可以再次成型，如图7-26（a）所示。其机理为，在高温和有机锡催化剂作用下，氨酯键可以发生酯交换反应，化学交联网络发生断裂重构，使得高度交联的热固性木质素基聚氨酯弹性体具有了热塑性，如图7-27所示。为了进一步研究样品的重加工性能，笔者将弹性体多次热压，然后测试了它们的力学性能，样品的应力 - 应变曲线如图 7-26（b）、（c）和（d）所示，重复热压后的力学性能总结在表 7-10 中。在三次热压后，样品的力学性能出现一定程度的下降，可能是由于氨酯键的酯交换反应本身效率不高，同时由于木质素的空间位阻作用，限制了链段的运动，在有限的重加工时间内（热压 5min）影响了酯交换反应的效率。但是，本文所制备的弹性体具有高强度和高韧性，在较短时间内重新加工后的性能保持率也能达到较高水平，特别是断裂伸长率和杨氏模量在二次热压后保持率都在 80% 以上，这得益于木质素中较多的酚羟基，酚羟基型氨酯键更容易发生酯交换反应，促进交联网络的重构。这一研究成果为木质素基热固性聚氨酯材料的回收利用提供了新的可能。

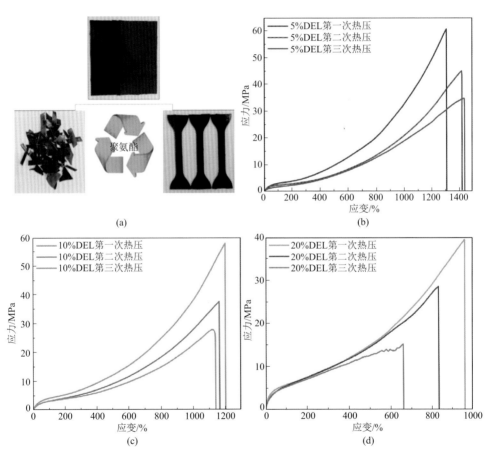

图7-26 不同DEL取代量的聚氨酯弹性体的重复加工性能：（a）20%DEL的循环加工示意图；（b）、（c）和（d）分别为5%DEL、10%DEL和20%DEL样品多次热压后的应力-应变曲线

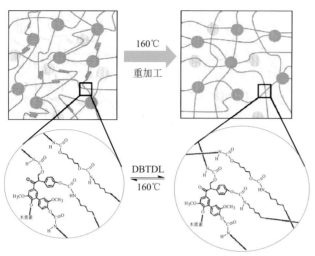

图7-27　木质素基聚氨酯弹性体重加工的机理

表7-10　木质素基聚氨酯弹性体三次热压后力学性能对比

样品		首次热压	二次热压	保持率/%	三次热压	保持率/%
	5%DEL	60.7	45.0	74.1	34.9	57.5
拉伸强度/MPa	10%DEL	57.8	37.7	65.2	28.0	48.4
	20%DEL	39.3	28.5	72.5	24.2	61.6
	5%DEL	1310	1423	108.6	1442	110.1
断裂伸长率/%	10%DEL	1200	1165	97.1	1141	95.1
	20%DEL	961	836	87.0	762	79.3
	5%DEL	7.5	7.8	104.0	5.8	77.3
杨氏模量/MPa	10%DEL	9.6	9.8	102.1	8.2	85.4
	20%DEL	23.8	20.5	86.1	19.1	80.3
	5%DEL	263.6	217.4	82.5	193.5	73.4
断裂吸收能/（MJ/m³）	10%DEL	244.5	165.5	67.7	129.3	52.9
	20%DEL	162.2	112.7	69.5	62.0	38.2

3. 木质素基聚氨酯弹性体的形状记忆性能

由于所制备的木质素基聚氨酯弹性体具有室温范围内的熔点，以及化学和物理双重交联网络，具备形状记忆材料的基本条件，因此选择样品 5%DEL 进行形状记忆性能展示。图 7-28（a）是样品在程序应变控制下的形变。由 DSC 曲线可知聚氨酯软段在 40℃时已经完全熔化，因此将程序变形温度设置为 40℃，形状固定温度设置为 0℃。样品表现出较高的形状保持率，达到 97%。一方面因为样品有较高交联程度，另一方面木质素的刚性骨架结构可以增强尺寸稳定性，因而使聚合物表现出较高的形状保持率。样品的形状恢复率较低，这可能是因为在恢复温度下样品仍然有较高的模量，限制了聚合物网络的运动，另外，木质素的位阻作用也影响了弹性收缩。图 7-28（b）直观展示了木质素基聚氨酯弹性体的形状记忆效果。将 5% DEL 样条在 40℃下加热 5min，卷曲，然后放入 0℃的冰水中固定，样品变为卷曲状；再将卷曲状样品在 40℃下加热，样品逐渐恢复为初始的长条形，表现出良好的形状记忆性能。

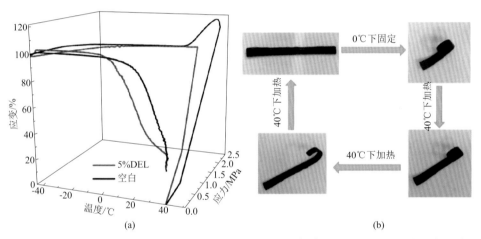

图7-28　（a）应变控制的聚氨酯弹性体形状记忆曲线；（b）5%DEL样品的形状记忆示意图

第三节
木质素改性水性聚氨酯

笔者团队直接采用未经过化学处理的工业碱木质素（AL）作为亲水性扩链剂用于水性聚氨酯的合成，通过调节碱木质素的添加顺序和速率，控制其与异氰酸酯的反应交联度，制备较高木质素含量且稳定的木质素基水性聚氨酯乳液。

一、木质素改性水性聚氨酯的制备与表征

先将聚丙二醇（PPG）和碱木质素真空干燥除水。将聚丙二醇和异佛尔酮二异氰酸酯按照定量摩尔比加入到三口烧瓶中，滴加适量的催化剂二月桂酸二丁基锡，油浴加热至80℃，在氮气气氛下机械搅拌2h，得到预聚体。调整反应温度为70℃，将碱木质素用 N, N-二甲基甲酰胺溶解后加入到三口烧瓶中，搅拌下缓慢滴加聚氨酯预聚体，其中碱木质素的用量为碱木质素和聚氨酯预聚体质量之和的25%～33%，滴加完毕后反应3h，期间滴加适量的 N, N-二甲基甲酰胺调节黏度。接着降温至30℃以下，加入定量的三乙胺搅拌中和，最后加入去离子水高速剪切乳化，得到木质素基水性聚氨酯（LWPU）。依据碱木质素的用量25%、28%、30%和33%分别将产物命名为 $LWPU_{0.25}$、$LWPU_{0.28}$、$LWPU_{0.30}$ 和 $LWPU_{0.33}$。将LWPU乳液铺在水平放置的塑料培养皿中，室温干燥，待膜固化成型后转移到烘箱中干燥。

通过红外光谱和元素分析等表征手段对木质素改性水性聚氨酯的结构进行表征。将 $LWPU_{0.25}$ 乳液干燥后得到的薄膜进行红外光谱分析，并与AL进行对比，如图7-29所示，两条曲线分别为AL和 $LWPU_{0.25}$ 薄膜的红外光谱图。

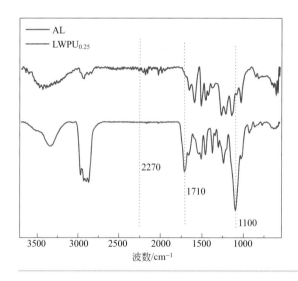

图7-29

AL和 $LWPU_{0.25}$ 的红外光谱图

从图7-29可知，$LWPU_{0.25}$ 在 $1100cm^{-1}$ 和 $1710cm^{-1}$ 处有明显的吸收峰。$1710cm^{-1}$ 处为特征基团—NHCOO—中 C＝O 的伸缩振动峰，表明了—NCO基团与—OH反应生成了氨基甲酸酯；位于 $1100cm^{-1}$ 处较强的吸收峰为C—O—C的伸缩振动吸收峰，说明LWPU分子结构中含有PPG链段；同时在 $2270cm^{-1}$ 处

无—NCO 的伸缩振动峰，说明—NCO 基团已经反应完全。

将不同木质素含量的 LWPU 薄膜进行元素分析，通过 S 元素含量计算 LWPU 中的碱木质素含量，结果如表 7-11 所示。表 7-11 中的接枝效率是指 LWPU 中的 AL 含量与反应中加入的 AL 总量的百分比。

表7-11　LWPU 膜的元素分析结果

样品名称	元素分析/%		AL含量%	接枝效率/%
	N	S		
AL	0.13	1.81	—	—
WPU	4.95	0	—	—
LWPU$_{0.25}$	2.39	0.30	16.8	67.1
LWPU$_{0.28}$	2.35	0.36	19.9	71.0
LWPU$_{0.30}$	2.29	0.39	21.5	71.6
LWPU$_{0.33}$	2.21	0.45	24.7	74.8

由于 AL 中含有少量结合硫，而 WPU 中不含硫元素，因此可以通过 S 元素含量计算 LWPU 中的木质素含量。从表 7-11 中数据可知，WPU 中不含硫元素，AL 中的硫元素含量为 1.81%，LWPU 中的硫元素含量随着 AL 用量的增加而增加，表明 LWPU 结构中的 AL 含量也随之提高。通过计算，LWPU$_{0.25}$、LWPU$_{0.28}$、LWPU$_{0.30}$ 和 LWPU$_{0.33}$ 中的 AL 含量分别为 16.8%、19.9%、21.5%、24.7%；其中 LWPU$_{0.33}$ 的接枝效率最高为 74.8%。

综合上述表征结果可以说明木质素改性水性聚氨酯的成功合成。

二、木质素改性水性聚氨酯的性能

木质素被当作扩链剂用于共聚反应中，木质素分子中的羧基可以提高 LWPU 的亲水性，使 LWPU 具有自乳化性能，因此木质素的含量对 LWPU 乳液的粒径和稳定性有着重要影响。为了研究木质素含量对 LWPU 乳液稳定性的影响，分别测试了四种不同木质素含量的 LWPU 平均粒径，结果如图 7-30 所示。

从图 7-30 中可以看出，LWPU 乳液的平均粒径随着 AL 含量的增加而减小，其中 LWPU$_{0.33}$ 的粒径最小，达到 127nm，比未添加木质素的 WPU 还小。在水性聚氨酯乳液中，聚氨酯分子链的疏水部分卷曲聚集形成微粒中心，亲水基团分布在微粒表面并向着水分子排列，高分子链中亲水基团的含量越高，所形成的"胶束"越细小，即粒径越小。由于 LWPU 分子链中亲水基团由 AL 分子中的羧基提供，所以 AL 含量的提高使 LWPU 分子结构中的羧基含量增加，从而使 LWPU 分子的亲水性增强，乳化时有利于聚氨酯分子链在水中分散，乳液的粒径减小。

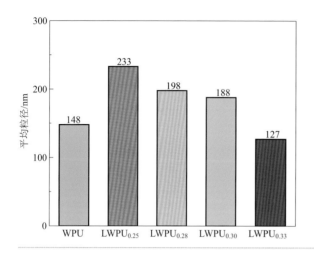

图7-30
不同木质素含量的LWPU乳液的
平均粒径

乳液的 Zeta 电位是影响乳液稳定性的关键因素，而 LWPU 分子中羧基含量的变化影响着 LWPU 乳液的 Zeta 电位。因此分别测定不同木质素含量的 LWPU 乳液在 pH=8 的 Zeta 电位，研究木质素含量对 LWPU 乳液稳定性的影响，结果如表 7-12 所示。

表7-12　不同木质素含量的LWPU的Zeta电位

样品	Zeta电位/mV
$LWPU_{0.25}$	-44.8
$LWPU_{0.28}$	-48.1
$LWPU_{0.30}$	-51.4
$LWPU_{0.33}$	-56.9

由表 7-12 可见，随着 AL 含量的提高，LWPU 乳液的 Zeta 电位由 -44.8mV 降低至 -56.9mV，Zeta 电位绝对值逐渐升高，这说明 LWPU 乳液中胶粒所带的负电荷逐渐增加，胶粒间的静电排斥力逐渐增加，乳液的稳定性逐渐提高。这都是由于 LWPU 分子中的羧基含量增加所致。

根据斯托克斯定律，微粒分散体系中微粒的粒径越小，微粒的沉降速率越小，体系越稳定；根据 DLVO 理论（关于胶体稳定性的理论），微粒分散体系中微粒的表面 Zeta 电位绝对值越大，微粒间的静电排斥力越大，体系越稳定。因此，综合上述分析可知，LWPU 中的木质素含量越高，LWPU 乳液的粒径越小、Zeta 电位绝对值越大，乳液体系越稳定。

羧基是一个弱酸性基团，在不同 pH 下的电离度不同，所以不同 pH 的 LWPU 乳液所电离的—COOH 是不同的，这将影响乳液的稳定性。通过测定不同 pH 的 LWPU 乳液的粒径，揭示 pH 对 LWPU 乳液稳定性的影响规律，结果如图 7-31 所示。

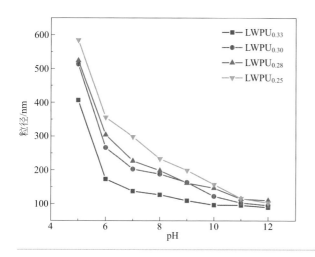

图7-31

不同pH下LWPU乳液的粒径

由图 7-31 可见，LWPU 乳液的粒径均随着 pH 的增加而减小；在相同 pH 下，木质素含量越高，乳液的粒径越小。在 pH=5 ～ 12 范围内，四种不同木质素含量的 LWPU 乳液的粒径为 100 ～ 600nm，乳液均能保持较为稳定的状态。LWPU 系列乳液在碱性条件下的乳液粒径变小，稳定性提高，这是因为在碱性环境中羧基的电离度提高，乳液微粒的表面电荷量增大，微粒间的静电排斥力增强。而在酸性条件下，乳液中 H^+ 浓度增大，羧基电离度减小，乳液微粒的表面电荷量减小，微粒间的静电排斥力减弱，导致乳液稳定性变差。当 pH 过低时，LWPU 分子链中的羧基电离程度过低，微粒间的静电排斥力不足，微粒间碰撞时发生聚集，从而导致乳液粒径增大，最终产生沉淀。因此，LWPU 乳液在中性至碱性条件下的稳定性较好，在酸性条件下稳定性较差。

上述表征结果说明，木质素作为亲水性扩链剂参与合成水性聚氨酯，得到一种稳定性良好的乳液，乳液的粒径随着木质素含量的增加而减小，最小达到 127nm，乳液在 pH 为 6 ～ 12 范围内的稳定性良好。

第四节
木质素改性聚脲胶黏剂

胶黏剂是指可以用来黏结两个或者两个以上物件的材料，已被广泛应用于木材、汽车、航空、电子、医疗等领域。在过去的几十年中，大约70%的胶黏剂被应用于木材人造板领域，但是这些胶黏剂大多为甲醛系树脂如酚醛树脂、脲醛树脂等，原料为不可再生的化石资源，并且甲醛还是一级致癌物。

作为聚氨酯材料中的一个新分支，聚脲是由异氰酸酯组分和胺组分聚合反应得到的聚合物。由于聚脲结构上含有大量极性基团如脲基、酯基、醚键等，聚脲材料具有强极性，是作为胶黏剂的合适材料。此外，聚脲具有快速固化、无需催化剂、无需溶剂、耐磨性能优异、没有甲醛污染等优势。然而，聚脲相较于其他甲醛系胶黏剂价格更高，且聚脲的原材料为化石资源，不可再生。因此，探索一种价廉易得、可再生的生物质资源用于制备生物质基聚脲胶黏剂显得尤为重要。

目前，虽然已经有大量木质素应用于胶黏剂的研究报道，但由于木质素结构含有大量的羟基，目前大部分的研究仍集中于传统胶黏剂领域如酚醛树脂、脲醛树脂以及聚氨酯胶黏剂。这些方法制备的木质素基胶黏剂存在的共同问题是不可再生、不可回收、胶黏性能相对较弱。此外，一旦胶黏剂固化后难以移除。且甲醛系树脂还存在甲醛污染隐患。随着社会多元化快速发展，对胶黏材料的多功能需求越来越多。因此，开发综合性能优异、绿色安全、常温快速自愈合、强胶黏性能、易去除的生物质基胶黏剂对促进胶黏剂工业发展具有重要意义。

到目前为止，木质素作为替代原料制备可重复使用聚脲胶黏剂的研究仍是空白。在本节中，笔者首次制备了一种可重复使用、常温快速自愈合、容易去除、具有强黏附力的木质素基聚脲胶黏剂[18,19]。

一、木质素接枝聚醚胺的合成及表征

1. 木质素接枝聚醚胺的合成

本节采用曼尼希反应制备聚醚胺 D2000 接枝的木质素，反应机理如图 7-32 所示。称取适量的低分子量酶解木质素，配制成碱液，加入定量的 D2000 搅拌均匀，升温至 80℃，逐滴加入甲醛溶液，反应结束后，降温、酸析、水洗、真空干燥，得到聚醚胺 D2000 接枝的木质素产物，命名为 LC。对木质素进行胺化改性后，颜色由棕褐色变成黑色。

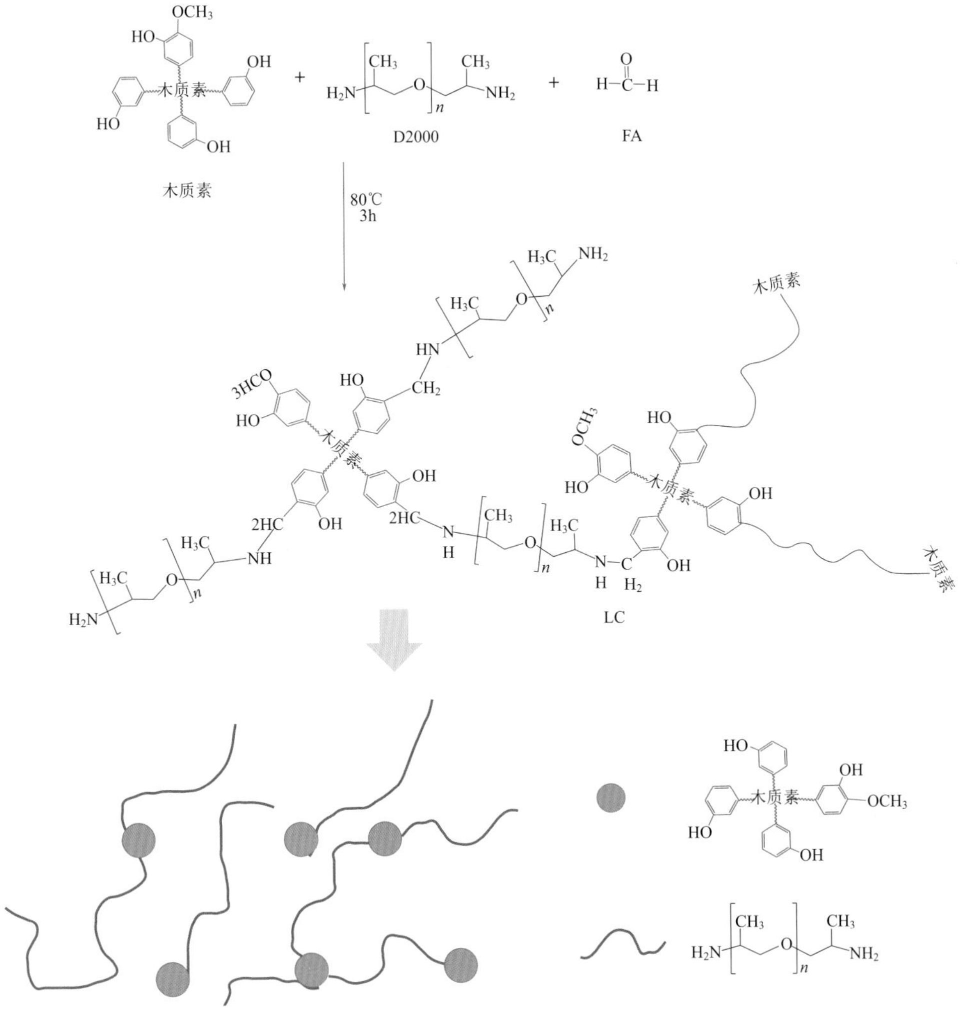

图7-32　制备木质素接枝聚醚胺D2000产物机理图

2. 木质素接枝聚醚胺的表征

采用红外光谱表征胺化改性前后木质素的结构变化，可以证明聚醚胺 D2000 成功接枝到木质素上（红外谱图请见参考文献［20］）。凝胶渗透色谱法（GPC）可进一步直接证明聚醚胺成功接枝在木质素上，如图 7-33 所示，其特征分子量数据如表 7-13 所示。

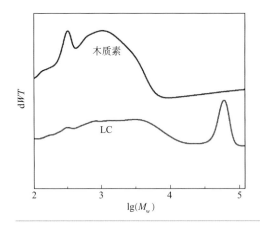

图7-33

酶解木质素与木质素基接枝聚醚
胺产物GPC曲线图

表7-13 木质素接枝聚醚胺产物GPC分析结果

| 样品 | D2000接枝的木质素产物（LC） | | 纯木质素 |
	高分子量部分	低分子量部分	
M_n /kDa	56.3	0.1	0.4
M_w /kDa	58.6	2.1	1.2
M_w/M_n	1.0	19.9	3.3

图 7-33 中原木质素的 GPC 曲线呈现出一个宽峰，并且在低分子量部分出现一个尖峰。对其进行积分可以得到其重均分子量 M_w 为 1.2 kDa，分子量分布指数为 3.3。对木质素进行胺化改性后，胺化改性木质素的 GPC 曲线呈现出明显的双峰，低分子量的宽峰部分往右边高分子量方向迁移，证明聚醚胺 D2000 成功接枝到木质素上。同时，LC 的 GPC 曲线在 $\lg(M_w)$ = 4.78 的高分子量部分处出现一个窄峰，表明多个木质素由聚醚胺连接形成具有一定交联结构的胺化改性木质素。从表 7-13 中可以看到，聚醚胺接枝改性后的木质素分子量显著增加，证明接枝反应成功。

通过紫外吸收光谱测试木质素接枝聚醚胺产物 LC 中聚醚胺的接枝率为 36.1%[18]，与其理论接枝率 40%（通过投料质量计算得到）非常接近，证明曼尼希反应的高效性。从表 7-14 所示的元素分析结果可以看到，聚醚胺 D2000 的氮含量为 2.20%，未改性木质素 L 的氮含量为 0.40%，木质素接枝聚醚胺产物 LC 的氮含量为 0.61%。对木质素进行胺化改性后，其氮含量明显增加，也证明了聚醚胺成功接枝到木质素上。

表7-14　木质素接枝聚醚胺产物元素分析结果（质量分数）

样品	C /%	H /%	N /%	O/%
L	66.72	5.86	0.40	27.03
LC	65.91	8.03	0.61	25.45
D2000	51.38	9.04	2.20	37.39

木质素接枝聚醚胺前后的热重曲线对比结果如图 7-34 所示。可以看到，胺化改性木质素在 800℃ 的热解残余量低于未胺化改性的木质素，表明聚醚胺 D2000 成功接枝到木质素上。此外，酶解木质素的最大分解速率温度为 383℃，对木质素胺化改性后，最大分解速率温度升高至 397℃，热稳定性提高。

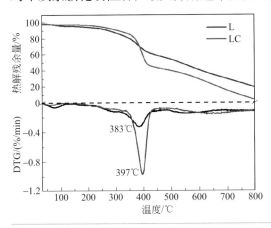

图7-34
木质素与胺化改性木质素TG和DTG曲线图

二、木质素改性聚脲胶黏剂的制备及表征

1. 木质素基聚脲胶黏剂的制备

木质素基聚脲胶黏剂的合成机理如图 7-35 所示。首先聚醚胺 D2000 与异佛尔酮二异氰酸酯（IPDI）反应得到异氰酸酯封端的预聚体，然后将扩链剂、胺化木质素 / 木质素与预聚物反应得到聚脲胶黏剂。实验中—NCO 与（—NH₂ + —NH）的比例为 1.2∶1，扩链剂与聚醚胺 D2000 的摩尔比为 1∶1。此外，利用木质素接枝聚醚胺 D2000 产物 LC 部分替代 10%、20%、30%（质量分数）的聚醚胺 D2000 制备出木质素基聚脲胶黏剂（LC-10、LC-20、LC-30）。根据胺化木质素 LC 中聚醚胺的接枝率 36.1%（质量分数），聚脲胶黏剂 LC-10、LC-20、LC-30 中木质素替代聚醚胺 D2000 的实际替代率为 6.4%、12.8%、19.1%。同时，使用 10%、15%、20%（质量分数）的未改性酶解木质素 L 替代聚醚胺 D2000 制备木质素基聚脲胶黏剂（L-10、L-15、L-20），作为对比样品，以探究对木质素

进行胺化改性的作用。制备不含木质素的空白样品 Blank-SS 以及不含二硫键的空白样品 Blank-CC，作为对比，探究动态二硫键在聚脲胶黏剂中的作用。聚脲胶黏剂的具体实验配比如表 7-15 所示，制备流程图如图 7-36 所示。

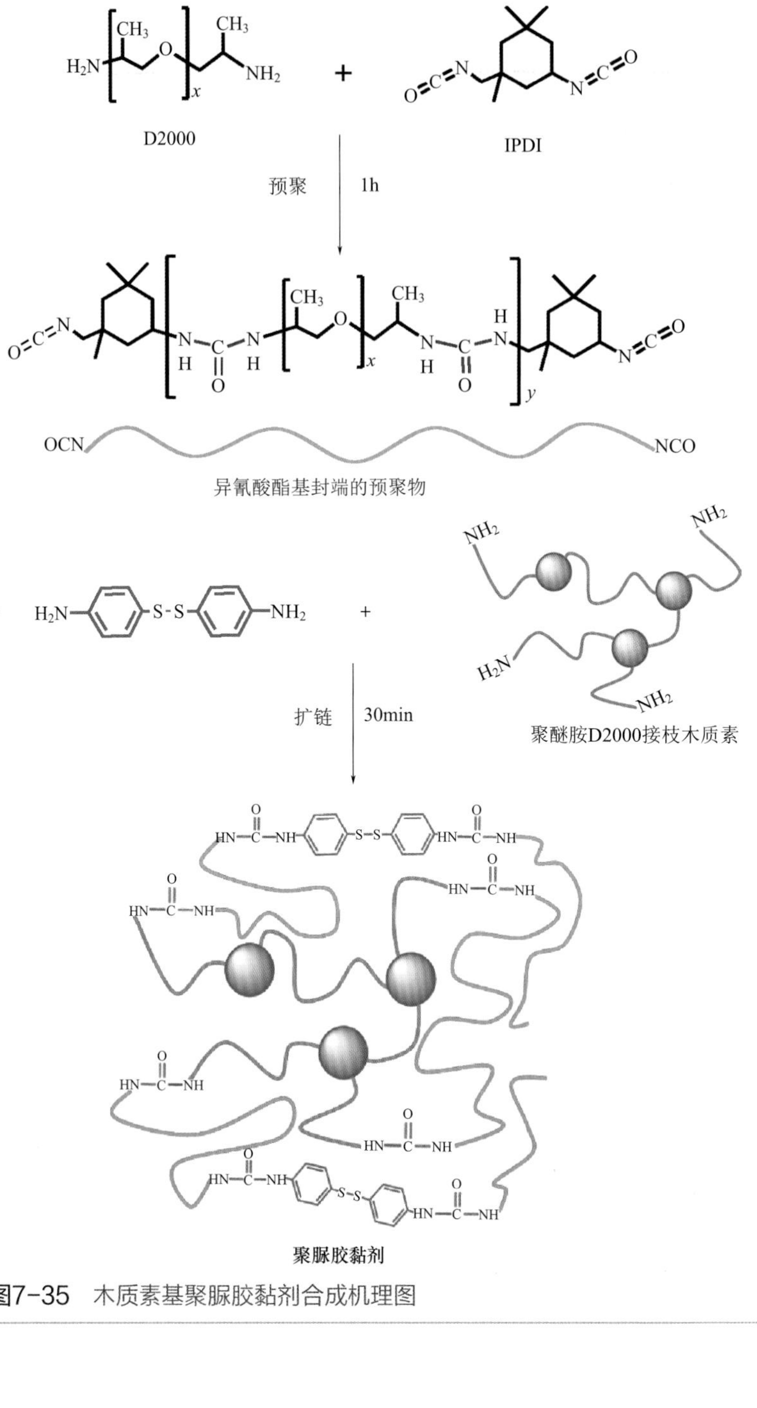

图7-35　木质素基聚脲胶黏剂合成机理图

表7-15 合成木质素基聚脲胶黏剂的配方表

| 样品 | 预聚 | | 扩链 | | |
| | IPDI | D2000 | 改性或原始的木质素 | 扩链剂 | DMAc |
	mL（mmol）	g（mmol）	g	g（mmol）	(mL)
Blank-SS[①]	2.543(12.1)	10.00(5.0)	—	1.24(5.0)	5
Blank-CC[②]	2.543(12.1)	10.00(5.0)	—	1.06(5.0)	5
LC-10[③]	2.380(11.4)	9.00(4.5)	1.00	1.16(4.7)	5
LC-20	2.217(10.6)	8.00(4.0)	2.00	1.08(4.3)	5
LC-30	2.055(9.8)	7.00(3.5)	3.00	1.00(4.0)	8
L-10[④]	1.144(5.5)	4.50(2.3)	0.50	0.56(2.3)	5
L-15	2.162(10.3)	8.50(4.3)	1.50	1.06(4.3)	5
L-20	2.012(9.6)	8.00(4.0)	2.00	0.99(4.0)	8

① 扩链剂为4，4'-二氨基二苯二硫的基准样；
② 扩链剂为4，4'-二氨基联苯；
③ LC-X代表LC部分替代X%，20%，30%（质量分数）的聚醚胺D2000制备的木质素基聚脲胶黏剂；
④ L-X代表L部分替代X%，20%，30%（质量分数）的聚醚胺D2000制备的木质素基聚脲胶黏剂。

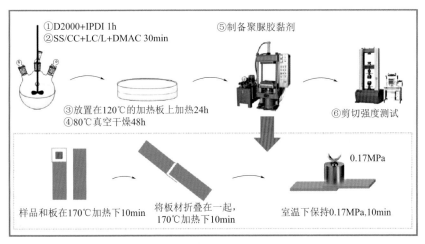

图7-36 制备木质素基聚脲胶黏剂过程图

2. 木质素基聚脲胶黏剂的结构表征

木质素基聚脲胶黏剂的红外光谱图结果如图7-37所示。所有的聚脲胶黏剂的红外光谱图相似。3444cm^{-1}和3336cm^{-1}的峰归属于木质素中—OH和脲基中—N—H—的伸缩振动峰，3120cm^{-1}和3000cm^{-1}的峰归属于芳香环C—H键的振动峰。

—NCO 的特征峰出现在 2185cm^{-1} 处，C＝O 的振动峰出现在 1670cm^{-1} 处，N—H 弯曲振动峰和芳香骨架振动峰出现在 1604cm^{-1} 处。1448cm^{-1} 和 1380cm^{-1} 的峰归属于脲基中的 C—N 振动峰。1165cm^{-1} 和 1270cm^{-1} 的峰归属于醚键 C—O 的振动峰。这些信息表明聚脲胶黏剂成功制备。

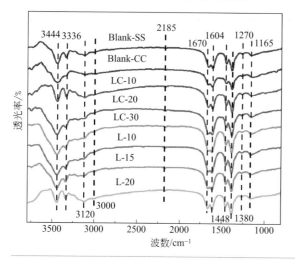

图7-37
木质素基聚脲胶黏剂的红外光谱图

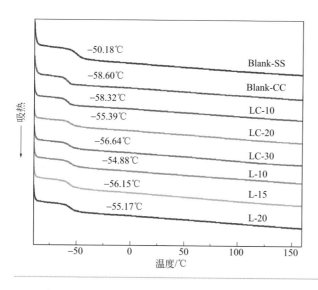

图7-38
木质素基聚脲胶黏剂的DSC谱图

从 DSC 的二次加热曲线可以获取聚脲胶黏剂的玻璃化转变温度，结果如图 7-38 所示。所有木质素基聚脲胶黏剂的玻璃化转变温度均低于 -50℃，表明木质素基聚脲胶黏剂具有较好的耐低温性能。

三、木质素改性聚脲胶黏剂的性能

1. 木质素基聚脲胶黏剂的重复胶黏性能

通过测试聚脲胶黏剂的粘接强度表征其胶黏性能。为了探究胶黏剂的重复使用性能，将拉开的板再次黏结，进行粘接强度测试，重复测试十次。聚脲胶黏剂在榉木板、松木板、钢板、铜板、铝板的重复使用十次性能结果如图 7-39 所示。在重复使用十次试验中，木质素基聚脲胶黏剂在基材上的胶黏性能基本稳定，胶黏性能优异。为了探究木质素基聚脲胶黏剂在使用十次前后结构的变化，对使用十次前后的样品 LC-20 和 L-20 进行红外表征，结果如图 7-40 所示。LC-20 和 L-20 使用十次前后红外谱图没有明显变化，表明木质素基聚脲胶黏剂在重复使用过程中结构稳定。

与 Blank-CC 相比，Blank-SS 的胶黏强度更高，可重复使用次数更多，即 Blank-SS 比 Blank-CC 有更强的黏附力和更好的重复使用性能。可以看到，在钢板上，Blank-CC 重复使用九次便失去黏附性，而在铜板、铝板和松木板上重复使用性更差，分别使用两次、一次、三次后便失去胶黏性。一方面，这是因为动态二硫键的存在使得 Blank-SS 具有更好的重复使用性能[19]。另一方面，动态二硫键使得 Blank-SS 具有更好的流动性、湿润性，因此具有比 Blank-CC 更强的黏附性，这也可以从胶的断裂模式看到。通常来说，胶的断裂模式主要有两种：一种是胶的断裂发生在胶的内部；另外一种是胶的断裂发生在基材与胶的界面之间[20]。从图 7-41 可以看到，Blank-SS 表现为胶内断裂模式，而 Blank-CC 表现为胶与基材界面断裂模式。这是因为 Blank-SS 中的动态二硫键使其具有更好的柔韧性，从而具有更好的润湿性，能够与基材实现更高的表面浸润和黏合，导致 Blank-SS 黏附力高于 Blank-CC。而 Blank-SS 的拉伸强度低于 Blank-CC（图 7-42），也是其易于胶内断裂的原因之一。

为了探究木质素在聚脲胶黏剂中的作用，将聚脲胶黏剂重复使用十次的剪切强度取平均值，结果如图 7-43 所示。引入木质素和胺化改性木质素后，聚脲胶黏剂的胶黏性能均有大幅度提升。Blank-SS 在榉木板上重复使用十次的平均粘接强度为 1.79MPa，在引入木质素后，LC-20 和 L-15 在榉木板上重复使用十次的平均粘接强度增加到 7.92MPa 和 5.80MPa，分别是 Blank-SS 的 4.4 和 3.2 倍。一方面，木质素具有多官能团结构，在聚脲胶黏剂中可充当交联剂的作用，引入木质素可以提高聚脲胶黏剂的交联密度，从而提高其拉伸强度，从图 7-42 可以看到，LC-10、LC-20 的拉伸强度高于 Blank-SS。另一方面，如图 7-44 所示，木质素中的羟基、羧基、氨基不仅可以与脲基（—NH—CO—NH—）形成氢键作用，也可以与木板、金属板表面的羟基或含氧基团形成氢键作用。因此，引入木质素可以提高聚脲胶黏剂与木板和金属板的胶黏强度。

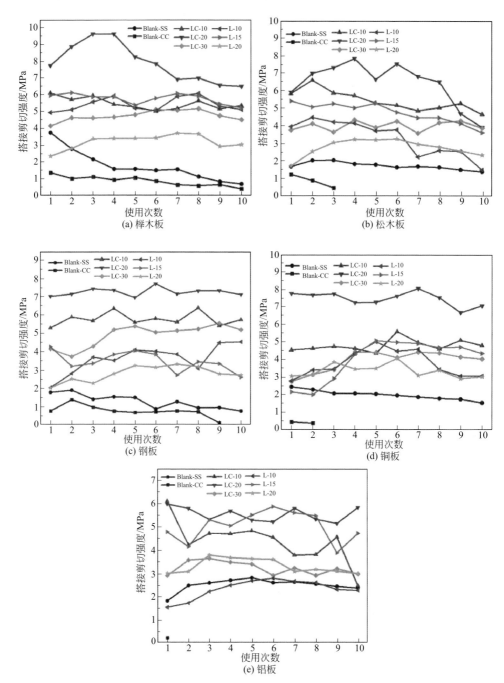

图7-39　木质素基聚脲胶黏剂在不同板材上的十次重复使用性能

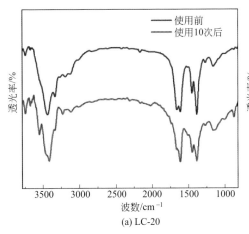
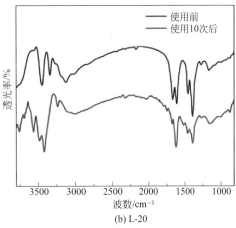

(a) LC-20   (b) L-20

图7-40 木质素基聚脲胶黏剂重复使用十次前后红外谱图

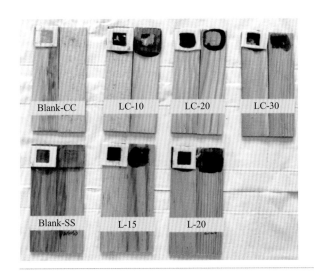

图7-41
聚脲胶黏剂重复胶黏性能试验断
面图

　　随着木质素添加量增加，木质素基聚脲胶黏剂的胶黏强度先增加后减小。引入适量木质素时，木质素一方面作为交联剂提高聚脲的交联密度和拉伸强度，另一方面在木质素与聚脲基体以及木质素与基材间建立强氢键作用，从而提高木质素基聚脲胶黏剂的胶黏性能。然而，随着木质素含量的进一步增加，木质素基聚脲胶黏剂的胶黏性能减弱。一方面，过量的木质素破坏了聚脲分子结构的规整性，导致其力学性能下降，使得木质素基聚脲胶黏剂的内聚力下降。这一点从LC-10、LC-20、LC-30的失效模式可以得到验证，从图7-41可以看到，LC-10、LC-20的失效断裂发生在胶与基材界面，而LC-30的失效断裂则是部分发生在胶内部，部分发生在界面，也就是 LC-30 的内聚力相比 LC-10 和 LC-20 更差。另一方面，过量木质素的存在使得木质素基聚脲胶黏剂的柔韧性、流动性降低，因此对基材的润湿性下降，界面作用力减弱，胶黏强度减小。

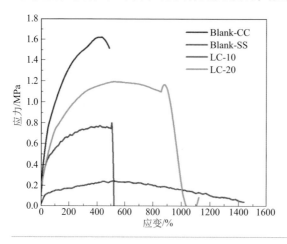

图7-42
聚脲胶黏剂力学性能测试结果

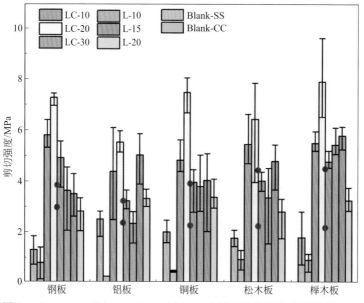

图7-43　聚脲胶黏剂在不同基板上重复使用十次的平均剪切强度

对比添加胺基化改性木质素和未改性木质素的样品，虽然 LC-20 与 L-15 的实际木质素含量相近，但不管在金属板（钢板、铜板、铝板）或木板（榉木板、松木板）上，LC-20 的胶黏强度都高于 L-15，LC-30 与 L-20 相比同样如此。从图 7-41 可以看到，L-15 和 L-20 的失效发生在胶内部，表现出较差的内聚力；而 LC-20 的失效发生在基材与胶的界面，LC-30 的失效模式结合了胶内和界面断裂；也就是说，添加胺基化改性木质素的聚脲胶黏剂比直接添加未改性木质素的聚脲胶黏剂具有更强的内聚力。这是因为在木质素上接枝聚醚胺 D2000 长链可以引入高反应活性的胺基基团，提高木质素的反应活性，提高木质素与聚脲基体的相容性。以上都可以说明对木质素进行聚醚胺 D2000 接枝改性的积极意义。

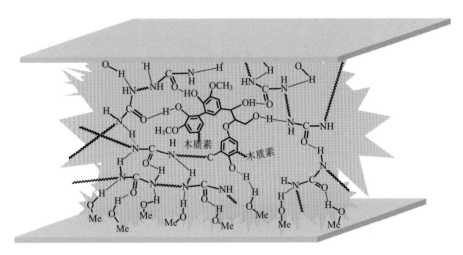

图7-44　木质素增强聚脲胶黏剂胶黏性能机理

实验中也测试了木质素基聚脲胶黏剂在榆木板上的粘接强度，实验中发现，榆木板总是先于胶断裂，如图 7-45（a）所示。在重复测试粘接强度的过程中，榉木板和松木板会被胶黏剂拉开导致有部分木板缺损，见图 7-45（c）。为了直观地观察木质素基聚脲胶黏剂的胶黏性能，用 LC-20（12mm×12mm×1mm）粘接榆木板，并用其成功拉起 10 kg 的杠铃，见图 7-45（b）。此外，选取了两种常用商业 EVA 热熔胶进行对比，结果如图 7-43 所示（红色和蓝色圆点）。其中，LC-10 和 LC-20 样品不管在金属板或木板上的胶黏性能都优于商业 EVA 胶。当胺化改性木质素替代聚醚胺 D2000 的量达到 30% 时，除了商业 EVA 胶 A（红点）在松木板上的胶黏性能略优于 LC-30 外，LC-30 在其他板上的胶黏性能依然优于两种商业 EVA 胶。对于添加未改性的木质素 L-10、L-15、L-20，在铜板、松木板和榉木板的胶黏性能优于商业 EVA 胶 B（蓝点）。并且 L-15 几乎在所有板上的胶黏性能都优于商业 EVA 胶。通过与其他文献制备的胶黏剂最大粘接强度对比（图 7-46），可以看到，本节中制备的 LC-20 胶黏剂在榉木板上的最大粘接强度为 9.64MPa，远高于其他文献报道（对比文献请查找参考文献 [19]）。

(a)   (b)   (c)

图7-45 （a）木质素聚脲胶黏剂LC-20在榆木板上的剪切强度测试；（b）用LC-20胶黏剂（12mm×12mm×1mm）黏合的榆木板拉10 kg重的哑铃；（c）LC-20粘接榉木板、松木板拉开后照片

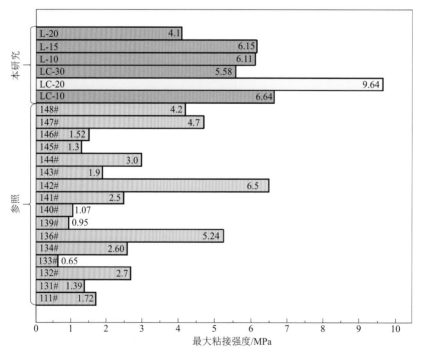

图7-46 与其他文献胶黏剂的最大粘接强度对比结果

2. 木质素基聚脲胶黏剂的自愈合性能

通过自愈合前后的力学性能对比来表征木质素基聚脲胶黏剂的自愈合性能，实验结果如图7-47所示。从结果可以看到，切断样条，让其在常温条件下愈合15min后，Blank-SS的拉伸强度和断裂伸长率可以恢复到初始的37.5%和32.0%。当自愈合时间增加到30min后，Blank-SS的拉伸强度和断裂伸长率的自愈合效率提高到79.2%和78.4%。表明Blank-SS在没有紫外照射、没有加热等外界刺激下依然具有优异的自愈合性能。随着愈合时间进一步增加到60min，拉伸强度和断裂伸长率的自愈合效率分别为83.3%和77.4%。值得一提的是，Blank-CC并未展现出自愈合性能，表明聚脲胶黏剂的自愈合性能来源于动态二硫键。此外，室温下自愈合15min后，LC-10的断裂伸长率自愈合效率高达95.6%，而拉伸强度的自愈合效率为38.5%。当自愈合时间提高到60min，拉伸强度和断裂伸长率的愈合效率分别达到78.2%和100.4%。综上，在聚脲胶黏剂中引入10%（质量分数）的胺化木质素替代聚醚胺D2000并未降低其室温自愈合性能，相反增加了断裂伸长率的自愈合效果。

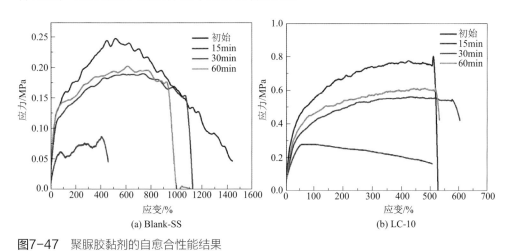

(a) Blank-SS   (b) LC-10

图7-47 聚脲胶黏剂的自愈合性能结果

3. 木质素基聚脲胶黏剂的清除性能

大部分胶黏剂一旦使用后，很难从被粘接物体表面脱除，这对物品回收利用不方便。从图7-48（a）可以看到，黏附在铜板上的LC-20胶黏剂在室温条件下浸泡在乙醇溶液中3h后，可完全从铜板上剥离。为了探究木质素基聚脲胶黏剂用乙醇洗脱的机理，将溶解有LC-20样品的乙醇溶液自然状态下挥发后，放置到真空干燥箱中50℃干燥除去多余的溶剂。将乙醇处理后样品进行红外光谱测试，与乙醇处理前的样品的红外光谱图进行对比，如图7-48（b）所示。可以看到，乙醇处理后，木质素的振动峰峰强明显减弱，表明在乙醇浸泡过程中，聚脲基体溶解在乙醇溶液中，而部分木质素则从聚脲基体中脱离出来。乙醇脱除性能表明，一旦不再需要胶黏剂，只需在室温条件下将黏附了木质素基聚脲胶黏剂的物品浸泡在乙醇中一段时间，就可以非常容易地将胶黏剂从基材上去除。

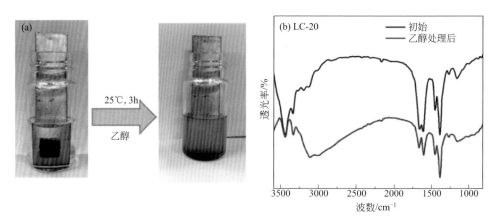

图7-48 木质素基聚脲胶黏剂LC-20的可去除性能：（a）通过乙醇浸泡去除LC-20；（b）LC-20乙醇去除前后红外光谱对照图

4. 木质素基聚脲胶黏剂的耐低温性能

聚脲的耐低温性能可以由聚脲软段的玻璃化转变温度进行初步判断。从图7-38中可以看到，木质素基聚脲胶黏剂的玻璃化转变温度均低于-50℃，表明木质素基聚脲胶黏剂具有较好的耐低温性能。此外，为了进一步测试其耐低温性能，将制备的木质素基聚脲胶黏剂用于粘接桦木板，随后置于-4℃的冰箱中冷冻，24h后拿出立即测试粘接强度，结果如图7-49所示。Blank-SS和Blank-CC低温处理后胶黏强度的保留率最高，耐低温性能最好，而含有胺基化改性木质素的聚脲胶黏剂LC-10、LC-20、LC-30低温处理后的粘接强度保留率略低于空白样，但高于添加未胺化改性木质素的聚脲胶黏剂L-15、L-20。尽管引入木质素会在一定程度上降低胶黏强度的保持率，但是对木质素进行聚醚胺D2000接枝改性可以减弱这种不利影响。此外，尽管木质素基聚脲胶黏剂LC-10、LC-20、LC-30低温处理后的胶黏强度保留率略低于空白样，但是低温处理后的胶黏强度仍高于Blank-SS样品。

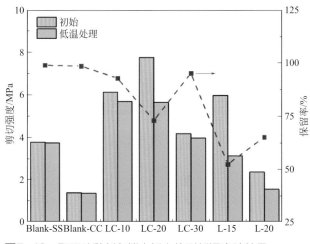

图7-49　聚脲胶黏剂在榉木板上的耐低温实验结果

第五节
木质素改性聚脲聚氨酯微胶囊

一、聚脲微胶囊概述

　　微胶囊是一种具有聚合物壁壳的半透性或密封的微型"容器"或"包装物"，能够包埋和保护其内部的物质，以达到控制释放、降低毒性、屏蔽不良气味、改变被包封物质性质和状态等目的。

　　目前微胶囊已被广泛用于医药、食品、化妆品、农药、染料和颜料、涂料、黏合剂、油墨、传热流体等多个领域，其制备方法主要分为三类：化学法，包括界面聚合法、原位聚合法、悬浮交联法等；物理化学法，包括喷雾干燥法、溶剂蒸发法、静电结合法等；物理法，包括相分离法、复相乳化法、冷凝法等。相比较而言，化学法可以确保微胶囊良好的密闭性和力学强度，壁材一般选择高分子材料，主要包括聚脲、脲醛树脂、酚醛树脂、密胺树脂、聚乙烯醇、聚酰胺、聚氨酯、聚甲基丙烯酸酯以及芳香族聚酰胺等，其中聚脲微胶囊具有制备方法简易、技术成熟，制备耗时短、成本低、稳定性好的优势。

制备聚脲微胶囊的方法主要是通过界面聚合法，通过多异氰酸酯和多元胺或多异氰酸酯和水反应聚合得到。以多元胺和多异氰酸酯为单体得到聚脲微胶囊的制备过程为例，一般是将芯材和多异氰酸酯溶于油相，将多元胺溶于水相，两相乳化形成乳液，通过在油水界面处发生反应制备得到微胶囊，如图7-50所示。

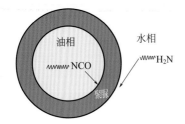

图7-50
聚脲微胶囊界面聚合反应

二、木质素粒子改性聚脲聚氨酯微胶囊

聚脲微胶囊具有制备工艺简单、形貌规整、化学稳定性高的优点，但同时也存在聚合物难降解的问题；如果能在聚脲壁材合成中引入可降解物质，将有助于提高其降解性。

木质素无毒、可生物降解，分子中含有大量苯环、共轭结构和能有效清除自由基的酚羟基，具有良好的热稳定性、紫外吸收和抗氧化性能，可显著提高易光解、易氧化降解物质的化学稳定性。因此，将木质素引入聚脲微胶囊的合成中，有助于降低微胶囊制备成本，提高壁材降解性、芯材抗光解和抗氧化性能，扩大应用范围。

由于木质素粒子具有两亲性，可形成 Pickering 乳液，在聚脲微胶囊制备过程中采用木质素粒子稳定水包油 Pickering 乳液，并以此为模板制备聚脲微胶囊，从而将木质素粒子掺杂在成型的聚脲囊壁中，形成复合壁材微胶囊。由于在此过程中木质素中的羟基与异氰酸酯反应可形成木质素聚氨酯结构，最终产品为木质素粒子改性聚脲聚氨酯微胶囊。本节主要以包封易光解农药阿维菌素为例，介绍酸析木质素粒子改性聚脲聚氨酯微胶囊的制备方法和应用性能[21,22]。

1. 酸析木质素粒子改性聚脲聚氨酯微胶囊的制备

首先将碱木质素配制成碱溶液，再逐滴加入 HCl 至 pH 为 2.5，得到酸析木质素粒子的水分散液作为水相；然后以阿维菌素（AVM）、二苯基甲烷二异氰酸酯（MDI）和甲苯组成油相；将上述水相、油相混合、乳化后制备水包油型 Pickering 乳液。把乳液转移至两口烧瓶中，辅以 35℃水浴加热，用搅拌棒以 200 r/min 的转速开始搅拌，同时用蠕动泵将 10mL 1.5mol/L 的乙二胺（EDA）溶液在 1h 内逐滴加入到反应体系中，继续搅拌 5h 即得到包封 AVM 的木质素粒子改性聚脲聚氨酯微胶囊（AVM@LPMC）。

制备原理如图 7-51 所示，木质素粒子首先富集吸附在乳滴油水界面上，接着木质素、MDI 和水在油水界面上进行界面聚合反应，形成微胶囊；最后加入的少量乙二胺可与未反应完全的 MDI 进行固化反应，进一步强化微胶囊囊壁。在此过程中发生的反应如式（7-1）～式（7-3）所示。

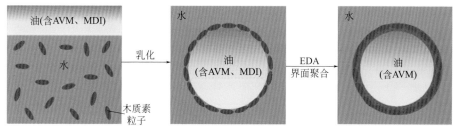

图7-51 基于Pickering乳液的木质素粒子改性聚脲聚氨酯微胶囊制备

$$n\,O{=}C{=}N{-}\!\!\!\bigcirc\!\!\!-CH_2{-}\!\!\!\bigcirc\!\!\!-N{=}C{=}O + n\,H_2O$$
$$\longrightarrow \left[\!-NH{-}\!\!\!\bigcirc\!\!\!-CH_2{-}\!\!\!\bigcirc\!\!\!-NH{-}\!\!\overset{O}{\underset{\|}{C}}\!-\!\right]_n + n\,CO_2\uparrow \tag{7-1}$$

$$n\,O{=}C{=}N{-}\!\!\!\bigcirc\!\!\!-CH_2{-}\!\!\!\bigcirc\!\!\!-N{=}C{=}O \;+\; n\,H_3CO\!\!\!\bigcirc\!\!\!(\text{木质素})OH$$
$$\longrightarrow \left[\!-NH{-}\!\!\!\bigcirc\!\!\!-CH_2{-}\!\!\!\bigcirc\!\!\!-NH{-}\!\!\overset{O}{\underset{\|}{C}}\!-O{-}\!\!\!\bigcirc\!\!\!(\text{木质素})\!\!-\!\right]_n \text{OCH}_3 \tag{7-2}$$

$$n\,O{=}C{=}N{-}\!\!\!\bigcirc\!\!\!-CH_2{-}\!\!\!\bigcirc\!\!\!-N{=}C{=}O + n\,NH_2\text{-}CH_2\text{-}CH_2\text{-}NH_2$$
$$\longrightarrow \left[\!-NH{-}\!\!\!\bigcirc\!\!\!-CH_2{-}\!\!\!\bigcirc\!\!\!-NH{-}\!\!\overset{O}{\underset{\|}{C}}\!-NH{-}CH_2{-}CH_2{-}\!\!\overset{O}{\underset{\|}{C}}\!-\!\right]_n \tag{7-3}$$

图 7-52 为木质素粒子制备的水包油 Pickering 乳液的显微镜图，可以看出乳滴呈球形，边界清晰，圆整度和稳定性好。但插图显示乳液的粒径大小分布并不均匀，由马尔文激光粒度仪测量结果可知，粒径分布呈现双峰，一处在

300nm ～ 8μm 处（可能是体系中未被吸附的木质素粒子），另一处在 15 ～ 120 μm 处，与显微镜的观察结果一致。通过逐步调节显微镜载物台与物镜之间的距离，使显微镜的焦点落在单个乳液液滴不同部位，如图 7-53 所示，可以清晰地看到液滴的表面都吸附了大量的木质素粒子，说明 Pickering 乳液的形成是由于这些粒子的吸附和稳定作用。

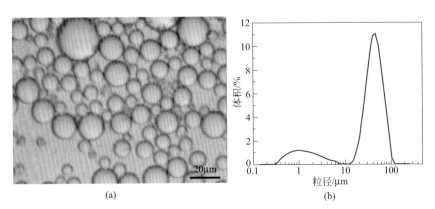

(a)　　　　　　　　　　　　　　　　(b)

图7-52 木质素粒子稳定的水包油 Pickering乳液显微镜图（a）和粒径分布图（b）

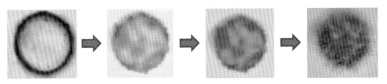

图7-53 水包油Pickering乳液中乳滴表面的木质素吸附状态

2. 酸析木质素粒子改性聚脲聚氨酯微胶囊的囊壁结构

采用光学显微镜和扫描电镜观察 AVM@LPMC 的形貌，并和未经木质素粒子改性的纯聚脲微胶囊 AVM@PMC 比较。如图 7-54 所示：从显微镜图（a）中可以看出纯聚脲微胶囊表面光滑，圆整度好，但粒径大小不均匀；扫描电镜图（c）进一步证明了聚脲微胶囊表面光滑。而如图（b）和（d）所示，制备出的 AVM@LPMC 为球形，表面粗糙呈毛绒状，粒径大小分布不均匀，但圆整度较好，胶囊与胶囊之间没有黏结。从粒径分布图（f）可看出，两种微胶囊粒径均集中在 10 ～ 100 μm 左右，即前述乳液中第二处粒径峰的位置，这说明乳滴分散良好，界面聚合反应并没有导致微胶囊颗粒间的粘连，因此 Pickering 乳液具有良好的稳定性，使得它在微胶囊的制备中可以很好地保持原来液滴模板的性质。

图 7-54（g）、（h）分别为两种微胶囊的囊壁截面图，两者壁厚均约为

450nm。纯聚脲微胶囊为单层且结构紧密，而木质素粒子改性聚脲聚氨酯微胶囊为双层结构，囊壁内层为200nm厚的致密纯聚脲层，外层则为约250nm厚疏松多孔的木质素层。由于两种微胶囊的制备过程中MDI用量相同，而聚脲层厚度不一样，说明外层木质素粒子与部分MDI进行了反应，由于木质素粒子为三维网络结构，因此呈现疏松多孔形貌。

将AVM@LPMC悬浮液用NaOH调节pH至11，充分振荡后取微胶囊样品采用扫描电镜再次观察［如图7-54（f）所示］。相比于未用NaOH处理的样品，处理后的微胶囊表面的木质素并没有消失，只是变得松散呈针状絮片，且多了一些晶体状物质。在pH为11的条件下，碱木质素会发生解聚而溶解，但结合进聚脲中的碱木质素并不会在碱液中发生溶解，这说明木质素已与异氰酸酯发生反应，且与聚脲之间是紧密结合成为复合微胶囊壁材。而晶体状物质可能是NaOH晶体，因为用NaOH处理后的样品未经过滤洗涤。

对酸析木质素粒子、AVM@PMC和AVM@LPMC囊壁进行红外表征，如图7-55所示。对于木质素，1514cm^{-1}和1267cm^{-1}是与芳香环骨架振动相关的吸收峰，而1718cm^{-1}为羰基拉伸吸收峰，1370cm^{-1}为酚羟基吸收峰。对于聚脲微胶囊，1562cm^{-1}是—NH—C—NH—聚脲官能团的特征吸收峰。而这些特征峰在AVM@LPMC壁材中均存在，证明木质素粒子改性聚脲聚氨酯微胶囊的成功合成。

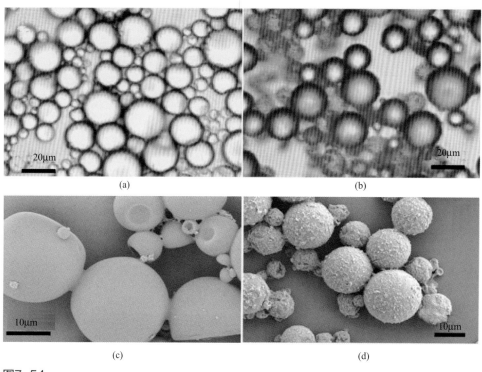

图7-54

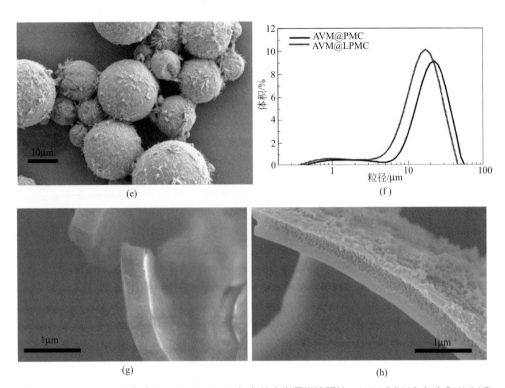

图7-54 AVM@PMC（a）和AVM@LPMC（b）的光学显微镜照片；AVM@PMC（c）和AVM@LPMC 碱洗前（d）、后（e）的扫描电镜照片；AVM@PMC和AVM@LPMC的粒径分布图（f）；AVM@PMC（g）和AVM@LPMC（h）的微胶囊剖面扫描电镜照片

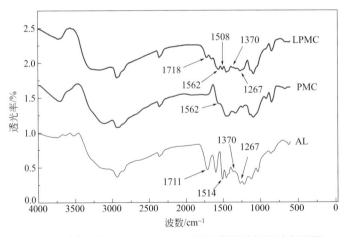

图7-55 碱木质素和LPMC、PMC微胶囊壁材的红外光谱图

3. 酸析木质素粒子改性聚脲聚氨酯微胶囊的应用性能

图 7-56 为 AVM 微胶囊悬浮液在 pH=6 的 80% 乙醇水溶液中的缓释曲线。未经包封的 AVM 原药释放很快，在 24h 后接近全部释放；而 AVM@PMC 释放非常缓慢，72h 后才释放 50%，且之后的释放速率会更加缓慢。而 AVM@LPMC 的释放速度比 AVM@PMC 快，木质素粒子用量越多，释放越快。木质素粒子用量为 0.43% 时，在测试 72h 后释放了 85%；当木质素粒子用量增加到 1.2% 后，仅需 28h 即可释放 85%。如前所述，AVM@LPMC 的木质素层疏松多孔，对芯材的包封作用较弱，因此对微胶囊的缓释效果起主要作用的是内部的聚脲层。木质素粒子用量越多，则消耗更多的异氰酸酯生成木质素聚氨酯，导致纯聚脲层变薄，因此释放加快。

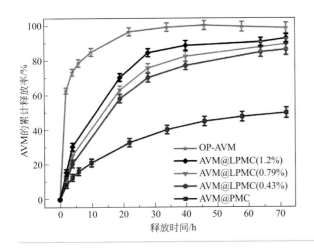

图7-56
AVM微胶囊的缓释曲线

图 7-57 为微胶囊悬浮液在紫外试验老化箱中经过不同时间紫外光照射后测定的 AVM 保留率。可见未经包封的 AVM 原药经紫外光照射 48h 后仅剩余 19% 的有效成分，抗光解能力非常差；采用聚脲包封的 AVM@PMC 抗光解能力有一定提升，经紫外光照射 48h 后其有效成分保留 62%，但照射 120h 后仅保留 30%。而复合少量木质素粒子（0.42%）的 AVM@LPMC 即使经 120h 紫外光照射后，AVM 有效成分的保留率仍然高达 72%，抗光解作用显著。这和壁材中的木质素可吸收紫外线、抗氧化的能力密切相关，对于光敏性农药具有重要保护作用。

4. SDS/ 木质素复合粒子改性聚脲聚氨酯微胶囊

上述用于改性聚脲微胶囊的木质素粒子一般是采用碱溶酸析制备，其粒径达微米级。以下介绍的工作是采用十二烷基硫酸钠（SDS）修饰制备木质素 /SDS

复合纳米粒子（LSNP），并以 LSNP 稳定的 Pickering 乳液为模板，通过离子交联耦合界面聚合的方式制备木质素改性聚脲聚氨酯微胶囊（LSPMC）[23]。

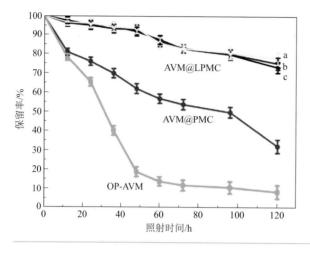

图7-57
AVM微胶囊在紫外光照射下的有效成分保留率曲线
a—木质素粒子用量0.43%；
b—木质素粒子用量0.79%；
c—木质素粒子用量1.2%

木质素 /SDS 复合纳米粒子的制备流程（图 7-58）如下：将碱木质素与阴离子表面活性剂十二烷基硫酸钠 SDS 共同溶解于强碱性溶液中，使碱木质素与 SDS 在疏水作用力驱使下自组装形成混合胶束，通过 SDS 之间的静电排斥作用阻碍木质素分子间的团聚，使其酸析后可以稳定地分散在水中而获得表面带有硫酸根的木质素纳米粒子 LSNP。透射电镜照片（图 7-59）显示，木质素 /SDS 纳米粒子呈现高度分散的不规则碎片状，其平均粒径约为 40nm。

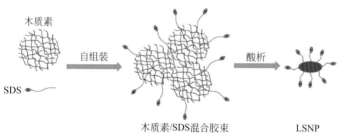

图7-58 木质素/SDS复合纳米粒子的形成机理图

采用类似酸析木质素粒子改性聚脲聚氨酯微胶囊 LPMC 的制备方法，以木质素纳米粒子 LSNP 稳定 Pickering 乳液制备改性聚脲聚氨酯微胶囊 LSPMC。从图 7-60(a) 的 SEM 图片可以看到，LSPMC 形貌为规整球状，表面较粗糙，有大量的颗粒状物质附着。图 7-60（b）为经过碱洗处理后的 LSPMC，可以发现碱处理后微胶囊表面的木质素明显减少，原来的大颗粒木质素变成了小颗粒。这说明碱处理将一部分木质素溶解了，还有一部分不能溶解。这些不能溶解的木质素与异佛尔酮二异氰酸酯（IPDI）发生反应，木质素中的羟基与 IPDI 反应可形成木质素聚氨酯结构，即木质素被共价交联了，不再具有溶解性。

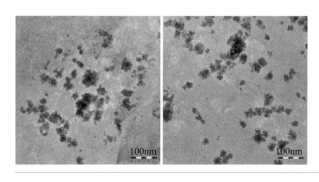

图7-59
木质素/SDS复合纳米粒子的透射电镜观察图片

通过激光共聚焦显微镜进一步观察了木质素在 LSPMC 上的分布情况。从图7-60（c）可见经过碱处理后 LSPMC 的表面上有非常强的荧光轮廓，因为木质素化学结构中含有较多共轭结构单元，在紫外光的激发下会发出蓝绿色荧光，因此其表面大量附着的物质是木质素；而且这些木质素经碱处理也未能洗去，说明木质素与 IPDI 发生了反应，转化为不再具有溶解性的物质。

图7-60　LSPMC的碱洗前（a）、碱洗后（b）的扫描电镜照片和激光共聚焦显微镜照片（c）

LSPMC 的形成机理推测为：乳化之前的水相用盐酸调节 pH=2.5，所以当乙二胺逐滴加入到 Pickering 乳液时，首先与水相中盐酸反应生成乙二胺盐酸盐［式（7-4）］，这种乙二胺盐酸盐有一个二价的阳离子，会与乳液滴表面 LSNP 粒子上带负电的硫酸根产生静电吸引［式（7-5）］，从而发生离子键交联形成木质素囊壁层，同时水相中游离的木质素粒子也会被交联聚沉到乳滴表面形成颗粒物。此后，过量的乙二胺继续与油相中的 IPDI 在油水界面上反应生成聚脲囊壁，这样便形成了一个木质素 / 聚脲复合壁材的微胶囊。

$$H_2N\text{-}C_2H_4\text{-}NH_2 + 2H^+ \longrightarrow {}^+H_3N\text{-}C_2H_4\text{-}NH_3^+ \qquad (7\text{-}4)$$

$$\begin{array}{c} \text{木质素} \overset{SO_4^-}{\underset{SO_4^-}{<}} \\[2mm] \text{木质素} \overset{SO_4^-}{\underset{SO_4^-}{<}} \end{array} + \begin{array}{c} NH_3^+ \\ C_2H_4 \\ NH_3^+ \end{array} \longrightarrow \begin{array}{c} SO_4^- \\ \text{木质素} \\ SO_4^- \\ NH_3^+ \\ C_2H_4 \\ NH_3^+ \\ SO_4^- \\ \text{木质素} \\ SO_4^- \end{array} \qquad (7\text{-}5)$$

　　除了利用木质素粒子稳定 Pickering 乳液制备改性聚脲微胶囊外，也有研究直接利用溶解于水相的木质素（木质素磺酸盐溶液或木质素碱性溶液）参与界面聚合制备改性聚脲微胶囊[24-26]。

参考文献

[1] Hatakeyama H, Ohsuga T, Hatakeyama T. Thermogravimetry on wood powder-filled polyurethane composites derived from lignin [J]. Journal of Thermal Analysis and Calorimetry, 2014, 118(1): 23-30.

[2] Santos O S, Coelho D S M, Silva V R, et al. Polyurethane foam impregnated with lignin as a filler for the removal of crude oil from contaminated water [J]. Journal of Hazardous materials, 2016, 324: 406-413.

[3] Mahmood N, Yuan Z, Schmidt J, et al. Preparation of bio-based rigid polyurethane foam using hydrolytically depolymerized Kraft lignin via direct replacement or oxypropylation [J]. European Polymer Journal, 2015, 68: 1-9.

[4] Li H Q, Shao Q, Luo H, et al. Polyurethane foams from alkaline lignin-based polyether polyol [J]. Journal of Applied Polymer Science, 2016, 133(14): 43261.

[5] Bernardini J, Cinelli P, Anguillesi I, et al. Flexible polyurethane foams green production employing lignin or oxypropylated lignin [J]. European Polymer Journal, 2015, 64: 147-156.

[6] 王圣谕. 木质素基聚氨酯弹性材料的制备及其结构与性能研究 [D]. 广州：华南理工大学，2019.

[7] Wang S, Liu W, Yang D, et al.highly resilient lignin-containing polyurethane foam [J]. Industrial & Engineering Chemistry Research, 2019, 58(1): 496-504.

[8] Yuan L, Wang Z, Ganewatta M S, et al. A biomass approach to mendable bio-elastomers [J]. Soft Matter, 2017, 13(6): 1306-1313.

[9] Montarnal D, Capelot M, Tournilhac F, et al. Silica-like malleable materials from permanent organic networks [J]. Science, 2011, 334(6058): 965-968.

[10] Lu Y, Guan Z. Olefin metathesis for effective polymer healing via dynamic exchange of strong carbon-carbon double bonds [J]. Journal of the American Chemical Society, 2012, 134(34): 14226-14231.

[11] Kim S M, Jeon H, Shin S H, et al. Superior toughness and fast self-healing at room temperature engineered by transparent elastomers [J]. Advanced Materials, 2018, 30(1): 1705145.

[12] Chen X, Li L, Jin K, et al. Reprocessable polyhydroxyurethane networks exhibiting full property recovery and concurrent associative and dissociative dynamic chemistry via transcarbamoylation and reversible cyclic carbonate aminolysis

[J]. Polymer Chemistry, 2017, 8(41): 6349-6355.

[13] Ying H Z, Zhang Y F, Cheng J J. Dynamic urea bond for the design of reversible and self-healing polymers [J]. Nature Communications, 2014, 248: 533.

[14] Cao S, Li S, Li M, et al. The thermal self-healing properties of phenolic polyurethane derived from polyphenols with different substituent groups [J]. Journal of Applied Polymer Science, 2019, 136(6): 47039.

[15] Liu W, Fang C, Wang S, et al.High-performance lignin-containing polyurethane elastomers with dynamic covalent polymer networks [J]. Macromolecules, 2019, 52(17): 6474-6484.

[16] Mattia J, Painter P. A comparison of hydrogen bonding and order in a polyurethane and poly(urethane-urea) and their blends with poly(ethylene glycol) [J]. Macromolecules, 2007, 40(5): 1546-1554.

[17] Zheng N, Hou J, Xu Y, et al. Catalyst-free thermoset polyurethane with permanent shape reconfigurability and highly tunable triple-shape memory performance [J]. Acs Macro Letters, 2017, 6(4): 326-330.

[18] 方畅 . 木质素基聚脲材料的制备及其在涂料和胶黏剂中的应用研究 [D]. 广州：华南理工大学，2020.

[19] Liu W, Fang C, Chen F, et al. Strong, reusable and self-healing lignin-containing polyurea adhesives [J]. ChemSusChem, 2020, 13: 4691-4701.

[20] Fang C, Liu W, Qiu X. Preparation of polyetheramine-grafted lignin and its application in UV-resistant polyurea coatings [J]. Macromolecular Materials and Engineering, 2019, 304(10): 1900257.

[21] Pang Y, Li X, Wang S, et al. Lignin-polyurea microcapsules with anti-photolysis and sustained-release performances synthesized via pickering emulsion template [J]. Reactive and Functional Polymers, 2018, 123: 115-121.

[22] 王盛文 . 木质素 / 十二烷基硫酸钠复合纳米粒子的制备及在微胶囊中的应用 [D]. 广州：华南理工大学，2018.

[23] Pang Y, Wang S, Qiu X, et al. Preparation of lignin/sodium dodecyl sulfate composite nanoparticles and their application in Pickering emulsion template-based microencapsulation [J]. Journal of Agricultural and Food Chemistry, 2017, 65: 11011-11019.

[24] Yiamsawas D, Baier G, Thines E, et al. Biodegradable lignin nanocontainers [J]. RSC Advance, 2014, 4(23): 11661-11663.

[25] Qian Y, Zhou Y, Li L, et al. Facile preparation of active lignin capsules for developing self-healing and UV-blocking polyurea coatings [J]. Progress in Organic Coatings, 2020, 138: 105354.

[26] 李岚 . 木质素基微胶囊型自愈合涂层的制备及性能研究 [D]. 广州：华南理工大学，2019.

第八章

木质素改性橡胶弹性体复合材料

橡胶是高弹性高分子材料的总称，具有优越的性能，在国民经济和社会发展中有无可替代的作用，也被公认为一种重要的战略物资。然而橡胶本身的力学性能不佳，通常需要添加大量的补强剂以提高其力学性能，并降低成本。其中，炭黑是商业上应用最成熟和最广泛的补强剂。但是，炭黑生产过程存在高污染、高能耗、高成本等问题。同时，橡胶制品中要添加小分子的抗氧剂和光稳定剂，如受阻酚类、受阻胺类等，来提高制品的抗热氧老化和抗紫外老化性能，但这些抗氧剂和光稳定剂容易从聚合物中迁移抽出而失效，同时具有一定的毒性，对环境存在危害。

木质素可再生、无毒害，是一种环境友好型的天然高分子，其分子中的苯环、酚羟基等特征结构使其具有优异的紫外屏蔽与抗老化性能[1]。因此，将木质素用作橡胶的补强剂，部分代替传统的炭黑填料，不仅可以降低橡胶制品的成本，节约石化资源，也可以赋予木质素/橡胶复合材料优良的抗紫外、抗老化性能，对于推动木质素的高值化和规模化利用具有重要意义。

从 20 世纪 40 年代起，人们开始了木质素/橡胶复合材料的相关研究，但至今仍未实现木质素在橡胶高分子材料中的大规模应用。近些年的研究表明，以工业木质素补强橡胶，其补强效果通常比炭黑等传统填料的效果差。其主要原因是木质素颗粒粒径较大，自身分子间作用力强、极易团聚，与橡胶基体相容性差，不易均匀分散。因此，要想实现木质素在橡胶高分子材料中的大规模应用，迫切需要解决木质素在橡胶基体中的分散性差、与橡胶相的相容性差等基础科学问题。木质素在未来橡胶工业中的应用机遇与挑战并存。

第一节
基于动态配位键的木质素改性 NBR 橡胶复合材料

一、基于贻贝足丝仿生研究的动态金属配位键简介

以往大量的研究都通过添加相容剂来改善木质素与橡胶之间的相容性[2-4]，但是改善效果有限，木质素的补强性能依然不如炭黑。也有研究对木质素制备工艺进行优化，或者对木质素进行化学改性，虽然能一定程度地减轻木质素的团聚问题，但相容性提高有限，木质素的粒径仍属于微米级或亚微米级，与纳米级的炭黑补强效果相比仍有较大差距。

近年来，模拟贻贝足丝仿生研究中的金属配位键得到了学术界的重点关注。海洋贻贝能够依靠足丝在海水中牢固黏附于各种有机、金属和无机非金属的表面。研究表明，贻贝足丝蛋白中含有大量的儿茶酚基团，有极强的配位能力，能与金属离子络合形成金属配位键，同时能与很多基团反应形成共价键。共价键强度高，但被破坏后不能恢复，金属配位键强度较低，但在外力作用下可以先于共价键发生断裂，发生动态可逆的断裂与重构，从而不断消耗外部机械能[5]。共价交联与配位交联组成双交联网络体系，赋予了贻贝足丝优异的力学性能。金属配位键也存在于蜘蛛丝、蚕丝等强而韧的生物高分子材料中[6]。

　　金属配位键能够赋予材料优异的力学性能，近年来被广泛应用于各种合成高分子材料中，以获得高强度高韧性的材料[7,8]。将金属配位键引入到弹性体中，不仅能够耗散能量，且有利于消除应力集中、促进橡胶分子链取向，从而显著提高橡胶的强度和韧性[9,10]。图 8-1 为文献中常用金属配位键的配位方式，适用于构筑金属配位键的金属离子主要为 Zn^{2+}、Fe^{3+} 等，所需的配体多为含氮和含氧官能团。

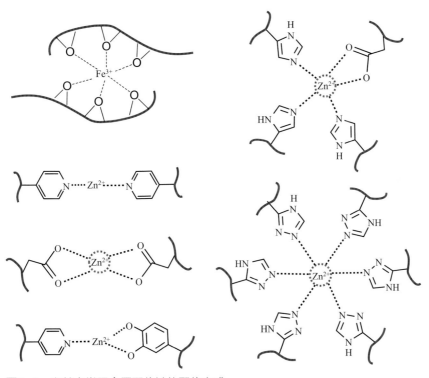

图8-1　文献中常用金属配位键的配位方式

二、木质素/NBR复合材料动态金属配位键的构建

受到上述贻贝足丝金属配位键的启发，笔者尝试将金属配位键引入到木质素/丁腈橡胶（NBR）复合材料中以改善木质素对橡胶的补强效果。木质素中含有大量的酚羟基、羧基等含氧官能团，可以充当 Zn^{2+}、Fe^{3+} 等金属离子的天然配体，同时 NBR 中氰基（—CN）的氮原子有孤电子对，可以与金属离子发生配位作用。若能将金属配位键引入到木质素与 NBR 的相界面中，构建出由硫共价交联网络和金属配位交联网络组成的双重交联网络，利用配位键先于化学键断裂且具有动态断裂与重构的特性，可以大幅耗散能量，有望显著提高木质素/NBR 复合材料的强度、模量及韧性[11, 12]。

具体的做法是向 100 phr NBR（phr：表示对每 100 份橡胶添加的份数）中添加 40phr 木质素和一定量（0.2～3phr）的 $ZnCl_2$ 进行共混，混炼均匀后再加入硫化剂和促进剂，高温硫化成型，制得木质素/NBR 复合材料。所得的样品命名为 L40Zx，其中 x 为 $ZnCl_2$ 添加的份数，不添加 $ZnCl_2$ 的样品命名为 L40。另外，向 NBR 中添加 20phr 木质素和 20phr 的炭黑，再加入 2～10phr 的 $ZnCl_2$，按照上述过程，制得木质素/炭黑/NBR 复合材料（图 8-2）。所得的样品命名为 L20C20Zx，其中 x 为 $ZnCl_2$ 添加的份数，单纯添加炭黑的样品命名为 C40。

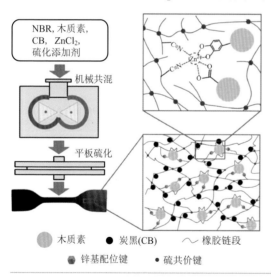

图8-2

木质素/炭黑/NBR复合材料中锌基金属配位键的构建机理

添加了 $ZnCl_2$ 的木质素/NBR 复合材料和木质素/炭黑/NBR 复合材料，既含有硫共价键交联网络，又含有 Zn^{2+} 与木质素、NBR 配位形成的配位交联网络，如图 8-2 和图 8-3 所示。为了验证上述金属配位键的形成，对木质素/炭黑/NBR 复合材料进行红外测试，其红外曲线如图 8-4 所示。1436cm^{-1} 和 1451cm^{-1} 为木

质素、炭黑和NBR中甲基、亚甲基的C—H键的弯曲振动峰，随着ZnCl₂的加入峰无明显变化。1396cm⁻¹处为羧酸盐COO⁻的对称伸缩振动，1538cm⁻¹处为羧酸盐COO⁻的不对称伸缩振动，在样品L40S1.5中这两个峰非常明显，而样品C40S1.5中两峰非常小，主要是因为木质素中含有较多的羧基，与NBR共混过程中与ZnO反应生成了羧酸盐，而炭黑中的羧基含量较木质素低很多。随着ZnCl₂含量的增加，1396cm⁻¹和1538cm⁻¹处的峰先降低后升高，说明了羧酸盐COO⁻的含量先降低后增加，可能是因为刚开始Zn^{2+}与木质素的羧基配位，抑制了羧酸转为羧酸盐，而ZnCl₂含量过多时，由于ZnCl₂极易吸水潮解，在水的作用下木质素羧酸易电离产生羧酸根。1594cm⁻¹为木质素的芳香环骨架振动峰，该峰随着ZnCl₂含量的增加由1594cm⁻¹偏移到1587cm⁻¹处，这可能是Zn^{2+}与芳香环上的羟基配位造成的。有文献指出，该处为羧酸盐的不对称伸缩峰[13]，该峰的偏移也可能是Zn^{2+}与羧酸盐配位造成的。1649cm⁻¹处为羧基中的羰基C＝O的伸缩振动峰，随着ZnCl₂含量的增加而逐渐增大，也证明了Zn^{2+}与羧酸的配位作用[13]。

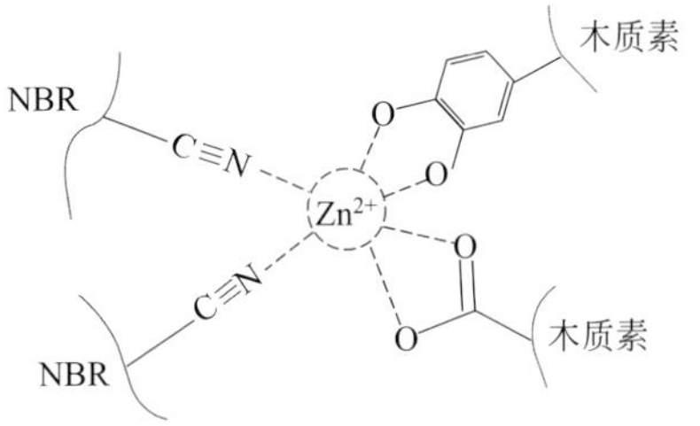

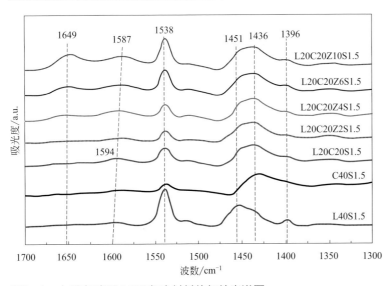

图8-3
木质素/NBR复合材料的配位键机理图

图8-4　木质素/炭黑/NBR复合材料的红外光谱图

三、木质素/NBR复合材料的硫化性能和力学性能

对木质素/NBR复合材料和木质素/炭黑/NBR复合材料进行硫化测试,探究金属配位键对其硫化性能的影响。木质素/NBR复合材料的硫化特性见表8-1。随着 $ZnCl_2$ 添加量的增加,木质素/NBR复合材料的焦烧时间和最优硫化时间均降低,硫化速度加快,这说明 $ZnCl_2$ 配位作用促进了 NBR 的硫化进程,提高了橡胶的加工效率。$ZnCl_2$ 的加入使得硫化曲线的最小扭矩增大,在最小扭矩处橡胶还没有开始交联反应,最小扭矩的增大主要是金属配位键的形成造成的,说明在木质素与 NBR 共混阶段机械力的作用下,已经有部分金属配位键的形成。最大扭矩和扭矩差随着 $ZnCl_2$ 含量的增加而增大,反映了橡胶的交联程度增大,在相同硫含量的条件下,$ZnCl_2$ 含量的增加使得在硫化过程中形成了更多的金属配位键,这也说明了高温促进了木质素/NBR复合体系中金属配位键的形成。表观交联密度的测试结果也印证了上述结论。

表8-1　木质素/NBR复合材料的硫化特性参数和交联密度

样品	焦烧时间 T_s/min	最优硫化时间 T_{90}/min	最小扭矩 M_L/dN·m	最大扭矩 M_H/dN·m	扭矩差 ΔM/dN·m	硫化速度 /min^{-1}	交联密度 /(10^4 mol/cm^3)
L40	2.32	18.55	0.66	13.19	12.53	6.16	1.33
L40Z0.2	2.13	17.57	0.85	15.17	14.32	6.48	1.75
L40Z1	1.85	13.52	0.98	17.14	16.16	8.57	2.26
L40Z2	1.80	13.33	1.54	19.37	17.83	8.67	2.94
L40Z3	1.77	13.18	2.11	22.02	19.91	8.76	4.91

木质素/炭黑/NBR复合材料的硫化特性如表8-2所示。当 $ZnCl_2$ 加入到木质素/炭黑/NBR复合材料中时,M_L、M_H 和 ΔM 三者的值都极大地增加。由于 NBR 与木质素之间及 NBR 橡胶基体中较强的金属配位键作用,在硫化过程中产生更多的结合胶[14],橡胶链段的约束力增强,采用平衡溶胀法测得的交联密度数据也证实了上述观点。在 Zn^{2+} 存在的情况下,木质素/炭黑/NBR复合材料中包含了由硫共价键和锌基配位键构成的双交联网络体系。Zn^{2+} 的引入也促进了 NBR 硫化过程,在高的 Zn^{2+} 含量下硫化速度的增加证实了这一点。

表8-2　木质素/炭黑/NBR复合材料的硫化特性和交联密度

样品	焦烧时间 T_s/min	最优硫化时间 T_{90}/min	最小扭矩 M_L/dN·m	最大扭矩 M_H/dN·m	扭矩差 ΔM/dN·m	硫化速度/min^{-1}	交联密度 /(10^4 mol/cm^3)
C40	0.73	15.02	1.57	17.26	15.69	6.99	3.28
L20C20	1.98	17.32	1.11	15.78	14.67	6.52	1.80
L40	2.32	18.55	0.66	13.19	12.53	6.16	1.33

样品	焦烧时间 T_s/min	最优硫化时间T_{90}/min	最小扭矩M_L/dN·m	最大扭矩M_H/dN·m	扭矩差ΔM/dN·m	硫化速度/min⁻¹	交联密度/(10⁴ mol/cm³)
L20C20Z2	1.22	9.96	1.17	20.61	19.44	11.44	2.18
L20C20Z4	1.20	9.78	1.35	22.18	20.85	11.64	2.67
L20C20Z6	1.32	9.50	2.25	23.41	21.16	12.21	2.93
L20C20Z10	1.12	8.08	2.88	26.42	23.54	14.35	3.36

  不同 $ZnCl_2$ 含量的木质素 /NBR 复合材料的拉伸应力 - 应变曲线见图 8-5，关键力学数据见表 8-3。$ZnCl_2$ 的加入使得木质素 /NBR 复合材料的交联程度增大，断裂伸长率和拉伸强度也随着减小，但是应力 - 应变曲线却向高应力方向提升。随着 $ZnCl_2$ 含量的增加，木质素与 NBR 链段之间构建了更多的锌基配位键，提高了两者之间的相互作用，在拉伸过程中 NBR 链段在木质素颗粒表面滑移，通过配位键的断裂耗散掉更多的机械能，使得木质素 /NBR 复合材料的 100% 定伸应力、杨氏模量和邵氏 A 硬度逐渐增大，添加了 3 份 $ZnCl_2$ 的样品（L40Z3）的 100% 定伸应力和杨氏模量与样品 L40 相比分别提高了 160% 和 55%。

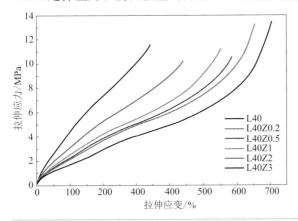

图8-5
木质素/NBR复合材料的拉伸应力-应变曲线

表8-3　木质素/NBR复合材料的力学性能

样品	断裂伸长率/%	拉伸强度/MPa	100%定伸应力/MPa	杨氏模量/MPa	断裂能/（MJ/m³）	弹性恢复率/%	邵氏A硬度
L40	702(±23)	12.8(±0.2)	1.7	7.8	33.8	98.7	63
L40Z0.2	654(±1)	13.1(±0.2)	2.1	8.9	35.2	98.9	65
L40Z0.5	598(±16)	10.9(±0.6)	2.2	9.0	29.4	99.0	65
L40Z1	538(±18)	10.6(±0.8)	2.5	9.4	28.9	99.1	68
L40Z2	446(±13)	10.7(±0.9)	3.1	10.0	24.0	99.1	69
L40Z3	323(±30)	11.1(±0.6)	4.4	12.1	21.8	99.2	72

不同 ZnCl₂ 含量和硫含量的木质素 / 炭黑 /NBR 复合材料的拉伸应力 - 应变曲线见图 8-6，关键力学数据见表 8-4。当向木质素 / 炭黑 /NBR 复合材料中加入 ZnCl₂ 时，复合材料中形成的金属配位键使其拉伸强度、杨氏模量和硬度大幅度提高。仅加入少量 Zn^{2+} 的复合材料（样品 L20C20Z2），其拉伸强度（23.1MPa）和断裂能（44.6 MJ/m³）与纯炭黑补强的样品 C40 相比几乎处于同一水平，而前者的杨氏模量甚至更高。同时，随着 ZnCl₂ 用量增加，木质素 / 炭黑 /NBR 复合材料的拉伸强度、杨氏模量和硬度进一步增加，弹性和韧性（断裂能）损失较小，说明锌基金属配位键对木质素 / 炭黑 /NBR 复合材料力学性能的增强作用显著。

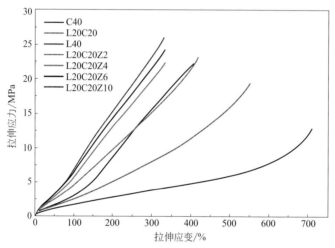

图8-6 木质素/炭黑/NBR复合材料的拉伸应力–应变曲线

表8-4 木质素 / 炭黑 /NBR 复合材料的力学性能

样品	断裂伸长率/%	拉伸强度/MPa	100%定伸应力/MPa	杨氏模量/MPa	断裂能/（MJ/m³）	弹性恢复率/%	邵氏硬度
C40	408（±11）	22.6（±0.7）	3.0	9.3	41.4	99.3	67
L20C20	560（±9）	19.4（±0.4）	2.4	9.0	44.0	98.9	65
L40	702（±23）	12.8（±0.2）	1.7	7.8	33.8	98.7	63
L20C20Z2	418（±6）	23.1（±0.1）	4.5	11.7	44.6	98.9	70
L20C20Z4	326（±5）	21.7（±0.4）	5.7	12.1	35.3	99.0	71
L20C20Z6	336（±5）	24.2（±0.7）	6.6	12.7	39.1	98.9	73
L20C20Z10	332（±16）	25.9（±0.4）	6.9	13.4	41.0	98.9	75

四、金属配位键对木质素/NBR复合材料的增强机理

为了揭示锌基配位键存在下的变形机理，对木质素/炭黑/NBR复合材料进行了循环拉伸测试。所有的样品表现出相似的迟滞行为，因此以样品L20C20Z4为例进行分析，如图8-7（a）所示。从图中可以看出，第一圈循环曲线中存在着较大的能量耗散，且留下一个明显的残余应变，能量耗散和残余应变主要由金属配位键和橡胶-填料网络的断裂引起，随后的循环存在着相似的能量耗散。当一圈循环结束后，让样品停留一定的时间使其恢复，再进行下一圈的循环，可以发现残余应变随着停留时间的增加而逐渐减低，如图8-7（b）所示。然而，即便停留时间为7200s，样品也难以恢复到初始长度，这是因为橡胶-填料网络的破裂和橡胶链段与填料之间及橡胶链段之间的摩擦阻碍了橡胶的弹性恢复，锌基配位键的暂时重构也可能阻碍了橡胶链的弹性恢复[15, 16]。当把样品放在80℃的环境中保持40min，在高温作用下橡胶链段的运动性增强，暂时重构的金属配位键断裂，共价键交联网络恢复到它的初始状态，使得残余应变几乎完全消失。将恢复的样品再冷却至室温，金属配位键重新构建起来，再进行最后一圈的循环拉伸，可以发现应力-应变曲线和第一圈循环拉伸的曲线非常接近，材料的弹性基本恢复。

为了进一步评价金属配位键的能量耗散，对循环拉伸曲线进行了相关的能量计算。第一圈拉伸时的机械能W_0，定义为第一圈拉伸曲线的积分面积。W_1是第一圈滞后环的耗散能，定义为第一圈滞后环的积分面积。W_2是第二圈滞后环的耗散能。滞后比W_1/W_0表示第一圈循环过程中耗散能占施加机械能的比例，滞后差$\Delta W = W_1 - W_2$。W_h为样品加热恢复后的最后一圈滞后环的耗散能，滞后比W_h/W_1表示加热恢复后最后一圈循环的耗散能与第一圈循环的耗散能比值。

如图8-7（c）所示，W_1/W_0和ΔW随着$ZnCl_2$含量的增加而增大，直观地揭示了更多金属配位键的动态断裂导致了更高的能量耗散，样品L20C20Z10的ΔW值是未添加$ZnCl_2$的样品L20C20的2.7倍。采用滞后比W_h/W_1来评价金属配位键的恢复性能，增加$ZnCl_2$用量使得W_h/W_1值降低，表明滞后恢复变弱，这是由于强的金属配位作用阻碍了橡胶弹性网络的恢复。高含量的$ZnCl_2$使得复合材料在80℃加热40min后更多的锌基配位键没有得到恢复，对橡胶链的弹性收缩有更强的限制作用。

上述证据表明，含$ZnCl_2$的木质素/炭黑/NBR复合材料主要由含硫共价键网络和动态金属配位键网络的双交联网络组成。图8-8给出了含双交联网络的木质素/炭黑/NBR复合材料的变形机理。在小应变下，橡胶链段沿拉伸方向滑移和重新排列。进一步拉伸后，锌基金属配位键逐渐断裂，金属配位键网络的动态断裂释放了大量的应力，导致橡胶链段的局部松弛和取向，有效促进了能量耗散，防止了应力集中。因此，添加了金属配位键的木质素/炭黑/NBR复合材料获得了较好的强度和弹性模量。

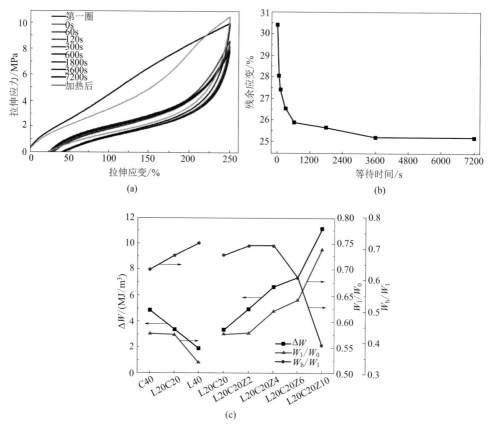

图8-7 （a）样品L20C20Z4的循环拉伸曲线；（b）样品L20C20Z4的残余应变随等待时间的变化；（c）木质素/炭黑/NBR复合材料的W_1/W_0、ΔW和W_h/W_1随ZnCl$_2$含量增加的变化

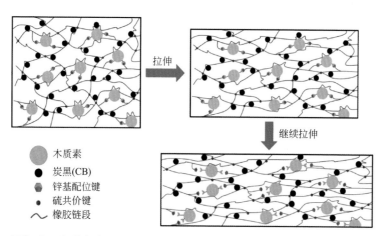

图8-8 木质素/炭黑/NBR复合材料可能的变形机理

五、木质素/NBR复合材料的热性能和耐油性

NBR 橡胶分子中含有不饱和双键，在高温和空气（氧气）存在的条件下，极易受到氧的攻击，产生自由基，引发大分子链的交联反应，从而发生老化，主要的外观表现为变硬、变脆，力学性能下降。为了探究金属配位键对木质素/NBR 复合材料热氧老化性能的影响，测试了复合材料在热氧老化前后力学性能的变化，结果如表 8-5 所示。

表8-5 热氧老化（100℃，72h）前后木质素/NBR复合材料的力学性能变化

样品	断裂伸长率/%		保持率/%	拉伸强度/MPa		保持率/%	断裂能/（MJ/m³）		保持率/%
	老化前	老化后		老化前	老化后		老化前	老化后	
L40	702	565	81	12.8	12.2	95	33.8	31.5	93
L40Z0.2	654	529	81	13.1	12.2	93	35.2	34.2	97
L40Z1	538	468	87	10.6	11.2	106	28.9	29.1	101
L40Z2	446	399	98	10.7	11.9	111	24.0	26.3	110
L40Z3	323	352	109	11.1	13.0	117	21.8	25.2	116

样品	100%定伸应力/Mpa		保持率/%	30%定伸应力/Mpa		保持率/%	杨氏模量/Mpa		保持率/%
	老化前	老化后		老化前	老化后		老化前	老化后	
L40	1.7	2.4	141	3.9	5.7	146	7.8	9.4	121
L40Z0.2	2.1	2.8	133	4.9	6.7	137	8.9	9.8	110
L40Z1	2.5	3.1	124	5.5	7.0	127	9.4	10.3	110
L40Z2	3.1	4.0	129	7.0	9.2	131	10.0	11.3	113
L40Z3	4.4	4.9	111	10.0	11.0	110	12.1	12.2	101

对于空白样 L40，在经过热氧老化后，材料的断裂伸长率下降了约 20%，拉伸强度略有下降，但 100% 和 300% 定伸应力提高了 40% 以上，说明了老化后材料的交联程度大幅提高，材料变硬。加入 $ZnCl_2$ 之后，样品 L40Z0.2 和 L40 相比，断裂伸长率和拉伸强度的保持率虽然变化不大，但杨氏模量、100% 和 300% 定伸应力的保持率明显下降，随着 $ZnCl_2$ 含量的增加，材料的断裂伸长率和拉伸强度的保持率大幅提高，老化后样品 L40Z3 的力学性能甚至优于老化前，说明在添加了 $ZnCl_2$ 之后，热氧老化过程中材料的交联反应被抑制，$ZnCl_2$ 减缓了木质素/NBR 复合材料的老化进程，提高了其抗热氧老化性能。这可能是因为 Zn^{2+} 与 NBR 中的氰基配位，使得 NBR 结构更加稳定，链段的运动性降低，热氧老化过程产生的自由基不易转移，自由基链式反应受到抑制，从而减缓了老化进程。

采用 DSC 和 DMA 测试木质素/NBR 复合材料和木质素/炭黑/NBR 复合材料的玻璃化转变温度 T_g，测试结果见表 8-6 和表 8-7。从结果看出，随着 $ZnCl_2$ 含量的增加，复合材料中形成更多的金属配位键，橡胶链段的运动能力减弱，其

复合材料的玻璃化转变温度 T_g 逐渐升高。

表8-6 木质素/NBR复合材料的玻璃化转变温度 T_g

样品	玻璃化转变温度 T_g/℃	
	DMA测试	DSC测试
L40	-4.7	-8.5
L40Z0.2	-5.9	-7.8
L40Z1	-4.0	-8.0
L40Z2	-3.3	-7.5
L40Z3	-0.2	-6.7

表8-7 木质素/炭黑/NBR复合材料的玻璃化转变温度 T_g 和热重特性

样品	DSC测试 T_g/℃	DMA测试 T_g/℃	$T_{10\%}$/℃	$T_{30\%}$/℃	$T_{50\%}$/℃	600℃残余量/%
C40	-10.0	-4.4	396.4	439.9	466.1	37.4
L20C20	-8.6	-4.1	368.6	421.8	452.0	32.4
L40	-8.5	-4.7	354.6	411.3	441.4	28.1
L20C20Z2	-8.4	-4.0	372.2	433.4	456.4	36.5
L20C20Z4	-5.9	-4.0	371.2	432.1	473.3	46.6
L20C20Z6	-4.3	1.9	373.0	433.5	—	51.3
L20C20Z10	-0.9	9.5	360.2	431.5	—	55.0

采用TG测试来评价木质素/炭黑/NBR复合材料的热分解性能,如图8-9和表8-7所示。所有复合材料都表现出一个主要的质量损失过程。当向木质素/炭黑/NBR复合材料中加入 $ZnCl_2$,样品的 $T_{10\%}$ 和 $T_{30\%}$ 均有一定程度的提高,且随着 Zn^{2+} 含量的增加,600℃时的残余质量显著增加。样品L20C20Z10在600℃时的残留量为55.0%,远高于样品C40(37.4%)和L20C20(32.4%),这可能是由于卤素的阻燃性和金属离子的碳化作用所致。金属离子能够促进木质素的碳化,形成木质素基碳材料[17],延缓材料的热氧老化。

NBR常用于各种耐油产品,如输油管道、耐油垫圈等。然而,对于木质素/NBR复合材料的高温耐油性能,相关的研究与报道非常少。因此,本节通过将木质素/炭黑/NBR复合材料在100℃的双曲线齿轮油(非极性油)中浸泡72h,测试浸泡前后质量的变化,研究其高温耐油性能,如图8-10所示。纯木质素补强的样品L40在100℃时的耐高温性能明显优于纯炭黑补强的样品C40,这得益于木质素分子中大量的极性基团,如羟基、羧基等,使得木质素和炭黑相比疏油性更强。样品L20C20的高温耐油性介于L40和C40之间。向木质素/炭黑/

NBR 复合材料中加入 ZnCl₂ 后，随着 Zn²⁺ 含量的增加，样品的吸油量越来越低，吸油性能受到抑制。这可能是因为金属配位作用增强，复合材料的交联密度增大，阻碍了油向 NBR 中的渗透。结果表明，木质素与金属配位键的加入提高了 NBR 的高温耐油性能。值得注意的是，样品 L20C20Z10 的吸油率在 12 ~ 48h 之间略有下降，这可能是由 ZnCl₂ 的吸水性引起。即使经过干燥处理，样品 L20C20Z10 仍不能完全脱水，仍然残留了少量的水分。样品浸泡在 100℃的油中，残余的水被油从样品中挤出，造成吸油下降的错觉。

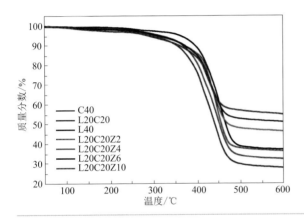

图8-9
木质素/炭黑/NBR复合材料的TG曲线（氮气氛围）

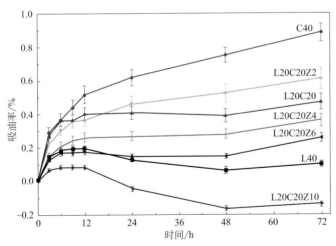

图8-10　木质素/炭黑/NBR复合材料的高温耐油性（100℃）

第二节
木质素改性NBR/PVC橡塑复合材料

NBR/PVC 复合材料是开发较早、应用最广泛的橡塑复合材料之一。NBR 和 PVC 皆为极性高分子，两者的溶解度参数相近，相容性特别好，可以任意比例掺混。NBR 具有优良的耐油性、耐热性和物理力学性能，但不耐臭氧老化；PVC 则具有优异的阻燃性、耐臭氧老化和耐化学腐蚀性，但是不耐热。NBR/PVC 复合材料兼具两者的优势，同时也弥补了 NBR 耐氧或臭氧老化性较差和 PVC 耐热性差的缺点，具有广泛的应用。研究与开发高性能的 NBR/PVC 复合材料仍然得到了研究人员和工业界的热切关注。NBR/PVC 复合材料的生产企业遍布全球各地，如德国 Lanxess 公司、日本 JSR 公司等，其产品广泛应用于燃油胶管、电线电缆护套、汽车密封件、胶辊、海绵材料、鞋底材、汽车制动系统、传送带、地板等诸多领域。

一、NBR/PVC橡塑复合材料动态金属配位键的构建

NBR/PVC 复合材料中同样要添加补强剂来增强力学性能。在上节的基础上，本节将木质素引入到 NBR/PVC 复合材料中作补强剂，部分替代炭黑，并引入金属配位键，在木质素/炭黑/NBR/PVC 复合材料中构建多级交联网络，以提升复合材料的力学性能[18]。通过一系列的表征，研究锌基金属配位键对木质素/炭黑/NBR/PVC 复合材料综合性能的影响。

具体的制备过程为，先将 NBR 和 PVC 按照 7:3 的比例进行高温共混，制备 NBR/PVC 母胶，然后向 NBR/PVC 母胶中加入 20phr 的木质素和 20phr 的炭黑，再加入 2～10phr 的 $ZnCl_2$ 进行共混，混炼均匀后再加入硫化剂和促进剂继续混炼均匀，卸料后移至高温硫化成型，制得木质素/炭黑/NBR/PVC 复合材料。所得的样品命名为 L20C20Zx，其中 x 为 $ZnCl_2$ 添加的份数，不添加 $ZnCl_2$ 的样品命名为 L20C20，单纯添加 40phr 木质素和炭黑的样品命名为 L40 和 C40。

对木质素/炭黑/NBR/PVC 复合材料进行红外表征，探究加入 $ZnCl_2$ 后复合材料内部化学键的变化，如图 8-11 所示。其中 $1254cm^{-1}$ 和 $1334cm^{-1}$ 处的峰为 PVC 中 -CHCl- 基团的 C-H 的伸缩振动峰，随着 $ZnCl_2$ 的增加无明显变化，说明 $ZnCl_2$ 对 PVC 组分无明显的影响。$1355cm^{-1}$、$1430cm^{-1}$ 和 $1451cm^{-1}$ 为木质素、炭黑、NBR 和 PVC 中甲基、亚甲基的 C-H 键弯曲振动峰。$1398cm^{-1}$ 处为羧酸盐 COO^- 的对称伸缩振动，$1538cm^{-1}$ 处为羧酸盐 COO^- 的不对称伸缩振动，这可

能是因为木质素的羧基与 ZnO 反应生成羧酸盐造成的。随着 $ZnCl_2$ 用量的增加，这两处的峰强度先减弱后增强，可能是因为刚开始 Zn^{2+} 与木质素的羧基配位，抑制了羧酸转为羧酸盐，而 $ZnCl_2$ 含量过多时，由于 $ZnCl_2$ 极易吸水潮解，在水的作用下木质素羧酸易电离产生羧酸根。$1509cm^{-1}$ 和 $1598cm^{-1}$ 为木质素的芳香环骨架振动峰，随着 $ZnCl_2$ 的增加峰强度逐渐增大，可能是因为 Zn^{2+} 与木质素芳香环的酚羟基配位造成的。$1650cm^{-1}$ 处为羧基中的羰基 C $=$ O 伸缩振动峰，峰强度随着 $ZnCl_2$ 含量的增加而逐渐增大，也证明了 Zn^{2+} 与羧酸的配位作用[19]。

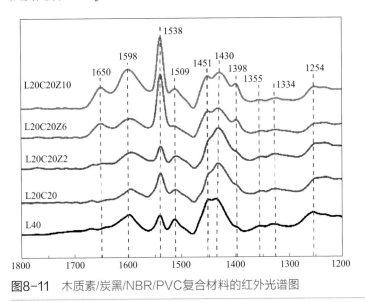

图8-11 木质素/炭黑/NBR/PVC复合材料的红外光谱图

二、木质素改性NBR/PVC橡塑复合材料的硫化性能和力学性能

木质素 / 炭黑 /NBR/PVC 复合材料的硫化特性参数见表 8-8。当向样品 L20C20 中添加一定量的 $ZnCl_2$ 之后，与样品 L20C20 相比，添加了 $ZnCl_2$ 的复合材料的硫化速度提高了 0.5 ~ 1.5 倍，大大提高了生产效率。$ZnCl_2$ 的加入使得木质素 / 炭黑 /NBR/PVC 复合材料中形成锌基金属配位键，促进了其硫化进程，同时锌基金属配位键也使得 M_L 和 M_H 值增加。但值得注意的是，随着 $ZnCl_2$ 含量的增加，最优硫化时间 T_{90} 先减小后增大，在 $ZnCl_2$ 添加量为 4 份时（即样品 L20C20Z4），复合材料的最优硫化时间 T_{90} 最短，硫化速度最快。最大扭矩 M_H 则先增大后减小，样品 L20C20Z2 拥有最大的扭矩值，这与上节中木质素 / 炭黑 /NBR 复合材料的硫化规律并不一致，这可能是由于高温硫化过程中 PVC 的热分解造成的。本节中 NBR/PVC 复合材料的硫化温度为 160℃，在此温度下 PVC 非

常容易分解，添加了 $ZnCl_2$ 之后，大量的 Cl^- 可能会阻碍热稳定剂 ZnSt 和 BaSt 发挥作用，$ZnCl_2$ 添加量越多，在高温硫化过程中 PVC 分解越快。$ZnCl_2$ 的添加既促进了金属配位键的形成，又导致了 PVC 的快速分解，在两者的综合作用下造成了上述的规律。

表8-8　木质素/炭黑/NBR/PVC 复合材料的硫化特性参数

样品	焦烧时间 T_s/min	最优硫化时间 T_{90}/min	最小扭矩 M_L/dN·m	最大扭矩 M_H/dN·m	扭矩差 ΔM/dN·m	硫化速度/min^{-1}
C40	1.42	21.28	2.12	13.69	11.57	5.04
L40	3.17	24.13	1.52	10.46	8.94	4.77
L20C20	2.87	23.48	1.68	11.27	9.59	4.85
L20C20Z2	1.62	13.18	2.34	14.32	11.98	8.65
L20C20Z4	1.57	9.33	2.95	14.22	11.27	12.89
L20C20Z6	1.55	9.58	2.96	13.45	10.49	12.45
L20C20Z8	1.53	11.48	3.16	13.72	10.56	10.05
L20C20Z10	1.58	12.88	3.11	13.26	10.15	8.85

　　木质素/炭黑/NBR/PVC 复合材料的拉伸应力-应变曲线见图 8-12，关键力学数据见表 8-9。对于不添加补强剂的 NBR/PVC 复合材料空白样，其拉伸强度达 13.1MPa，明显高于不添加补强剂的纯 NBR 橡胶（2～3MPa）。这是因为 NBR 和 PVC 在高温共混的过程中，PVC 分子熔化重结晶形成纳米级的初级粒子，均匀分散在 NBR 基体中，形成"海-岛"结构，PVC 纳米粒子对 NBR 有一定的补强效果，同时 PVC 塑料相可以充当 NBR 橡胶相的物理交联点，提高 NBR/PVC 复合材料的交联密度。当向 NBR/PVC 复合材料中加入 40 份木质素之后，复合材料 L40 的力学性能略有提高，但木质素的补强效果远远不如炭黑（样品 C40）。

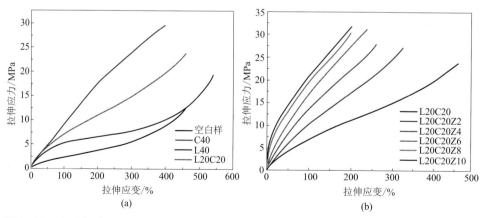

图8-12　木质素/炭黑/NBR/PVC 复合材料的拉伸应力-应变曲线

表8-9　木质素/炭黑/NBR/PVC复合材料的力学性能

样品	断裂伸长率/%	拉伸强度/MPa	杨氏模量/MPa	100%定伸应力/MPa	断裂能/（MJ/m³）	弹性恢复率/%	邵氏硬度
NBR/PVC空白样	460（±8）	13.1（±0.7）	8.5	2.3	22.9	99.1	62
C40	393（±14）	29.6（±0.1）	19.4	9.0	64.4	98.4	80
L40	537（±11）	19.8（±0.8）	16.6	5.2	44.7	98.2	77
L20C20	462（±11）	24.2（±0.8）	18.4	7.0	56.8	98.2	79
L20C20Z2	333（±11）	27.1（±1.1）	23.3	10.4	47.6	98.5	81
L20C20Z4	253（±10）	27.5（±0.4）	37.3	13.6	40.5	98.6	83
L20C20Z6	240（±3）	31.2（±0.2）	56.3	17.0	43.1	98.1	85
L20C20Z8	215（±17）	30.9（±1.3）	94.7	19.5	37.8	97.2	88
L20C20Z10	183（±15）	31.7（±1.0）	121.5	20.9	40.6	93.3	89

当向样品 L20C20 中添加一定量的 $ZnCl_2$，木质素/炭黑/NBR/PVC 复合材料的拉伸强度、杨氏模量和硬度显著提高，这主要是由于木质素与 NBR 链段及 NBR 链段之间形成了金属配位键。与不含 $ZnCl_2$ 的样品 L20C20 相比，添加 2 份 $ZnCl_2$ 的样品 L20C20Z2 具有较高的拉伸强度和杨氏模量，添加少量的 $ZnCl_2$ 就可以获得突出的补强效果。随着 $ZnCl_2$ 含量的增加，木质素/炭黑/NBR/PVC 复合材料的杨氏模量和硬度进一步提高，内部有更多的锌基配位键形成，交联密度增大，断裂伸长率降低，但拉伸强度仍保持在一个较高的水平（约30MPa），与纯炭黑补强样品（C40）的拉伸强度相当。样品 L20C20Z10 的杨氏模量甚至达到了 121.5MPa，约是样品 C40 的 6 倍。锌基配位键含量越多，在其断裂重构后，对橡胶的弹性收缩的阻碍作用越大，复合材料的弹性恢复率越低，但总体而言，在 $ZnCl_2$ 用量控制在 6phr 以内，复合材料的弹性恢复率保持在98%以上，仍具有优异的橡胶弹性。

三、金属配位键对木质素改性NBR/PVC橡塑复合材料的增强机理

为了验证锌基配位键的可逆性，在 150% 的拉伸应变下进行了循环拉伸试验。所有的 NBR/PVC 复合材料的循环拉伸曲线均比较相似，存在着类似的滞后行为。以样品 L20C20Z10 为例，如图 8-13（a）所示，在第一圈循环曲线中可以观察到较大的滞后环，说明存在大量的能量耗散。即便是不含补强剂的空白样和不含 $ZnCl_2$ 的样品，同样存在滞后环。这表明了能量耗散不仅来源于锌基金属配位键的断裂，同时也来源于 NBR 链段之间的摩擦、NBR 链段与补强剂之间的摩擦。在第一次循环后，样条迅速恢复，并留下明显的残余应变。当样条在下一圈

循环前停留一定时间后，残余应变随停留时间的增加而减小，如图 8-13（b）所示。同时，残余应变随着 Zn^{2+} 含量的增加而增加，这可能是由于更多的暂时重构的锌基金属配位键阻碍了链段的恢复。在最后一圈循环之前，样条在 80℃ 条件下保持 30min，高温促进了锌基金属配位键的解离和橡胶链段的运动，使弹性恢复迅速。当样品冷却到 25℃ 时，共价交联网络和配位交联网络几乎完全恢复到原来的状态。因此，经过热处理后，样条的最后一圈循环曲线与第一圈循环曲线非常接近。

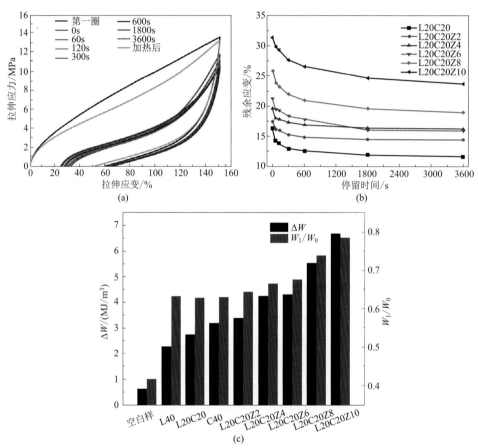

图8-13　（a）样品L20C20Z10在不同停留时间下的循环拉伸曲线；（b）木质素/炭黑/NBR/PVC复合材料的残余应变随停留时间的变化；（c）NBR/PVC复合材料的 ΔW 和 W_1/W_0 的对比图

为了评价锌基金属配位键的能量耗散，分别计算了第一圈和第二圈循环曲线耗散能的差值 ΔW（即 W_1-W_2）及第一圈循环中耗散的能量 W_1 占拉伸机械能 W_0

的比例 W_1/W_0，如图 8-13（c）所示。其中 W_0 为第一圈循环时拉伸曲线的积分面积，W_1 和 W_2 分别为第一圈和第二圈循环曲线中滞后环的积分面积。随着 $ZnCl_2$ 含量的增加，ΔW 和 W_1/W_0 的值有一个明显的上升趋势。和不存在锌基配位键的样品 L20C20 相比，添加了 10 份 $ZnCl_2$ 的样品 L20C20Z10，其 ΔW 值提高了 1.4 倍，W_1/W_0 值也从 0.63 提高到 0.78，充分说明了在拉伸过程中锌基金属配位键的断裂，导致了更高的滞后和能量耗散。

图 8-14 显示了木质素 / 炭黑 /NBR/PVC 复合材料的变形机理。木质素 / 炭黑 /NBR/PVC 复合材料包含了硫共价键、金属配位键和 PVC 交联点三重交联作用。在小应变下，橡胶链段沿拉伸方向滑移和重新排列。继续拉伸，锌基金属配位键逐渐断裂，有效地耗散了大量的外部机械能，减少了应力集中。因此，木质素 / 炭黑 /NBR/PVC 复合材料拥有优异的力学性能。

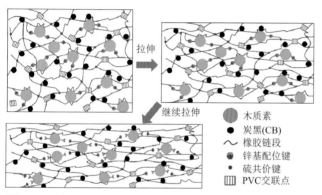

图8-14 含金属配位键的木质素/炭黑/NBR/PVC复合材料的变形机理

四、木质素改性NBR/PVC橡塑复合材料的热性能和耐油性

采用 DSC 和 DMA 测试木质素 / 炭黑 /NBR/PVC 复合材料的玻璃化转变温度（T_g），结果见表 8-10。与炭黑补强的样品 C40 相比，木质素补强的样品 L40 的 T_g 略高一点，这可能是因为木质素的极性官能团（如羟基、羧基和羰基）可以与 NBR 的氰基、PVC 的 H 原子和 Cl 原子形成氢键作用。对于木质素 / 炭黑复合补强体系，随着 $ZnCl_2$ 的加入，木质素 / 炭黑 /NBR/PVC 复合材料的 T_g 有了显著的提高。Zn^{2+} 用量的增加导致更多的金属配位键的形成，增加了对橡胶链段运动能力的限制。DMA 测试结果的规律与 DSC 测试结果的规律相一致，互相印证。

表8-10　木质素/炭黑/NBR/PVC复合材料的玻璃化转变温度（T_g）

样品	DSC测试T_g/℃	DMA测试T_g/℃	样品	DSC测试T_g/℃	DMA测试T_g/℃
C40	−2.3	22.7	L20C20Z4	1.6	27.8
L40	0.3	24.0	L20C20Z6	7.0	29.2
L20C20	−1.1	22.2	L20C20Z8	8.4	30.6
L20C20Z2	−1.1	24.4	L20C20Z10	8.5	31.1

　　将木质素/炭黑/NBR/PVC复合材料在100℃的双曲线齿轮油（非极性油）中浸泡72h，测试复合材料的高温耐油性能，其吸油率随浸泡时间的变化如图8-15所示。从图中可以看出，未添加补强剂的空白样吸油率最高，当加入40份炭黑后，样品C40的吸油率略低于空白样品，这主要是因为炭黑吸附橡胶链段，生成结合胶，使复合材料的表观交联密度增大。木质素和炭黑相比，炭黑为非极性补强剂，木质素为极性补强剂，炭黑对非极性油的吸油性更强。因此，当木质素逐渐取代炭黑后，复合材料的吸油率降低，耐油性增强，样品L40在100℃浸泡72h后吸油率低于0.2%。

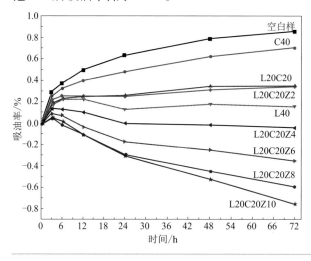

图8-15
木质素/炭黑/NBR/PVC复合材料的高温耐油性（100℃）

　　当复合材料中加入2份$ZnCl_2$之后，样品L20C20Z2和样品L20C20相比，两者的吸油率差别不大。继续增大$ZnCl_2$的用量，复合材料的吸油曲线在0～3h内升高，在3～72h内逐渐降低，甚至吸油率变为负值，在3h时吸油率达到最大值，其吸油率的最大值随着$ZnCl_2$用量的增加而降低，说明$ZnCl_2$的加入使得复合材料的耐油性增强，这可能是因为配位作用使得复合材料的交联密度增大，阻碍了齿轮油向复合材料内部渗透。另一方面，$ZnCl_2$用量越多，吸油曲线降低得越多，这可能是因为$ZnCl_2$极易吸水，在100℃的齿轮油中，水分从样品中脱除，造成样品的质量降低。

第三节
木质素改性EPDM橡胶复合材料

三元乙丙橡胶 EPDM 是最广泛使用的非极性橡胶。相比于极性橡胶，木质素在非极性橡胶体系中存在更严重的相容性和分散性问题。为了制备力学性能优异的木质素 / 非极性橡胶复合材料，需要解决木质素在非极性橡胶材料中分散性差及相容性差等问题。

一、动态氢键对木质素/EPDM复合材料的性能调控

1. 通过反应性相容剂构建动态氢键

针对木质素含有大量的含氧官能团，存在易团聚、与三元乙丙橡胶 EPDM 界面作用力弱等问题，笔者通过在木质素与 EPDM 相界面构建动态氢键作用，强化界面作用，在混炼中进一步促进木质素在 EPDM 中的分散，最终提高木质素的补强效果[20, 21]。具体做法：在密炼机内，通过熔融混炼，将反应性相容剂 POE-MA（马来酸酐接枝乙烯 - 辛烯共聚物）与 EPDM 混合均匀，然后使用 ATA（3- 氨基 -1，2，4- 三氮唑）对 POE-MA 进行改性，最后加入酶解木质素，制备酶解木质素 /EPDM 复合材料。ATA 上的氨基与 POE-MA 上的酸酐基团发生反应，使非极性的 POE 链段上接枝三氮唑和羧基基团，具体反应机理如图 8-16（a）所示。由于 POE 主链与 EPDM 都属于非极性聚烯烃弹性体链段，具有极好的相容性，利用木质素的酚羟基、羧基与 POE-MA 上接枝的三氮唑、羧基之间形成氢键作用，可强化木质素与 EPDM 基体的界面作用。所得的样品命名为 ExPyLzAm，其中 x 为 EPDM 添加的份数，y 为 POE-MA 添加的份数，z 为木质素添加的份数，m 为 ATA 添加的份数。

为了验证氢键作用的产生，酶解木质素 /EPDM 复合材料的红外测试结果如图 8-17 所示。在 E100P20L40 中，1712cm^{-1} 处出现了 POE-MA 中 C＝O 基团的伸缩振动峰[22]，1660cm^{-1} 归属于羧酸基团的伸缩振动峰[23]，1598cm^{-1} 和 1511cm^{-1} 处的峰是三氮唑中 N＝CH 和 C—N＝C 的振动峰[24]。与 E100P20L40 相比，加入 ATA 后，E100P20L40A5 样品中 1549cm^{-1} 出现新的吸收峰，属于 C—N＝C 的振动吸收峰；POE-MA 中 C＝O 基团的特征峰从 1712cm^{-1} 迁移至 1691cm^{-1}，这是由于 POE-MA 和 ATA 发生了反应。加入 ATA 后，1660cm^{-1} 处羧酸基团的伸缩振动峰迁移至 1645cm^{-1} 且吸收峰的强度增大，说明在酶解木质素

与 ATA 改性的 POE-MA 之间产生了氢键作用。

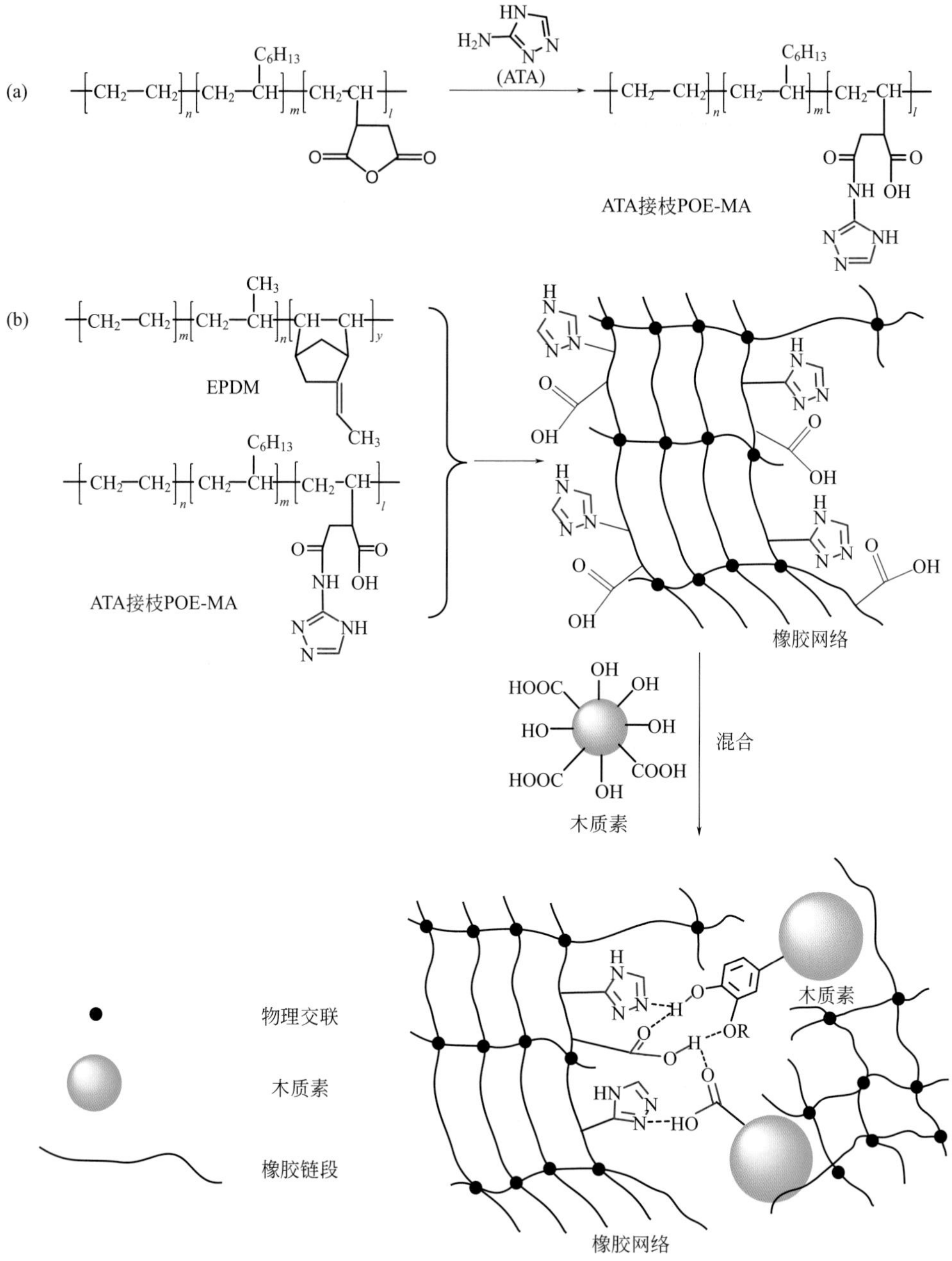

图8-16 酶解木质素/EPDM复合材料制备机理图

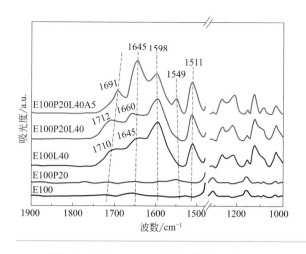

图8-17
酶解木质素/EPDM复合材料的红外谱图

酶解木质素/EPDM 复合材料的应力 - 应变曲线如图 8-18 所示，力学性能参数见表 8-11。EPDM 基质（E100）的弹性模量和 300% 定伸应力都较差，分别为 7.1MPa 和 1.8MPa。由于酶解木质素具有刚性的苯环结构，将三元乙丙橡胶与木质素直接共混后，所得样品（E100L40）的弹性模量和 300% 定伸应力分别增加至 9.5MPa 和 2.1MPa。但由于酶解木质素在 EPDM 中容易团聚，分散性较差，直接与 EPDM 共混得到的复合材料容易出现应力集中，使材料过早发生断裂，导致拉伸强度从 E100 的 8.1MPa 降至 E100L40 的 5.9MPa，断裂吸收能从 35.6MJ/m³ 显著降低到 28.4MJ/m³。反应性相容剂 POE-MA 对 EPDM 没有增强作用，将 EPDM 与 POE-MA 直接共混不能提高 EPDM 的弹性模量和 300% 定伸应力（8.0MPa 和 2.1MPa）。但 E100P20 的拉伸强度有了明显的提高，主要是因为 POE-MA 的拉伸强度高于 EPDM，二者较好的相容性使 E100P20 的拉伸强度提升。

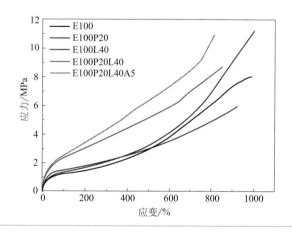

图8-18
酶解木质素/EPDM复合材料的应力-应变曲线

表8-11 酶解木质素/EPDM复合材料的力学性能参数

样品	弹性模量/MPa	300%定伸应力/MPa	断裂伸长率/%	拉伸强度/MPa	断裂吸收能/（MJ/m³）
E100	7.1（±0.3）	1.8（±0.1）	992（±51）	8.1（±0.2）	35.6
E100P20	8.0（±0.5）	2.1（±0.1）	1000（±13）	11.2（±0.2）	41.9
E100L40	9.5（±0.5）	2.1（±0.1）	932（±19）	5.9（±0.1）	28.4
E100P20L40	13.6（±0.6）	3.7（±0.1）	850（±3）	8.7（±0.2）	40.4
E100P20L40A5	12.9（±0.6）	4.3（±0.2）	817（±12）	10.9（±0.6）	45.3

将反应性相容剂 POE-MA 引入 E100L40 体系中，所得样品（E100P20L40）的弹性模量和 300% 定伸应力显著增加，分别为 13.6MPa 和 3.7MPa。尽管 E100P20L40 的断裂伸长率减小至 850%，但断裂吸收能增加至 40.4 MJ/m³，说明了反应性相容剂 POE-MA 能够提高木质素和 EPDM 橡胶的相容性。酶解木质素和 EPDM 相容性的提高也可以通过电镜测试证实。如图 8-19（a）所示，E100L40 样品中酶解木质素出现了明显的团聚，相界面剥离清晰。引入 POE-MA 后［图 8-19（b）］，酶解木质素的团聚现象得到改善，相界面变得没有那么清晰，表明 POE-MA 提高了酶解木质素与 EPDM 的相容性。相容性的提高是由于 POE-MA 上的酸酐基团与酶解木质素的酚羟基产生了氢键作用，增强了酶解木质素与 EPDM 的界面作用力。

在酶解木质素/EPDM复合材料体系中引入 3-氨基-1，2，4-三氮唑（ATA）后，所得样品（E100P20L40A5）300% 定伸应力和断裂韧性显著增加，分别为 4.3MPa 和 45.3MJ/m³，拉伸强度增加至 10.9MPa，表明 ATA 改性 POE-MA 后，能进一步促进酶解木质素与 EPDM 的界面作用。ATA 接枝 POE-MA 中的羧基和三氮唑基团能够与酶解木质素上的极性官能团构建较强的氢键作用，受到外力作用时，通过氢键的反复断裂重构，消耗外部能量，促进橡胶链段滑移，避免应力集中，提高复合材料的强度和韧性。由图 8-19（c）可知，E100P20L40A5 中木质素的平均粒径小于 E100L40 和 E100P20L40 中木质素的平均粒径，说明氢键作用能够促进木质素在 EPDM 中的分散。

进一步系统研究 ATA、酶解木质素和 POE-MA 添加量对木质素/EPDM 复合材料力学性能的影响，结果如表 8-12 所示。随着 ATA 含量的增加，反应性相容剂 POE-MA 上接枝的氮杂环和羧基官能团含量也增多，使木质素和 EPDM 的相界面间能构建出更多的氢键作用。复合材料的弹性模量和拉伸强度都是先增加后降低，当 ATA 的添加量为 5 份时，体系的拉伸强度和弹性模量达到最大值（10.9MPa 和 12.9MPa）。当 ATA 含量增加到 7 份时，弹性模量和 300% 定伸应力略有下降，可能是由于 POE 链段上的氮杂环和羧基含量较多，导致 POE 链段之间的交联程度增强，反而不利于在酶解木质素与 EPDM 链段之间的氢键构建，导致酶解木质素在橡胶中的分散性变差，这一点也可以通过图 8-19（e）中的扫描电镜图像验证。

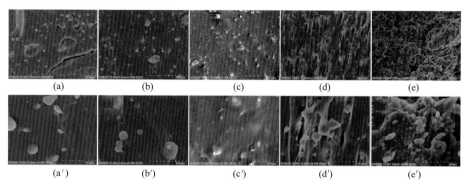

图8-19 酶解木质素/EPDM复合材料的扫描电镜图：（a）E100L40；（b）E100P20L40；（c）E100P20L40A5；（d）E100P20L60A5；（e）E100P20L40A7；（a'）～（e'）对应为（a）～（e）放大不同尺寸

当酶解木质素的添加量为 20 份时，复合材料 E100P20L20A5 的断裂伸长率达到 911%，接近纯 EPDM（E100），拉伸强度和断裂韧性达到最大（13.6MPa 和 48.5MJ/m³），这表明 20 份木质素在体系中的分散性较好，在达到补强效果的同时，也没有影响到橡胶链段的延展性，所以复合材料同时具备了优异的拉伸强度和断裂韧性。当木质素的添加量为 60 份时，材料的拉伸强度和断裂伸长率显著下降（6.5MPa 和 652%），主要是由于木质素添加量过大，在体系中发生了严重的团聚现象 [图 8-19（d）]，导致材料出现应力集中，受到外力作用时过早发生断裂。

表8-12 不同ATA、木质素和POE-MA添加量的酶解木质素/EPDM复合材料力学性能参数

样品	弹性模量/MPa	300 %定伸应力/MPa	断裂伸长率/%	拉伸强度/MPa	断裂吸收能/（MJ/m³）
E100P20L40A1	9.8（±0.2）	3.7（±0.1）	846（±25）	8.2（±0.3）	39.9
E100P20L40A3	11.6（±0.1）	3.7（±0.1）	907（±33）	8.9（±0.2）	45.9
E100P20L40A5	12.9（±0.6）	4.3（±0.2）	817（±12）	10.9（±0.6）	45.3
E100P20L40A7	9.5（±0.6）	3.7（±0.1）	783（±18）	8.5（±0.1）	39.3
E100P20L20A5	9.8（±0.3）	3.1（±0.2）	911（±45）	13.6（±0.4）	48.5
E100P20L60A5	11.3（±0.5）	4.8（±0.4）	652（±31）	6.5（±0.2）	29.8
E100P10L40A5	11.6（±0.8）	4.4（±0.4）	630（±54）	8.4（±0.2）	30.3
E100P30L40A5	10.7（±0.7）	4.5（±0.3）	624（±22）	9.5（±0.5）	31.1

反应性相容剂 POE-MA 对酶解木质素 /EPDM 复合材料力学性能也有影响。当 POE-MA 的添加量为 10 份时，与 E100P20L40A5 相比，E100P10L40A5 体系的弹性模量、拉伸强度和断裂韧性均下降，POE-MA 的添加量过少，导致木质素与 EPDM 相界面的氢键作用减弱，体系的力学性能下降。当体系 POE-MA 的添加量从 20 份增加至 30 份时，体系的拉伸强度、弹性模量和断裂韧性并没有增加（9.5MPa、10.7MPa 和 31.1MJ/m³）。以上测试结果表明，为了在 EPDM 体系中构建氢键网络，POE-MA 和 ATA 的用量并非越多越好。本节所研究的复合材料体系中，POE-MA 和 ATA 的最佳用量为 20 份和 5 份。

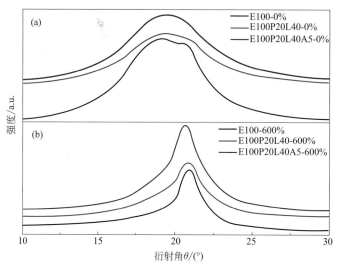

图8-20　E100、E100P20L40和E100P20L40A5的XRD图：（a）0%应变；（b）600%应变

为了考察氢键作用对体系应变诱导结晶的影响，酶解木质素 /EPDM 复合材料在 0% 和 600% 应变的 XRD 测试结果如图 8-20 所示。在应变为 0% 时，复合材料的 XRD 曲线均呈现宽峰或双峰结构，其中 $2\theta=19.2°$ 的峰是 EPDM 的无定形峰，$2\theta=20.6°$ 的峰是 EPDM 的结晶衍射峰[25]，结晶峰被无定形峰掩盖，说明在应变为 0% 时复合材料没有出现明显的高度有序结晶结构。然而，当应变增加为 600% 时，$2\theta=19.2°$ 的无定形峰减弱，$2\theta=20.6°$ 的结晶衍射峰增强。同时，在 600% 应变时，E100P20L40A5 的结晶峰强度大于 E100 和 E100P20L40 的结晶峰，说明更强的氢键作用能够促进材料的应变诱导结晶，这一点也可以通过力学性能测试结果得到验证。如图 8-18 所示，体系的应变超过 700% 时，与 E100 和 E100P20L40 相比，E100P20L40A5 出现了明显的自增强上翘趋势。以上结果说明，在拉伸过程中复合材料中的界面氢键作用能够促进橡胶链段的应变诱导结晶，从而提高体系的拉伸强度和自增强效果。

通过 DMA 测试研究氢键作用对酶解木质素 /EPDM 复合材料动态力学性能的影响，图 8-21 展示了酶解木质素 /EPDM 复合材料的储能模量 E' 和损耗因子 $\tan\delta$ 随温度的变化曲线。如图 8-21（a）所示，体系在低温时（低于 -20℃），与 EPDM 基质（E100）相比，引入酶解木质素后，E100L40 储能模量增加。由于木质素具有刚性的苯环结构，引入木质素后复合材料抵抗外力变形的能力增加，所以复合材料的储能模量增加。加入反应性相容剂 POE-MA 后，由于 POE-MA 上的酸酐基团与木质素上的极性官能团存在一定氢键作用，提高了木质素与 EPDM 的界面作用力，所以储能模量进一步增加。最后，使用 ATA 对 POE-MA 进行改性，在 ATA 的氮杂环、改性 POE-MA 的羧基以及酶解木质素上的极性官能团之间构建更强的氢键作用，导致储能模量的增加。当温度升高时，氢键逐渐解离，体系的储能模量趋于一致。如图 8-21（c）和表 8-13 所示，与 E100 相比，其他样品的玻璃化转变温度（T_g）均升高，但是包含木质素的样品（E100L40，E100P20L40，E100P20L40A5）玻璃化转变温度相似，可能是由于氢键作用较弱，对橡胶链段松弛的限制较弱，玻璃化转变过程区分不明显。

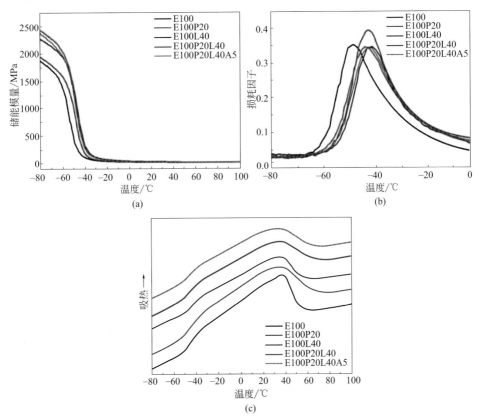

图8-21 酶解木质素/EPDM复合材料：（a）储能模量随温度的变化；（b）损耗因子随温度的变化；（c）复合材料的DSC熔融曲线

通过 DSC 测试进一步验证氢键作用对酶解木质素/EPDM 复合材料玻璃化转变温度 T_g 的影响，如图 8-21（c）和表 8-13 所示。与 E100 相比，酶解木质素/EPDM 复合材料的 T_g 较高。尤其在体系中引入反应性相容剂 POE-MA 后，在酶解木质素与三元乙丙橡胶相界面构建了氢键作用，氢键作用能够约束橡胶链段的松弛，体系的 T_g 从 -45.0℃（E100）增加至 -43.6℃（E100P20L40），进一步增加至 -43.2℃（E100P20L40A5）。说明氢键作用在酶解木质素与 EPDM 相界面的成功构建。DSC 测试结果表明，氢键作用对复合材料熔点的影响很小。

图 8-22 是酶解木质素/EPDM 复合材料的热失重曲线，具体的热重参数见表 8-13，$T_{10\%}$ 和 $T_{50\%}$ 分别代表了样品失重 10% 和 50% 的质量所对应的温度。从图 8-22 中可以看出，E100 和 E100P20 的分解温度区间为 400～500℃，分解速度较快，材料的质量迅速由 90% 降到接近 0%。600℃时 EPDM 和 POE-MA 基本完全分解，E100 和 E100P20 的残余量分别为 0.1% 和 0.8%。体系中引入酶解木质素后，初始分解温度（$T_{10\%}$）明显降低，主要是因为酶解木质素的分解温度较低，200℃左右就开始分解[26]，200～400℃区间样品质量分数下降主要是由酶解木质素的分解造成的。在高温下，木质素的芳香结构有助于形成木质素基碳材料[17]，使 600℃残余量增加。

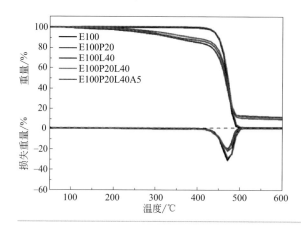

图8-22
酶解木质素/EPDM复合材料的热失重曲线（氮气氛围）

表8-13　酶解木质素/EPDM复合材料的热性能参数

样品	DSC测试T_m/℃	DSC测试T_g/℃	DMA测试T_g/℃	$T_{10\%}$/℃	$T_{50\%}$/℃	600℃残余量/%
E100	37.9	-45.0	-47.0	447.4	469.1	0.1
E100P20	35.3	-42.7	-40.6	447.4	468.9	0.8
E100L40	35.6	-44.5	-40.5	337.8	462.6	10.1
E100P20L40	35.6	-43.6	-40.3	379.5	467.2	9.1
E100P20L40A5	33.9	-43.2	-42.2	339.6	465.3	10.6

2. 通过橡胶基体改性构建动态氢键

上文中在密炼机中使用 ATA 改性的 POE-MA 与 EPDM 共混，在 EPDM 与酶解木质素之间构建氢键作用，尽管氢键作用提高了酶解木质素 /EPDM 复合材料的力学性能，但制备过程较为烦琐，而且马来酸酐基团含量较低，构建的氢键作用有限。在此基础上，直接使用 ATA 对 EPDM-MA（马来酸酐接枝 EPDM，简称 EM）进行改性，然后将得到的 ATA 改性 EM 与酶解木质素熔融共混，制备酶解木质素 /EM 复合材料，利用酶解木质素的酚羟基、羧基与 ATA 改性 EM 的氨基、羧基之间构建氢键作用，强化酶解木质素与 EPDM 的界面作用，具体反应机理见图 8-23。与上一节相比，马来酸酐的含量增加，ATA 改性后将生成更多的羧基，在酶解木质素与橡胶基体相界面将构建更强的氢键作用。所得样品以 EMxLyAz 命名，其中 x 为 EPDM-MA 添加的份数，y 为木质素添加的份数，z 为 ATA 添加的份数。

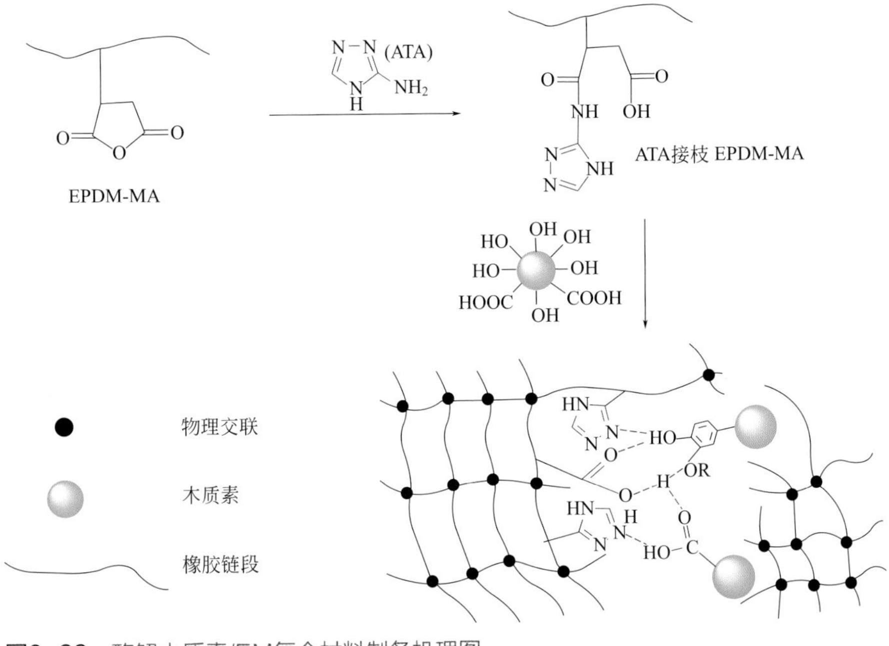

图8-23 酶解木质素/EM复合材料制备机理图

采用红外测试验证 EM 与酶解木质素之间的氢键作用结果如图 8-24 所示。EM100（EPDM-MA100 份）中 1790cm^{-1} 和 1710cm^{-1} 处的吸收峰是酸酐上的羰基峰；加入 ATA 后，在 1725cm^{-1} 出现一个新的吸收峰，归属于羧基峰，说明 ATA 与 EM 上的酸酐发生了反应，生成了氮杂环和羧基官能团。EM100L40（EM100

份，EHL40 份）中 1710cm^{-1} 处的羰基吸收峰增强，主要是由于酶解木质素中也含有一定的羰基官能团。在 EM100L40 中引入 ATA 后，1725cm^{-1} 处的羧基峰增强，出现了一个宽峰，首先说明 ATA 成功与酸酐发生反应，生成了羧基；其次是由于酶解木质素在 1710cm^{-1} 处的羰基峰和 ATA 反应的羧基峰发生重叠，所以 1725cm^{-1} 呈现一个宽峰。1597cm^{-1} 和 1510cm^{-1} 处出现了新的吸收峰，是 ATA 改性 EM 上的氮杂环与酶解木质素上的羰基峰作用产生的，并且吸收峰的强度随着 ATA 添加量的增加而增强，说明在 ATA 改性 EM 与酶解木质素之间成功构建了氢键作用。

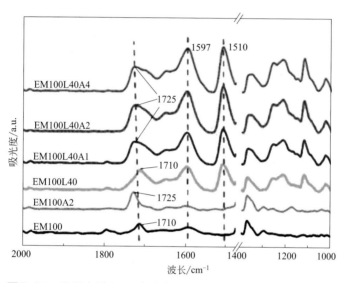

图8-24 酶解木质素/EM复合材料的红外谱图

图 8-25 是酶解木质素 /EM 复合材料的拉伸应力 - 应变曲线，表 8-14 是酶解木质素 /EM 复合材料的各项力学性能参数。由图 8-25 可知，在体系中加入 ATA 后，通过在酶解木质素与 EM 相界面构建氢键作用，复合材料的各项力学性能增加。由表 8-14 可知，与 EM100L40 相比，加入 1 份 ATA 后，复合材料的弹性模量、300% 定伸应力、拉伸强度和断裂吸收能分别增加了 22%、51%、31% 和 122%，断裂伸长率由 415% 减小至 359%。ATA 的用量增加至 2 份，300% 定伸应力和拉伸强度增加为 16.3MPa 和 16.9MPa ；与 EM100L40 相比，分别增加了 17% 和 82%。ATA 的加入能够使 EM 产生更多的羧基，与木质素上的羟基和羧基构建氢键作用，提高了木质素与 EM 的界面作用力，从而使体系的弹性模量、拉伸强度和 300% 定伸应力增加。受到外力作用时，氢键的反复断裂重构，能够

消耗大量的外部能量，材料的断裂韧性也得到明显增加。从力学性能的结果可见，通过对非极性的 EPDM 橡胶基体直接改性，引入可构建氢键作用的极性官能团，与木质素界面间构建氢键作用，也可以提高木质素的补强效果。

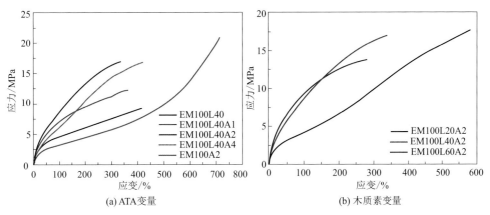

(a) ATA变量 (b) 木质素变量

图8-25 酶解木质素/EM复合材料拉伸应力-应变曲线

表8-14 酶解木质素/EM复合材料的力学性能参数

样品	弹性模量/MPa	300%定伸应力/MPa	断裂伸长率/%	拉伸强度/MPa	断裂吸收能/（MJ/m³）
EM100L40	24.8（±0.5）	7.5（±0.2）	415（±18）	9.3（±0.3）	25.2
EM100L40A1	30.2（±0.7）	11.3（±0.2）	359（±6）	12.2（±0.1）	30.8
EM100L40A2	33.1（±0.6）	16.3（±0.5）	338（±19）	16.9（±0.3）	37.9
EM100L40A4	26.5（±0.6）	14.4（±0.4）	421（±11）	16.8（±0.5）	43.7
EM100A2	16.4（±1.4）	5.8（±0.4）	714（±21）	20.9（±0.4）	57.7
EM100L20A2	19.0（±0.2）	9.9（±0.4）	579（±36）	17.6（±0.7）	56.0
EM100L60A2	37.8（±3.3）	—	280（±6）	13.9（±0.5）	27.7

与 EM100L40A2 相比，当 ATA 的添加量增加至 4 份时，体系的弹性模量由 33.1MPa 下降至 26.5MPa，拉伸强度基本保持不变，断裂吸收能由 37.9MJ/m³ 增加至 43.7MJ/m³，断裂伸长率由 338% 增加至 421%。ATA 含量增加可能使 EPDM-MA 链段之间的交联程度增加，反而不利于木质素与 EPDM-MA 的界面形成氢键作用，酶解木质素对 EM 的约束作用变弱，使得体系的弹性模量下降。尽管木质素与 EM 之间的氢键作用减弱，但 EM 链段之间的氢键作用增强，氢键的断裂重构需要消耗更多的能量，断裂伸长率增加，使体系的断裂吸收能进一步增加。

酶解木质素对复合材料力学性能的影响见图 8-25（b）。由表 8-14 可知，随着酶解木质素添加量的增加（样品 EM100L20A2、EM100L40A2、EM100L60A2），体系的弹性模量一直增加，断裂伸长率和断裂吸收能下降，拉伸强度先增加后下降。木质素在体系中充当硬相，EM 之间链段充当软相，因此酶解木质素的添加量越多，体系的弹性模量越高。酶解木质素的量由 20 份增加至 40 份时，在木质素与 EM 之间构建了更强的氢键作用，当木质素的量增加至 60 份时，木质素在体系中容易团聚，形成应力集中点，容易发生断裂，使材料的拉伸强度和断裂伸长率下降。

为了研究氢键作用在外力拉伸过程中的能量损耗情况，不同 ATA 含量的复合材料在 250% 应变下的循环拉伸曲线如图 8-26（a）所示。W_1 代表第一个应力应变循环下滞后圈的面积，W_2 代表第二个应力应变循环下滞后圈的面积。W_2/W_1 越小，表明在外力作用下，有更多的氢键反复断裂重构，消耗更多的外部能量。以 EM100L40A2 为例，在第一个应力应变滞后圈中看到明显的滞后损失，表示在外力作用下消耗了大量的外部机械能。为了更直观地表征氢键的能量耗散情况，W_2/W_1 以及滞后能差 ΔW 随 ATA 含量变化趋势如图 8-26（b）所示。与 EM100L40 相比，随着 ATA 含量的增加，W_2/W_1 总体上减小，ΔW 则总体上呈逐渐增大的趋势，表明应力应变过程中氢键的能量损耗逐渐增加。

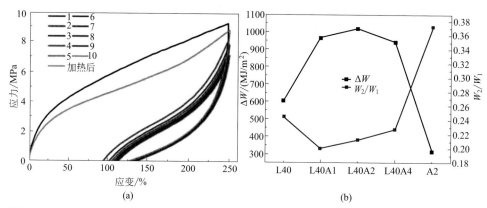

图8-26 （a）EM100L40A2的滞后循环曲线；（b）EHL/EM复合材料的 ΔW 和 W_2/W_1 随 ATA含量的变化趋势

为了研究氢键作用对酶解木质素 /EM 复合材料动态热力学性能的影响，不同 ATA 含量的酶解木质素 /EM 复合材料 DMA 测试结果如图 8-27（b）、（c）所示，由 DMA 所得玻璃化转变温度列于表 8-15。加入 ATA 构建氢键作用后，体系的储能模量增加。与 EM100L40 相比，加入 1 份 ATA 后，玻璃化转变温度（T_g）升高，说明氢键作用能够约束链段的运动，进一步增加 ATA 用量至 2 份，T_g 继续升高。当 ATA 的添加量为 4 份时，由于 EM 链段之间的氢键作用生长交联程度增加，不利于与酶解木质素的界面氢键作用，酶解木质素对链段的约束作用变差，与 EM100L40A2 相比，EM100L40A4 的 T_g 反而下降。但与 EM100L40 相比，体系的玻璃化转变温度仍然升高。

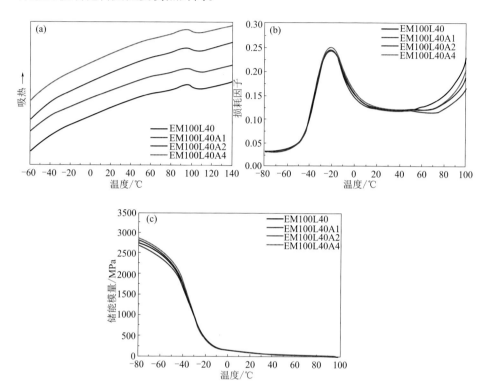

图8-27　酶解木质素/EM复合材料：（a）DSC曲线；（b）损耗因子；（c）储能模量

表8-15　酶解木质素/EM复合材料的玻璃化转变温度

样品	DMA测试T_g/℃	DSC测试T_g/℃
EM100L40	-22.2	-28.6
EM100L40A1	-21.9	-25.5
EM100L40A2	-21.4	-27.1
EM100L40A4	-22.0	-23.5

　　对酶解木质素 /EM 复合材料进行 DSC 测试，从热力学角度研究氢键作用对复合材料 T_g 的影响。由表 8-15 可知，DMA 测试得到的 T_g 值大于 DSC 测出的

T_g 值，这是由于两种测试方法的机理不同造成的。但两者测试的结果具有相同的规律，即在体系中引入 ATA 构建氢键作用后，由于氢键作用能够约束 EM 链段的运动，使复合材料的玻璃化转变温度 T_g 升高，DSC 的测试结果进一步验证了氢键作用对 EM 链段的约束作用。

二、动态金属配位键对木质素/EPDM复合材料的性能调控

受到贻贝足丝仿生的金属配位键启发，上文中笔者已经成功将金属配位键引入到木质素 /NBR 复合材料中，并获得良好的补强效果。然而非极性橡胶 EPDM 自身没有与金属离子配位的官能团，将动态金属配位键引入到木质素 /EPDM 复合材料中存在更大的挑战。笔者设计了一条原位界面改性工艺，将不饱和有机金属盐通过原位反应接枝到 EPDM 橡胶链上，再与木质素本身所含的酚羟基、羧基等含氧官能团发生配位作用，从而在木质素与非极性 EPDM 相界面构建动态金属配位键。

具体做法是：在密炼机内通过熔融共混的方式将 EPDM、甲基丙烯酸锌（ZDMA）、碱木质素和炭黑混合均匀，再加入硫化剂和促硫剂混炼均匀，混炼结束后将所得样品在平板硫化机上硫化。在高温和一定的压力条件下，使用 BIPB（双叔丁基过氧异丙基苯）作为引发剂，ZDMA 能够与 EPDM 中的双键发生交联反应（图 8-28），接枝到 EPDM 的分子链上，Zn^{2+} 既能与 EPDM 分子链上的丙烯酸基团配位，同时也能与木质素上的酚羟基、羧基等含氧极性官能团配位，从而在木质素与 EPDM 链段间构建 Zn^{2+} 配位键作用（图 8-29）。EPDM 同时采用 BIPB 进行硫化，在木质素 / 炭黑 /EPDM 复合材料中构建化学交联网络，最后制备了含金属配位键和化学交联双重交联网络的木质素 / 炭黑 /EPDM 三元复合材料。所得样品命名为 LxCyZm，其中 x 为木质素添加的份数，y 为炭黑添加的份数，m 为 ZDMA 添加的份数。

不同 Zn^{2+} 含量的碱木质素 / 炭黑 /EPDM 复合材料红外谱图如图 8-30 所示。1261cm^{-1} 处的特征峰增强，属于碱木质素苯环 C—O 的伸缩振动峰。1093cm^{-1} 和 1019cm^{-1} 处的吸收峰是碱木质素中伯醇的 C—H 弯曲振动和仲醇的 C—O 弯曲振动。随着 Zn^{2+} 添加量的增加，1601cm^{-1} 处的吸收峰强度增加并向 1578cm^{-1} 处偏移，1541cm^{-1} 处的特征峰也增强，1578cm^{-1} 处的特征峰属于 Zn^{2+} 羧酸盐的四面体结构，1541cm^{-1} 属于 Zn^{2+} 羧酸盐的八面体结构，表明在碱木质素与 EPDM 相界面成功构建了 Zn^{2+} 配位键。

木质素 / 炭黑 /EPDM 复合材料的特性曲线如图 8-31 和表 8-16 所示。当炭黑逐渐被木质素替代时，焦烧时间 T_S 和最佳硫化时间 T_{90} 增加，硫化速率 CRI 降低。这是由于木质素上含有丰富的酚羟基官能团，酚羟基能够捕获自由基，从而阻碍了体系的硫化过程。

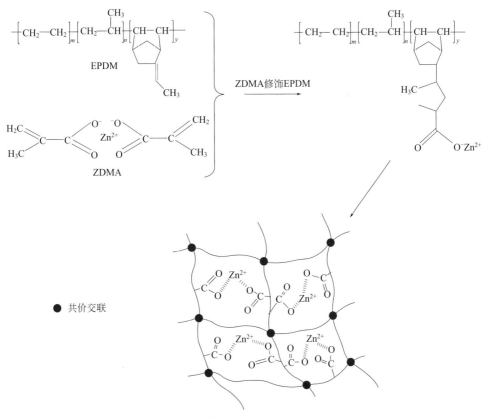

图8-28 甲基丙烯酸锌与EPDM交联反应机理图

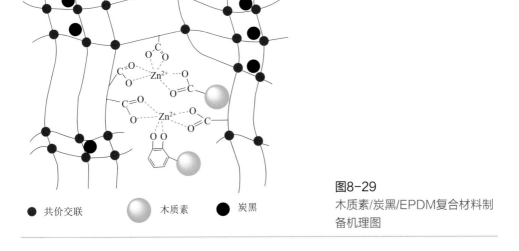

● 共价交联　　　○ 木质素　　　● 炭黑

图8-29
木质素/炭黑/EPDM复合材料制备机理图

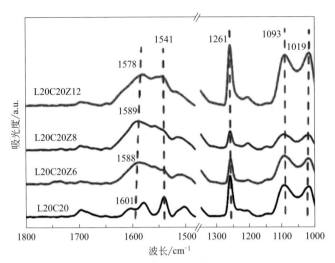

图8-30 不同Zn²⁺含量的碱木质素/炭黑/EPDM复合材料的红外谱图

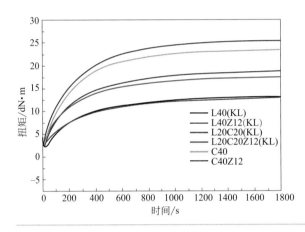

图8-31
不同木质素/炭黑配比的EPDM复合材料的硫化曲线

最大扭矩 M_H 可以反映胶料的硬度大小，ΔM 可以一定程度上反映胶料的交联密度。当体系中加入 ZDMA 后，在木质素与橡胶相界面构建了金属配位键作用，胶料体系中存在填料 - 橡胶吸附作用、Zn^{2+} 配位键作用和共价交联，进一步约束了橡胶链段的运动，M_H 和 ΔM 均增大，说明胶料的交联密度增大。最小扭矩 M_L 反映了硫化前体系中的物理交联，随着 Zn^{2+} 的引入，M_L 增大，表明 Zn^{2+}能够使体系的物理交联作用更强。同时，Zn^{2+} 引入后，硫化速率增加，说明 Zn^{2+}能够促进胶料的硫化。如表 8-16 所示，随着炭黑逐渐被木质素替代，由于木质素中的羟基含量远大于炭黑中的羟基含量，引入 Zn^{2+} 构建金属配位键后，木质素含量高的胶料中金属配位键作用更强，对橡胶链段的约束作用更大，交联密度增加的幅度更大，ΔM 的增加幅度也更大。

表8-16　EPDM复合材料的硫化特性参数

样品	T_s/min	T_{90}/min	M_L/dN·m	M_H/dN·m	ΔM/dN·m	CRI/min^{-1}
L40（KL）	1.18	14.40	2.30	13.18	10.88	1.31
L40Z12（KL）	0.52	13.36	3.00	18.78	15.78	2.36
C40	0.56	11.57	3.43	23.62	20.19	2.37
C40Z12	0.33	11.50	3.32	25.41	22.09	3.82
L20C20（KL）	1.27	15.12	3.21	12.86	9.65	1.19
L20C20Z12（KL）	0.54	13.18	3.88	17.60	13.72	2.11

注：T_s 为正硫化时间；T_{90} 为最佳硫化时间；M_L 为最小扭矩；M_H 为最大扭矩；CRI 为硫化速率；ΔM 为最大扭矩和最小扭矩的差值。

图 8-32 是不加 ZDMA 时，碱木质素 / 炭黑 /EPDM 复合材料的断面微观形貌图。图 8-32（a）是 L40（碱木质素 40 份）样品的微观形貌图，从图中可以看到明显的碱木质素大颗粒，粒径 2μm 左右，颗粒团聚较为严重，与 EPDM 相界面清晰，说明碱木质素颗粒与 EPDM 的界面作用力较弱，相容性差，受到外力作用时复合材料容易断裂，材料的力学性能差。图 8-32（c）是 C40（炭黑 40 份）样品的微观形貌图，从图中可以看到炭黑颗粒在 EPDM 中分散均匀，炭黑颗粒粒径 100nm 左右，颗粒没有明显的大团聚，与橡胶相界面模糊，说明炭黑与 EPDM 的界面作用力较强，相容性极好，受到外力作用时，有利于应力耗散，因此炭黑补强的 EPDM 复合材料力学性能优异。图 8-32（b）是 L20C20（碱木质素 20 份，炭黑 20 份）样品的电镜图，由于碱木质素的添加量由 40 份减少至 20 份，所以木质素团聚现象减弱，木质素的整体粒子尺寸相对于 L40 明显减小，分散性相对改善；同时由于又有部分炭黑补强，相比 L40，L20C20 样品的拉伸强度增加。

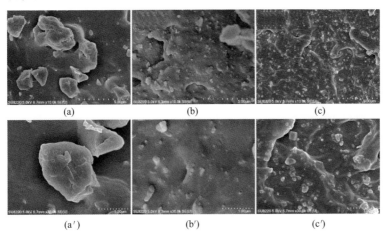

图8-32　碱木质素/炭黑/EPDM（不含Zn^{2+}）复合材料的SEM图——5μm：（a）L40，（b）L20C20，（c）C40；1μm：（a′）L40，（b′）L20C20，（c′）C40

图 8-33（a）是 L40Z12（碱木质素 40 份，ZDMA 12 份）的 SEM 图。当 Zn^{2+} 引入复合材料中，可以看到颗粒之间的团聚现象减弱，说明 Zn^{2+} 配位键能够促进碱木质素颗粒在 EPDM 中的分散；木质素颗粒与 EPDM 之间的相界面相对变模糊，表明二者的界面作用力增强，相容性变好，将有利于复合材料的力学性能提升；但图中仍然存在一些碱木质素大颗粒，这是因为碱木质素的添加量过多。图 8-33（b）、（c）是引入 ZDMA 后的碱木质素/炭黑/EPDM 复合材料的微观形貌图，从图中可以看到：与图 8-33（b）相比，孔洞的数目明显减少，炭黑和木质素颗粒分散规整均匀，说明 Zn^{2+} 配位键能够强化碱木质素与 EPDM 的界面作用，促进炭黑和木质素颗粒在 EPDM 中分散，避免了应力集中，将有利于提高材料的力学性能。

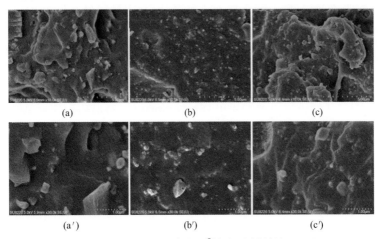

图8-33　碱木质素/炭黑/EPDM（含Zn^{2+}）复合材料的SEM图——5μm：（a）L40Z12，（b）L20C20Z6，（c）L20C20Z12；1μm：（a'）L40Z12，（b'）L20C20Z6，（c'）L20C20Z12

图 8-34（a）是不加 ZDMA 时，酶解木质素/炭黑/EPDM 复合材料的应力-应变曲线，具体的力学性能参数见表 8-17。不加 ZDMA 时，随着酶解木质素逐渐被炭黑替代，体系的拉伸强度逐渐增加，断裂伸长率下降。与酶解木质素相比，炭黑的粒径更小，在橡胶中的分散性比木质素好；同时由于炭黑比表面积大，对橡胶链段的吸附作用强，使炭黑与橡胶链段之间的作用力更强，所以炭黑补强效果优于木质素。当炭黑替代一半的酶解木质素后，由于炭黑对橡胶链段的约束作用更强，材料的拉伸强度由 8.8MPa（L40）增加至 16.8MPa（L20C20），弹性模量由 16.4MPa 增加至 19.1MPa，断裂吸收能由 20.5MJ/m³ 增加至 38.5MJ/m³。

选定 L20C20 作为基准样（酶解木质素炭黑各 20 份），考察 ZDMA 添加量对体系力学性能的影响，力学性能参数见表 8-18。如图 8-34（b）所示，在 L20C20 样品中引入 Zn^{2+} 后，体系的拉伸强度增加，断裂伸长率下降。添加 5

份 ZDMA 时，材料的拉伸强度为 18.9MPa，与 L20C20 相比（表 8-17），提高了 13%，并且拉伸强度的增加幅度随着 ZDMA 添加量的增加而增加。在酶解木质素与 EPDM 相界面构建 Zn^{2+} 配位键作用后，配位键能够约束橡胶链段的运动，使材料的 300% 定伸应力和拉伸强度提升。当 ZDMA 添加量为 12 份时，L20C20Z12 的拉伸强度达到了 22.1MPa，接近纯炭黑样品的拉伸强度（C40，22.8MPa），弹性模量（17.6MPa）高于纯炭黑样品（15.9MPa）。

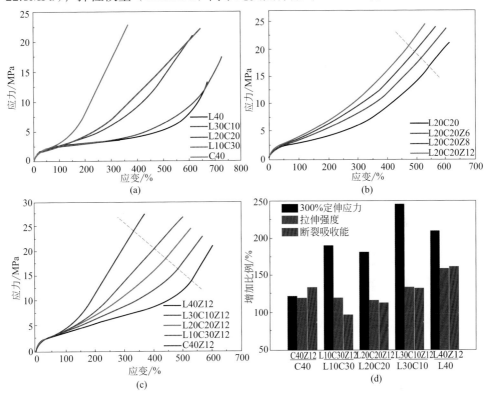

图 8-34　酶解木质素/炭黑/EPDM 复合材料的应力—应变曲线：（a）酶解木质素/炭黑配比影响（不含 Zn^{2+}）；（b）不同 Zn^{2+} 含量；（c）酶解木质素/炭黑配比影响（含 Zn^{2+}）；（d）不同酶解木质素/炭黑配比材料力学性能的增加幅度（12 份 ZDMA）

表 8-17　酶解木质素/炭黑/EPDM 复合材料（不含 Zn^{2+}）力学性能参数

样品	弹性模量/MPa	300%定伸应力/MPa	断裂伸长率/%	拉伸强度/MPa	断裂吸收能/（MJ/m³）
C40	15.9（±0.2）	17.0（±0.3）	362（±2）	22.8（±0.5）	32.0
L10C30	16.0（±0.6）	8.3（±0.1）	528（±15）	19.8（±0.9）	43.9
L20C20	19.1（±0.8）	6.2（±0.1）	557（±16）	16.8（±0.7）	38.5
L30C10	14.7（±0.6）	4.3（±0.1）	596（±14）	12.6（±1.0）	30.3
L40	16.4（±0.7）	3.5（±0.1）	638（±14）	8.8（±0.8）	20.5

表8-18　酶解木质素/炭黑/EPDM复合材料（含Zn^{2+}）力学性能参数

样品	弹性模量/MPa	300%定伸应力/MPa	断裂伸长率/%	拉伸强度/MPa	断裂吸收能/（MJ/m³）
C40Z12	19.3（±0.9）	20.8（±0.5）	370（±8）	27.4（±0.7）	42.8
L10C30Z12	17.7（±1.1）	16.2（±0.4）	408（±7）	24.6（±1.0）	43.3
L20C20Z5	13.0（±0.8）	8.5（±0.2）	499（±7）	18.9（±0.6）	39.2
L20C20Z7	16.0（±0.8）	9.8（±0.3）	471（±11）	19.6（±0.5）	39.4
L20C20Z12	17.6（±0.4）	10.8（±0.2）	471（±9）	22.1（±0.4）	43.8
L30C10Z12	15.6（±0.2）	8.7（±0.2）	525（±5）	19.8（±0.1）	44.8
L40Z12	14.0（±0.0）	7.6（±0.2）	539（±6）	16.7（±0.4）	40.0
L20C40Z12	18.9（±0.6）	17.1（±0.1）	377（±3）	21.4（±0.1）	39.8
L30C30Z12	21.0（±1.0）	15.5（±0.2）	341（±7）	17.8（±0.3）	30.6

图8-34（c）考察了酶解木质素/炭黑配比及填料总份数对复合材料力学性能的影响。当填料总份数由40份增加至60份时，由于填料在体系中充当硬相，使材料的弹性模量增加，最高可达21.0MPa（L30C30）（表8-18）。但填料用量增加，在体系中发生团聚，容易出现应力集中，导致材料拉伸强度和断裂伸长率下降。当木质素份数由20份（L20C40）增加至30份（L30C30）时，拉伸强度由21.4MPa减小至17.8MPa。

由于ZDMA对纯炭黑体系的力学性能也有提升效果，为了验证酶解木质素体系中力学性能的提升主要来源于木质素与EPDM相界面的配位键作用，固定ZDMA的添加量为12份，对比酶解木质素/炭黑不同配比的复合材料力学性能提升幅度。如图8-34（d）所示，在纯炭黑体系（C40）中加入12份甲基丙烯酸锌（ZDMA）后，体系的300%定伸应力、拉伸强度和断裂吸收能分别增加22%、20%和34%。随着木质素逐渐替代炭黑，各项力学性能的增长幅度逐渐变大。纯木质素体系（L40）添加12份ZDMA后，体系的300%定伸应力、拉伸强度和断裂吸收能分别增加了117%、59%和65%。木质素含量越高，复合材料的各项力学性能提升幅度越大，说明木质素的极性官能团对构建Zn^{2+}配位键起到关键作用。

图8-35是碱木质素/炭黑/EPDM复合材料的应力-应变曲线，力学性能参数见表8-19。如图8-35（a）所示，当木质素逐渐被炭黑替代，复合材料的拉伸强度增加，断裂伸长率下降，与酶解木质素规律一致。但碱木质素体系中出现了明显的应变诱导结晶现象，如图8-35（a）中的L40样品，当应变超过了550%后，曲线出现了明显的自增强上翘特征，并且随着木质素逐渐被炭黑替代，曲线上翘趋势变差，说明应变诱导结晶趋势变差。ZDMA添加量对复合材料力学性能的影响如图8-35（b）所示，力学性能参数见表8-20。与L20C20相比（木质素炭黑各20份），加入6份ZDMA后，材料的拉伸强度由21.2MPa增

加至 23.7MPa，断裂伸长率由 615% 降至 601%。但进一步增加 ZDMA 份数至 12
份后，材料的拉伸强度仅增加至 24.5MPa。Zn²⁺ 配位键对碱木质素 / 炭黑不同配
比对材料力学性能的影响如图 8-35（d）所示，随着炭黑逐渐被木质素替代，材
料的 300% 定伸应力、拉伸强度和断裂吸收能增长幅度基本上均增加，说明木质
素的含量越高，木质素所引入的极性官能团越多，能够在木质素与橡胶相界面构
建更强的金属配位键作用，对材料力学性能的提升越大。

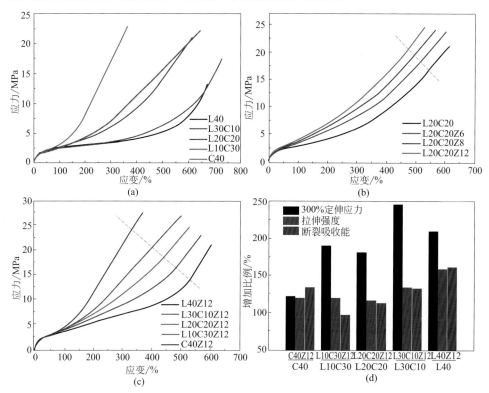

图8-35　碱木质素/炭黑/EPDM复合材料应力−应变曲线：（a）不同碱木质素/炭黑配比(不
含Zn²⁺)；（b）不同ZDMA份数；（c）不同碱木质素/炭黑配比（含Zn²⁺）；（d）Zn²⁺配位
键对不同碱木质素/炭黑配比对力学性能提高幅度影响

表8-19　碱木质素 / 炭黑/EPDM复合材料（不含Zn²⁺）力学性能参数

样品	弹性模量/ MPa	300%定伸应力/ MPa	断裂伸长率/%	拉伸强度/MPa	断裂吸收能/（MJ/ m³）
L40	16.1（±0.5）	3.4（±0.1）	671（±3）	13.2（±0.2）	29.6
L30C10	14.5（±0.6）	3.5（±0.1）	725（±13）	17.4（±1.1）	40.3
L20C20	16.0（±0.7）	6.0（±0.1）	615（±7）	21.2（±0.3）	49.9
L10C30	15.7（±0.2）	7.1（±0.3）	644（±11）	22.4（±0.1）	60.5

表8-20　碱木质素/炭黑/EPDM复合材料（含Zn²⁺）力学性能参数

样品	弹性模量/MPa	300%定伸应力/MPa	断裂伸长率/%	拉伸强度/MPa	断裂吸收能/（MJ/m³）
L40Z12	17.7（±0.7）	7.1（±0.1）	603（±8）	21.0（±0.6）	47.7
L30C10Z12	18.8（±0.9）	8.6（±0.2）	570（±3）	23.4（±0.3）	53.8
L20C20Z6	18.0（±0.5）	8.3（±0.1）	601（±3）	23.7（±0.1）	58.8
L20C20Z8	18.9（±0.3）	9.5（±0.1）	564（±9）	24.0（±0.8）	57.7
L20C20Z12	18.7（±0.5）	11.0（±0.3）	529（±2）	24.5（±0.7）	56.1
L10C30Z12	19.5（±0.1）	13.5（±0.1）	499（±4）	26.7（±0.2）	58.8

对比碱木质素和酶解木质素对复合材料力学性能的影响，结果如图8-36所示。由图8-36（a）可以看出，大部分碱木质素制备的样品弹性模量强于酶解木质素制备的样品。由图8-36（b）可知，碱木质素制备的样品和酶解木质素制备的样品300%定伸应力基本接近。图8-36（c）、（d）表明，碱木质素制备的样品拉伸强度和断裂伸长率均优于酶解木质素的样品。由碱木质素样品的应力应变曲线可知，当应变超过500%后，曲线会有一个明显上扬的趋势（图8-35），说明碱木质素促进了复合材料的应变诱导结晶，而酶解木质素样品的上扬趋势不明显。综上，与酶解木质素相比，碱木质素对体系拉伸强度提升的效果更好。造成这一结果的原因，可能是碱木质素的纯度及裸露表面的极性官能团含量高于酶解木质素，在构建界面动态金属配位键时会更加有利。

为了研究 Zn^{2+} 配位键在外力拉伸过程中的能量损耗情况，不同ZDMA含量的碱木质素/炭黑/EPDM复合材料在300%应变下的循环拉伸曲线如图8-37所示。W_1 代表第一个应力应变循环下滞后圈的面积，W_2 代表第二个应力应变循环下滞后圈的面积。W_2/W_1 越小，表明在外力作用下，有更多的 Zn^{2+} 配位键反复断裂重构，消耗更多的外部能量。为了更直观地表述能量耗散情况，用滞后能差 ΔW（即 W_1-W_2）来表示能量耗散大小。ΔW 越大，意味着能量耗散越大。所有样品均表现出相似的滞后现象，以L20C20Z12为例，在第一个应力应变滞后圈中看到明显的滞后损失，表示在外力作用下消耗了大量的外部机械能。第一个滞后圈结束后，样品出现了明显的残余应变。滞后损失和残余应变是由 Zn^{2+} 配位键的断裂重构及橡胶-填料之间的不可逆作用对弹性体回复的抑制所造成。

如图8-37（b）所示，随着ZDMA份数增加，ΔW 增大，W_2/W_1 逐渐减小。与L20C20相比，L20C20Z12的 ΔW 由420.3MJ/m³ 增加至647.0MJ/m³，W_2/W_1 由0.300减小至0.270。ZDMA增加意味着在碱木质素（KL）与三元乙丙橡胶相界面能够构建更多的 Zn^{2+} 配位键作用，反复断裂重构，消耗更多的外部机械能。

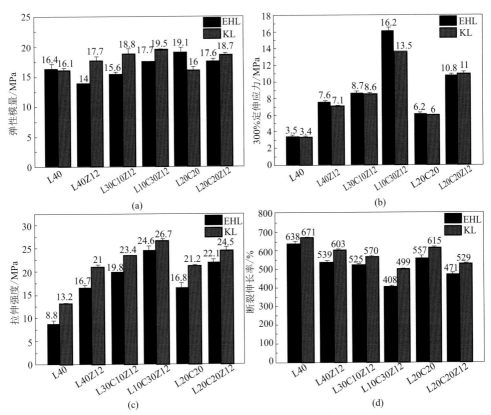

图8-36 酶解木质素EHL/EPDM复合材料和碱木质素KL/EPDM复合材料力学性能：（a）弹性模量；（b）300%定伸应力；（c）拉伸强度；（d）断裂伸长率

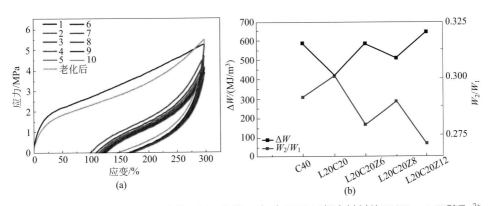

图8-37 （a）L20C20Z12的滞后循环曲线；（b）EPDM复合材料的W_2/W_1、ΔW随Zn^{2+}含量的变化

图 8-38 是碱木质素 / 炭黑 /EPDM 复合材料在 0% 和 500% 应变下的 XRD 图。考虑到 C40Z12 样品的断裂伸长率仅为 370%，所以将 C40Z12 样品拉伸至 300%，与 L40 和 L40Z12 在 500% 应变下的 XRD 图进行对比。如图 8-38（a）所示，当应变为 0% 时，所有样品均呈现宽的双峰结构，2θ=19.2° 是 PDM 的无定形峰，2θ=20.3° 是 EPDM 的结晶衍射峰。在 0% 应变下，与 L40Z12（KL）和 L40（KL）相比，C40Z12 的结晶衍射峰减弱，无定形峰增强。说明引入 Zn^{2+} 配位键后，增强了碱木质素与橡胶链段的界面作用力，反而抑制了 EPDM 结晶链段的结晶。当应变为 500% 时，所有样品在 2θ=20.3° 处的结晶衍射峰均增强，出现一个强的单峰结构，这是由于拉伸会促进体系的应变诱导结晶，所以结晶衍射峰强度增加。与 C40Z12 和 L40Z12（KL）相比，L40（KL）的结晶峰强度最大，说明 Zn^{2+} 配位键能够提高碱木质素和橡胶链段的作用力，但抑制了体系的应变诱导结晶。抑制结晶的现象也可以通过图 8-35 的应力 - 应变曲线得到验证，当应变大于 500% 时，L40（KL）曲线上扬趋势明显强于 L40Z12(KL) 和 C40Z12，说明 L40（KL）样品中 EPDM 的取向结晶程度高。C40 的曲线上扬趋势最差，结晶峰的强度也是最弱的。与 L40（KL）相比，尽管 Zn^{2+} 配位键的引入不利于促进体系的结晶，但由于配位键提高了碱木质素与橡胶的界面作用力，L40Z12（KL）的强度还是高于 L40（KL），从 L40 的 13.2MPa 提高至 L40Z12 的 21.0MPa。

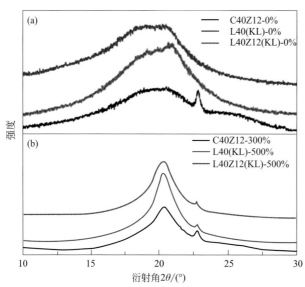

图8-38 碱木质素/炭黑/EPDM复合材料在特定应变下的XRD图：（a）0%；（b）500%

图 8-39 是碱木质素 / 炭黑 /EPDM 复合材料的热失重曲线，具体的热重参数

见表 8-21。由图 8-39 可知，200 ~ 400℃之间质量分数的下降主要是由木质素的分解造成的。C40 和 C40Z12 样品的热稳定较好，400℃之前质量分数基本没有下降。加入 ZDMA 后，与 L40 相比，L40Z12 的初始分解温度 $T_{10\%}$ 提高了 9.3℃，并且 600℃的残余量由 14.8% 增加至 18.4%。L20C20 加入 ZDMA 后，600℃的残余量也由 21.9% 增加至 24.8%，主要是由于金属离子能够促进木质素的碳化，形成了木质素基碳材料。与纯炭黑（C40）样品相比，加入 ZDMA 后，C40Z12 的 600℃残余量甚至略有下降。

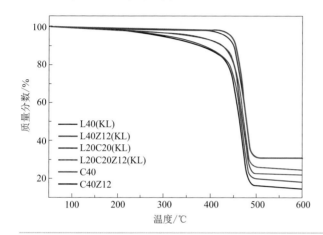

图8-39
碱木质素/炭黑/EPDM复合材料的热失重曲线

表8-21　碱木质素/炭黑/EPDM复合材料的热性能参数

样品	$T_{10\%}$/℃	$T_{50\%}$/℃	600℃残余量/%
L40(KL)	377.1	464.2	14.8
L40Z12(KL)	386.4	466.6	18.4
L20C20(KL)	426.6	470.2	21.9
L20C20Z12(KL)	425.9	471.7	24.8
C40	453.3	478.9	31.2
C40Z12	448.9	477.0	30.6

　　EPDM 橡胶的热氧老化属于自由基链式自催化氧化反应，在热和氧的作用下，产生自由基，诱导橡胶分子链、交联逐渐断裂和裂解，使橡胶分子链发生降解反应。为了探究木质素对复合材料的抗热氧老化性能的影响，将酶解木质素/炭黑/EPDM 复合材料置于 100℃下，老化 72h，对比老化前后复合材料拉伸强度和断裂伸长率的变化，老化测试结果如图 8-40（a）所示。纯炭黑样品（C40）经过老化 72h 后，拉伸强度和断裂伸长率的保持率分别为 71.5% 和 78.7%。使用酶解木质素替代一半炭黑后（L20C20），经过 72h 老化处理，拉伸强度和断裂伸

长率的保持率高达 92.9% 和 89.0%。保持率的提高是由于木质素含有丰富的羟基官能团，能捕获自由基，延缓老化过程，从而提高了拉伸强度和断裂伸长率的保持率。当炭黑完全被木质素替代时（L40），拉伸强度和断裂伸长率的保持率进一步提高，分别达到了 95.5% 和 91.7%。与 L40 相比，引入 Zn^{2+} 构建金属配位键作用后，拉伸强度和断裂伸长率的保持率进一步提高。

图 8-40（b）是碱木质素 / 炭黑 /EPDM 复合材料老化 72h 后拉伸强度和断裂伸长率保持率的测试结果。纯木质素样品（L40）拉伸强度和断裂伸长率的保持率分别为 114.4% 和 101.2%，抗老化效果优于酶解木质素的样品，这可能是因为碱木质素的纯度更高，且酚羟基含量高于酶解木质素，捕获自由基的能力更强，从而使含碱木质素的样品抗老化性能优于酶解木质素的样品。碱木质素替代一半炭黑的样品（L20C20），老化后拉伸强度和断裂伸长率的保持率分别为 99.1% 和 105.0%。体系中引入 Zn^{2+} 后，拉伸强度的保持率有一定提升，在 100.4% ~ 106.3%，断裂伸长率的保持率略微下降，在 91.2% ~ 100.9% 之间。总体而言，含木质素的橡胶复合材料抗热氧老化性能要优于纯炭黑补强的体系，而引入锌离子配位键后，抗热氧老化性能依然保持在较高的水平。

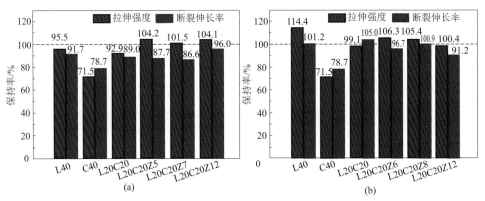

图8-40　老化72h后的力学性能保持率：（a）酶解木质素/炭黑/EPDM复合材料；（b）碱木质素/炭黑/EPDM复合材料

第四节
木质素改性聚乙烯弹性体（POE）复合材料

热塑性弹性体（TPE）是一种循环加工的弹性体材料，由于其优异的回收性和易加工性，已被作为传统橡胶的替代品广泛应用。TPE 通常由软的橡胶相和热可逆物理交联的硬的塑料相组成，这些硬相均匀分散在橡胶相基体中，粒径通常小于 200nm[27]。塑料相主要由具有结晶或高玻璃化转变温度的硬链段组成，例如共混合金型热塑性弹性体 TPO 就是由 HDPE 或 PP 塑料相分散在聚乙烯弹性体 POE 或三元乙丙橡胶 EPDM 中所形成[28]。大多数商业 TPE 高度依赖于石油衍生的原料化学品，由生物可再生资源制成的高性能且具有成本效益的 TPE 显得尤为重要。

作为一种具有较高玻璃化转变温度（114 ～ 150℃）和优异紫外屏蔽性能的无毒芳香族天然木质素具有代替常规聚苯乙烯或聚烯烃塑料相的潜力，应用于热塑性塑料和热塑性弹性体复合材料中。Tran 等[29,30]率先尝试了将木质素引入未化学交联的丁腈橡胶（NBR），制备可再生热塑性塑料。尽管所得木质素 /NBR 复合热塑性塑料具有良好拉伸强度，但断裂伸长率太低，弹性较差，并且受到 NBR 链中不饱和双键的影响，抗老化和耐候性欠佳。

笔者团队最近制备了一种新的木质素基 TPE[31]，使用木质素为塑料相、乙烯 /1- 辛烯无规共聚物弹性体 POE 作为橡胶相。POE 是一种非极性乙烯 /α- 烯烃无规共聚物，具有良好的弹性和热稳定性，饱和的 POE 链结构可赋予复合材料良好的耐候性，但熔融温度低，机械强度弱。木质素具有较高玻璃化转变温度和良好的刚性，结合木质素和 POE 的优点有望制备出性能良好的生物质基共混合金型 TPE。但木质素和非极性聚烯烃之间存在界面作用弱以及木质素在聚烯烃基质中极易团聚的问题，将 POE 与木质素直接共混不会产生增强效果。很多研究人员尝试各种方法克服这些问题，例如通过酯化[32]、烷基化[33,34]、甲硅烷基化[35]对木质素进行化学改性，通过固态剪切粉碎等直接共混[36]。虽然这些方法能够在加入少量木质素（< 10%）的情况下，在一定程度上改善木质素与聚烯烃复合材料的力学性能，但仍存在不足，特别是在木质素高掺量下（> 10%），这些方法不能有效地改善木质素在聚烯烃中的相容性和分散性。

一、木质素基TPE的制备及性能研究

受能量牺牲机理启发，为了在木质素 /POE 复合体系中构建配位能量牺牲键，需要解决两个关键问题：①用官能团改性 POE 以提供离子络合的配体；②设计木质素和弹性体基质之间的界面动态配位键，形成强烈的界面相互作用。为了方便官能化，选择接枝率为 1.0%（质量分数）的马来酸酐改性 POE（POE-MA）作为橡胶基质。下面将从以下几点展开介绍。

1. 木质素基 TPE 的制备

如图 8-41 所示，采用两步混炼工艺，在密炼机中将锌基配位键引入到木质素基 TPE 体系中。POE-MA 首先与 3- 氨基 -1,2,4- 三唑（ATA）反应，生成具有酰胺三唑 - 羧酸基官能团的 ATA 修饰 POE-MA。然后将木质素与 ZnCl₂ 一起加入进一步混炼。在 POE 骨架上接枝的三唑基团与木质素分子中的苯氧基和羧酸酯基之间可形成锌基配位键，同时，酰胺三唑 - 羧酸基团也能够与木质素中的极性基团形成氢键相互作用。由此可将能量牺牲动态键引入到木质素与 POE 的界面当中，在木质素基 TPE 体系中构建出动态交联网络。

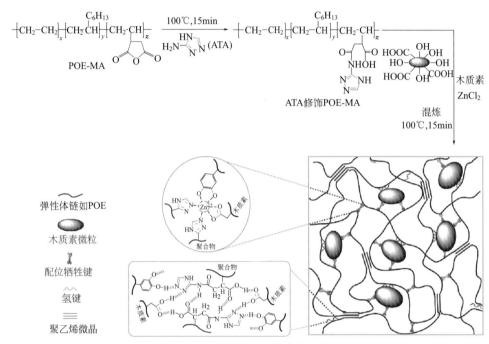

图8-41 ATA改性POE-MA机理及木质素基TPE的动态配位键和动态氢键机理示意图

2. 牺牲键对木质素基 TPE 力学性能的影响

所制备的木质素基 TPE 的力学性能如图 8-42（a）所示。与纯的 PM 样品相比，直接加入 20 %（质量分数）木质素的复合材料（PM32L8）强度略微增加，这是因为 PM 中马来酸酐基团与木质素中的极性基团之间有氢键作用。尽管如此，由于 PM 基质中木质素颗粒团聚严重 [图 8-42（b）]，样品 PM32L8 在较小的拉伸强度下就断裂。将 ATA 和 Zn²⁺ 引入木质素 /PM 复合体系后，PM32L8A1Z1 的韧性从 PM 的 34.6J/cm³ 提高了近 100%，达到 68.5J/cm³。与纯 PM 相比，PM32L8A1Z1 的断裂拉伸强度也增加了 35%，达到 21.4MPa。为了更好地比较，用 PM 接枝 ATA，在没有木质素的情况下，与 ZnCl₂ 混合制得

PM32A1Z1 样品。PM32A1Z1 的拉伸强度和韧性没有显著增加，表明木质素对复合材料的强度和韧性起重要的改善作用。这是因为木质素富含含氧极性基团，例如酚羟基、脂族羟基、羰基等，它们可以作为配位络合的天然配体。因此，木质素在样品 PM32L8A1Z1 中起协同增效作用，比不含木质素（PM32A1Z1）的样品能形成更强的动态配位网络。相对于 PM、PM32L8 和 PM32A1Z1，PM32L8A1Z1 的强度和韧性都显著增加。该工作首次证明木质素/聚烯烃复合材料的强度和韧性可以同时增强。所设计的木质素基 TPE 强度、韧性和延展性，都来源于木质素的协同配位增强作用。

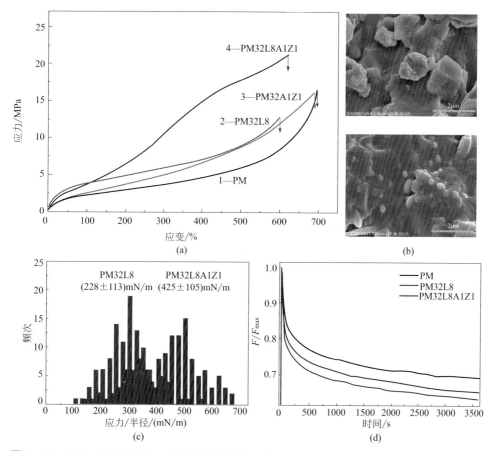

图8-42　（a）木质素基TPE的拉伸性能曲线；（b）木质素基TPE复合材料的断裂面SEM图像（比例尺为2 μm，样品1为PM32L8，样品2为PM32L8A1Z1）；（c）能量牺牲键对木质素和PM基质之间的相互作用力影响；（d）PM及复合材料在100%应变下的应力松弛曲线

如图 8-42（b）所示，断裂截面 SEM 图直观地展示了木质素颗粒在 PM 基

质中的分散性。在直接共混样品 PM32L8 中，颗粒团聚严重，平均粒径大于 2000nm，团聚的木质素颗粒与聚合物基质之间的界面明显分离。引入配位键后，观察到 PM32L8A1Z1 中木质素颗粒均匀分布，其粒径减小到 200 ～ 400nm，木质素颗粒与聚合物基体之间没有明显的界面分离，表明配位键不仅促进了木质素的分散，还改善了木质素与 PM 基质之间的界面作用。

为了进一步定量测量木质素和 PM 之间的界面相互作用，通过原子力显微镜（AFM）进行界面力测量。如图 8-42（c）所示，木质素和 PM 基体之间的平均相互作用力在引入锌基配位键后增加超过 86%，从 PM32L8 的（228±113）mN/m 提升至 PM32L8A1Z1 的（425 ± 105）mN/m。AFM 测试结果表明，配位键显著改善了木质素与聚合物基质之间的界面作用力，促进了从基质到木质素颗粒的应力转移，使得在混合过程中木质素颗粒受到的剪切作用更强，从而使木质素在聚合物基质中更好地分散，粒径更小。

采用应力松弛分析以进一步说明木质素和 PM 之间的界面相互作用，如图 8-42（d）所示。与 PM 基质相比，PM32L8A1Z1 和 PM32L8 的应力松弛得更快，因为聚合物链可能在拉伸应力作用下从木质素颗粒表面滑落。由于木质素和 PM 之间的界面相互作用较弱，PM32L8 的应力松弛最快。在木质素和 PM 之间引入锌基配位键导致 PM32L8A1Z1 的松弛过程比 PM32L8 慢，表明配位键对 PM 链松弛的限制约束作用更强。

不同 ATA、$ZnCl_2$ 含量的木质素基 TPE 应力 - 应变曲线如图 8-43 所示。与 PM32L8 相比，PM32L8A0Z1 的强度和韧性增加，表明即使在不存在改性剂 ATA 的情况下，也可在木质素和 PM 之间形成锌基键［图 8-43（a）］。引入少量 ATA ［0.5g 或 1.2%（质量分数）］后，PM32L8A0.5Z1 的强度和韧性进一步提高，表明 ATA 引入的三唑基团促进了 Zn^{2+} 的络合，形成更强的动态配位网络。进一步将 ATA 的含量从 0.5g 增加到 2 g，仅使拉伸性能得到轻微改善［图 8-43（a）］和（c）］。

当加入 ATA 而不加入 $ZnCl_2$ 时，PM32L8A1Z0 的拉伸强度和断裂伸长率相对 PM32L8 明显增加［图 8-43（b）］，这证实了酰胺三唑 - 羧酸基团（即 PM 和 ATA 中马来酸酐的反应产物）可以与木质素中的极性基团产生比 PM-木质素之间更强的氢键作用。类似地，在 TPE 中加入少质量比的 $ZnCl_2$［样品 PM32L8A1Z 中加入 0.5g 或 1.2%（质量分数）］可显著提高复合材料的强度和韧性，但进一步将 $ZnCl_2$ 的含量从 0.5g 增加到 2g，没有明显改善力学性能［图 8-43（b）和（d）］。图 8-43 所示的结果表明，只需要小剂量的 ATA 和锌离子［在此工作中为 1.2%（质量分数）］即可在复合材料体系中建立起动态配位交联网络，过量的 ATA 和锌离子对拉伸强度和断裂伸长率贡献不大。

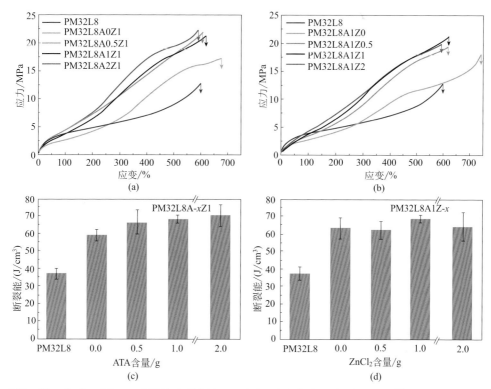

图8-43　（a）不同ATA含量的木质素基TPE应力-应变曲线；（b）不同Zn²⁺含量的木质素基TPE应力-应变曲线；（c）不同ATA含量的木质素基TPE断裂能；（d）不同Zn²⁺含量的木质素基TPE断裂能

由于木质素为配位键提供天然配体基团，并且对复合材料强度的改善具有关键作用，因此有必要探讨木质素含量对木质素基TPE的力学性能影响。如图8-44所示，木质素基TPE的弹性模量随着木质素用量的增加而增加。同时，木质素颗粒的聚集程度也随木质素用量的增加而加重［图8-44（b）］。木质素的平均粒径从PM36L4A1Z1中小于200nm增加到PM24L16A1Z的400～600nm。然而相比之下，如果没有引入基于Zn²⁺的配位键，复合材料中会形成大于2000nm的木质素团聚体，可见配位键对改善木质素在聚乙烯弹性体基体中的分散性具有重要作用。含有10%（质量分数）木质素的TPE样品（PM36L4A1Z1）达到最大抗拉强度28MPa，并具有与PM相同的高断裂伸长率，并且断裂能达到72.3J/cm³，这是PM的2.1倍。随着木质素含量增加至30%，PM28L12A1Z1的断裂伸长率仍超过500%，抗拉强度仍高于PM基体，断裂能远高于PM基质和没有配位键的PM32L8。即使当木质素含量达到40%时，复合材料PM24L16A1Z1仍然表现出与PM基质相当的拉伸强度，并且前者的杨氏模量（5%应变）和200%应变下的应力值比 PM 分别高出约 1.0 倍和 3.0 倍。

尽管在高木质素负载量下，木质素 - 聚烯烃界面不相容以及分散性差仍然是一个主要的问题，但通过构建界面相互作用（包括配位键和氢键），木质素 / 聚烯烃复合材料的力学性能可以显著提高。所制备的木质素基 TPE 力学性能与大多数商业 TPE 产品相当，例如 SBS、OBC、TPU 等，甚至优于共混合金型聚烯烃类热塑性弹性体 TPO 和 TPV。

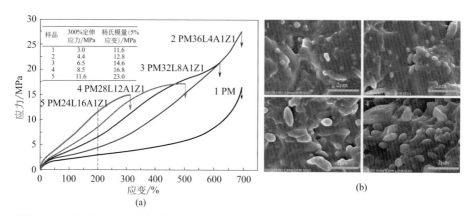

图8-44 （a）具有各种木质素含量的木质素基TPE复合材料拉伸曲线；（b）复合材料拉伸断裂截面SEM图像（比例尺2μm）

为了研究木质素基 TPE 的黏弹性能量耗散，首先在 300% 的固定应变下进行滞后拉伸实验。所有复合材料都观察到明显的滞后行为。以样品 PM32L8A1Z1 为例［图 8-45（a）］，在第一次拉伸滞后环中观察到比 PM 基质明显更大的滞后损失。在第一次拉伸循环后，样品没有恢复到其原始长度并留下 70% 的显著残余应变。在室温下放置不同时间后的后续拉伸循环产生了类似的滞后损失。在 60℃加热 3min 后，残余应变完全恢复。在加热过程中，大部分临时重建的氢键和配位键断裂，弹性物理交联网络收缩到其高熵状态，有助于残余应变的恢复。冷却后，配位键和氢键相互作用愈合到其原始状态，导致应力 - 应变曲线和滞后行为可以大部分恢复到初始状态［图 8-45（a）］。

滞后比 W_2/W_1 和滞后差 ΔW 对 $ZnCl_2/ATA$ 质量比的依赖关系如图 8-45（c）所示，其中 W_1 是第一个滞后环的耗散能量，W_2 是第二个滞后环的耗散能量。随着 $ZnCl_2$ 含量的增加，W_2/W_1 的值略有下降，表明在配位键含量增加时具有更高的耗散能。ΔW 值先增加后减小［图 8-45（c）］，在 $ZnCl_2/ATA$ 质量比为 1.0 时获得最大的 ΔW 值（样品 PM32L8A1Z1），与 PM32L8 相比增加了约 1.3 倍，直观地揭示更高的锌基配位键动态断裂能引起更高的能量耗散。如图 8-45（d）

所示，较高的木质素含量导致较大的能量耗散，这是由于木质素和弹性体基质之间具有更多的界面相互作用，证实了木质素的协同配位作用。

不同应变下的滞后拉伸曲线如图 8-45（b）所示，滞后应变从 25% 增加到 650%。随着应变的增加，残余应变逐渐增加，表明拉伸过程中微观结构发生变化。微观结构的变化包括弹性体和木质素之间相互作用的破坏、动态牺牲网络的破裂、弹性体链的解缠结和弹性体链沿木质素表面的滑移[37]。图 8-45（e）比较了滞后损耗随应变变化的差异。特别是当应变大于 250% 时，差异更明显。通过与 PM32L8、PM32L8A1 和 PM32L8Z1 样品的比较，PM32L8A1Z1 的滞后损耗最高［图 8-45（e）左］，进一步验证添加 ATA 和 $ZnCl_2$ 可以构建更强的动态网络，并可以增加界面相互作用。增加木质素含量导致较高的滞后损失［图 8-45（e）右］，与图 8-45（d）的结果相一致，进一步验证木质素的协同配位作用。

所有复合材料的滞后损失在大于 250% 的应变下线性增加［图 8-45（e）］。施加应变小于 250% 时，滞后比（以滞后损耗值除以每个循环中施加的拉伸能量计算）随施加应变的增加而增加，但在大于 250% 的应变下，滞后比几乎保持恒定，如图 8-45（f）所示。这意味着在早期变形调整后，复合材料内部的链构象和微观相结构稳定取向，从而在大应变下表现出恒定的能量耗散与储能比率。该特性与图 8-45（a）中的滞后曲线所体现出的弹性性能一致。

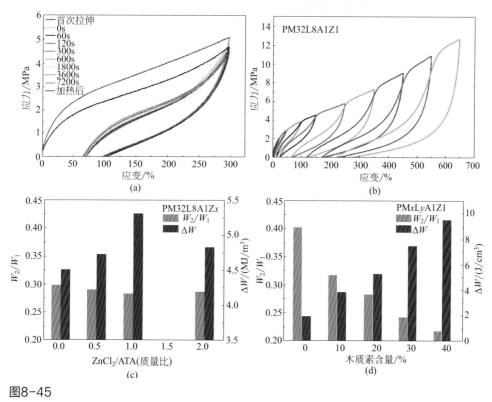

图8-45

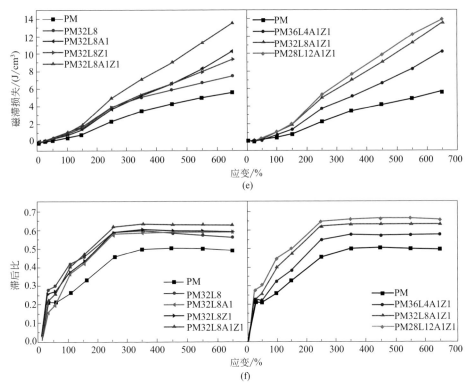

图8-45 （a）PM32L8A1Z1在300%固定应变下的迟滞曲线；（b）样品PM32L8A1Z1在不同应变下的滞后曲线；（c）PM32L8A1Zx 的 W_2/W_1 和 ΔW 随ZnCl$_2$/ATA质量比的变化；（d）PMxLyA1Z1与木质素负载量的W_2/W_1和ΔW变化；（e）不同应变下每个滞后环的滞后损失；（f）不同应变下每个滞后环的滞后比

注：滞后比计算为滞后损失值除以每个循环中施加的拉伸能量

二、木质素基TPE的增强机理

  首先通过广角 X 射线衍射图（XRD）研究配位键对链段取向的影响。如图 8-46（a）所示，PM 和木质素基 TPE 复合材料在 0% 应变表现出无定形图样，无明显有序的结晶相。PM 基质中胶束晶体的弱反射峰被重叠掩盖在无定形峰中。当拉伸至 400% 应变时，在 PM32L8A1Z1 中观察到 2θ 为 20.5° 和 22.8° 处的两个尖锐衍射峰，分别归属于聚乙烯的（110）和（200）晶格面[38]。但是在没有配位键的 PM 和 PM32L8 样品中，即使在 400% 应变下也没有观察到明显的晶体衍射峰。在样品 PM32L8A1 中也未发现结晶峰，证实弱氢键在拉伸过程中不能诱导 POE 链段取向。这些结果表明，木质素基 TPE 复合材料中的配位键促进了链段在拉伸过程中的取向，促进了应变诱导结晶，从而引起自增强作用[39,40]。

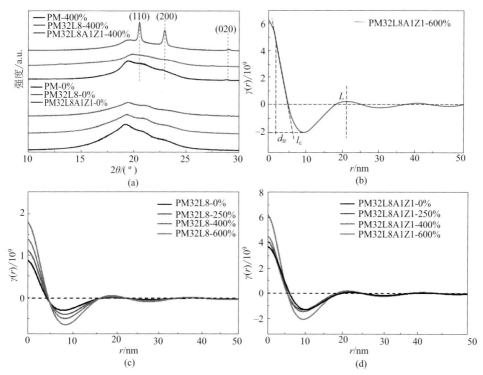

图8-46 （a）PM及其复合材料在0%和400%应变下的XRD谱图；（b）PM32L8A1Z1在600%应变下的归一化一维相关函数曲线；（c）不同应变下PM32L8；（d）PM32L8A1Z1归一化一维相关函数曲线

　　为了进一步探索木质素基TPE的变形机理，对样品进行小角X射线散射（SAXS）测试。图8-47所示的散射图案显示，木质素基TPE与PM基体具有明显的变形差异。在应变之前，没有观察到PM的散射环，但在木质素复合材料样品中引入配位键后散射环变大，表明PM32L8A1Z1中有更多的纳米微相分离。随着伸长率的增加，PM基体中观察到弱梭状散射环，而PM32L8和PM32L8A1Z1的散射环变为菱形，这意味着在复合材料中PM基体的微观变形过程不同。

　　在不同应变下的SAXS归一化一维相关函数曲线如图8-46（c）和（d）所示。从SAXS一维相关函数曲线中可以计算出聚合物链段的长周期长度（L）、过渡层长度（d_{tr}）、结晶层加上过渡层的长度（l_c）。这些结构参数反映了拉伸过程中弹性体基体的演变规律，计算结果见表8-22。对于没有配位键的PM32L8，过渡层长度d_{tr}增加，而核心晶层长度d_0随应变增加而减小，表明聚乙烯弹性体基体中的胶束晶体在拉伸变形过程中被破碎或分离，这也暗示聚乙烯弹性体基体的变形过程不受木质素的干扰，因为直接共混的样品PM32L8中界面作用较差。相比之下，对于具有配位键的PM32L8A1Z1，随着应变的增大，d_{tr}值减小，d_0增加。这种变化意味着在拉伸时形成了新的较厚胶束晶体。原因可能是，在配位键的限制作用下，过渡层中新取向的可结晶链段和部分取向的链段能够在先前存在的胶束晶体附近形成新的胶束晶体，这增加了胶束晶体的核心晶体层长度d_0。该发现与XRD分析结果一致，解释了应变诱导结晶和含有木质素基TPE中锌基配位键的增强效果。

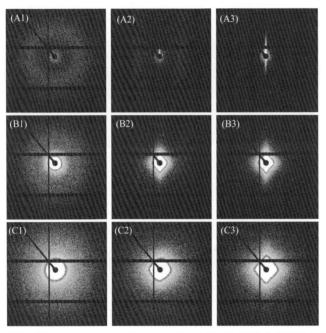

图8-47　PM、PM32L8和PM32L8A1Z1在不同应变下的SAXS散射图：（A1）PM，（B1）PM32L8，（C1）PM32L8A1Z1拉伸前；（A2），（B2），（C2）是指应变为400%的相应样品；（A3），（B3），（C3）是指应变为600%的相应样品

表8-22　从SAXS一维相关函数曲线中提取的不同应变下木质素基TPE样品的结构参数

样品	应变/%	d_{tr}/nm	l_c/nm	d_0/nm	l_a/nm	L/nm
	0	1.4	5.8	4.5	14.2	20.0
PM32L8	250	1.6	6.2	4.6	14.0	20.1
	400	1.9	6.1	4.2	13.8	19.9
	600	2.1	6.3	4.1	13.6	19.9

样品	应变/%	d_u/nm	l_c/nm	d_c/nm	l_a/nm	L/nm
PM32L8A1Z1	0	2.2	5.9	3.7	14.7	20.6
	250	1.9	5.9	4.0	14.0	19.9
	400	1.8	6.0	4.2	13.9	19.9
	600	1.7	6.3	4.6	13.6	19.9

上述结果证明，制备的木质素基 TPE 主要由双交联网络结构组成，包括动态配位牺牲网络和聚乙烯结晶物理交联网络。图 8-48 中提出了基于双网络的木质素基 TPE 变形机制。在外力作用下，拉伸应力通过强界面相互作用从 PM 基体传递到木质素颗粒，界面作用包括氢键和基于 Zn^{2+} 的配位键。在小应变下，氢键在拉伸下首先断裂，伴随着弹性体链段沿拉伸方向取向重排。进一步拉伸后，锌基动态键断裂，弹性体 - 木质素相互作用破坏，木质素的协同配位作用促进了高效的能量耗散，导致过量应力的释放，从而防止应力集中并阻碍微裂纹的产生。同时，在大应变下，由于配位键的限制，取向的弹性体链段能够在拉伸过程中形成新的胶束晶体，导致自增强效果。因此，在木质素与 PM 基体之间的配位键协同作用，实现了复合材料的强度和韧性同时显著提高。

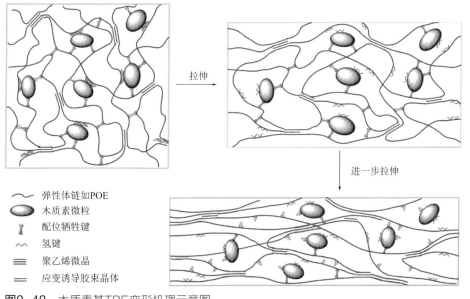

拉伸

进一步拉伸

〜 弹性体链如POE
木质素微粒
配位牺牲键
氢键
聚乙烯微晶
应变诱导胶束晶体

图8-48 木质素基TPE变形机理示意图

通过以上论证可知，采用生物质木质素作为硬塑料相，聚烯烃弹性体（POE）作为软橡胶相，可制备新型高性能木质素基热塑性弹性体复合材料。在木质素纳米粒子与弹性体界面间构建动态配位牺牲键，不仅促进了木质素的分散（粒径 200nm 左右），还改善了木质素和聚烯烃弹性体之间的界面相容性，并且还促进了链段在拉伸过程中的取向。木质素的协同配位效应提高了材料在拉伸过程中的能量耗散，在木质素的负载量高达 30%（质量分数）时，仍能同时提高木质素基 TPE 的强度和韧性。所制备的木质素基 TPE 强度和韧性与大多数商业 TPE 产品相当，甚至优于共混合金型热塑性弹性体 TPO 和 TPV 材料。所使用的酶解木质素为工业原料，无需进行任何化学改性。该制备工艺为以生物质可再生资源为塑料相制备高性能、低成本的共混合金型 TPE 材料提供了一种有效的方法。

参考文献

[1] Qian Y, Qiu X, Zhu S. Lignin: A nature-inspired sun blocker for broad-spectrum sunscreens [J]. Green Chemistry, 2015, 17(1): 320-324.

[2] Yu P, He H, Jiang C, et al. Enhanced oil resistance and mechanical properties of nitrile butadiene rubber/lignin composites modified by epoxy resin [J]. Journal of Applied Polymer Science, 2015, 133(4): 42922-42932.

[3] 莫贤科 . 酶解木质素对丁腈橡胶的补强性能研究 [D]. 广州：华南理工大学，2013.

[4] Bova T, Tran C D, Balakshin M Y, et al. An approach towards tailoring interfacial structures and properties of multiphase renewable thermoplastics from lignin-nitrile rubber [J]. Green Chemistry, 2016, 18(16): 5423-5437.

[5] Ducrot E, Chen Y, Bulters M, et al. Toughening elastomers with sacrificial bonds and watching them break [J]. Science, 2014, 344(6180): 186-189.

[6] Schmitt C N Z, Politi Y, Reinecke A, et al. Role of sacrificial protein-metal bond exchange in mussel byssal thread self-healing [J]. Biomacromolecules, 2015, 16(9): 2852-2861.

[7] Lai J, Li L, Wang D, et al. A rigid and healable polymer cross-linked by weak but abundant Zn(II)-carboxylate interactions [J]. Nature Communications, 2018, 9(1): 2725-2734.

[8] Filippidi E, Cristiani T R, Eisenbach C D, et al. Toughening elastomers using mussel-inspired iron-catechol complexes [J]. Science, 2017, 358(6362): 502-505.

[9] Liu J, Wang S, Tang Z, et al. Bioinspired engineering of two different types of sacrificial bonds into chemically cross-linked cis-1,4-polyisoprene toward a high-performance elastomer [J]. Macromolecules, 2016, 49(22): 8593-8604.

[10] Huang J, Tang Z, Yang Z, et al. Bioinspired interface engineering in elastomer/graphene composites by constructing sacrificial metal-ligand bonds [J]. Macromolecular Rapid Communications, 2016, 37(13): 1040-1045.

[11] 王海旭 . 锌基金属配位键对木质素基 NBR 复合材料的性能调控 [D]. 广州：华南理工大学，2019.

[12] Wang H, Liu W, Huang J, et al. Bioinspired engineering towards tailoring advanced lignin/rubber elastomers [J]. Polymers, 2018, 10(9): 1033.

[13] Antony P, Bandyopadhyay S, De S K. Synergism in properties of ionomeric polyblends based on zinc salts of carboxylated nitrile rubber and poly(ethylene-co-acrylic acid) [J]. Polymer, 2000, 41(2): 787-793.

[14] Jiang C, He H, Jiangh, et al. Nano-lignin filled natural rubber composites: Preparation and characterization [J].

Express Polymer Letters, 2013, 7(5): 480-493.

[15] Ikeda Y, Phakkeeree T, Junkong P, et al. Reinforcing biofiller "Lignin" for high performance green natural rubber nanocomposites [J]. RSC Advances, 2017, 7(9): 5222-5231.

[16] Bova T, Tran C D, Balakshin M Y, et al. An approach towards tailoring interfacial structures and properties of multiphase renewable thermoplastics from lignin-nitrile rubber [J]. Green Chemistry, 2016, 18(20): 5423-5437.

[17] Wang H, Qiu X, Liu W, et al. Facile preparation of well-combined lignin-based carbon/ZnO hybrid composite with excellent photocatalytic activity [J]. Applied Surface Science, 2017, 426(31): 206-216.

[18] Wang H, Liu W, Tu Z, et al. Lignin reinforced NBR/PVC composites via metal coordination interactions [J]. Industrial & Engineering Chemistry Research, 2019, 58(51): 23114-23123.

[19] Liu J, Wang S, Tang Z, et al. Bioinspired engineering of two different types of sacrificial bonds into chemically cross-linked cis-1,4-polyisoprene toward a high-performance elastomer [J]. Macromolecules, 2016, 49(22): 8593-8604.

[20] Mei J, Liu W, Huang J, et al. Lignin-reinforced ethylene-propylene-diene copolymer elastomer via hydrogen bonding interactions [J]. Macromolecular Materials and Engineering, 2019, 304(4): 1800689.

[21] 梅杰. 木质素/EPDM 复合材料制备及性能研究 [D]. 广州：华南理工大学，2019.

[22] Abacha N, Fellahi S. Synthesis of polypropylene-graft-maleic anhydride compatibilizer and evaluation of nylon 6/polypropylene blend properties [J]. Polymer International, 2005, 54(6): 909-916.

[23] Levy L, Muzzi M, Hurwitz H D. Hydration and ion-exchange processes in carboxylic membranes [J]. Journal of the Chemical Society, Faraday Transactions 1: Physical Chemistry in Condensed Phases, 1982, 78(4): 1001-1009.

[24] Liu J, Wang S, Tang Z, et al. Bioinspired engineering of two different types of sacrificial bonds into chemically cross-Linked cis-1,4-Polyisoprene toward a high-performance elastomer [J]. Macromolecules, 2016, 49(22): 8593-8604.

[25] Ma Y, Wu Y, Wang Y, et al. Structure and properties of organoclay/EPDM nanocomposites: Influence of ethylene contents [J]. Journal of Applied Polymer Science, 2006, 99(3): 914-919.

[26] 蒋挺大. 木质素 [M].2 版. 北京：化学工业出版社，2009.

[27] Bates F S, Hlmyer M A, Lodge T P, et al. Multiblock polymers: Panacea or pandora's box? [J]. Science, 2012, 336(6080): 434-440.

[28] Arriola D J, Carnahan E M, Hustad P D, et al. Catalytic production of olefin block copolymers via chain shuttling polymerization [J]. Science, 2006, 312(5774): 714-719.

[29] Tran C D, Chen J, Keum J K, et al. A newclass of renewable thermoplastics with extraordinary performance from nanostructured lignin-elastomers [J]. Advanced Functional Materials, 2016, 26(16): 2677-2685.

[30] Bova T, Tran C D, Balakshin M Y, et al. An approach towards tailoring interfacial structures and properties of multiphase renewable thermoplastics from lignin-nitrile rubber [J]. Green Chemistry, 2016, 18: 5423-5437.

[31] Huang J, Liu W, Qiu X. High performance thermoplastic elastomers with biomass lignin as plastic phase [J]. ACS Sustainable Chemistry & Engineering, 2019, 7(7): 6550-6560.

[32] Dehne L, Vila B C, Saake B, et al. Influence of lignin source and esterification on properties of lignin-polyethylene blends [J]. Industrial Crops and Products, 2016, 86: 320-328.

[33] Sadeghifar H, Argyropoulos D S. Macroscopic behavior of kraft lignin fractions: Melt stability considerations for lignin-polyethylene blends [J]. ACS Sustainable Chemistry & Engineering, 2016, 4(10): 5160-5166.

[34] Ye D, Li S, Lu X, et al. Antioxidant and thermal stabilization of polypropylene by addition of butylated lignin at low loadings [J]. ACS Sustainable Chemistry & Engineering, 2016, 4(10): 5248-5257.

[35] Pietro B, Antoine D, Pierre V, et al. New insights on the chemical modification of lignin: Acetylation versus silylation [J]. ACS Sustainable Chemistry & Engineering, 2016, 4(10): 5212-5222.

[36] Iyer K A, Torkelson J M. Sustainable green hybrids of polyolefins and lignin yield major improvements in mechanical properties when prepared via solid-state shear pulverization [J]. ACS Sustainable Chemistry & Engineering, 2016, 3(5): 959-968.

[37] Diani J, Fayolle B, Gilormini P. A review on the Mullins effect [J]. European Polymer Journal, 2009, 45(3): 601-612.

[38] Liu W, Wang W, Fan H, et al. Structure analysis of ethylene/1-octene copolymers synthesized from living coordination polymerization [J]. European Polymer Journal, 2014, 54: 160-171.

[39] Li H, Yang L, Weng G, et al. Toughening rubbers with a hybrid filler network of graphene and carbon nanotubes [J]. Journal of Materials Chemistry A, 2015, 3(44): 22385-22392.

[40] Tang Z, Huang J, Guo B, et al. Bioinspired engineering of sacrificial metal-ligand bonds into elastomers with supramechanical performance and adaptive recovery [J]. Macromolecules, 2016, 49 (5): 1781-1789.

第九章

木质素改性可降解高分子复合材料

高分子材料由于质轻、价廉、良好的化学稳定性以及性能多样性等优点而广泛应用于生产生活的各个领域。但是，随着塑料污染问题的日益突出，研发环境友好型材料，缓解能源危机和解决环境污染问题成为人类可持续发展的重要主题之一。可生物降解高分子材料是一种能被自然界微生物部分分解或完全分解为二氧化碳、水及其他低分子化合物的高分子材料。发展可生物降解高分子材料是治理环境污染问题的有效途径之一，从20世纪90年代可生物降解塑料行业兴起开始，目前已发展出包括微生物合成型、化学合成型、天然高分子型等种类的可生物降解材料，成为全世界的研究热点。

目前，可降解高分子材料依然存在一系列缺点，限制了其大规模推广应用。例如，成本过高（可降解高分子材料的价格是通用塑料的几倍），性能较差（可降解高分子材料的力学性能与传统通用塑料相比还有一定的差距），耐水性不足，功能单一等，尤其是可降解高分子材料难以兼顾强度与韧性的平衡，极大地限制了其大规模推广应用[1,2]。针对上述问题，有必要采取一定的手段对可降解高分子材料进行改性，在降低成本的同时提高其力学性能，并且赋予可降解高分子材料一定的新功能，拓宽其应用领域。

木质素中含有丰富的酚羟基、羧基等含氧极性官能团，而绝大部分可降解高分子材料属于聚酯类高分子，分子链中含有极性基团。将木质素与可降解高分子材料复合，有望利用二者的极性基团构建强界面作用，使得木质素与可降解高分子材料形成良好的界面相容性，从而提高复合材料的综合性能。同时，木质素的引入还能赋予复合材料良好的紫外屏蔽功能以及抗氧化活性。因此，将木质素应用于可降解高分子材料的改性，制备高性能、多功能、全降解高分子复合材料具有广阔的应用前景，同时对于实现木质素的高值化利用也具有重要意义[3]。

第一节
木质素磺酸/PVA高强高韧纳米复合膜

聚乙烯醇（PVA）是一种水溶性聚合物，由于其无毒、良好的生物降解性、高透明度和优秀的氧气阻隔性能，以及丰富的羟基能够形成分子内和分子间氢键，近年来受到了广泛关注。通过向PVA中添加各种纳米填料可以得到高强度PVA纳米复合材料，包括石墨烯[4,5]、氧化石墨烯[6]、碳纳米管[7,8]、碳量子点[9]等。但是这些纳米填料不仅成本高，而且所得PVA纳米复合材料的延展性以及韧性通常会急剧下降。此外，这些纳米填料的生物毒性或不可生物降解等缺点，大大弱化了 PVA 材料的"绿色"特性。

众所周知，一些天然生物材料具有极高的强度及韧性。天然蜘蛛丝作为一个典型的例子，具有超高拉伸强度（＞ 1GPa）、良好的断裂伸长率（≥ 50%）以及断裂韧性（＞ 150 MJ/g）。近年来的研究表明，这些优异的力学性能归功于多层级组装的纳米相分离结构，包括由柔性分子链形成的无定形相区和过渡区，由高度有序的 β 折叠链组成的纳米级结晶相，以及限制这些链结构的密集动态氢键。在受到外力作用时，伴随着纳米晶相的变形，动态氢键通过在分子尺度上断裂、重构耗散大量的能量，赋予了蛋白质类材料超强和超韧的性能。

模仿天然生物材料，采用工业木质素作为"绿色"增强剂制备全生物降解高分子材料是实现木质素高值利用的有效途径。然而，由于木质素自身分子间作用力强，在聚合物基体中极易团聚，经常会发生微米尺度上的相分离现象，使得 PVA/ 木质素复合材料的力学性能大大降低[10]。

在本节工作中，受天然蜘蛛丝启发，采用木质素磺酸（LA）作为增强剂，制备了一种全降解高性能 PVA 复合材料[11]。LA 由木质素磺酸钠（LS）纯化得到，具有三维网状结构，含有丰富的疏水性芳环、苯丙烷结构以及亲水的羟基、磺酸基团。这种两亲性结构使得 LA 很容易从水分散体中自组装形成均匀的纳米颗粒，通过简单的溶液共混，可以获得多层级的仿生纳米微相分离结构；LA 中的羟基和磺酸基可以与 PVA 分子链上的羟基形成高度密集的氢键，实现强界面相互作用，制备出具有高强度、高应变以及优异紫外阻隔性能的超韧 PVA 纳米复合膜材料。该工作为制备高强度、可生物降解高分子复合材料提供了一种简便方法。

一、木质素磺酸/PVA纳米复合膜的制备

1. 木质素磺酸的制备及表征

木质素磺酸（LA）由木质素磺酸钠（LS）依次浸泡阴离子树脂、阳离子树脂除去钠离子得到。如图 9-1(a) 所示，纯化后 LA 的数均分子量从 4.9 kDa（LS）上升到 10.8 kDa（LA），而分子量分布指数（PDI）则从 5.88（LS）降到 1.61（LA）。这说明离子交换树脂对 LS 的处理不但除去了无机盐，而且还除去了多糖等杂质[12]，纯化后 LA 的分子量分布更加均匀。傅里叶变换红外光谱（FTIR）展示了从 LS 到 LA 官能团的变化 [图 9-1（b）]。离子交换树脂纯化后，LA 的羟基官能团（OH）发生了明显的红移，从 LS 的 3445cm⁻¹ 移到 LA 的 3029 ～ 3402cm⁻¹ 宽峰。与 LS 相比，LA 在 1033cm⁻¹ 处的 S＝O 伸缩振动增强，这归因于 LA 中 —SO₃H 基团更强的氢键相互作用。LA 芳香环骨架上的对称以及不对称甲氧基 C—H 伸缩振动在 2945cm⁻¹ 和 2836cm⁻¹ 处的吸收峰明显增强，这可能的原因是，

纯化后非还原性糖等非芳香族杂质含量减少以及芳香族骨架环含量增加，导致 LA 中 C—H 的伸缩振动更明显。LA 红外光谱中 1697cm^{-1} 处是共轭或芳族酮的 C＝O 伸缩振动峰。除去钠盐后，LS 中的磺酸盐变为 LA 中的磺酸，形成了牢固的分子间和分子内氢键，从而在 LA 中产生了共轭羰基在 1697cm^{-1} 处的伸缩振动。

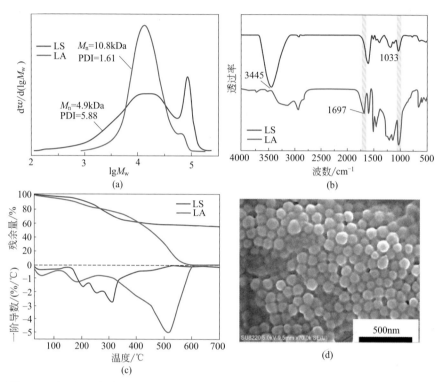

图9-1 （a）LA与纯化前LS的GPC曲线；（b）LA与LS的FTIR光谱图；（c）LA与LS在空气氛围下的TG和DTG曲线；（d）LA从水中析出的SEM图

热重（TG）结果也显示了 LS 与 LA 的巨大差别 [图 9-1（c）]。LS 在 150℃ 左右开始分解，并在 400℃ 左右完成最大失重，最大分解速率温度（T_{max}）在 310℃附近。LS 在 700℃ 的残留物占 55%，这可能是由于 LS 中金属离子的碳化作用[13]。LA 的初始分解温度与 LS 相似，而 LA 的 T_{max} 增加到 500℃ 以上。LA 的灰分残余量在 600℃ 达到零，表明 LA 中几乎不存在金属离子。FTIR 和 TG 结果均证实了离子树脂纯化后可有效去除 LA 中的金属离子。如图 9-1（d）所示，得益于 LA 的两亲性结构，LA 可以从水分散液中发生自组装形成 80nm 左右的均匀纳米粒子。

2. 木质素磺酸/PVA 纳米复合膜的制备

木质素磺酸/PVA 纳米复合膜通过简单溶液共混浇铸成膜得到。样品命名为 LA-X，其中 X 代表木质素磺酸 LA 在 PVA 复合膜中的质量分数。采用全反射-傅里叶变换红外光谱（ATR-FTIR）、液体流变以及原子力显微镜（AFM）等手段表征 LA 与 PVA 之间的作用力。如图 9-2（a）所示，纯 PVA 膜呈现出典型的以 3333cm^{-1} 为中心的羟基（O-H）伸缩振动。且随着 LA 含量的增加，O-H 峰发生明显的蓝移，从 LA-1 的 3338cm^{-1} 移动到 LA-10 的 3351cm^{-1}。除此之外，如图 9-2（b）所示，C-OH 的伸缩振动从 PVA 的 1089cm^{-1} 移动到 LA-10 的 1094cm^{-1}。LA 中 S=O 中发生明显的蓝移，它的吸收峰从 1033cm^{-1} 移动到 1037cm^{-1}。ATR-FTIR 谱图中发生的蓝移行为充分证实了 LA 中的 SO$_3$H 与 PVA 中的 OH 之间形成了强烈的氢键作用。

PVA 与 LA 之间的氢键作用可以通过液体流变被进一步证实，如图 9-2（c）和（d）所示。将 LA 加入 PVA 水溶液后，混合溶液的储能模量（G'）和复数黏度（η^*）在低角速度区域（$\omega < 10^0$rad/s）明显增加。特别是对于含有 LA 的混合溶液，在 G' 曲线的低角速度区域出现了一个斜率几乎为零的平台区，这是由 LA 与 PVA 之间氢键作用产生较强的物理交联网络所导致的。在平台区，样品 LA-5 水溶液的 G' 值和 η^* 值最高，表明添加 5%（质量分数）LA 的 PVA 混合溶液形成了最强的氢键物理交联网络。

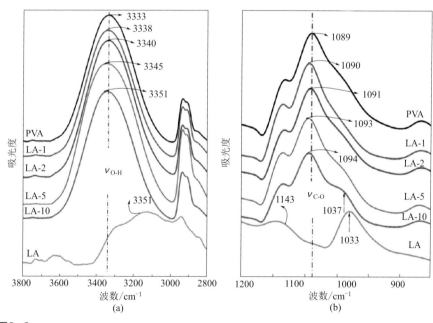

图9-2

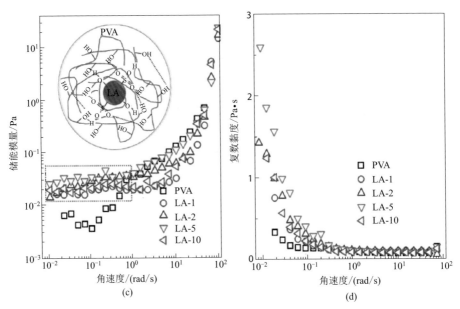

图9-2 （a）PVA、LA和LA/PVA纳米复合膜呈现的O—H伸缩振动；（b）C—O或S=O伸缩振动；（c）PVA和PVA-LA混合溶液的储能模量（G'）；（d）复数黏度（η^*）

PVA 与 LA 之间的分子间作用力还进一步采用原子力显微镜（AFM）进行定量测试。分别用涂覆均匀 PVA 涂层的二氧化硅球形探针去接触光滑的 PVA 涂层表面和 LA 涂层表面，接触时间均是 500ms［图 9-3（a）］，记录分离过程中针尖端与接触表面之间的黏附力，每次测量重复 200 次以获得黏附力的频率分布。如图 9-3（b）和（c）所示，LA 与 PVA 之间的平均黏附力［力矩比 $F/R \approx$（0.37 ± 0.06）mN/m] 大于 PVA 与 PVA 之间的平均黏附力［$F/R \approx$（0.20 ± 0.06）mN/m]，证明了 LA 与 PVA 之间更强的界面作用力。

二、木质素磺酸/PVA纳米复合膜的力学性能

图 9-4（a）展示了 LA/PVA 纳米复合膜的典型工程应力 - 应变行为。与纯 PVA 膜相比，LA/PVA 纳米复合膜的拉伸强度、杨氏模量及韧性均有明显的提高。仅添加 1% 的 LA，LA/PVA 纳米复合膜的断裂伸长率从 238%（纯 PVA）提高到 361%（LA-1），随着 LA 添加量的增加断裂伸长率逐渐降低。这一结果与流变测试结果的趋势相似。随着 LA 添加量的增加，复合膜拉伸强度先增加后降低。当 LA 添加量达到 5% 时，LA-5 的拉伸强度达到最高值 98.2MPa，其杨氏模量为 3.37 GPa。和纯 PVA 膜相比，LA-5 复合膜的拉伸强度和杨氏模量分别提高

了 79% 和 90%。进一步增加 LA 的添加量至 10%，LA-10 的拉伸强度和断裂伸长率反而急剧降低，这可能是由于 LA 在 PVA 基体中的团聚引起。LA-5 的力学性能最佳，与液体流变测试中 LA-5 具有最强氢键交联网络的结果一致，LA 的刚性苯环结构以及三维网状结构对于 PVA 膜的增强及增韧也起了重要作用[12]。然而对于添加 5% 木质素磺酸钠的 PVA 复合膜样品（LS-5），其拉伸强度和断裂伸长率仅有 75.1MPa 和 181%。这可能由于 LS 中的大量杂质影响了 LS 与 PVA 之间形成强而有效的氢键作用。

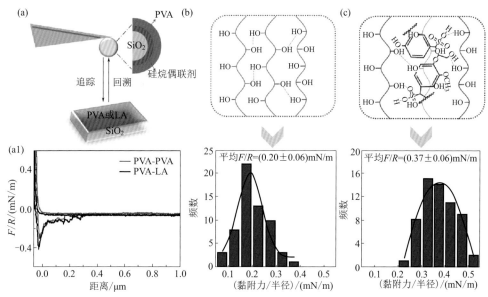

图9-3 （a）用于AFM测试的PVA包覆的球形探针示意图；（a1）典型的PVA-PVA和PVA-LA的AFM力-矩曲线；（b）PVA-PVA和PVA-LA之间的氢键作用示意图；（c）AFM黏附力测试直方图

图 9-4（c）比较了 LA/PVA 纳米复合膜与其他 PVA 复合膜的拉伸强度以及相对拉伸韧性。相对于其他的 PVA 复合膜，LA/PVA 纳米复合膜具有更高的拉伸强度和相对韧性。尽管通过添加改性纳米填料可以获得强度极高的 PVA 复合膜，但是其韧性以及断裂伸长率仍然很低。Song 等[14]以贻贝仿生为灵感，将磺化的氢化苯乙烯 - 丁二烯嵌段共聚物（SSEBS）弹性体均匀分布于 PVA 基体，制备了 PVA 纳米复合膜。添加了 10% SSEBS 的 PVA 纳米复合膜具有 122J/g 的比韧性和 205% 的断裂伸长率。而相较于这些报道，本节所报道的 LA-5 表现出更高的比韧性（173J/g）以及更高的断裂伸长率（282%），同时其拉伸强度及杨氏模量分别高达 98.2MPa 和 3.37GPa，这种优良的力学性能已经超越了大多数工程塑料。

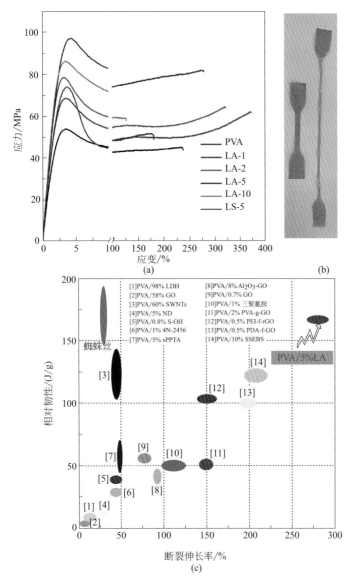

图9-4 （a）LA/PVA纳米复合膜的工程应力-应变曲线图；（b）LA-5拉伸前后的样品照片；（c）LA/PVA纳米复合膜的相对韧性以及断裂伸长率与其他PVA纳米复合膜的比较

三、木质素磺酸/PVA纳米复合膜增强机理

为了研究 LA 对 PVA 的增强机制，通过透射电镜（TEM）研究代表性样

品 LA-5 的微相分离结构。如图 9-5（a）所示，在纯 PVA 膜中没有发现明显的相分离结构。在拉伸之前，LA 在基体中以粒径大约 450nm 的均匀球形存在［图 9-5（b）］。通过对比图 9-5（b1）所示的硫元素对应映射图发现，大的球形颗粒是由无数小的颗粒组成。由于硫元素只存在于 LA 中，映射图像中分散的光点代表小的原生 LA 纳米颗粒。由此可以推断，几百纳米的次级球形颗粒是由几纳米的初级 LA 原生纳米颗粒松散聚集组成。在拉伸过程中，次级球形颗粒被拉开破碎成小块［图 9-5（c）］，并且聚集的原生纳米颗粒逐渐被拉开到更大的距离［图 9-5（c1）］。从图 9-5（c1）可以清楚地观察到分散的 LA 原生纳米颗粒，颗粒大小均匀，粒径约为 4nm。如图 9-5（c2）所示，LA 原生纳米颗粒与 PVA 基质之间的界面模糊，进一步证实了 LA 和 PVA 之间通过分子间氢键作用形成了良好的界面相容性。次级球形颗粒的破碎和 LA 原生纳米颗粒在 PVA 基体中的应变诱导分散过程引起了界面受限氢键的动态断裂和重构，因此可以在拉伸过程中有效地耗散能量，抑制应力集中，最终提高复合膜的强度、韧性以及延展性。

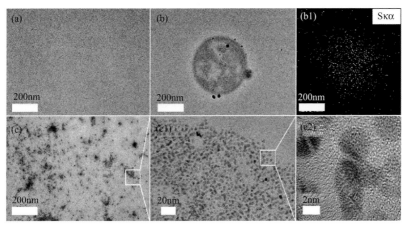

图9-5　（a）纯PVA膜；（b）LA-5拉伸前的TEM图；（c）LA-5拉伸后的TEM图；（b1）是（b）图中硫元素的映射图像；（c1）和（c2）是（c）图的不同尺寸放大图

通过广角 X 射线衍射（XRD）研究 LA 对 PVA 链结晶的影响。如图 9-6（a）所示，PVA 在 2θ 为 19.6°的尖峰和 2θ 为 22.8°处的肩峰分别对应（101）和（200）晶面。由于 LA 是三维无定形结构，所以其 XRD 图中没有出现明显的结晶峰。拉伸之前，纯 PVA 与 LA-5 表现出同样的衍射峰，表明 LA 的添加没有明显干扰 PVA 的晶胞结构。然而，拉伸之后，PVA 与 LA-5 复合材料结晶衍射峰强度出现明显的不同。在拉伸 200% 应变后，LA-5 衍射峰的强度明显高于纯 PVA，表明 PVA 复合膜中的 LA 分子可以在拉伸过程中促进 PVA 链段的取向，促进应变诱导结晶，从而增强其强度和硬度。

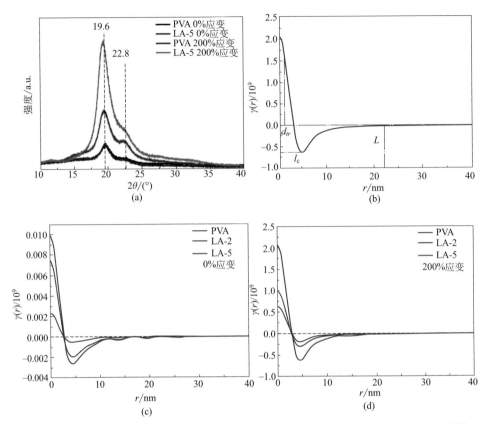

图9-6　（a）PVA和LA-5拉伸前后XRD图对比；（b）LA-5在200%应变下的SAXS校正一维相关
函数曲线；PVA，LA-2，LA-5 拉伸前（c）和拉伸后（d）的SAXS校正一维相关函数曲线

进一步用小角 X 光散射（SAXS）探究 LA/PVA 纳米复合膜的变形机理。如
图 9-6（b）～（d）所示，通过 Lorenz 校正的 SAXS 曲线进行逆傅里叶变换，得
到 SAXS 归一化一维相关函数曲线。分析一维相关函数可以得到 PVA 的结构参
数，包括长周期（L），过渡层（d_{tr}），结晶层与过渡层厚度之和（l_c）。然后，可
以相应地计算出核心晶层厚度（$d_0 = l_c - d_{tr}$）和非结晶层厚度（$l_a = L - l_c$）。结果如
表 9-1 所示。所有样品在拉伸后，d_{tr}、l_c 和 d_0 都增加，表明有较厚晶体的形成，
这与图 9-6（a）中 XRD 结果所揭示的 PVA 晶体衍射峰强度增加一致。拉伸后，
纯 PVA 的长周期 L 没有明显变化，但 LA-2 和 LA-5 的长周期 L 均显著增加，这
主要是由于 l_a 的增加所致。这揭示了三维 LA 分子可以通过动态牺牲氢键约束
PVA 无定形链段，促进链段取向。

表9-1 从SAXS一维相关函数曲线中提取0%和200%应变下的PVA、LA-2和LA-5结构特征参数

样品	d_{tr}/nm	l_c/nm	d_a/nm	l_a/nm	L/nm
PVA	0.45	2.89	2.44	13.90	16.79
PVA-200%	0.61	3.60	2.99	14.16	17.76
LA-2	0.75	3.29	2.54	13.87	17.16
LA-2-200%	0.86	3.70	2.84	18.15	21.85
LA-5	0.84	3.42	2.58	13.75	17.17
LA-5-200%	0.91	3.76	2.85	19.58	23.16

基于上述表征结果，笔者提出了一种应变诱导分散和界面受限动态氢键协同作用的增强增韧机理，如图9-7所示。几纳米尺寸的LA原生纳米粒子在PVA基体中松散聚集形成几百纳米尺寸（300～500nm）的次级球形纳米颗粒。当LA/PVA纳米复合膜被拉伸时，次级纳米颗粒被拉开破碎，并且LA在PVA基体中被逐渐拉散，在次级纳米颗粒被拉伸破碎分散过程中，受限的界面氢键不断地动态断裂、重构。同时，在PVA/LA体系中，三维LA分子通过氢键作用作为锚点，限制无定形PVA分子链段并且在拉伸过程中促进链段取向和排列。在应变诱导分散和强氢键作用下，通过LA对PVA链的三维锚合效应，可以有效地消除外部负载能量，降低应力集中，并且延迟微裂纹的产生，从而最终提高复合膜的强度、韧性以及延展性。这种增强机制类似于天然蜘蛛丝，都包含多层级纳米微相分离结构和限制在纳米相中的高密度牺牲氢键。LA/PVA体系的不同之处在于次级团聚颗粒的破裂以及LA原生纳米颗粒在PVA基体中会发生应变诱导分散过程。

四、木质素磺酸/PVA纳米复合膜的热性能和紫外屏蔽功能

如图9-8（a）、（b）所示，LA/PVA纳米复合膜的热性能可通过差示扫描量热法（DSC）和热重分析（TG）表征。随着LA添加量的逐渐增加，纳米复合膜的玻璃化转变温度（T_g）明显提高。例如，和纯PVA膜相比，LA-10的T_g提高了15.6℃。这是由于LA与PVA之间的氢键作用大大限制了PVA链段的运动。另一方面，随着TA添加量的增加，PVA纳米复合膜的熔融温度（T_m）明显降低。LA-10的T_m降低至198.8℃，比PVA的T_m（223.0℃）低24.2℃。同时，PVA纳米复合膜的最高热分解温度（T_{max}）随着TA添加量的增加逐渐提高，这可能是由于LA中含有的苯环结构和磺酸基团具有良好的热稳定性。添加10% LA的PVA纳米复合膜（LA-10），其T_{max}高达278.1℃，和纯PVA相比提高了24.5℃。

PVA 材料的主要缺点之一，是其熔融温度（200～250℃）接近热分解温度，因此很难实现复杂形状产品的熔融加工。从图 9-8（c）中可以看出，添加 LA 之后，PVA 纳米复合膜的熔融加工窗口（$T_{max}-T_m$）明显被拓宽。仅添加 10% 的 LA，LA-10 纳米复合膜的熔融加工窗口就被拓宽至 79.3℃。LA 在降低 PVA 纳米复合材料的熔融温度和提高其热稳定性方面起着重要作用，向 PVA 中添加 LA 是促进 PVA 材料熔融加工的有效方法。

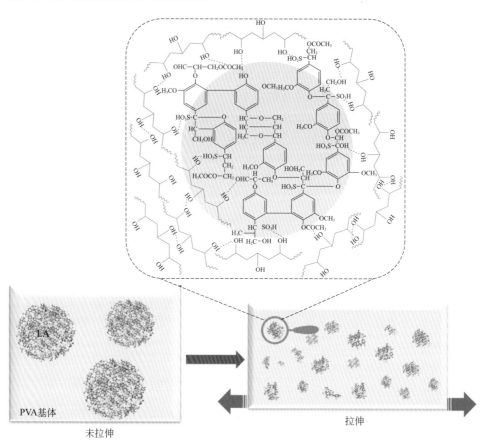

图9-7　LA对PVA膜的增强机理

通常，具有紫外线（UV）屏蔽功能的 PVA 复合膜在食品和药品包装以及农业覆盖膜领域具有很大的吸引力。然而，纯 PVA 膜没有紫外线屏蔽功能。正如图 9-8（d）所示，纯 PVA 膜能够完全透过 UV 光谱。随着 LA 添加量增加，PVA 纳米复合膜对于 UV 光的透过率逐渐降低。仅添加 1% LA 的 PVA 纳米复合膜（LA-1）就能够完全屏蔽 UVB（320～275nm）、UVC（275～200nm）和大部分 UVA（400～320nm）波段。当 LA 的添加量增加至 2%～5%（LA-2，LA-5）时，几乎 100% 的 UVA 波段也被屏蔽。这种优秀的紫外线阻隔性能归因于 LA 分子中的苯丙烷和酚羟基结构的强紫外线吸收能力。尽管 LA 引入的棕色影响了 PVA 膜在可见光区域的透过率，但 LA-5 依然保持良好的透明度。由于 PVA 和 LA 都可以生物降解，PVA 与 LA 复合为开发具有优异紫外线阻隔能力的可完全生物降解透明纳米复合薄膜提供了一条有效途径。

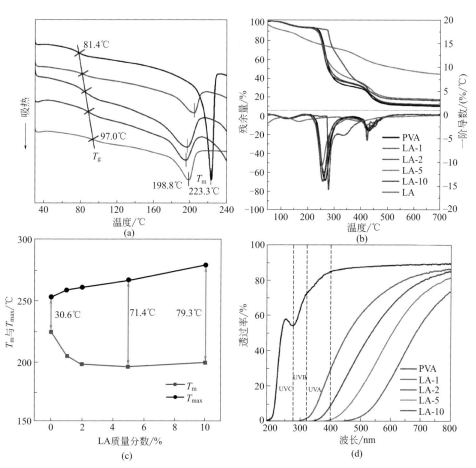

图9-8 （a）纯PVA膜（黑）和LA/PVA纳米复合膜（其他颜色）的DSC曲线；（b）纯PVA膜和LA/PVA纳米复合膜在氮气氛围下的TG及DTG曲线；（c）不同LA添加量的LA/PVA纳米复合膜的T_m和T_{max}；（d）纯PVA膜和LA/PVA纳米复合膜的UV-Vis曲线（膜的厚度大约为150μm）

第二节
木质素亲水纳米颗粒/PVA高阻隔纳米复合膜

聚乙烯醇（PVA）由于是一种水溶性可生物降解高分子，其分子链上的大量羟基使其具有高度水敏感性。因此，提高 PVA 膜的水蒸气阻隔性能对于拓展其在包装领域的应用至关重要。

近年来，已有报道通过向 PVA 中掺杂氧化石墨烯纳米片[15]、碳酸盐纳米颗粒[16]、ZnO[17] 和纳米 SiO_2[18] 等纳米颗粒来改善 PVA 复合材料的水蒸气阻隔性能。掺入纳米填料后，对水分子扩散所产生的"曲折路径效应"可以改善 PVA 纳米复合薄膜的水汽阻隔性能。然而，由于 PVA 基体与填料之间较差的界面相容性，PVA 复合膜的力学性能急剧下降。此外，高成本的无机纳米填料在一定程度上降低了 PVA 复合膜的绿色特性并提高了成本。因此，迫切需要寻找一种廉价绿色的生物质资源作为无机纳米填料的替代品来制备兼顾力学性能和水蒸气阻隔性能的全降解复合材料。

在前一节的工作中，笔者已经论证了木质素磺酸可以和 PVA 形成高效的界面氢键作用，从而实现 PVA 复合材料的同时增强和增韧。但是，木质素磺酸属于水溶性木质素，无法提高 PVA 复合膜的水蒸气阻隔性能。本节尝试采用木质素来改善 PVA 膜的水蒸气阻隔性能。由于木质素具有两亲特性，理论上，引入木质素的疏水骨架部分可以提高 PVA 膜的疏水性，进而提高其水蒸气阻隔性能。但是实际上，由于木质素自身团聚严重，木质素团聚体中极性、疏水性基团的不规则分布导致木质素与 PVA 之间的相容性很差。木质素在 PVA 基体中形成的 $10 \sim 100\mu m$ 大团聚体引起宏观相分离，使得 PVA 复合膜表现出较差的力学性能以及较差的水蒸气阻隔性能[13]。

为了改善木质素/PVA 复合材料的水蒸气阻隔性能而不削弱其力学性能，需要将木质素作为纳米级颗粒均匀地分散在 PVA 基体中，同时改善木质素与 PVA 基体之间的界面相容性。在本节工作中，采用亲水木质素纳米颗粒（LNM）作为绿色填料，利用 LNM 表面的亲水性基团与 PVA 基体形成强界面氢键作用，同时在 PVA 基体中形成纳米微相分离结构，从而增加水蒸气渗透路径曲折度，既提高了 PVA 膜的水蒸气阻隔性能，又提高其力学性能和紫外屏蔽性能[19]。

一、木质素亲水纳米颗粒/PVA复合膜的制备

木质素亲水纳米颗粒（LNM）通过酶解木质素从水中疏水自组装得到。所

用酶解木质素重均分子量 1.7kDa，分子量分布指数为 1.41，羟基总含量为 4.11mmol/g。大部分木质素分子链在氢氧化钠溶液中呈现舒展状态，随着钠盐不断被透析渗出，木质素的溶解度逐渐降低，木质素的亲水单元（羟基、羧基官能团等）向外伸展，疏水链段（苯丙烷结构等）向内团聚形成 LNM。如图 9-9（a）所示，自组装形成的 LNM 平均粒径大约为 224nm。制备的 LNM 均匀分散液表现出明显的丁达尔效应［图 9-9（b）］。通过简单溶液共混、浇铸成膜即可得到透明的 PVA/LNM 纳米复合膜。其中，LNM 在 PVA 基体中分散均匀［图 9-9（c）］。同时，由于 LNM 表面富集了亲水的羟基、羧基等官能团，LNM 与 PVA 的羟基之间可以形成有效的界面氢键作用。

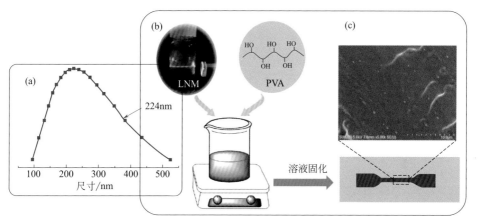

图9-9 （a）LNM的粒径分布；（b）LNM/PVA纳米复合膜的制备示意图；（c）LNM/PVA纳米复合膜的SEM图

二、木质素亲水纳米颗粒/PVA 纳米复合膜的阻隔性能及阻隔机理

LNM/PVA 纳米复合膜的表面亲疏水性通过接触角进行表征［图 9-10（a）］。与纯 PVA 膜相比，由于 LNM 苯丙烷骨架的疏水性，LNM/PVA 纳米复合膜的亲水性明显降低。仅添加 5%（质量分数）的 LNM，LNM-5 的接触角从纯 PVA 膜的 34.3° 提高到 88.5°。当 LNM 的添加量增加到 10% 时，LNM-10 的接触角又降低为 78.5°。与接触角的变化趋势相反，水蒸气透过率（WVTR）呈现先降低后增加的趋势［图 9-10（b）］。LNM-5 的 WVTR 仅是 PVA 的 1/3，表明仅添加 5% 的 LNM 就能够明显降低 PVA 纳米复合膜的水蒸气透过率，降幅达到 67%。

如图 9-11 所示，为了验证 LNM/PVA 纳米复合膜的水蒸气阻隔机理，采用扫描电子显微镜（SEM）对纯 PVA 膜及 PVA 复合膜的切面进行表征。与纯 PVA

膜相比，PVA 纳米复合膜中具有均匀分布的 250nm 左右的球形颗粒。而且，随着 LNM 添加量逐渐增加，纳米颗粒逐渐变得密集。在 LNM 添加量为 5%（LNM-5）时，LNM 球形纳米颗粒在 PVA 基体中依然分散得很均匀。LNM 在 PVA 基体中形成的微观相分离结构，大大增加了纳米复合膜中水分子侵入的曲折程度，从而提高了 PVA 复合膜对水蒸气的阻隔性。而添加过量的 LNM 导致 LNM-10 中出现不规则团聚体，并极大地影响了复合膜的阻隔性能，导致 LNM-10 的水汽透过率相比 LNM-5 有所回升。

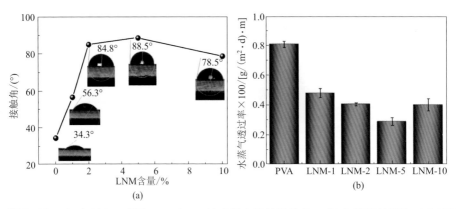

图9-10 （a）纯PVA膜和LNM/PVA纳米复合膜的接触角；（b）纯PVA膜和LNM/PVA纳米复合膜的水蒸气透过率比较

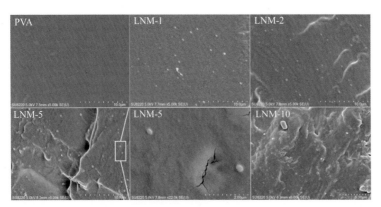

图9-11 纯PVA膜和PVA纳米复合膜的SEM图

图 9-12（a）是 PVA 膜与 LNM/PVA 纳米复合膜的 XRD 图。半结晶性 PVA 在 19.6° 和 22.8° 出现两个明显的衍射峰。由于 LNM 的无定形结构，LNM 的 XRD 图没有明显的衍射峰出现。与纯 PVA 膜相比，除 LNM-1 外，LNM/PVA 纳

米复合膜的结晶度略有下降，这表明引入适量的 LNM 不会明显干扰 PVA 基体的结晶行为，但 LNM 的量增加会导致结晶度有所下降。当 LNM 的含量达到 10% 时，LNM-10 的结晶度明显降低。这一结果通过差示扫描量热分析（DSC）也可以得到验证。LNM/PVA 纳米复合膜的熔融温度（T_m）几乎保持恒定（纯 PVA 为 224.1℃，LNM-10 为 221.0℃），但 DSC 分析所得结晶度（$X_{c\text{-}DSC}$）由纯 PVA 的 29.2% 降低为 22.8%（LNM-10）。PVA 纳米复合材料的玻璃化转变温度（T_g）随着 LNM 含量的增加而逐渐增加［图 9-12（b）］，这是由于 LNM 与 PVA 之间强烈的分子间氢键相互作用，限制了 PVA 链段的运动[11]。

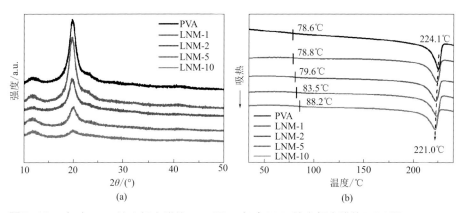

图9-12　（a）PVA纳米复合膜的XRD图；（b）PVA纳米复合膜的DSC图

由以上分析，可以推测木质素亲水纳米颗粒对 PVA 复合膜水蒸气阻隔性能的提升机理，如图 9-13 所示。水分子从薄膜的一侧穿过半结晶聚合物 PVA 的非结晶区域渗透到另一侧，在传输过程中，水分子倾向于寻找阻力最小的路径。聚合物基体的结晶度和基体中填料的形态对水蒸气的渗透起着至关重要的作用。PVA 纳米复合膜的高结晶度和纳米微相分离结构增加了水蒸气在 PVA 基体中的扩散路径，而填料与 PVA 基体之间牢固的氢键也增加了水蒸气的传输阻力[20]。因此，木质素亲水纳米颗粒的引入显著提高了 PVA 复合膜的水蒸气阻隔性能。

三、木质素亲水纳米颗粒/PVA 纳米复合膜的其他性能

图 9-14 是纯 PVA 和 LNM/PVA 纳米复合材料的工程应力 - 应变曲线。与纯 PVA 膜相比，LNM/PVA 纳米复合材料的拉伸强度和断裂韧性均明显提高。具体而言，纯 PVA 膜的拉伸强度为 72.2MPa，仅添加 2% LNM 的 PVA 纳米复合膜（LNM-2）拉强度显著提高至 91.3MPa。并且拉伸强度随着 LNM 添加量的增

加而逐渐提高，并在添加了 10% LNM（LNM-10）时达到最大值 94.9MPa。但是复合膜的韧性首先增加到最大值 225%（LNM-2），随后随着 LNM 添加量增大而逐渐减小，LNM-2 的韧性达到最大值（156.4 MJ/m^3），相对于纯 PVA 膜（115.8 MJ/m^3）提高了 35%。随着 LNM 在 PVA 复合膜中的含量逐渐增加，拉伸强度不断增加，但韧性却先增大后减小，这是由于 LNM 添加过量导致其在 PVA 基体中无规则团聚（图 9-11），影响了 PVA 复合膜的力学性能。样品 LNM-2 与 LNM-5 均具有优异的力学性能，包括拉伸强度和韧性。LNM/PVA 纳米复合膜中的纳米微相分离结构及界面动态氢键作用，在拉伸过程中耗散大量能量，引起韧性断裂，从而显著提高复合膜的拉伸强度和韧性[16]。

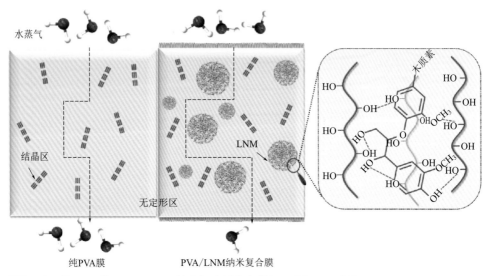

图9-13　纯PVA膜和LNM/PVA纳米复合膜的水蒸气阻隔机理示意图

　　如图 9-15（a）所示，纯 PVA 膜对紫外线光谱（380～190nm）无屏蔽特性。但是，LNM/PVA 复合膜的透光率随着膜中 LNM 含量增加而下降，特别是在 UV 光谱区域。仅添加 1% LNM 的 PVA 纳米复合膜（LNM-1）能够 100% 屏蔽 UVB 波段（320～275nm）和 UVC 波段（275～190nm）以及大部分 UVA 波段（380～320nm）的紫外光。一旦 LNM 添加量达到 5%，PVA 纳米复合膜（LNM-5）能够完全屏蔽 UVA 波段。这种优异的紫外线屏蔽功能归因于从水溶液中自组装形成的 LNM 纳米颗粒外表面富集了丰富的酚羟基官能团。尽管 LNM 的加入使得复合膜呈现棕色，但是添加了 5% LNM 的纳米复合膜（LNM-5），仍保持了良好的透明度。

　　如图 9-15（b）所示，采用热重分析（TG）评估 LNM/PVA 纳米复合膜的热稳定性。LNM/PVA 纳米复合膜的最大热分解速率温度（$T_{\max}$）随着 LNM 添加量的增加而提高。纯 PVA 膜的 $T_{\max}$ 为 262.3℃，而 LNM-10 的 $T_{\max}$ 为 273.5℃，这可能是因为 PVA 基体与 LNM 之间的强分子间氢键作用，限制了 PVA 链段的灵活性。LNM 分子中芳族结构单元也有助于提升 PVA 的热稳定性[11]。

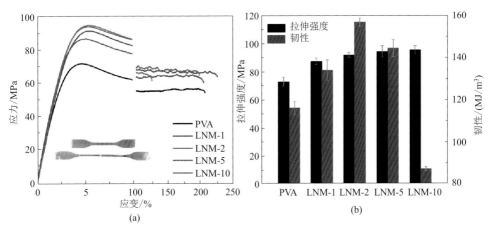

图9-14　（a）纯PVA膜和LNM/PVA纳米复合膜的应力-应变曲线图；（b）纯PVA膜和LNM/PVA纳米复合膜拉伸强度和韧性的比较（相对湿度20%）

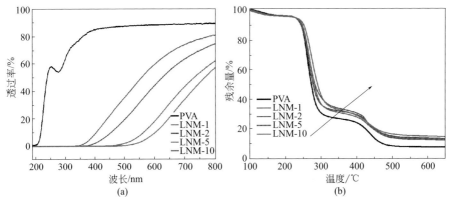

图9-15　（a）纯PVA膜和LNM/PVA纳米复合膜的UV-Vis透射曲线；（b）纯PVA膜和LNM/PVA纳米复合膜的TG图

木质素磺酸钠/PVA高韧性纳米抗菌复合膜

随着人们对食品安全和健康的需求不断提高，具有抗菌特性的可降解高分子材料受到了越来越多的关注。聚乙烯醇（PVA）虽然具有可降解性、无毒、良好的生物相容性、优异的氧气阻隔性能及相对较低的成本等优点，但是，PVA膜不具有抗菌活性。

为了使PVA材料具有抗菌性能，近年来，有大量文献报道将各种类型的抗菌剂掺入PVA基体中，例如壳聚糖[21, 22]、ZnO[23, 24]、银纳米颗粒（Ag NPs）[25-28]或银纳米线[29]等。银纳米材料由于具有广谱、高效、持久和无耐药性等众多优势，成为最普遍的无机抗菌剂之一[30]。因此，Ag NPs可以赋予PVA复合材料良好的抗菌活性，拓宽其在食品和药品包装以及其他抑菌领域中的应用。但是，纯银基抗菌剂通常表现出较差的光稳定性，并且易于释放，导致有效的抗菌期缩短。纯银基抗菌剂造成的高成本和潜在的健康及环境问题也限制了其应用。

为了降低成本并提高银基抗菌剂的功效，研究人员提出了在载体上负载纳米银的研究思路。虽然文献报道的各种载体很多，包括氧化石墨烯[31]、蒙脱石[32]等，然而，这些载体与PVA的相容性很差，导致PVA复合材料的力学性能严重下降。因此，迫切需要一种低成本且无毒环保的纳米银载体，而且能够与PVA基体具有良好的界面相容性。

在本节工作中，笔者利用绿色生物质木质素磺酸钠（LS）和单宁酸（TA）为载体，通过简易的微波辅助方法制备了一种负载型纳米银抗菌剂，并与PVA复合，制备了高性能的PVA纳米复合膜。所制备的PVA纳米复合膜不仅具有抗菌活性和抗氧化活性，而且还具有非常优异的力学性能，其相对韧性创造了新的世界纪录，高达262 J/g，远远高于天然蜘蛛丝（150～190 J/g）[33]。

一、木质素磺酸钠纳米抗菌剂的制备

图9-16是抗菌剂TA@LS-Ag的合成示意图。首先在缓冲溶液（pH = 8.5）中，将单宁酸（TA）加入到木质素磺酸钠（LS）溶液中，TA与LS的质量比为2:1，得到TA包覆LS的复合物TA@LS，然后加入一定量的硝酸银溶液进行吸附。最后通过简单的微波辅助还原法将TA@LS上吸附的银离子还原为Ag NPs。

如图9-17（a）所示，TEM图像显示TA@LS-Ag纳米粒子的平均粒径约为20nm，并且较小的Ag NP嵌入复合颗粒TA@LS-Ag内。TA@LS的XRD图仅呈现非结晶峰，而 TA@LS-Ag 的 XRD 图谱则分别在 38.21°、44.11°、64.23°、77.54° 处出现四个明显的衍射峰 [图 9-17（b）]，分别对应金属银的标准晶面（111）、（200）、（220）和（311），表明复合颗粒 TA@LS-Ag 中的银主要以金属态存在[34]。XPS 表征同样证明了 TA@LS-Ag 中 Ag NP 的成功合成 [图 9-17（c）]。与 TA@LS 的 XPS 图相比，TA@LS-Ag 中出现了明显的银元素信号（Ag 3d）。TA@LS-Ag 中 Ag 3d 的信号能分为两个峰，分别为 374.6eV 和 368.6eV，分别对应于 $3d_{3/2}$ 和 $3d_{5/2}$ 结合能，证明了金属银的形成[35]。如图 9-17（d）所示，TA@LS-Ag 中羟基（OH）的振动峰显著减弱，并且羟基峰从 TA@LS 的 3334cm^{-1} 蓝移到 3627cm^{-1}（TA@LS-Ag），表明羟基与 Ag NPs 发生了静电交联[36, 37]。与 Ag NPs 络合后，TA@LS 中邻苯二酚基团在 1220cm^{-1} 处的酚类 C-O-H 伸缩振动明显降低，这可能是由于邻苯二酚基团促进了银离子的还原，削弱了自身的信号完整性[35]。

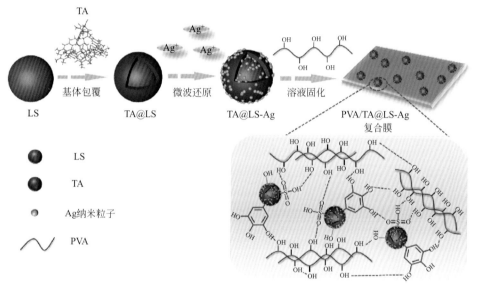

图9-16 抗菌剂TA@LS-Ag的合成及TA@LS-Ag与PVA之间的氢键作用力示意图

表 9-2 对比了不同复合颗粒的抗菌活性。LS 对合成高效抗菌剂 TA@LS-Ag 起着重要作用。以纯 TA 作为载体的样品 TA-Ag 不具有抗菌活性。可能的原因是 TA 中富含的邻苯二酚基团由于强大的氢键相互作用而导致自身严重的团聚，并且纯 TA 也易于被氧化，从而抑制了银离子的还原并阻止了银的均匀分散。但是，样品 LS-Ag 对大肠杆菌和金黄色葡萄球菌均具有一定的抗菌活性，最小抑菌浓度值（MIC）和最小杀菌浓度值（MBC）分别为 60μg/g 和 120μg/g，这可能是因为 LS 的两亲性和三维网状结构促进了 Ag NP 的分散。当 LS 与 TA 复合时，即使在不存在 Ag NP 的情况下，样品 TA@LS 仍具有一定的抗菌活性。这表明当

TA 均匀分散时，TA 中的邻苯二酚结构具有一定的抗菌活性[38]。在与银复合后，样品 TA@LS-Ag 表现出最佳的抗菌活性，大肠杆菌和金黄色葡萄球菌的 MIC 和 MBC 值分别低至 3.8μg/g 和 15μg/g。这得益于 Ag NP 在 TA@LS 复合载体中的均匀分散。特别是仅添加 0.32%（质量分数）的银元素就使 TA@LS-Ag 获得优异的抗菌活性，这显著降低了银的负载量。这也说明抗菌剂 TA@LS-Ag 中的主要成分是生物质 LS 和 TA。

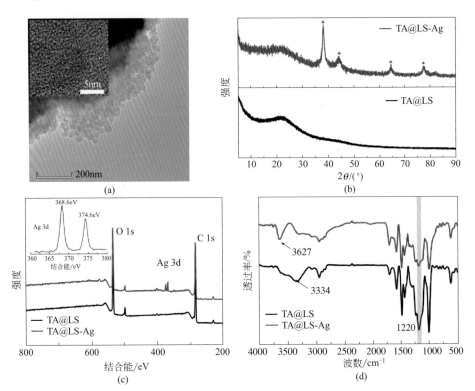

图9-17　TA@LS-Ag的(a) TEM图；(b) XRD 图；(c) XPS图；(d) TA@LS与TA@LS-Ag的FTIR图

表9-2　几种复合物样品的MIC和MBC值

样品	MIC/（μg/g）		MBC/（μg/g）	
	大肠杆菌	金黄色葡萄球菌	大肠杆菌	金黄色葡萄球菌
TA-Ag	—	—	—	—
LS-Ag	60	60	120	120
TA@LS	30	30	60	60
TA@LS-Ag	3.8	3.8	15	15

注：各种样品中 AgNO$_3$ 的质量分数为 0.5%。

二、木质素磺酸钠/PVA纳米抗菌复合膜的制备

TA@LS-Ag/PVA 纳米复合膜采用简单的溶液共混制备（图 9-16）。如图 9-18（a）所示，随着 TA@LS-Ag 添加量的增加，观察到羟基（OH）峰从纯 PVA 膜的 3333cm^{-1} 蓝移到 TA@LS-Ag-10 的 3353cm^{-1}，这表明在 PVA 基体和 TA@LS-Ag 之间形成了强氢键相互作用。PVA 中的羟基与 TA 和 LS 中的邻苯二酚、酚羟基或磺酸基之间形成了密集的氢键作用力（图 9-16）。图 9-18（b）所示的液体流变测试结果也证实了 PVA 和 TA@LS-Ag 之间存在强分子间相互作用力。TA@LS-Ag/PVA 混合溶液在低角速度下的平台区要比纯 PVA 溶液高得多，这表明 PVA 和 TA@LS-Ag 之间在氢键相互作用下形成了更强的物理交联网络。与其他混合溶液相比，TA@LS-Ag-5 在低角速度（< 10 rad/s）下的储能模量（G'）最大，表明 TA@LS-Ag-5 形成了最密集的基于氢键作用的物理交联网络[11]。

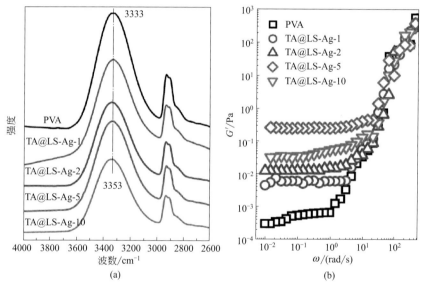

图9-18　（a）纯PVA膜和PVA纳米复合膜羟基伸缩振动的FTIR图；（b）纯PVA溶液和其与 TA@LS-Ag混合溶液的液体流变

图 9-19（a）和图 9-19（b）显示了纯 PVA 膜与 TA@LS-Ag-5 的 TEM 图像。与纯 PVA 膜相比［图 9-19（a）］，TA@LS-Ag-5 中出现了大量纳米颗粒，这表明 TA@LS-Ag 可以均匀分散在 PVA 基体中，平均粒径大约为 20nm。如图 9-19（c）和图 9-19（d）所示，银元素的映射图像与 LS 中的硫元素一致，表明 Ag NPs 是被 LS 吸收，并证实了 LS 促进了银离子的吸收。TA@LS-Ag-5 的 SEM 图像还表明，纳米级抗菌剂 TA@LS-Ag 在 PVA 基体中呈现均匀分布

［图 9-19（e）］，但当 TA@LS-Ag 在复合膜中的含量高达 10% 时，会有明显的团聚体出现［图 9-19（f）］。

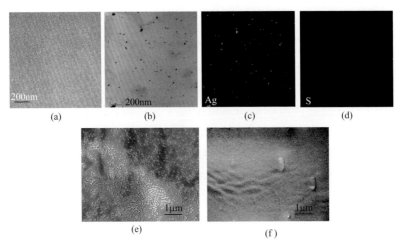

图9-19　（a）PVA；（b）TA@LS-Ag-5的TEM图；（c）Ag元素映射图；（d）S元素的映射图；（e）TA@LS-Ag-5的SEM图；（f）TA@LS-Ag-10的SEM图

三、木质素磺酸钠/PVA纳米复合膜的抗菌性能

图 9-20（a）和图 9-20（b）显示了对照样品和薄膜样品在 37℃下大肠杆菌和金黄色葡萄球菌的生长曲线。结果表明，没有添加 TA@LS-Ag 的纯 PVA 薄膜没有抗菌活性，细菌在液体培养基中能够在 24h 内生长到最大水平；随着 TA@LS-Ag 添加量的增加，PVA 纳米复合膜的抗菌性能明显增强。添加 PVA/TA@LS-Ag 纳米复合材料可以有效地抑制液体培养基中大肠杆菌和金黄色葡萄球菌的生长。此外，抗菌 PVA 纳米复合膜对大肠杆菌的抑制作用比对金黄色葡萄球菌的抑制作用相对更加明显。

值得注意的是，在 PVA 纳米复合膜 TA@LS-Ag-1 ～ TA@LS-Ag-10 中，抗菌剂 TA@LS-Ag 的负载量很小（质量分数 1% ～ 10%），而复合膜中银元素的实际含量更小（0.032% ～ 0.32‰），这大大降低了抗菌复合膜中银的含量，可以有效避免银的副作用。此外，生物质 LS 和 TA 可生物降解，PVA 基体也可生物降解。因此，TA@LS-Ag/PVA 纳米复合膜也可完全生物降解。所有这些结果证明，TA@LS-Ag/PVA 纳米复合薄膜有望作为具有抗菌功能的可降解包装材料应用。

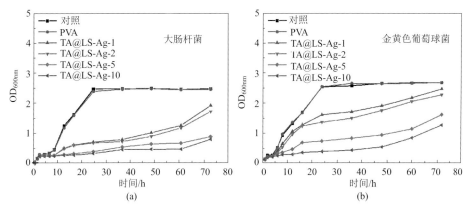

图9-20 （a）不同抗菌剂负载量对大肠杆菌的抑菌生长曲线；（b）金黄色葡萄球菌的抑菌生长曲线

四、木质素磺酸钠/PVA纳米复合膜的抗氧化及紫外屏蔽功能

对于用于包装材料领域的 PVA 复合膜来说，抗氧化活性也是材料的一项重要指标。抗氧化活性主要是通过清除自由基 DPPH 的能力来进行评价。自由基清除活性值（RSA，%）$= (A_{纯 PVA 膜} - A_{样品})/A_{纯 PVA 膜}$，其中 $A_{纯 PVA 膜}$ 是纯 PVA 膜的 UV 吸光度值，$A_{样品}$ 是样品的 UV 吸光度值。由于 TA 和 LS 中存在大量酚羟基基团，抗菌剂 TA@LS-Ag 也具有出色的光热稳定性和抗氧化活性。将 TA@LS-Ag 引入 PVA 后，PVA 纳米复合膜同样具有出色的抗氧化活性。如图 9-21（a）所示，在 DPPH 甲醇溶液与纯 PVA 膜样品提取物的混合物中，在 517nm 处观察到代表 DPPH 的尖锐吸收峰，表明纯 PVA 没有 DPPH 清除活性。仅将 1% 的 TA@LS-Ag 引入 PVA 时（TA@LS-Ag-1），DPPH 吸收峰的强度急剧下降，RSA 值高达 84.1%。当 TA@LS-Ag 的添加量稍微增加到 2% 时（TA@LS-Ag-2），DPPH 吸收峰几乎消失并且 RSA 值达到 95.2%，这表明样品 TA@LS-Ag-2 表现出优异的 DPPH 清除能力。当 TA@LS-Ag 的负载量达到 5% 以上时（TA@LS-Ag-5 和 TA@LS-Ag-10），DPPH 清除率上升至 100%。这些结果均表明 TA@LS-Ag 抗菌剂不仅赋予 PVA 膜优异的抗菌性能，而且具有优异的抗氧化性能。

如图 9-21（b）所示，与纯 PVA 膜相比，随着 TA@LS-Ag 含量的逐渐增加，复合膜在可见光区域的透过率逐渐降低，其紫外线屏蔽效果也逐步提高。抗菌剂 TA@LS-Ag 中的 TA 和 LS 分子中存在大量酚羟基，从而使 PVA 纳米复合膜具有出色的紫外线阻隔性能。当 TA@LS-Ag 的添加量达到 5% 时，PVA 纳米复合膜（TA@LS-Ag-5）完全屏蔽了紫外线。

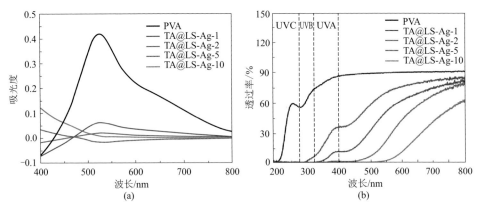

图9-21 （a）纯PVA膜和PVA纳米复合膜提取物与DPPH混合物的UV吸收谱图；（b）纯PVA膜和PVA纳米复合膜的UV-Vis透射曲线（膜的厚度大约为220μm）

五、木质素磺酸钠/PVA纳米复合膜的力学性能

纯 PVA 膜和 PVA 纳米复合膜的工程应力 - 应变曲线如图 9-22（a）所示。在将 TA@LS-Ag 引入 PVA 基体后，PVA 纳米复合膜的力学性能得到了显著改善。仅添加 1% 的 TA@LS-Ag，复合膜 TA@LS-Ag-1 的拉伸强度就提高到 128.5MPa，是纯 PVA 膜（60.7MPa）的 2.1 倍。将 TA@LS-Ag 的添加量进一步增加至 2%，得到的 TA@LS-Ag-2 最高拉伸强度达到 131.6MPa，断裂应变高达 295%。TA@LS-Ag-2 的拉伸韧性达到 335.1 MJ/m³，是纯 PVA 膜（116.8 MJ/m³）的 2.8 倍。当 TA@LS-Ag 的添加量增加到 5%（TA@LS-Ag-5）以上时，包括拉伸强度、杨氏模量、断裂应变及韧性在内的力学性能明显下降［图 9-22（a）］。这可能是由于过量的 TA@LS-Ag 在 PVA 基体中的团聚影响了力学性能［图 9-19（f）］。

图 9-22（b）对比了该项工作与文献报道其他 PVA 复合薄膜的断裂应变和相对韧性。对比可以看出，含有 2% TA@LS-Ag 的 PVA 纳米复合膜表现出更好的强度和相对韧性。本章第二节中，通过将 5% 的木质素磺酸引入 PVA 基体中构建受限的动态氢键作用和纳米微相分离结构，所得 PVA 纳米复合膜相对比韧性为 173 J/g[11]，达到了天然蜘蛛丝的相对比韧性水平（150 ~ 190 J/g）。相比之下，本节制备的 PVA/2% TA@LS-Ag（TA@LS-Ag-2）具有 262 J/g 的比韧性，是目前文献报道的 PVA 复合材料中相对比韧性最高水平，远高于天然蜘蛛丝。TA@LS-Ag-2 样品的拉伸强度（131.6MPa）也比 PVA/5% LA 复合膜（98.2MPa）强得多，并保持了 295% 的高断裂伸长率和 3.54 GPa 的高杨氏模量。这种优异的拉伸强度和韧性归因于 TA@LS-Ag 纳米填料和 PVA 基体之间的密集氢键相互作用以及所

形成的纳米微相分离结构的协同效应[39]。

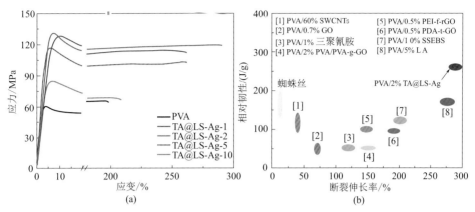

图9-22 （a）纯PVA膜和PVA纳米复合膜的应力-应变曲线；（b）该项工作与文献报道的
其他PVA复合薄膜的断裂应变及相对韧性比较

第四节
木质素改性其他可降解高分子材料

一、木质素改性PLA复合材料

聚乳酸（PLA）由于具有优异的机械强度、良好的生物相容性以及可生物降解的特性，被认为是最有前途的可生物降解聚合物之一，在包装材料、外科手术植入物和3D打印材料等领域具有重要的应用价值。然而，PLA固有的脆性、低延展性和高成本严重阻碍了其在这些工业领域中的实际应用。到目前为止，研究者们已经尝试了各种增韧改性方法来增强PLA的韧性，例如聚乙烯（PE）、丙烯腈-丁二烯-苯乙烯（ABS）共聚物和脂族-芳族共聚酯等对PLA都表现出出色的增韧效果。然而，这些不可降解增韧剂的引入降低了PLA复合材料的生物降解性。

工业木质素由于具有价格低廉、丰富、绿色和可生物降解的特性，被视作一种有前景的PLA增韧改性剂。由于PLA与木质素在热力学上的不相容性，PLA与纯木质素的简单熔融共混常常导致复合材料可加工性差和力学性能不理想。为了提高木质素与 PLA 的界面相容性，在木质素上接枝聚合物链是提高木质素在 PLA 中相容性的一种常见方法。

Sun[40] 报道了一种通过自由基聚合接枝两种生物衍生物单体，甲基丙烯酸月桂酯（LMA）和甲基丙烯酸四氢糠酯（THFMA），得到全生物基功能化木质素［Lig-g-P（LMA-co-THFMA），或 Mlignin］。与原始木质素相比，Mlignin 表现出较低的熔体黏度，与 PLA 具有更好的界面相容性，改善了其与 PLA 的可成形性。由于改善了界面黏附性，Mlignin 能够以亚微米相大小均匀地分散在 PLA 基体中，从而形成"海岛"相结构。相对于 PLA 基体，添加 20% 的 Mlignin 可将韧性提高 4.4 倍，达到 54.6 MJ/m^3，断裂伸长率从 12% 提升至 204%，提高约 16 倍。同时，PLA/20% 木质素复合材料保留了 40.9MPa 的拉伸强度。PLA 延展性和韧性的大幅提高主要归因于 Mlignin 的变形，它可以在拉伸过程中耗散断裂能。

Spiridon[41] 通过 Pickering 乳液法或熔融共混法将木质素微颗粒均匀分散到 PLA 基体中获得木质素 /PLA 复合材料。木质素的加入可以改善聚乳酸（PLA）的力学性能和热性能，其最终效果主要取决于木质素在 PLA 中的分散程度。研究表明，在 PLA 基体中加入 7% 木质素，PLA 复合材料的杨氏模量增加，但拉伸强度比纯 PLA 降低。随着木质素含量从 7% 增加到 15%，复合材料的拉伸强度增加，吸水能力下降。木质素的引入使 PLA 的分解温度提高了 10℃ 左右，结晶度由 7.5% 提高到 15% 以上，提高了聚合物的流动性。此外，通过细胞实验可以得出，将木质素加入 PLA 对材料表面上 SaOS-2 细胞的生长没有显著影响，这说明木质素的掺入并没有引起细胞毒性作用。

二、木质素改性PCL复合材料

聚己内酯（PCL）是己内酯（CL）开环聚合的产物。由于其良好的生物相容性、可生物降解性、形状记忆性和可加工性，成为一种适合应用于生物医学和组织工程领域的环保型塑料。然而，其低降解速率、弱力学性能、低熔点和高成本大大限制了其推广应用。近年来，一些研究人员通过将天然高分子与 PCL 共混以获得高性能的全生物降解 PCL 复合材料。接枝共聚被广泛用于天然高分子的改性，特别是木质素接枝 PCL（木质素 -g-PCL），可用于 PCL 复合材料的改性以制备具有较好力学性能的可降解复合材料。

Herzele 等[42] 通过有机溶剂浇铸法制备了一种木质纤维素（MFLC）增强的聚己内酯（PCL）纳米复合膜。这种具有高残留木质素含量的微纤化木质纤维素源自漂白纸浆且没有经过进一步修饰。PCL 纳米复合膜在 MFLC 添加量为 1% 时拉伸强度明显提高，之后随着添加量增加而降低。

Abdollahi 等[43]报道了一种采用经二氧化硅颗粒和甲醛改性的木质素作为多元醇大分子引发剂，用于 ε- 己内酯（CL）单体的开环聚合合成低成本热塑性聚己内酯（PCL）的方法。合成的木质素基热塑性塑料的热性能取决于接枝链的长度。

Kai[44]报道了一种通过无溶剂开环聚合反应合成一系列木质素基接枝共聚物的方法 [木质素 - 聚（己内酯 - 丙交酯)]。该种共聚物具有可调的分子量（10 ～ 16 kDa）和玻璃化转变温度（-40 ～ 40℃）。这种抗氧化木质素聚酯共聚物有望应用于医疗保健领域。

由于木质素 -g-PCL 具有更好的相容性和可加工性，将木质素用于 PCL 的接枝改性明显拓展了木质素在复合材料中的潜在应用。

三、木质素改性PBAT复合材料

当前用于食品包装的大多数材料都不可降解。因此，对于一次性使用的包装材料，使用环境友好型材料代替传统塑料至关重要。聚己二酸 / 对苯二甲酸丁二酯（PBAT）具有优异的可加工性和生物相容性，并且成本相对聚乳酸和聚己内酯更低，有望成为包装材料领域最有希望的替代品之一。PBAT 是一种柔性的合成脂肪族 - 芳族共聚酯，具有良好的热和力学性能以及与低密度聚乙烯（LDPE）相当的拉伸性能和加工性能。然而，其较高的水蒸气渗透率和高成本严重限制了其商业用途。为了提高 PBAT 的适用性，研究人员通过对 PBAT 共混改性以提高它的综合性能。研究表明，木质素的疏水性可以提高 PBAT 的水蒸气阻隔性能。除此之外，木质素的抗氧化特性还可以阻止或延缓 PBAT 在使用过程中的降解，从而防止柔性包装层的快速老化。

Tavares 等[45]制备了一种层压食品包装 PBAT- 碱木质素（KL）复合膜。PBAT-KL 复合膜通过 PBAT 分别与 1%、3%、5% 和 10%（质量分数）的 KL 共混挤出造粒，再通过层压获得多层复合材料，其中使用聚氨酯黏合剂将 PBAT-KL 共混膜黏合到聚乙烯层上。动态热分析结果表明聚合物可混溶，并且与 KL 结合后其接触角增加。PBAT-KL 复合材料兼具了工业废料的再利用、力学性能、柔韧性、抗剥离性以及 PBAT 的可生物降解性，是食品包装领域的一种极具应用价值的新材料。

Xing 等[46]报道了一种可生物降解的高性能 PBAT/ 木质素紫外屏蔽复合膜。先将生物基 10- 十一碳烯酸和油酸接枝在碱木质素上，然后将这种木质素酯衍生物、纯木质素分别与 PBAT 熔融共混制备紫外线阻隔膜。改性后的木质素在 PBAT 基体中分散良好，即使在添加量达到 20%（质量分数）时，PBAT 复合材料的力学性能和热稳定性也没有明显下降并且能够完全屏蔽紫外线。所制得的复合膜即使在紫外线照射 50h 后仍具有持久的紫外线保护作用。该工作证明了木质素在可降解 PBAT 紫外线阻隔膜领域具有很大的应用前景。

参考文献

[1] Shen Y, Zhu Y, Yu H, et al. Biodegradable nanocomposite of glycerol citrate polyester and ultralong hydroxyapatite nanowires with improved mechanical properties and low acidity [J]. Journal of Colloid and Interface Science, 2018, 530: 9-15.

[2] Kakroodi A R, Kazemi Y, Rodrigue D, et al. Facile production of biodegradable PCL/PLA in situ nanofibrillar composites with unprecedented compatibility between the blend components [J]. Chemical Engineering Journal, 2018, 351: 976-984.

[3] 张晓 . 高性能木质素改性聚乙烯醇复合材料的制备及性能研究 [D]. 广州：华南理工大学，2021.

[4] Shao L, Li J, Guang Y, et al. PVA/polyethyleneimine-functionalized graphene composites with optimized properties [J]. Materials & Design, 2016, 99: 235-242.

[5] Wang X, Liu X, Yuan H, et al. Non-covalently functionalized graphene strengthened poly(vinyl alcohol) [J]. Materials & Design, 2018, 139: 372-379.

[6] Ma J, Pan J, Yue J, et al. High performance of poly(dopamine)-functionalized graphene oxide/poly(vinyl alcohol) nanocomposites [J]. Applied Surface Science, 2018, 427: 428-436.

[7] Liu L, Barber A H, Nuriel S, et al. Mechanical properties of functionalized single‐walled carbon‐nanotube/poly(vinyl alcohol) nanocomposites [J]. Advanced Functional Materials, 2005, 15(6): 975-980.

[8] Ren J, Yu D. Effects of enhanced hydrogen bonding on the mechanical properties of poly(vinyl alcohol)/carbon nanotubes nanocomposites [J]. Composite Interfaces, 2018, 25(3): 205-219.

[9] Wu S, Li W, Zhou W, et al. Large‐scale one‐step synthesis of carbon dots from yeast extract powder and construction of carbon dots/PVA fluorescent shape memory material [J]. Advanced Optical Materials, 2018, 6(7): 1701150.

[10] Xiong F, Wu Y, Li G, et al. Transparent nanocomposite films of lignin nanospheres and poly(vinyl alcohol) for UV-absorbing [J]. Industrial & Engineering Chemistry Research, 2018, 57(4): 1207-1212.

[11] Zhang X, Liu W, Yang D, et al. Biomimetic supertough and strong biodegradable polymeric materials with improved thermal properties and excellent UV‐blocking performance [J]. Advanced Functional Materials, 2019, 29(4): 1806912.

[12] Buono P, Duval A, Averous L, et al. Lignin‐based materials through thiol–maleimide "click" polymerization [J]. ChemSusChem, 2017, 10(5): 984-992.

[13] Wang H, Qiu X, Zhong R, et al. One-pot in-situ preparation of a lignin-based carbon/ZnO nanocomposite with excellent photocatalytic performance [J]. Materials Chemistry and Physics, 2017, 199: 193-202.

[14] Song P, Xu Z, Dargusch M S, et al. Granular nanostructure: A facile biomimetic strategy for the design of supertough polymeric materials withhigh ductility and strength [J]. Advanced Materials, 2017, 29(46): 1704661.

[15] Kurniawan A, Muneekaew S, Hung C W, et al. Modulated transdermal delivery of nonsteroidal anti-inflammatory drug by macroporous poly(vinyl alcohol)-graphene oxide nanocomposite films [J]. International Journal of Pharmaceutics, 2019, 566: 708-716.

[16] Mallakpour S, Khadem E. Facile and cost-effective preparation of PVA/modified calcium carbonate nanocomposites via ultrasonic irradiation: Application in adsorption of heavy metal and oxygen permeation property [J]. Ultrasonics Sonochemistry, 2017, 39. 430-438.

[17] Liu X, Chen X, Ren J, et al. Effects of nano-ZnO and nano-SiO2 particles on properties of PVA/xylan composite films [J]. International Journal of Biological Macromolecules, 2019, 132: 978-986.

[18] Yu Z, Li B, Chu J, et al. Silica in situ enhanced PVA/chitosan biodegradable films for food packages [J]. Carbohydrate Polymers, 2018, 184: 214-220.

[19] Zhang X, Liu W, Liu W, et al. High performance PVA/lignin nanocomposite films with excellent water vapor barrier and UV-shielding properties [J]. International Journal of Biological Macromolecules, 2020, 142: 551-558.

[20] Xue X, Tian L, Hong S, et al. Effects of composition and sequence of ethylene-vinyl acetate copolymers on their alcoholysis and oxygen barrier property of alcoholyzed copolymers [J]. Industrial & Engineering Chemistry Research, 2019, 58(10): 4125-4136.

[21] Yang W, Fortunati E, Bertoglio F, et al. Polyvinyl alcohol/chitosanhydrogels with enhanced antioxidant and antibacterial properties induced by lignin nanoparticles [J]. Carbohydrate Polymers, 2018, 181: 275-284.

[22] Yang S, Lei P, Shan Y, et al. Preparation and characterization of antibacterial electrospun chitosan/poly(vinyl alcohol)/graphene oxide composite nanofibrous membrane [J]. Applied Surface Science, 2018, 435: 832-840.

[23] Kaur R, Thakur N S, Chandna S, et al. Development of agri-biomass based lignin derived zinc oxide nanocomposites as promising UV protectant-cum-antimicrobial agents [J]. Journal of Materials Chemistry B, 2020, 8(2): 260-269.

[24] Zhang R, Wang Y, Ma D, et al. Effects of ultrasonication duration and graphene oxide and nano-zinc oxide contents on the properties of polyvinyl alcohol nanocomposites [J]. Ultrasonic Sonochemistry, 2019, 59: 104731.

[25] Spagnol C, Fragal E H, Pereira A G, et al. Cellulose nanowhiskers decorated with silver nanoparticles as an additive to antibacterial polymers membranes fabricated by electrospinning [J]. Journal of Colloid Interface Science, 2018, 531: 705-715.

[26] Abu-Saied M, Taha T H, El-Deeb N M, et al. Polyvinyl alcohol/sodium alginate integrated silver nanoparticles as probable solution for decontamination of microbes contaminated water [J]. International Journal of Biological Macromolecules, 2018, 107: 1773-1781.

[27] Mathew S, Snigdha S, Mathew J, et al. Biodegradable and active nanocomposite pouches reinforced with silver nanoparticles for improved packaging of chicken sausages [J]. Food Packaging and Shelf Life, 2019, 19: 155-166.

[28] Sarwar M S, Niazi M B K, Jahan Z, et al. Preparation and characterization of PVA/nanocellulose/Ag nanocomposite films for antimicrobial food packaging [J]. Carbohydrate Polymers, 2018, 184: 453-464.

[29] Zhang Z, Wu Y, Wang Z, et al. Electrospinning of Ag nanowires/polyvinyl alcoholhybrid nanofibers for their antibacterial properties [J]. Materials Science and Engineering: C, 2017, 78: 706-714.

[30] Mosselhy D A, El-Aziz M A, Hanna M, et al. Comparative synthesis and antimicrobial action of silver nanoparticles and silver nitrate [J]. Journal of Nanoparticle Research, 2015, 17(12): 473.

[31] Usman A, Hussain Z, Riaz A, et al. Enhanced mechanical, thermal and antimicrobial properties of poly(vinyl alcohol)/graphene oxide/starch/silver nanocomposites films [J]. Carbohydrate Polymers, 2016, 153: 592-599.

[32] Mathew S, Snigdha S, Mathew J, et al. Poly(vinyl alcohol): Montmorillonite: Boiled rice water (starch) blend film reinforced with silver nanoparticles; characterization and antibacterial properties [J]. Applied Clay Science, 2018, 161: 464-473.

[33] Zhang, X, Liu, W, Sun, D, et al. Very Strong, super-tough, antibacterial, and biodegradable polymeric materials

with excellent UV-blocking performance [J]. Chemsuschem, 2020, 13, 4974-4984.

[34] Ge L, Xu Y, Li X, et al. Fabrication of antibacterial collagen-based composite wound dressing [J]. ACS Sustainable Chemistry and Engineering, 2018, 6(7): 9153-9166.

[35] Ghavaminejad A, Park C H, Kim C S. In situ synthesis of antimicrobial silver nanoparticles within antifouling zwitterionic hydrogels by catecholic redox chemistry for woundhealing application [J]. Biomacromolecules, 2016, 17(3): 1213-1223.

[36] Aadil K R, Barapatre A, Meena A S, et al. Hydrogen peroxide sensing and cytotoxicity activity of Acacia lignin stabilized silver nanoparticles [J]. International Journal of Biological Macromolecules, 2016, 82: 39-47.

[37] Woranuch S, Pangon A, Puagsuntia K, et al. Rice flour-based nanostructures via a water-based system: Transformation from powder to electrospun nanofibers under hydrogen-bonding induced viscosity, crystallinity and improved mechanical property [J]. RSC Advance, 2017, 7(32): 19960-19966.

[38] Richter A P, Brown J S, Bharti B, et al. An environmentally benign antimicrobial nanoparticle based on a silver-infused lignin core [J]. Nature Nanotechnology, 2015, 10(9): 817.

[39] Song P, Wang H. High‐performance polymeric materials throughhydrogen‐bond cross‐linking [J]. Advanced Materials, 2019: 1901244.

[40] Sun Y, Ma Z, Xu X, et al. Grafting lignin with bioderived polyacrylates for low-cost, ductile, and fully biobased poly(lactic acid) composites [J]. ACS Sustainable Chemistry and Engineering, 2020, 8(5): 2267-2276.

[41] Spiridon I, Tanase C E. Design, characterization and preliminary biological evaluation of new lignin-PLA biocomposites [J]. International Journal of Biological Macromolecules, 2018, 114: 855-863.

[42] Herzele S, Veigel S, Liebner F, et al. Reinforcement of polycaprolactone with microfibrillated lignocellulose [J]. Industrial Crops and Products, 2016, 93: 302-308.

[43] Abdollahi M, Bairami Habashi R, Mohsenpour M. Poly(ε-caprolactone) chains grafted from lignin, hydroxymethylated lignin and silica/ligninhybrid macroinitiators: Synthesis and characterization of lignin-based thermoplastic copolymers [J]. Industrial Crops and Products, 2019, 130: 547-557.

[44] Kai D, Zhang K, Jiang L, et al. Sustainable and antioxidant lignin-polyester copolymers and nanofibers for potential healthcare applications [J]. ACS Sustainable Chemistry and Engineering, 2017, 5(7): 6016-6025.

[45] Tavares L B, Ito N M, Salvadori M C, et al. PBAT/kraft lignin blend in flexible laminated food packaging: Peeling resistance and thermal degradability [J]. Polymer Testing, 2018, 67: 169-176.

[46] Xing Q, Ruch D, Dubois P, et al. Biodegradable and high-performance poly(butylene adipate-co-terephthalate)-lignin UV-blocking films [J]. ACS Sustainable Chemistry and Engineering, 2017, 5(11): 10342-10351.

索引